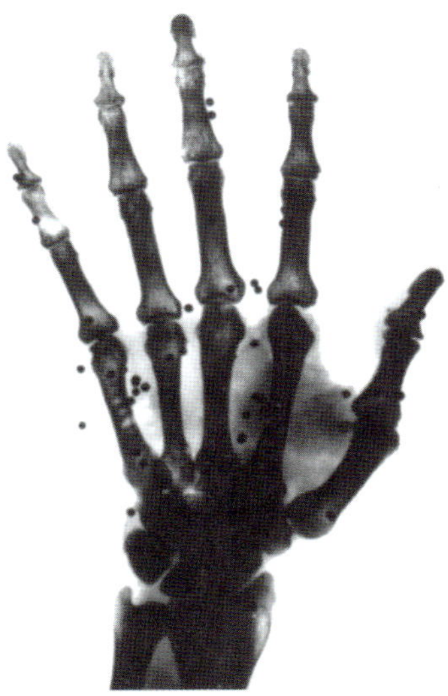

DAS ABENTEUER DER VERMESSUNG

VOM URMETER ZUM IQ

ANDREW ROBINSON

DAS ABENTEUER DER VERMESSUNG

VOM URMETER ZUM IQ

NATIONAL GEOGRAPHIC

Zu den Umschlagbildern

Vorderseite, obere Reihe von links nach rechts: Fledermäuse nehmen Ultraschallwellen wahr, Getty Images/Tim Flach; Rote Blutkörperchen, Science Photo Library; Chronometer, National Maritime Museum, London; Antarktisches Ozonloch.

Vorderseite, untere Reihe von links nach rechts: Schalltoter Raum, National Physical Laboratory, Teddington; Himmelsscheibe von Nebra, um 1600 v. Chr., Landesamt für Denkmalpflege und Archäologie Sachsen-Anhalt.

Rückseite von links nach rechts: Fitzroy-Quecksilberbarometer, Science & Society Picture Library/Science Museum; Hipparch beobachtet den Sternenhimmel, Simon Berthon and Andrew Robinson, The Shame of the World, London, 1989; italienisches Astrolabium, 15. Jh., Museum für Kunst und Gewerbe, Hamburg; 27; Die Messung des Meridianbogens, Drazen Tomic.

S. 1: Aus der Frühzeit der amerikanischen Röntgendiagnostik (Februar 1896): Bleikugeln in der Hand eines Mannes, der einen Unfall mit einer Schrotflinte hatte.

S. 3: Das Totengericht im ägyptischen Totenbuch, 2. Jahrtausend v. Chr. Das Herz des Verstorbenen wird gegen die Feder der Maat (Wahrheit) aufgewogen.

Links: „Die Messenden", flämische Schule, Ende 16. Jhdt. – bei der Herstellung von Messinstrumenten, beim Notenlesen, Wägen und dem Abmessen von Tuch.

Anmerkung des Autors

Dieses Buch entstand aus meinen umfangreichen Recherchen zu früheren Werken. Den Anfang bildete hier „The Shape of the World" Ende der 1980er Jahre, den Höhepunkt „The Last Man Who Knew Everything", eine Biografie des Universalgelehrten Thomas Young, der im 19. Jahrhundert wirkte und auch ein Meister der Kunst des Messens war. Young selbst schrieb: «Für die Menschheit ist es wohl das Beste, dass einige Forscher ihre Tätigkeit auf ein begrenztes Feld beschränken, während andere in einem weiten Forschungsbereich schneller vorankommen.» Ratsam oder nicht, jedenfalls hat mich Young als Beispiel des alles erfassenden Geistes auf den Gedanken gebracht, dass es möglich sein müsste, in einer knappen Form die gesamte Geschichte des Messens zu erzählen. Für ihre Ratschläge danke ich Jim Bennett, Vicky Bowman, Martin Ince, Christopher Phipps, David Sprigings, Andrew Todd-Pokropek und Christopher Wood.

Titel der englischen Originalausgabe: The Story of Measurement

Autorisierte deutsche Ausgabe veröffentlicht von NATIONAL GEOGRAPHIC DEUTSCHLAND (G+J/RBA GmbH & Co KG), Hamburg 2007

Übersetzer: Dr. Werner Kügler
Lektorat und Satz: VerlagsService Dr. Helmut Neuberger & Karl Schaumann GmbH, Heimstetten
Titelgestaltung: Groothuis, Lohfert, Consorten glcons.de
Druck: Leefung Printers Ltd
Printed in China
ISBN 978-3-86690-037-0

Inhalt

Einführung 7

I VOM SINN DES MESSENS 18

1. Kapitel Auf dem Weg zum metrischen System 20
Die Vermessung der Erde in der griechischen Antike • Länge und Breite • Die Gestalt der Erde • Die Definition des Meters • Die Metrifizierung der Welt

2. Kapitel Zahlen und Mathematik 32
Zählen und Buch führen • Kerbholz, Quipu und Abakus • Alte Zahlen • Zahlensysteme • Null und Unendlich • Koordinaten • Geometrie • Der Goldene Schnitt • Fractale • Mathematik: natürlich oder menschlich?

3. Kapitel Traditionelle Maße 46
Gewicht und Dichte • Länge und Entfernung • Altenglische Flächen- und Hohlmaße • Der Winkel • Geld und Wert • Die Zeit

4. Kapitel Geräte und Techniken 64
Genauigkeit und Präzision • Wie lang ist ein Stück Schnur? • Teleskope • Mikroskope • Thermometer • Barometer • Seismographen • Geigerzähler • Spectrometer • Laser • Staatliche Institutionen

II MESSEN IN DER NATUR 80

5. Kapitel Atome 82
Atom ud Quantentheorie • Atomuhren • Radioaktivität und Isotope • Das Periodensystem • Ionen und Valenz • Chemische Konzentration • Acidität und Basizität • Volumen und Druck • Temperatur und Energie • Masse und Standardkilogramm • Stoffeigenschaften, Belastung und Dehnung • Licht und Strahlung • Relativität • Schall • Elektrizität und Magnetismus • Nanotechnologie

6. Kapitel Die Erde 106
Kompass • Vermessung • Satelliten • Wetter und Atmosphäre • Gewitter, Hurrikane und Tornados • Der Blitz • Der Klimawandel • Erdzeitalter • Plattentektonik • Erdbeben • Tsunamis • Vulkane • Mineralien, Gold und Diamanten • Biologische Arten

7. Kapitel Das Universum 136
Das heliozentrische Universum • Die Bewegung der Planeten • Der Mond • Die Planeten • Die Sonne • Die Sterne • Kometen • Schwarze Löcher • Naturkonstanten • Expansion des Universums und Urknall

III DER MENSCH 156

8. Kapitel Das Denken 158
Sprache • Versmaß und Metrik • Semaphor und Morsecode • Schriftsysteme • Kurzschrift • Papier- und Buchformate • Buchklassifikation und Bibliothekskataloge • Typographie • Fotografie • Computer • Werkzeuge, Nägel und Schrauben • Musik und Gesang • IQ und Intelligenz

9. Kapitel Der Körper 176
Das menschliche Genom • Blut • Medizinische Bildgebungsverfahren • Augen und optische Linsen • Der Body-Mass-Index • Kalorien und Lebensmittelzusatzstoffe • Alkoholgehalt • Luftqualität • Lichtschutzfaktor • Ärztliche Verschreibungen • Inkubationszeit • Schmerz • Stressfaktoren • Textilien und Tog-Werte

10. Kapitel Gesellschaft 194
Kalender • Zeitzonen • Postleitzahlen • Meinungsumfragen • Volkszählungen • Identität, Wahrheit und Lüge • Rasse • Militärische Ränge • Kaliber • Wirtschaftswissenschaften • Lotterie und Glücksspiel • Sport und Spiel • Sammelnamen

Epilog: Das Maß aller Dinge 212
Literatur 218
Register 222

Einführung

Seit den Anfängen der Geschichte hat der Mensch zum Messen von Distanzen, Volumen und Gewichten eine durchaus ambivalente Einstellung. Denken wir etwa an die Ursprünge des metrischen Systems. «Eroberungen vergehen, aber dieses Werk wird von Dauer sein.» Mit diesen prophetischen Worten beglückwünschte Napoleon I., Kaiser der Franzosen, jene Wissenschaftler, die Frankreichs revolutionäres Maßsystem entwickelt und eingeführt hatten. Er selbst weigerte sich allerdings hartnäckig, es zu benutzen, und die große Mehrheit der Franzosen verhielt sich ebenso. Nach seiner erzwungenen Abdankung erklärte der große Korse verbittert: «Nichts steht in größerem Widerspruch zur Organisation des Geistes, des Gedächtnisses und der Fantasie … Das neue Maßsystem wird mehreren Generationen ein Hemmschuh sein, eine Quelle von Schwierigkeiten.»

Generell betrachten wir das Vorhandensein von Maßsystemen als eine Voraussetzung für die Entwicklung menschlicher Zivilisation, aber oft haben wir auch den Eindruck, es verwandle menschliche Werte in inhumane Zahlen. Die ältesten bekannten mesopotamischen Tontafeln vom Ende des vierten Jahrtausends v. Chr. enthalten Aufzeichnungen über die Rangordnung in Arbeitstrupps und die oft mageren Verpflegungsrationen, die man den Arbeitern zuteilte. Aus der Antike stammt die Sage von Prokrustes, einem räuberischen Riesen, der seinen Opfern ein eisernes Bett anbot und ihnen, damit sie hineinpassten, entweder die Beine abschlug oder die Glieder streckte. So mordete er zahllose Wanderer, ehe er schließlich von Theseus erschlagen wurde. Auch in der Bibel ist das rechte Maß ein immer wiederkehrendes Thema. So spricht Gott zum Propheten Micha: «Kann man reinen Herzens sein bei unrechter Waage und wenn falsche Gewichtsteine im Beutel sind?» Im Lukas-Evangelium wiederum stellt Jesus die Großzügigkeit durch Maße dar: «Gebt, so wird euch gegeben werden; ein gutes, gerütteltes und überfließendes Maß wird man euch in den Schoß geben. Denn mit eben dem Maß, mit welchem ihr messt, wird euch wieder gemessen werden.»

In Shakespeares „Was ihr wollt" sagt Orsino: «Wenn die Musik der Liebe Nahrung ist, gebt mir volles Maß!» In Charles Dickens' „Schwere Zeiten" hingegen trägt der erfolgreiche Kaufmann Thomas Gradgrind stets ein Lineal und eine Waage in seiner Tasche, «um jede Parzelle der menschlichen Natur zu messen und genau sagen zu können, wie viel sie ausmacht».

Wir brauchen nicht lange nachzudenken, um zu erkennen, wie sehr das Messen und die Maße unseren Alltag prägen. Täglich begegnen uns Uhren, Kalender, Lineale, Kleidergrößen, Quadratmeterzahlen, Mengenangaben, Haltbarkeitsdaten, Prozentsätze, Wettkampfergebnisse, Notenblätter, Kartenmaßstäbe, Wortzählungen, Speichergrößen, Kontonummern, Börsenkurse, Skalen, Taschenrechner, Geschwindigkeitsanzeiger, Waagen, Stromzähler, Kameras, Thermometer, Regenmesser, Barometer, medizinische Geräte, Body-Mass-Indizes, Prüfungsergebnisse, Umfragen, Testgruppen, Fragebogen, Steuerbescheide, Volkszählungen und viele

Gott als Architekt. Mit Wasserfarben kolorierte Reliefradierung von William Blake, 1794. Diese Darstellung eines die Welt vermessenden Schöpfers (von Blake „Urizen" genannt) geht auf eine Stelle aus dem alttestamentarischen Buch der Sprüche zurück: «Als er den Himmel baute, war ich da, als er den Erdkreis abmaß über den Wassern.» Anders als die Bibel sah Blake die Welt jedoch als böse an, deshalb wirkt seine Darstellung der Schöpfung wie ein Albtraum, «in dem der Zirkel wie ein Blitz in einer finsteren und stürmischen Nacht erscheint» (Ernst H. Gombrich, „Die Geschichte der Kunst"). In Blakes berühmtem Kunstwerk scheint die ambivalente Haltung des Menschen zum Messen auf.

Antike Messgeräte für Länge und Gewicht

Links: Die Hornsteinwürfel aus dem Industal sind Relikte eines in der Antike einzigartigen Gewichtssystems. Die ersten sieben dieser Gewichte stehen zueinander im Größenverhältnis 1 : 2 : 4 : 8 : 16 : 32 : 64. Am häufigsten wurde die Größe 16 verwendet, deren Gewicht etwa 13,7 g entspricht. Größere Gewichte folgen einem Dezimalsystem. Erstaunlich ist, dass dieses altindische Gewichtssystem heute, mehr als 4000 Jahre später, in Pakistan auf traditionellen Märkten noch immer verwendet wird.

Unten: Der altägyptische Ellenstab ist in Fingerbreiten unterteilt, diese wiederum in Teilbreiten von einem halben bis zu einem sechzehntel Finger. Die Königliche Elle, die sieben Handbreiten (ohne Daumen) oder 28 Fingerbreiten entspricht, war etwa 52,3 cm lang. Man verwendete aber auch kürzere oder längere Ellen. In Babylon, Palästina, Griechenland und Rom war die Elle jeweils anders definiert. Ihre Länge reichte von ca. 46 cm bis fast 56 cm.

andere Formen des Messens. In ihrer Gesamtheit reduzieren sie die Welt auf Zahlen und Statistiken. Daraus ergibt sich die Vielfalt der in diesem Buch behandelten Themen, die vom Mikro- bis zum Makrokosmos und vom individuellen Geist bis zu unserer menschlichen Gesellschaft reichen.

Zumindest in den Industriestaaten wäre das Leben heute undenkbar ohne präzise Daten und genaue behördliche Regelungen wie etwa Steuern. «Quantifizieren heißt entscheiden, ohne dass es wie eine Entscheidung aussieht. Die Objektivität verleiht auch solchen Beamten Autorität, die nur sehr wenig davon haben.» Diese kluge Bemerkung stammt aus dem Buch „Trust in Numbers“, das der amerikanische Historiker Theodore Porter zum Thema Messen im öffentlichen Leben geschrieben hat. Wir begrüßen den Nutzen des Messens, sind fasziniert von den technischen Leistungen, die mit seiner Hilfe möglich wurden, in jüngster Zeit etwa Mobiltelefon, Internet und Satellitennavigation, aber wir erkennen auch den Preis, den wir in einer durch Maße genormten Welt dafür zahlen müssen. Schon an unseren Binsenweisheiten ist diese Spannung ablesbar. «Die Gruppe bietet Sicherheit», heißt es – dabei wissen wir, dass das Gruppendenken uns auch daran hindert, wir selbst zu sein. Freie Marktwirtschaft und Demokratie mögen dem «größtmöglichen Glück der größtmöglichen Zahl» dienen, aber wir fühlen, dass unsere Individualität darin mitunter zu kurz kommt. Wir finden uns widerwillig damit ab, dass «unsere Tage gezählt sind» – «dreimal zwanzig und zehn Jahre» sagt die Bibel –, trotzdem tun wir unser Möglichstes, die Unvermeidlichkeit des Todes zu verdrängen.

Schüler mühen sich jahrelang ab, um Prüfungen zu bestehen, deren Resultate für Schlagzeilen sorgen und endlose Debatten über die Qualität des Schulsystems auslösen. Eigenschaften wie Innovation, Kreativität und Führungsfähigkeit jedoch entziehen sich hartnäckig der Beurteilung durch solche Tests. *The Chronicle of Higher Education*, die größte US-Hochschulzeitschrift, beklagt die Flut von Multiple-Choice-Fragen und kommt zu dem Schluss: «Wenn wir uns nicht davon abbringen lassen, unsere Studenten von Geräten beurteilen zu lassen, müssen wir akzeptieren, dass sie sich nicht davon abbringen lassen, die Prüfungsfragen mithilfe von Geräten in ihren Taschen zu beantworten – Mobiltelefonen mit Internetzugang.»

Links: Die in die frühe Bronzezeit (um 1600 v. Chr.) datierte Himmelsscheibe von Nebra in Sachsen-Anhalt gilt als älteste Darstellung des Kosmos. Die kreisrunde Bronzescheibe mit Auflagen aus Goldblech zeigt die Sonne, den Mond und 32 Sterne. Die Nebeneinanderstellung von Sonnen- und Mondkalender rechtfertigt den Vergleich mit babylonischen Gegenstücken aus dem 7. Jahrhundert v. Chr. Offenbar wurde die Scheibe 1999 mit anderen Bronzegegenständen (darunter zwei Prunkschwertern) von Raubgräbern entdeckt. Ihre Echtheit wurde angezweifelt, ist aber durch Untersuchungen erwiesen.

Was die Dozenten betrifft, so hat der ständig wachsende Strom von Zitierhäufigkeiten, Impact Factors, Star Ratings und Ranglisten, mit denen Veröffentlichungen, Fakultäten, ja Universitäten gemessen werden, in der Forschung oft zu mehr Quantität als Qualität geführt, aber auch zu mehr Konformität als Originalität. «Wie viele Sterne hätte Sokrates bekommen?», fragt Simon Blackburn, Dozent für Philosophie in Cambridge. «Er hat nie etwas geschrieben. Da ist nichts, was sich messen ließe. Alles unbrauchbar.»

Zwiespältig ist unsere Einstellung zum Messen in den meisten Lebensbereichen: Wir fördern es und verbessern die Methoden, misstrauen aber gleichzeitig den Resultaten. Die auffälligste Spezies der modernen Messenthusiasten sind Forscher, die behaupten, man könne das Schaffen von Wohlstand und die Motivation des Menschen in rationalen Wirtschaftsmodellen darstellen, die aus Kolonnen von mathematischen Gleichungen bestehen. Ihre Zahl steigt ständig, sie veröffentlichen in Fachzeitschriften und bekommen Nobelpreise, aber ihr Ruhm vergeht und hinterlässt in der kollektiven Erinnerung kaum Spuren. Finanziers und Geschäftsleute, die nur an Profit denken, können es zu ungeheurem Reichtum bringen, aber anders als Erfindern und Unternehmern wird ihnen nur wenig Respekt entgegengebracht. Daraus erklärt sich, dass so viele von ihnen im Alter zu Philanthropen werden und Erziehungs-, Kunst- und Sozialprojekte finanzieren, die sich nicht in Geld allein messen lassen. Politiker, die in Umfragen großartige Resultate erzielen, mögen zwar wiedergewählt werden, in der Regel schaffen sie es aber nicht, die Gesellschaft spürbar zu verändern. Man verspottet oder vergisst sie, sobald sie nicht mehr im Amt sind. Die Leistungen eines geachteten Staatsmanns wie Winston Churchill oder Bürgerrechtsaktivisten wie Martin Luther King hingegen sind nur schwer nach objektiven Kriterien messbar. Psychologen, die meinen, man könne Intelli-

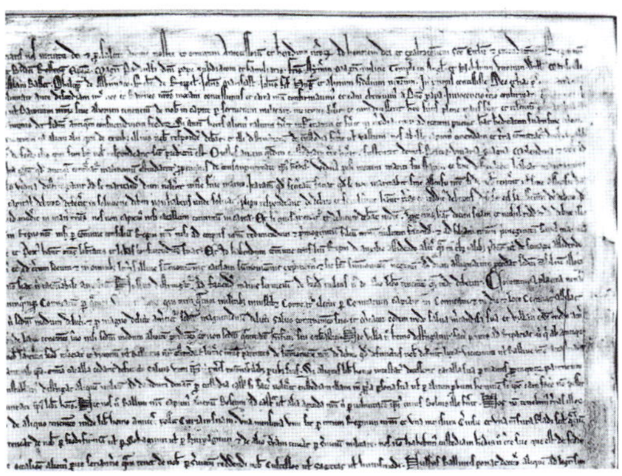

Unten links: Maße und Gewichte in der Magna Charta, der Keimzelle einer späteren Verfassung. Der englische König Johann Ohneland unterzeichnete sie 1215 auf Betreiben der Kronvasallen. Aus dem Mittellateinischen übersetzt, lautet der Satz: «In unserem Königreich soll es ein Maß für Wein geben; und ein Maß für Bier; und ein Maß für Korn, nämlich den Londoner Quarter, und nur eine Breite für Tuch, sei es gefärbt, gelbbraun oder anders, nämlich zwei Ellen von Webrand zu Webrand; und wie mit den Maßen, so soll es auch mit den Gewichten sein.» Die englische Elle maß etwa 114 cm.

genz, Charakter und Ehrlichkeit in IQ-Werten ausdrücken bzw. mit Brainscannern oder Lügendetektoren messen, finden Aufmerksamkeit, aber ihre Ergebnisse werden zumeist angezweifelt, insbesondere von den eigenen Kollegen. Ärzte und Chirurgen, die bemüht sind, mit den neuesten Geräten und Medikamenten die Reaktionen des menschlichen Körpers wie in einem Experiment zu messen und zu manipulieren, haben die Prioritäten im Gesundheitswesen verschoben und das Vertrauen in die Medizin erschüttert.

Sogar unter Naturwissenschaftlern, die in Bezug auf das Messen ebenso empfänglich wie empfindlich sind, herrscht weitgehend Einigkeit darüber, dass es wichtiger ist, Vorgänge zu verstehen, als sie zu quantifizieren. Mit etwas Einfallsreichtum gelingt es der Wissenschaft, die meisten ihrer Forschungsgegenstände zu messen, aber eben nicht alle. Lord Kelvin, ein Physiker des 19. Jahrhunderts, dessen Name mit der Kelvinskala verbunden ist, sprach für die Mehrheit der Wissenschaftler seiner Zeit, als er sagte: «Wenn man das, worüber man redet, messen und in Zahlen ausdrücken kann, weiß man etwas darüber. Kann man es nicht, so ist dieses Wissen kärglich und unbefriedigend.»

Trotzdem wurden einige der größten Physiker, so Einstein und Richard Feynman, von Ideen mindestens ebenso angeregt wie von Zahlen, die sich aus konkreten Versuchen ergaben. «Es scheint, dass … Wissen nicht allein Experimenten entspringen kann, sondern nur aus dem Vergleich der Erfindungen des Geistes mit beobachteten Fakten», schrieb Einstein.

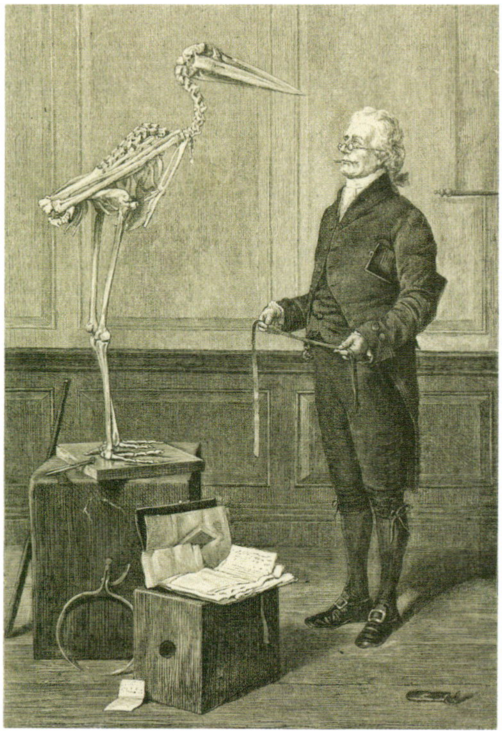

«Wissenschaft ist Messen», so lautet die Überschrift dieses Kupferstichs (um 1880). Er zeigt einen mit einem Maßband bewaffneten Wissenschaftler, der sich anschickt, das Skelett eines großen Vogels abzumessen. Darin kommt eine Auffassung von Wissenschaft zum Ausdruck, die noch heute von vielen Naturwissenschaftlern, aber auch von Sozialwissenschaftlern und einer breiten Öffentlichkeit vertreten wird. Ohne jeden Zweifel ist das Messen für wissenschaftliches Arbeiten notwendig, aber keinesfalls ausreichend. Die Wissenschaft benötigt nicht nur Daten, sondern darüber hinaus Ideen und Theorien.

Herkömmliche Maßeinheiten

Wenn in der zweiten Hälfte des 17. Jahrhunderts Isaac Newton in Cambridge dem Sekretär der Royal Society im fünfzig Meilen entfernten London einen Brief schicken wollte, schrieb er darauf: «An Mr. Henry Oldenburge in seinem Haus etwa in der Mitte der alten Palmaille in St. Jameses Fields zu Westminster.» Keine Hausnummer, keine Postleitzahl, nicht einmal der Name der Stadt, aber für Korrespondenzzwecke war diese scheinbar vage Adresse im damaligen Londoner West End völlig ausreichend.

Nomaden in der Sahara, «bei denen die Kenntnis der genauen Entfernung zwischen zwei Wasserstellen über Leben und Tod entscheiden kann», benutzten lange Zeit eine

Vielzahl von Begriffen zur Bezeichnung großer Entfernungen, schreibt Witold Kula in seinem Buch „Measures and Men“: «Sie rechneten in Stockwurf-, Bogenschuss- und Rufweiten oder den Blickweiten, die man mit bloßem Auge am Boden oder vom Kamelrücken aus hat; oder in Tagesreisen, gemessen von Sonnenaufgang, vom frühen oder späten Vormittag bis Sonnenuntergang; oder in Marschleistungen eines Mannes, der eine Last trägt, der keine Last trägt oder der einen beladenen Esel oder einen Ochsen führt; oder nach Marschleistungen in leichtem oder schwierigem Gelände.»

Man kann sich denken, dass die inkompatiblen und nicht genormten Maßeinheiten, die den größten Teil der Menschheitsgeschichte in Gebrauch waren, zu Verwirrung, Streit und Betrügerei führten. So überrascht es nicht, dass die Agora, der Markt im antiken Athen, in den Komödien des Aristophanes als ein Ort dargestellt wird, an dem lauthals über Maße und Gewichte gestritten wurde. «Einheitliche Maße können nur Advokaten missfallen, die befürchten, dass die Zahl der Prozesse abnimmt, und Kaufleuten, die bei allem, was Kauf und Verkauf vereinfacht, Angst haben, es könne ihre Profite verringern ... Ein gutes Gesetz sollte für alle Menschen tauglich sein, so wie ein wahrer Satz [in der Geometrie] für alle Menschen wahr ist», schrieb 1793 der französische Aufklärer Marquis de Condorcet, ein überzeugter Verfechter des metrischen Systems.

Wir modernen Menschen können uns nur wundern, dass unsere Vorfahren auch anders zurechtkamen. Wir fragen uns, wie sie mit Längenmaßen wie Spanne, Fuß, Elle und Klafter leben konnten, die sich aus Körperteilen individueller Größe ableiteten, oder Hohlmaßen wie Becher, Eimer, Scheffel und so fort, deren Inhalt je nach Region und Messgut variierte. Dass es möglich war, beweisen die beeindruckenden technischen Leistungen vergangener Zeiten. Die Ägypter bauten die Pyramiden, die Griechen den Parthenon und die Römer das Kolosseum und imposante Aquädukte. Aus der Zeit vor der wissenschaftlichen Revolution im vorigen Jahrtausend stammen Bauwerke wie Angkor Vat, die Kathedrale von Chartres und der Taj Mahal. Sie zeigen, was Architekten, Ingenieure und Handwerker unterschiedlichster Kulturen auch mit ungenauen Maßen vollbringen konnten.

Eine andere Erklärung wäre, dass frühere Gesellschaften im Vergleich zu den heutigen mehr oder minder abgeschottet waren. Auf internationaler Ebene gab es wesentlich weni-

Baudenkmäler aus einer Zeit, in der wissenschaftlich genaues Messen noch unbekannt war. Die ägyptischen Pyramiden zählen zu den vielen imposanten Bauten der antiken Welt, die uns daran erinnern, dass die historischen Maßeinheiten durchaus ihren Zweck erfüllten. Vereinheitlichte Maßsysteme sind eine Notwendigkeit unserer modernen Zeit, in der Wissenschaft und Handel auf internationaler Ebene betrieben werden.

ger Handelsbeziehungen, nur gelegentliche Kommunikation und praktisch keine Zusammenarbeit. Bauten wie die genannten waren das Werk von durch Ort, Sprache, Religion und Kultur geeinten Gemeinschaften. Darin unterschieden sie sich von den Großprojekten der modernen Zeit, bei denen die einzelnen Teile in über den Erdball verstreuten Produktionsstätten hergestellt und vor Ort zusammengebaut werden. In früheren Zeiten war, hatte man sich erst einmal für bestimmte Maßeinheiten entschieden, der Bauplan das einigende Element. Sicherlich beging man kostspielige Fehler, worauf Architekturhistoriker gerne verweisen. Sie resultierten jedoch nicht aus der Inkompatibilität von Maßeinheiten, sondern aus Missverständnissen und mangelnder Sorgfalt bei der Ausführung der Arbeiten.

Eine dritte, aus heutiger Sicht weniger evidente Antwort lautet, dass einheitliche Maße, die durch eine heute als selbstverständlich angesehene internationale Norm definiert sind, in vorindustriellen Gesellschaften vielleicht gar nicht zweckdienlich waren. In Europa etwa war es bis zum Ende des 18. Jahrhunderts üblich, dass die Bäcker bei Kornknappheit kleinere Brote backten, anstatt den Brotpreis zu erhöhen. Nicht ohne Grund: Es gab nicht genug Scheidemünzen, die man bei geringfügigen Preiserhöhungen in großer Zahl benötigt hätte. Gleichzeitig wurde der „gerechte Preis" beibehalten, wie ihn Thomas von Aquin empfohlen hatte. Die verminderte Größe eines Brotes wurde toleriert, solange sie nicht zu auffällig war, dann aber kam es zu Unruhen. (Vielleicht leitet sich der Begriff „Bäckerdutzend" für die Zahl 13 aus dieser Gepflogenheit ab: Der Bäcker machte aus dem Material für zwölf Brote dreizehn.)

Ein weiteres Beispiel sind die Feldmaße. Flächen wurden – vom Frühmittelalter bis zur Metrifizierung im 19. Jahrhundert – nicht unbedingt in regional verschieden definierten Einheiten wie Klafter oder Rute, Acker oder Hufe angegeben. Ackerland konnte auch anhand der zum Pflügen benötigten Zeit (Morgen, Tagwerk) oder der erforderlichen Saatmenge (Scheffel) gemessen werden. Für Bauern und

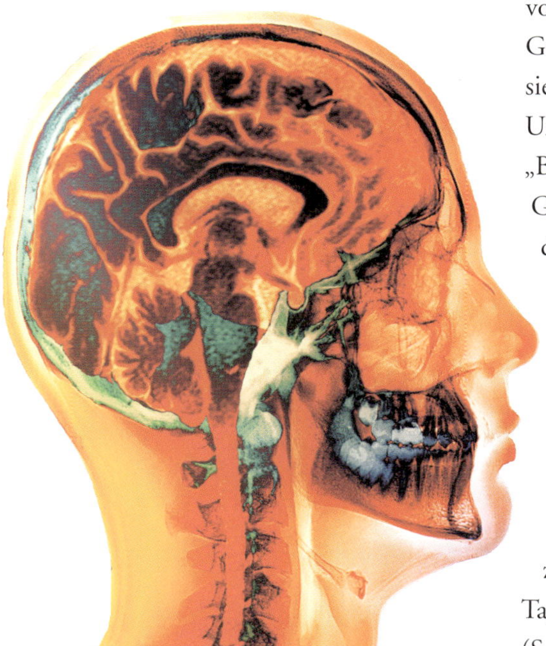

Messen wird zur Zauberei. Navigation mithilfe der Satelliten des Ortungssystems GPS **(links)** und nichtinvasives Abtasten des Gehirns **(unten)** mithilfe von Magnetresonanztomografie (MRT) zählen zu den eindrucksvollsten und weitestreichenden Anwendungen moderner Messtechnik. In ihnen bewahrheitet sich das dritte Gesetz des Science-Fiction-Autors Arthur C. Clarke: «Eine ausreichend entwickelte Technik ist von Magie nicht unterscheidbar.»

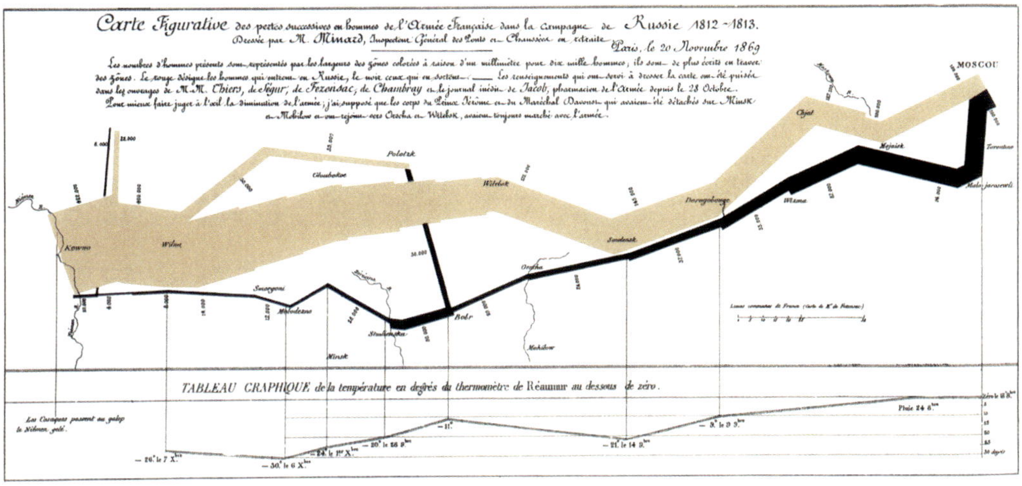

Zahlen helfen nicht gegen General Winter. Dem Statistiker Edward Tufte zufolge ist dieses 1869 von Charles Joseph Minard erstellte Diagramm «die vermutlich beste Informationsgrafik aller Zeiten». Sie zeigt die Verluste der französischen Armee im Russlandfeldzug von 1812 im Vergleich zu den in Minusgraden des Réaumur-Thermometers (Eispunkt 0 °R) dargestellten winterlichen Temperaturen. Der Bildtext dazu lautet übersetzt: «Grafische Darstellung der Entwicklung der Verluste der französischen Armee während des Russlandfeldzugs 1812/13. Gezeichnet von C. J. Minard, Generalinspektor i. R. des Corps der Brücken- und Straßenbauingenieure, Paris, 20. November 1869. Die Breite der farbigen Bänder stellt die Zahl der Soldaten dar, der Maßstab ist 1 Millimeter zu 10 000 Mann. Zusätzlich sind an den Bändern die entsprechenden Zahlen vermerkt. Rot bezeichnet die Soldaten auf dem Vormarsch, Schwarz ihre Zahl auf dem Rückzug. Die für die Erstellung des Diagramms dienenden Daten entstammen den Arbeiten von Thiers, de Ségur, Fezensac, Chambray und dem unveröffentlichten Tagebuch des Armeeapothekers Jacob seit dem 28. Oktober.»

Grundbesitzer waren diese Einheiten aussagekräftiger als Quadratmeterzahlen. In der vormetrischen Zeit, so schreibt Kula, «ist das Maß keine Konvention, sondern ein Wert».

Auf dem Weg zu Norm und Präzision

Trotz ihrer Vorteile wurden die traditionellen Maße im Frankreich der Revolutionszeit als untragbares Handelshemmnis empfunden, nicht nur in den Augen von König und Volk, sondern auch der Wissenschaft. Das metrische System sollte dem Chaos ein Ende setzen. Man plante ein auf dem Dezimalsystem basierendes System einheitlicher Maße und Gewichte. Ausgenommen blieb die Zeitmessung. Basiseinheit der Längenmessung war der Meter, ursprünglich der zehnmillionste Teil eines Erdquadranten – der Entfernung vom Pol zum Äquator – auf dem Meridian von Paris, so wie ihn Geodäten 1793 definiert hatten. Die durch das neue System verursachten Probleme brachten Napoleon jedoch dazu, das ursprüngliche Gesetz aufzuheben und neben den metrischen Einheiten auch viele der alten Maße zuzulassen, womit er sich über die Wissenschaftler hinwegsetzte, die diesen Kompromiss als «Rückschritt und Beginn einer üblen Mischung» bezeichneten. 1814, kurz nach der Abdankung Napoleons, bestätigte Ludwig XVIII. diese Lösung. Erst 1837, unter dem Bürgerkönig Louis Philippe, wurde das metrische System in vollem Maße eingeführt und 1840 rechtsverbindlich.

Aufschlussreich sind die Kommentare, die ein zeitgenössischer britischer Wissenschaftler, Mitglied einer königlichen Kommission, die über die Reform des britischen Maß- und Gewichtssystems beraten sollte, zu diesem Thema abgab. Thomas Young war nach 1820 Sekretär für auswärtige Beziehungen der Royal Society und Leiter des Nautischen Jahrbuchs. Als einer der größten Universalgelehrten seiner Zeit unterhielt er enge Beziehungen zu französischen Wissenschaftlern und war eines von acht ausländischen Mitgliedern der Académie des Sciences. Bei aller Liebe zur Wissenschaft und Sympathie für französische Gelehrte konnte sich Young jedoch nicht dazu durchringen, die Einführung einheitlicher Maße und Gewichte auch in Großbritannien zu empfehlen.

In einer Studie für die „Encyclopaedia Britannica" schrieb er, es sei in Frankreich «nun üblich, ein Lineal in Form eines Dreieckprismas bei sich zu tragen, das auf einer Seite die Unterteilungen des Königlichen Fußes aufweist, auf der zweiten die Millimeter, Zentimeter und Dezimeter der Revolution und auf der dritten eine Kombination aus Jakobinermaßen und königlichem Maßstab». Young kam nach «ruhiger Überlegung» zu dem Schluss, die britische Regierung solle, anstatt dem Land wie in Frankreich etwas aufzuzwingen, «die Festlegung genauer und einheitlicher Standards für gesetzliche Maße aller Art erleichtern, aber auch das problemlose Verstehen der lokalen und regionalen Maßbezeichnungen, und zwar durch eine erhöhte Zahl von Glossaren und Tabellen zwecks Definition und Vergleichbarkeit der Einheiten». Mit anderen Worten: Young war der Ansicht, dass eine allgemeingültige Norm für Maße und Gewichte zwar wünschenswert sei, die eingeführten Maße aber keinesfalls nur um des wissenschaftlichen Prinzips willen ersetzt werden dürften. Es sei besser, sich den Gewohnheiten der Menschen anzupassen, als Widerstand gegen revolutionäres Gedankengut zu provozieren. Young hätte sicherlich Kulas Ansicht geteilt, dass Maßeinheiten einen Wert haben, der mehr ist als eine bloße Konvention.

Diese Einstellung dominierte auch in den USA. Thomas Jefferson, ein eifriger Quantifizierer, hatte sich schon während der Französischen Revolution und später als Präsident der USA für das metrische System ausgesprochen, gab aber schließlich die Hoffnung auf, seine Landsleute zu bekehren. 1821 erklärte er gegenüber John Quincy Adams, dem späteren Präsidenten, der der Regierung über dieses Thema berichten sollte: «Bei den Maßen und Gewichten werden Sie sofort mit der Frage konfrontiert sein, auf die Solon und Lykurg verschieden reagierten. Sollen wir unsere Bürger nach dem Gesetz formen oder das Gesetz nach unseren Bürgern?»

Anders als in Frankreich und den meisten europäischen Staaten wurde das metrische System im 19. Jahrhundert weder in Großbritannien noch in den USA rechtsverbindlich, und hier wie dort ist es noch immer nicht vollgültig; in Großbritannien müssen allerdings in fast allen Bereichen metrische Einheiten angezeigt werden. Um die Mitte des 19. Jahrhunderts zeichnete sich weltweit eine Tendenz zur Metrifizierung ab. 1875 unterzeichneten in Paris die Vertreter von 17 Staaten – Argentinien, Österreich-Ungarn, Belgien, Brasilien, Dänemark, Deutschland, Italien, das Osmanische Reich, Peru, Portugal, Russland, Spanien, Schweden-Norwegen, die Schweiz, die USA und Venezuela – die sogenannte Meterkonvention „zum Zwecke internationaler Vereinheitlichung von Maßen und Gewichten".

Das Système International

In der Folge der (1884 auch von Großbritannien unterzeichneten) Meterkonvention wurde das „Internationale Büro für Maße und Gewichte" in Sèvres bei Paris eingerichtet. Es

Gegenüber: Die weltweite Einführung des metrischen Systems. Die Jahreszahlen bezeichnen nicht den ersten amtlichen Versuch einer Umstellung auf das metrische System, da diese Versuche oft auf Widerstand stießen und scheiterten (so in Japan in den 1920er-Jahren und später), sondern das Jahr, in der die Einführung tatsächlich begann. Aber selbst dann konnte sich die Umstellung über Jahrzehnte hinziehen wie z. B. in China seit den 1920er- und in Großbritannien seit den 1960er-Jahren (in Großbritannien erfolgte die Umstellung außergewöhnlich zögernd, s. S. 30–31). In drei Ländern, nämlich den USA, Myanmar (Birma) und Liberia müssen noch die für die Metrifizierung erforderlichen Gesetze erlassen werden. In den USA wird das metrische System allerdings in der Praxis schon häufig verwendet, besonders in Wissenschaft und Technik. (Von einigen Änderungen abgesehen, basieren die auf der Karte verzeichneten Jahreszahlen auf Angaben der US Metric Association.)

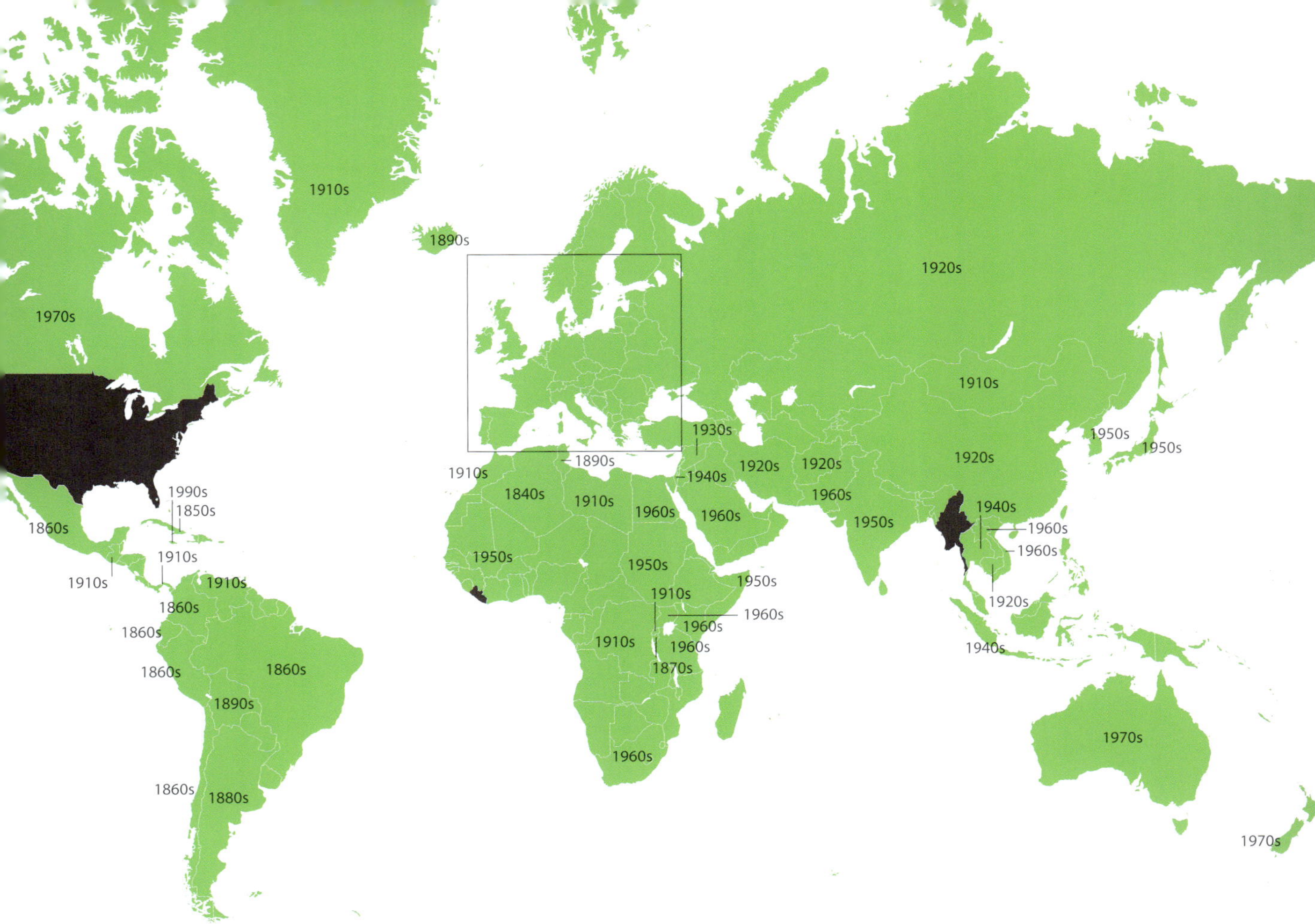

wird vom Internationalen Komitee für Maß und Gewicht überwacht, das wiederum der Generalkonferenz für Maße und Gewichte untersteht.

Viele Jahrzehnte lang verfeinerten diese Organisationen die Standards der zahlreichen Maßeinheiten und berieten über ein konsistentes und für die Wissenschaft geeignetes Maßsystem. Schließlich erreichte man einen Konsens. 1960 legte die 11. Generalkonferenz für Maße und Gewichte das Système International d'Unités fest. Dieses Internationale Einheitensystem, weltweit bekannt unter der Bezeichnung SI, ist ein Beispiel funktionierender internationaler Zusammenarbeit. Es besteht aus sieben Basiseinheiten: dem Meter (Länge), dem Kilogramm (Masse), der Sekunde (Zeit), dem Ampere (Strom), dem

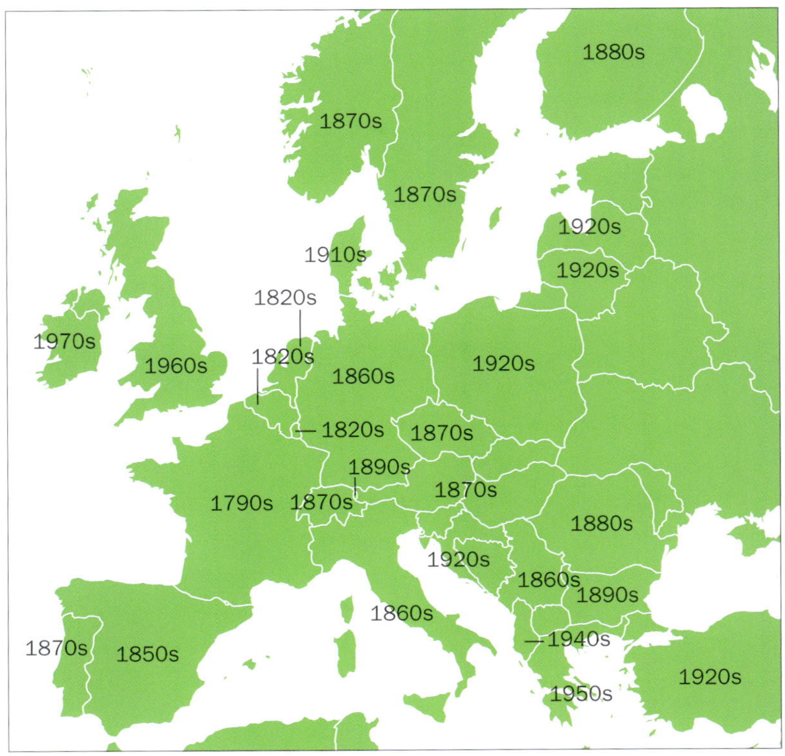

Kelvin (Temperatur), dem Mol (Stoffmenge) und der Candela (Lichtstärke). Daraus sind viele andere SI-Einheiten abgeleitet, wie z. B. Hertz (Frequenz), Watt (Leistung) und Celsius-Grade.

Entstanden sind die Meterkonvention und später das SI infolge eines bis dato nie gekannten Fortschritts in Wissenschaft und Technik im 19. und 20. Jahrhundert. Die Wissenschaftler aller Länder benötigten für ihre Messungen und Berechnungen international verständliche und mathematisch zweckmäßige Maßstäbe, die dem atomaren und subatomaren Bereich ebenso gerecht werden wie der Weite des Weltraums, einer Spanne also, deren Darstellung in Metern mehr als 40 Zehnerpotenzen erfordert, von Quarks (hypothetischen Elementarteilchen) bis zu Galaxien. Zehn hoch minus sechs Meter (10^{-6} m) ist ein Millionstel Meter, also 0,000001 m, zehn hoch minus drei Meter (10^{-3} m) ein Tausendstel Meter, also 0,001 m, zehn hoch drei Meter (10^{3} m) tausend Meter, also 1000 m, zehn hoch sechs Meter (10^{6} m) eine Million, also 1000000 m, und so fort. Aber zehn hoch vierzig Meter (10^{40} m) ist eine derart immense Strecke, dass unser Vorstellungsvermögen versagt. Das SI-System hingegen hat mit solchen Größen keinerlei Schwierigkeiten.

Einen kurzen Blick auf die Extreme des wissenschaftlichen Messens in kleinstem Maßstab erlaubt eine Meldung in der Zeitschrift *Nature* aus dem Jahr 2006. Man muss sich beim Lesen dieses Hinweises vor Augen führen, dass ein Nanometer die SI-Bezeichnung für 10^{-9} Meter (0,000000001 m) und ein Zeptogramm die Bezeichnung für 10^{-21} g (0,000000000000000000001 g) ist.

Die Meldung lautet: «US-Forscher haben ein Messverfahren so verfeinert, dass man nun Massen im Zeptogramm-Bereich bestimmen kann. Im Prinzip sollte es damit möglich sein, Atome in zweistelliger Anzahl oder einzelne Moleküle abzuwiegen. … Ein Forscherteam des California Institute of Technology benutzte 70 bis 100 Nanometer dicke Siliziumkarbidstäbchen, die mit einer ganz bestimmten, äußerst hohen Frequenz vibrierten. Die Stäbchen wurden einem Strahl aus Xenon- bzw. Stickstoffgas ausgesetzt, wodurch sich ihre Schwingungsfrequenz änderte. Der Vergleich von ausgestoßener Gasmenge und Frequenzänderung ermöglichte eine Bestimmung der Gasmasse im Zeptogramm-Bereich.»

Der Einfallsreichtum der Wissenschaftler ist verblüffend, aber so faszinierend die Vorstellung einer Zepto-Welt auch sein mag, mit unserer Wirklichkeit scheint sie nicht viel zu tun zu haben. Weit eindrucksvoller wirkt auf uns einer der weniger bekannten Versuche des Archimedes in einer Zeit primitivster Messmethoden. Im 3. Jahrhundert v. Chr. berechnete dieser Pionier der Wissenschaft mit seinem „Sandrechner", dass 10 Sandkörner zur 51. Potenz erhoben (10^{51}) das gesamte damals bekannte Universum ausfüllen würden. Ist der Mensch wirklich «das Maß aller Dinge», wie Protagoras, der berühmteste der griechischen Sophisten, vor rund 2500 Jahren sagte? Oder ist ein Mensch im Universum ein ebenso bedeutungsloses Körnchen Materie wie ein Sandkorn auf der Erde?

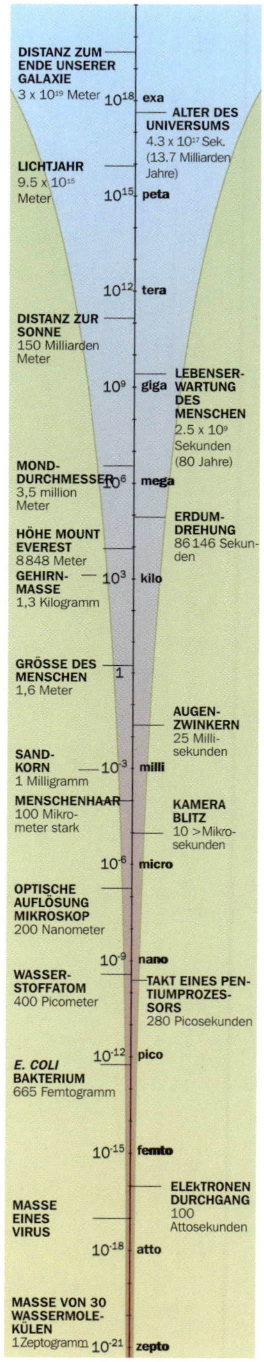

Vom Mikro- zum Makrokosmos umfassen die Maße über 40 Zehnerpotenzen.

Die Chronik des Messens

Eiszeit	In Knochen gekerbter Mondkalender
8000 v. Chr.	Zählsteine und Zählmarken aus Ton
Ende 4. Jahrt.	In Tontafeln geritzte Maße
Anfang 2. Jahrt.	Erfindung des Alphabets
ca. 500 v. Chr.	Theorie von der Kugelgestalt der Erde
	Berechnung des Erdumfangs
129 v. Chr.	Katalogisierung der Gestirne
46 v. Chr.	Einführung des julianischen Kalenders
1. Jh. n. Chr.	Weltkarte mit Koordinaten
1215	Magna Charta verlangt einheitliche Maße und Gewichte in England
1543	Theorie der Heliozentrik
1582	Einführung des gregorianischen Kalenders
1549	Erfindung der Logarithmentafeln
Anfang 17. Jh.	Erfindung des optischen Mikroskops
1609	Erfindung des Teleskops
1609–20	Gesetze der Planetenbewegung
1628	Messung des Blutkreislaufs
1644	Erfindung des Quecksilberbarometers
1676	Messung der Lichtgeschwindigkeit
1687	Gesetze der Mechanik und der Schwerkraft
1705	Gesetze der Kometenbewegung
1720er	Erfindung von Quecksilberthermometer und Fahrenheitskala
1735–1750er	Systematisierung der Lebewesen
1742	Einführung der Celsius-Skala
1761	Messung eines Längengrads mit Marinechronometer
1791	Frankreich genehmigt auf Längengrad basierendes Standardmaß
1792–9	Messung eines Meridians in Frankreich
1801	Einführung des metrischen Systems in ganz Frankreich
1808	Entdeckung der Atomgewichte und Molekülformeln
1812	Einführung der mohsschen Härteskala
1830er	Einführung der geologischen Zeitskala
1830–1840er	Messung elektrischer und magnetischer Erscheinungen; Theorie des Elektromagnetismus
1835	Erfindung des Sphygmographen
1852	Messung der Höhe des Mount Everest
1859	Messung der Emissions- und Absorptionsspektra
1869	Einführung des Periodensystems der Elemente
1875	In Paris unterzeichnen 17 Staaten die Meterkonvention; Gründung des Internationalen Büros für Maße und Gewichte
	Vermessung der tiefsten Tiefseegräben der Welt
1880er	Erfindung des Seismographen
	Messung der elektromagnetischen Wellen
1884	Der Greenwich-Meridian wird als Nullmeridian bestimmt; Festlegung der mittleren Greenwich-Zeit (GMT) und der Zeitzonen
1888	Einführung der internationalen Lautschrift
1890er	Beginn der Abnahme von Fingerabdrücken
1895	Entdeckung der Röntgenstrahlen
1897	Erstmalige Ermittlung des Dow-Jones-Aktienindex
1900–1902	Entdeckung der Blutgruppen
1905	Spezielle Relativitätstheorie
1911	Rutherfordsches Atommodell
1912	Messung des IQ mit dem Stanford-Binet-Test
	Messung von Atomen mit Röntgenkristallographie
1913	„Sonnensystem-Theorie" des Atomaufbaus
1915	Allgemeine Relativitätstheorie
1923	Einführung der Dezibel-Skala
1927	Heisenberg formuliert die Unschärferelation
1928	Entwicklung des Geiger-Müller-Zählrohrs
1929	Messung der Expansion des Weltalls
1931	Erfindung des Transmissionselektronenmikroskops
1932	Entdeckung des Neutrons
1935	Magnitude als Maß der Erdbebenstärke auf der Richter-Skala
1940er	Entwicklung der elektronischen Rechner
1950er	Entwicklung der Cäsiumatomstrahluhr
1953	Entdeckung der DNA-Doppelhelix
1958–60	Entwicklung des Lasers
1958	Beginn der Überwachung des Kohlendioxidgehalts der Atmosphäre
1960	Einführung des Internationalen Einheitensystems (SI)
1960er–70er	Theorie der Standardmodelle zur Erklärung der Elementarteilchen
1965	Entdeckung der kosmischen Hintergrundstrahlung
1968–72	Mondflüge des Apollo-Programms
1970er	Entwicklung der elektronischen Rechner und des Globalen Ortungssystems (GPS)
1975	Theorie der Fraktale
1980er	Entwicklung der Magnetresonanzbildgebung (MRT)
1990	Start des Hubble-Weltraumteleskops
2004	Aufschlüsselung des menschlichen Genoms
2007	Inbetriebnahme des europäischen Protonenspeicherrings Large Hadron Collider

Apothek
531. P. Z. - BERN

I VOM SINN DES MESSENS

Von den vielen Objekten, die wir täglich messen, ist uns die Zeit am meisten bewusst. Jeder hat Zugang zu einer Uhr und kennt die Zeiteinheiten. Wir sind daran gewöhnt, dass die Minute 60 Sekunden, die Stunde 60 Minuten, der Tag 24 Stunden und die Woche sieben Tage hat. Als die Französische Revolution versuchte, den Tag in zehn Stunden zu 100 Minuten mit je 100 Sekunden zu teilen und eine Woche mit zehn Tagen einzuführen, begannen die Menschen zu rebellieren. Auch im sonst dezimal ausgerichteten Système International ist die Sekunde eine Basiseinheit. Woher aber kommen diese seltsamen Zahlen? Von den Babyloniern stammt die Stunde mit 60 Minuten. Die Ägypter gaben uns den in zwölf Tages- und zwölf Nachtstunden geteilten Tag. Hellenistische Astrologen im Verein mit dem jüdisch-christlichen Kalender bescherten uns die Sieben-Tage-Woche.

Viel weniger klar sind die Motive, die jene Kulturen zu ebendiesen Einteilungen veranlassten, und warum wir modernen Menschen Jahrtausende später daran festhalten. Was hat es mit bestimmten Zahlen auf sich? Wie entstanden Maße wie Fuß, Pfund oder Eimer? Warum hatten sie in der europäischen Geschichte so große Bedeutung?

Die Sonnenuhr „Timespace“ wurde anlässlich des Jahrtausendwechsels im englischen Gosport bei Portsmouth errichtet. Das Design verweist auf Einsteins Relativitätstheorie und seinen Raum-Zeit-Begriff, der im gepflasterten Bereich symbolisiert ist. Die Schatten der am zentralen Mast befestigten Kegel zeigen die Ortszeit an. Wenn die Sonne den über das Pflaster verlaufenden, die Nord-Süd-Richtung markierenden Meridian überschreitet, zeigt ein durch die Kegel erzeugter Lichtpunkt nicht nur die Zeit, sondern auch das Datum an.

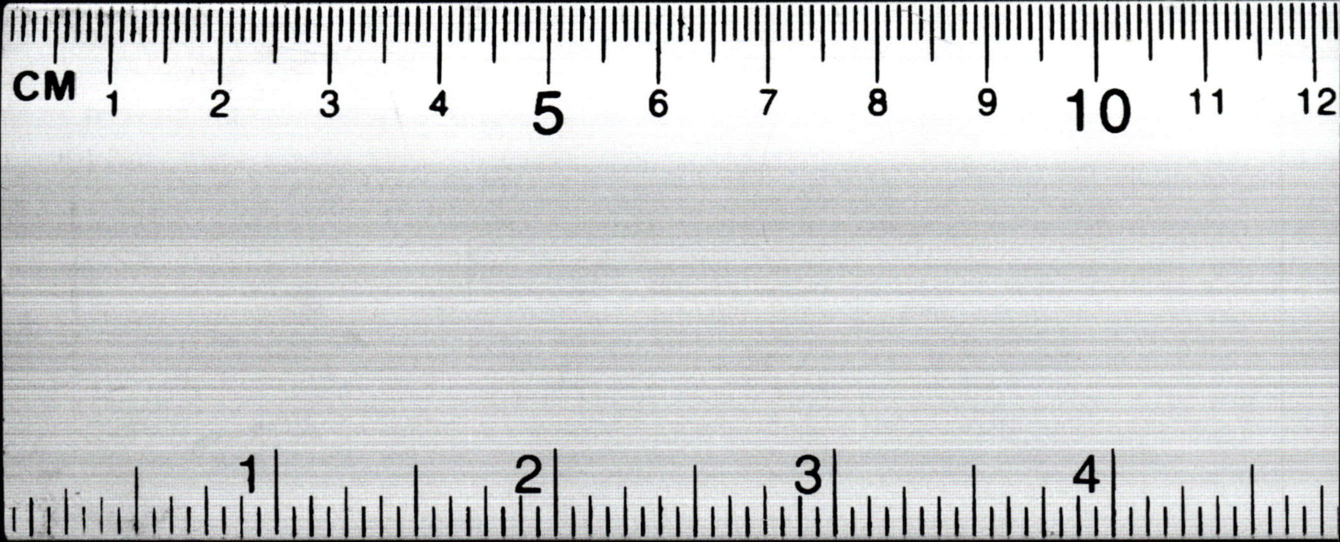
CM
1 2 3 4 5 6 7 8 9 10 11 12
1 2 3 4

Die Vermessung der Erde in der griechischen Antike

Den Griechen verdanken wir zwei grundlegende Auffassungen über die Erde, nämlich, dass diese keine Scheibe, sondern eine Kugel ist, die von der Sonne umkreist wird (geozentrisches System) und nicht umgekehrt (heliozentrisches System). Die erste dieser beiden Thesen wurde von Pythagoras im 6. Jahrhundert v. Chr. aufgrund theoretischer Überlegungen aufgestellt und von Aristoteles im 4. Jahrhundert anhand von Beobachtungen bestätigt. Sie stieß auf keine nennenswerte Kritik und wurde von allen großen Denkern, so auch Archimedes und später Ptolemäus, übernommen.

Nur der „Querdenker" Aristarch nahm schon im 3. Jahrhundert v. Chr. eine in einem heliozentrischen System kreisende Erde an, woraus er die Jahreszeiten erklärte. Trotzdem hatte das geozentrische Weltbild bis Kopernikus (16. Jahrhundert) fast 2000 Jahre lang Gültigkeit.

Wichtige Beiträge zur Vermessung der Erde lieferten Eratosthenes, Hipparch und Ptolemäus. Eratosthenes, der 235 v. Chr. Leiter der Bibliothek von Alexandria wurde, vermaß den Erdumfang mit erstaunlicher Genauigkeit. Der Überlieferung nach benutzte er dazu einen Brunnen in Syene (heute Assuan) südlich von Alexandria und einen Obelisken auf dem Bibliotheksgelände. An dem Tag, an dem die Sonne genau senkrecht und ohne einen Schatten zu erzeugen in den Brunnenschacht schien – Syene lag auf dem Wendekreis des Krebses, somit war es der Tag der Sommersonnenwende –, maß er in Alexandria den Winkel zwischen Obelisk und Schatten.

Da die beiden Orte praktisch auf demselben Meridian liegen, ergeben sich aus diesem Winkel ihre Breitengrade. Wie die Abbildung zeigt, muss der vom Erdmittelpunkt ausgehende, von Obelisk und Brunnenschacht gebildete und die beiden Breitengrade bestimmende Winkel nach den Gesetzen der Geometrie dem Winkel zwischen Obelisk und Schatten entsprechen (unter der Annahme, dass aufgrund der riesigen Entfernung der Sonne ihre Strahlen parallel auf die Erdoberfläche treffen). Der Winkel betrug 7,2°.

Unten: Hipparch beobachtet den Sternenhimmel (auf Rhodos oder in Alexandria).
Unten links: Berechnung des Erdumfangs durch Eratosthenes

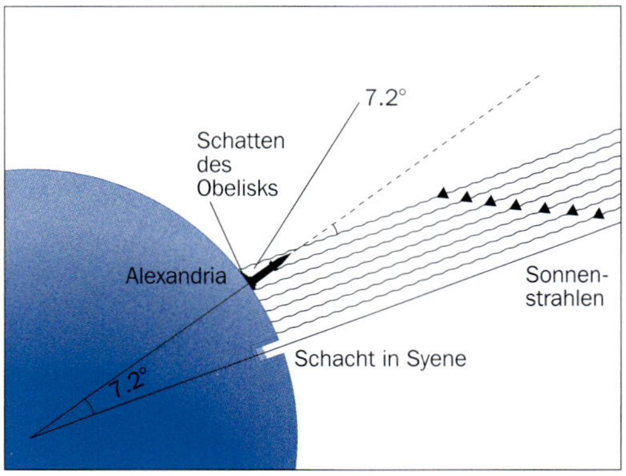

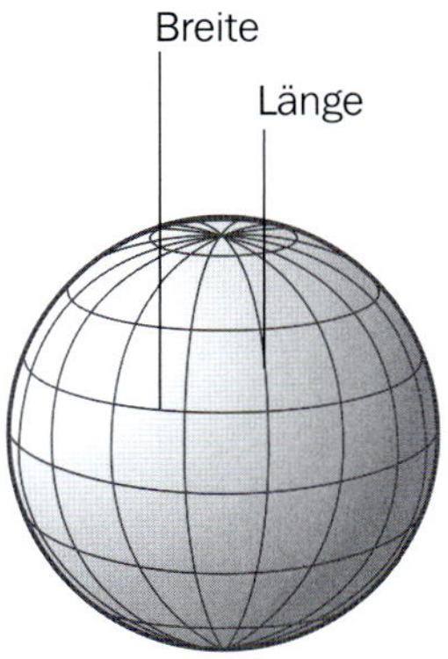

Da die Entfernung zwischen Alexandria und Syene etwa 5000 Stadien betrug, ließ sich der Erdumfang aus 5000 multipliziert mit dem Quotienten aus 360 : 7,2 auf 250 000 Stadien berechnen.

Die exakte Länge dieser Maßeinheit ist zwar nicht gesichert, aber eine der möglichen Umrechnungen ergibt einen Erdumfang von 39 690 km, was den 40 075 km Länge des Äquators sehr nahe kommt.

Aus der Antike ist uns keine Weltkarte erhalten, aus Texten lässt sich jedoch rekonstruieren, dass Eratosthenes eine solche erstellt hat, wobei er, obwohl er Syene und Alexandria auf derselben Linie anordnete, noch keine Längen- und Breitengrade benutzte. Diese Einteilungen gehen auf Hipparch zurück, der die geographischen Arbeiten des Eratosthenes scharf kritisierte. Er erstellte im 2. Jahrhundert v. Chr. den ersten bekannten Katalog der Gestirne. Dieses beeindruckende Verzeichnis, vollendet 129 v. Chr., erfasste etwa 850 Sterne, geordnet nach ihrer Länge und Breite auf dem Himmelsglobus und ihrer Helligkeit – wie dies auch heute noch üblich ist. Großen Einfluss übte Hipparch auf Ptolemäus aus, der im 2. Jahrhundert n. Chr. lebte. Dieser übernahm von ihm das System der Längen- sowie der parallel zum Äquator verlaufenden Breitengrade.

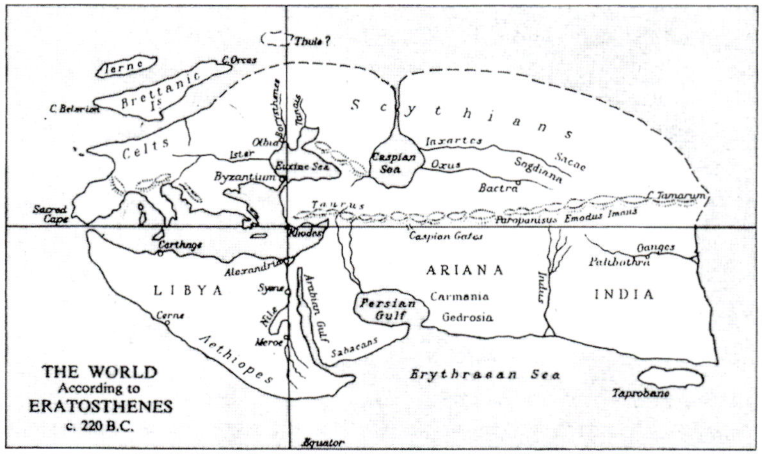

Oben: Versuch der Rekonstruktion einer Karte der damals bekannten Welt von Eratosthenes

Links: Weltkarte des Ptolemäus, 1482. Von den Originalen ist keines erhalten geblieben. Das ptolemäische Ortsverzeichnis in der Geographia mit etwa 8000 benannten und mittels Koordinaten bestimmten Orten wurde im 15. Jahrhundert in Italien und Deutschland zur Rekonstruktion seiner Karten benutzt. Trotz ihrer vielen Ungenauigkeiten und dem sich in der Renaissance rasch verbessernden Wissen über die Erdgestalt übten die ptolemäischen Karten nach wie vor großen Einfluss aus.

Länge und Breite

Hipparch verdankt man ein theoretisches Koordinatensystem, mit dem sich Standorte über Längen- und Breitengrade definieren ließen. In den folgenden Jahrhunderten mussten vor allem die Seefahrer wegen der zunehmenden Handels- und Entdeckungsreisen auch für die Praxis brauchbare Mittel der Ortsbestimmung entwickeln.

Auf See war die übliche Methode der Positionsbestimmung das Loggen und die Messung der Gestirnshöhe. Dazu wurde vom Bug des fahrenden Schiffes ein Holzscheit, das Log, das an einer ablaufenden Leine befestigt war, über Bord geworfen. Aus der Zeit, die das Log benötigte, um zum Heck zu gelangen, errechnete man die Geschwindigkeit des Schiffes. Durch Messung der Gestirnshöhen – tagsüber der Sonne und nachts der Sterne – mit dem Gradstock oder dem Astrolabium ließ sich der Breitengrad und damit auch der Kurs bestimmen.

Wesentlich schwieriger war es für die Seefahrer, den Längengrad herauszufinden. Ptolemäus hatte den Satz des Pythagoras benutzt, um die geographischen Längen zweier Punkte A und B festzustellen. Die beiden „bekannten" Seiten seines rechtwinkeligen Dreiecks waren der Abstand zwischen den Breitengraden der horizontal gegeneinander verschobenen Punkte A und B sowie die Luftlinie zwischen diesen Punkten (Hypotenuse). Beide Distanzen waren aber noch sehr ungenau, da man von Größe und Gestalt der Erde noch keine präzisen Vorstellungen hatte. Zwar vermuteten die meisten Gelehrten der Antike bereits, dass die Erde eine Kugel ist, aber niemand konnte ihren Umfang genau bestimmen, geschweige denn den der Längen- und Breitenkreise.

Oben: Astrolabien waren schon im 6. Jahrhundert bekannt. Ihre Beliebtheit bei Astronomen begann im europäischen und islamischen Frühmittelalter, und von der Mitte des 15. Jahrhunderts an benutzte man sie auch auf See: Um den Breitengrad zu bestimmen, maß man den Höhenwinkel, den ein Himmelskörper mit dem Horizont bildet. Diese Geräte wurden später von mit Fernrohren versehenen Sextanten verdrängt **(oben links)**.

Links: Ausschnitt aus William Hogarths „A rake's progress". Ein Geisteskranker zeichnet im Irrenhaus Längengrade an die Wand. Im 18. Jahrhundert wimmelte es von Vorschlägen zur Lösung des Längenproblems.

Eine andere den Griechen bekannte Navigationsmethode beruhte auf einer Berechnung der geographischen Länge aus der Zeit. Durch die Erdrotation verschiebt sich der Sonnenaufgang in dem Maß, in dem man sich von einem gegebenen Längengrad nach Westen bewegt. 1884 wurde der Greenwich-Meridian bei London als Nullmeridian festgelegt: Die Zeitverschiebung zwischen New York und Greenwich beträgt fünf, zwischen San Francisco und New York drei Stunden. Während einer Erdumdrehung kreuzt die Sonne 360 Meridane, was bedeutet, dass die Ortszeit von Meridian zu Meridian um vier Minuten differiert. Die Differenz zur Ortszeit des entsprechenden Grades auf der jeweils sonnenabgewandten Erdhälfte beträgt zwölf Stunden.

Vor Ende des 18. Jahrhunderts verfügten die Seeleute allerdings nicht über ganggenaue transportable Uhren, mit denen sie die Ortszeit – gemessen durch astronomische Beobachtungen – mit der in London gemessenen Zeit vergleichen konnten. Länge und Breite mussten ausschließlich astronomisch bestimmt werden. Die im 18. Jahrhundert laufend verbesserten Fernrohre ermöglichten es den Steuerleuten, die jeweilige Höhe des Mondes oder eines Sterns über dem Horizont und die Winkeldistanz des Mondes zur Sonne oder einem Fixstern zu ermitteln und mit in London oder Paris hergestellten Tabellen zu vergleichen, die dieselben Konstellationen zu bestimmten Tages- und Nachtstunden des jeweiligen Tages auflisteten. Da dem Navigator aus der Position der Gestirne die Ortszeit bekannt war, konnte er daraus die Länge errechnen. Diese Berechnungen waren jedoch sehr schwierig, zudem war die Methode nur bei ruhiger See anwendbar, da bei Seegang die Position der Gestirne nicht genau genug beobachtet werden konnte.

Für eine Seefahrernation wie England waren diese Mondtabellen (Ephemeriden), die im 1767 erstmals erschienen *Nautischen Jahrbuch* abgedruckt und regelmäßig aktualisiert wurden, bis weit ins 19. Jahrhundert von großer Bedeutung. Unterdessen wurde jedoch die Zeitmessung wesentlich verbessert. Den Anfang bildete das von John Harrison 1735 entwickelte Chronometer. Ab 1884 konnte man die Ortszeit mit der Greenwich-Zeit vergleichen und auf diese Weise den Längengrad berechnen.

Links: John Harrison (1693–1776) erfand das Seechronometer. Der Sohn eines Schreiners widmete sein Leben dem Bau von Uhren. Er baute fünf zunehmend präzise Chronometer, deren berühmtestes H4 ist (oben). Es wurde 1761 auf einer Reise von England nach Jamaika getestet. Bei der Ankunft stellte man fest, dass es nach mehr als zweimonatiger Fahrt nur fünf Sekunden nachging. Eine Kopie davon wurde für die zweite Weltreise von James Cook angefertigt. Dieser kartografierte mithilfe dieses Instruments den Pazifik. 1773 wurde Harrison nach Intervention König Georgs III. der begehrte Preis von 20 000 £ ausbezahlt, den das Parlament 1714 für die Lösung des Längenproblems ausgelobt hatte. Sein Chronometer H3 ist – viel zu groß gezeichnet – im Hintergrund zu sehen, neben der rechten Hand liegt H4.

Die Gestalt der Erde

Links: Die 1667–72 in Paris erbaute Sternwarte. Ihr erster Direktor war Jean-Dominique Cassini. Sie entwickelte sich zu Europas führendem Astronomie- und Kartografiezentrum.

Ende des 15. Jahrhunderts war die im antiken Griechenland vertretene Auffassung von der Kugelgestalt der Erde in ganz Europa weitgehend akzeptiert, ebenso das ptolemäische System der Längen- und Breitengrade. In dieser Epoche entstanden zahlreiche Landkarten und Globen. Die geographischen Darstellungen waren allerdings noch rudimentär. So glaubte Kolumbus, die von ihm entdeckten Westindischen Inseln seien der asiatischen Küste vorgelagert. Dass ein ganzer Kontinent und ein weiterer Ozean zwischen ihm und dem vermeintlichen Ziel lagen, ahnte er nicht. Aber die Europäer wussten immerhin, dass man, wenn man einem Breitengrad immer weiter nach Westen oder Osten folgte, wieder an den Ausgangspunkt zurückkehren würde.

Durch die großen Entdeckungsreisen des 16. Jahrhunderts erfuhr man immer mehr über ferne Kontinente, zugleich verbesserten sich die Techniken der Landvermessung. Über die Triangulation wird erstmals in einem 1533 zu Antwerpen erschienenen Buch berichtet. Im 17. Jahrhundert entwickelte man dafür Fernrohre mit Fadenkreuzen. Sie kamen erstmals ab 1670 in Frankreich zum Einsatz, dem ersten Land, in dem man unter der Leitung von Jean-Dominique Cassini genauere Landvermessungen unternahm. Sie zeigten, dass die französische Westküste, anders als auf den bisherigen Karten, im Verhältnis zum Pariser Meridian etwa eineinhalb Längengrade weiter östlich lag, die Südküste einen halben Breitengrad weiter nördlich. Brest verschob sich um 110 und Marseille um 40 Meilen. Als Ludwig XIV. 1682 die Königliche Sternwarte besuchte, zeigten ihm die Geodäten eine Karte seines geschrumpften Landes, worauf er ausrief: «Ihre Reise hat mich einen beachtlichen Teil meines Königreichs gekostet!»

Jenseits des Ärmelkanals nutzte Newton die französischen Angaben über die Größe der Erde für seine Berechnung der Schwerkraft. Seine revolutionäre Theorie führte zu einer wichtigen Erkenntnis. Die Erde, so Newton, sei keine perfekte

Unten: Einer der frühesten noch erhaltenen Erdgloben, hergestellt 1520 in Nürnberg von Johannes Schöner. Er basiert auf der Weltkarte von Martin Waldseemüller von 1507 und zeigt Nord- und Südamerika durch eine Meerenge getrennt. Japan ist eine große Insel westlich von Nordamerika.

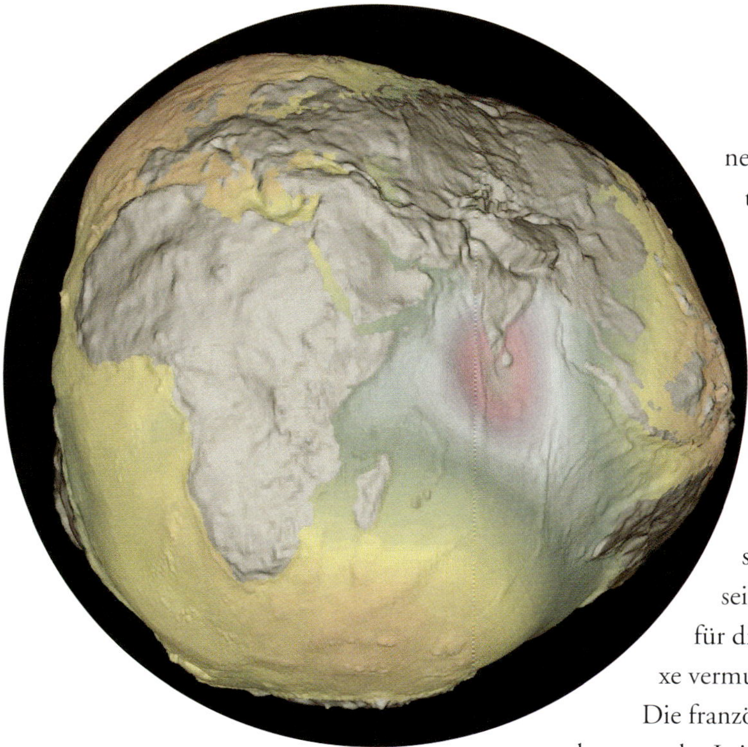

Links: Die abgeflachte Erde. Das als Geoid bekannte Computermodell zeigt, wie die Gravitationskraft an verschiedenen Punkten der Erdoberfläche variiert, sowie den durch die verminderte Schwerkraft verursachten Äquatorwulst, wie Newton ihn in seiner Gravitationstheorie vorhergesagt hatte. Auf der Oberfläche des Geoids ist das Gravitationspotenzial konstant. Das Geoid zeigt die Erde so, als ob es einen globalen mittleren Meeresspiegel gäbe. Die Schwankungen in der Oberflächenhöhe können bis zu 100 m betragen. Vor Erfindung des GPS war das Geoid die Bezugsfläche für geodätische Höhenmessungen weltweit.

Kugel. Die von der Erdrotation erzeugte Fliehkraft werde durch die Schwerkraft ausgeglichen, aber nicht überall in gleicher Weise. Die Äquatorzone bewege sich schneller als die Polargebiete. Daher müsse die Erde die Gestalt eines Rotationsellipsoiden angenommen haben. Da die Schwerkraft mit wachsender Entfernung vom Erdmittelpunkt abnehme, müsse sie am Äquator etwas geringer sein als an den Polen.

Newton überprüfte die französischen Meridianmessungen und zeigte, dass der Abstand der Breitengrade nach Norden hin leicht zuzunehmen schien, wie dies bei abgeplatteten Polen zu erwarten war. Weiterhin führte er an, dass eine Pendeluhr in Äquatornähe aufgrund der geringeren Schwerkraft etwas langsamer gehen müsste – so wie dies ein französischer Wissenschaftler 1672 in der Karibik tatsächlich beobachtet hatte. Er wies auch darauf hin, dass Astronomen beim Planeten Jupiter eine Abplattung an den Polen beobachtet hatten, und zuletzt legte er dar, dass die von Sonne und Mond auf die Äquatorzone ausgeübte Anziehungskraft für die Verlagerung der Erdachse verantwortlich sein konnte, in der man seit der Antike die Ursache für die Präzession der Equinoxe vermutete.

Die französischen Geodäten, nunmehr unter der Leitung von Cassini jr deuteten ihre Daten in entgegengesetzter Weise: Die Erde sei ein am Äquator abgeflachtes Sphäroid mit ausgewölbten Polen. Erst nach 1740 wurde der Streit zugunsten Newtons entschieden, und zwar durch zwei strapaziöse Expeditionen französischer Gelehrter mit dem Ziel, einen Breitengrad in Lappland nahe des Nordpols und einen in Peru am Äquator zu bestimmen. Deren Ergebnisse reichten aus, um, wie Voltaire bemerkte, «sowohl die Pole als auch die Cassinis platt zu machen».

Unten links: Jean-Dominique Cassini (1625–1712) war der Begründer einer Geodäten-Dynastie, die Frankreich kartierte. Im Jahrhundert der Revolution wurde das Land von den Cassinis in vier Generationen vermessen. Sie schufen mit dieser ersten wissenschaftlich durchgeführten Landesvermessung „La Carte de Cassini".

Links: Isaac Newton (1642–1727) ist der Begründer der modernen Physik. Seine Gravitationstheorie basierte auf Cassinis Messungen.

Die Definition des Meters

General de Gaulle soll über Frankreich gesagt haben: «Wie soll man ein Land regieren, in dem es 246 Käsesorten gibt?» So beeindruckend diese Zahl auch sein mag, sie verblasst neben der Vielfalt der Maße und Gewichte, die am Vorabend der Revolution in Frankreich in Gebrauch waren.

Unter dem Ancien Régime gab es zeitgenössischen Schätzungen zufolge etwa 800 Bezeichnungen wie Elle, Morgen, Scheffel und so fort, die für sage und schreibe 250 000 Maße standen. In dieser Feudalgesellschaft war es völlig normal, dass ein Bauer beim Zuteilen ein und desselben Produkts drei verschiedene Maße verwendete: eines auf dem Markt, auf dem er seine Waren verkaufte, eines für den Kirchenzehnten und eines für die Abgaben, die er seinem Grundherrn schuldete.

Sogar in Paris herrschte ein totales Durcheinander. Der Standard für die Elle wurde von der Obhut der Kaufmannsgilde in der Rue Quinquempoix gesetzt; die Normen für Schütt- und Flüssigmaße wurden hingegen im Pariser Rathaus aufbewahrt, die Prototypen der Gewichte wiederum in der Münzstätte und im Grand Châtelet. Ungeachtet eines königlichen Edikts von 1778 waren auf dem Pariser Markt zwei verschiedene Gewichte in Gebrauch, die aus Versailles und Saint-Denis stammten.

Seit den Zeiten Karls des Großen hatten acht französische Könige versucht, Vorschriften über Standardmaße und -gewichte zu erlassen – alle ohne Erfolg, denn eine solche Vereinheitlichung war keineswegs im Sinne des Adels, der die herrschende Schicht des Ancien Régime darstellte. Schließlich konnten die Grundherren und ihre Gutsverwalter nur zu oft die Vielfalt der Maßeinheiten zu ihren Gunsten und zum Schaden der Bauern nutzen, indem sie überhöhte Pachtabgaben eintrieben.

1789 wurde jedoch selbst dem Adel klar, dass das Chaos nicht länger fortdauern konnte: In den „Cahiers de doléance", dem an Ludwig XVI. gerichteten Forderungskatalog, äußerte das Volk unmissverständlich seinen Wunsch nach «einem Gott, einem König, einem Gesetz, einem Maß und einem Gewicht». Das erklärt, warum es während der Revolution gelang, der Öffentlichkeit eine so tief greifende Veränderung wie die Umstellung auf das metrische System zu vermitteln. Die Menschen waren mit dem Chaos derart unzufrieden, dass sie bereitwillig ein noch völlig unerprobtes System übernahmen.

In den Jahren nach 1790 nutzten französische Wissenschaftler mit Unterstützung republikanischer Politiker und später Napoleons die Gelegenheit, um – außer bei der Zeitmessung – ein reines Dezimalsystem einzuführen, das nicht auf über-

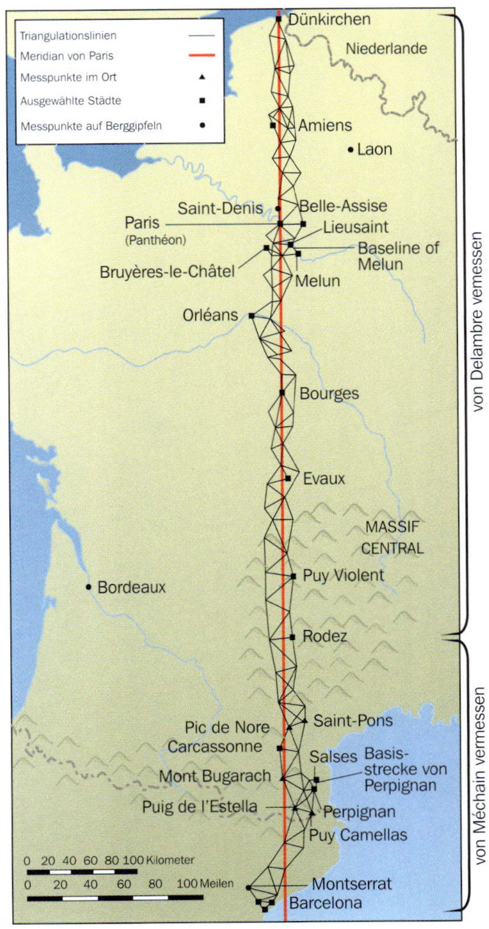

Die Messung des Meridianbogens. Um die Länge des Meters zu bestimmen, wurde 1792–1799 der Meridianbogen von Dünkirchen über Paris bis Barcelona durch trigonometrische Messungen ermittelt. Die Breitengrade der beiden Endpunkte bestimmte man astronomisch. Den nördlichen Abschnitt vermaß Delambre, den südlichen Méchain. Basisstrecke von Perpignan

Oben: Die Geodäten Jean-Baptiste-Joseph Delambre (1749–1822) und Pierre-François-André Méchain (1744–1804) vermaßen den Meridianbogen. Die Abbildungen zeigen sie in der Uniform der Französischen Akademie der Wissenschaften.

kommenen Gewohnheiten basierte, sondern auf wissenschaftlichen Grundlagen. Doch es kam bald zu einem Konflikt mit den alten Maßen, die der Bevölkerung vertraut waren, sodass Napoleon – der selbst die traditionellen Einheiten bevorzugte, 1812 einen Rückzieher machte. Per Dekret erklärte er allen Protesten der Wissenschaftler zum Trotz neben den metrischen auch einige der alten Maßeinheiten für zulässig. Erst 1840 wurde das metrische System in ganz Frankreich verbindlich.

Der Wirtschaftshistoriker Witold Kula schreibt in „Measures and Men“: «Die genormten Maße und Gewichte, nach denen man sich jahrhundertelang gesehnt und die ein Großteil der Bevölkerung kurz vor der Revolution gefordert hatte, die so viele führende Revolutionäre gepriesen und die klügsten Köpfe dieser Zeit erdacht hatten, mussten dem Volk letztlich aufgezwungen werden.»

Den ersten Vorschlag, sämtlichen Längen und Hohlmaßen ein Dezimalsystem zugrunde zu legen, das nicht auf menschlichen oder vom Menschen geschaffenen Maßen, sondern auf den Abmessungen der Erde beruhte, machte 1670 der französische Priester und Astronom Gabriel Mouton: Basiseinheit der Länge sollte die Minute eines Großkreises (also des Umfangs) der Erde sein, was fast 2000 Metern entsprach. Die Einheit, für die sich die Französische Akademie der Wissenschaften 1791 entschied, war das Zehnmillionstel eines Großkreisquadranten, also der Distanz vom Äquator zum Nordpol. Der Erdumfang beträgt 40 075 km, ein Viertel davon nicht ganz 10 019 km. Teilt man diese Länge durch 10 000 000, kommt man auf 1,0019 m.

Links: Der Repetitionskreis de Bordas. Dieses Instrument ermöglichte eine genaue Messung des Meridianbogens (1792–99). Jean-Charles de Borda schätzte die Länge des für kommerzielle Zwecke genutzten Meters, ehe das genaue Maß aus der Länge des Meridianbogens errechnet wurde. Die Inschrift auf seinem eisernen Klappmaßstab (oben links) lautet: «Meterstab in Länge des zehnmillionsten Teils eines Erdmeridianquadranten, Borda, 1793.»

Zuvor hatte man über einen Standard nachgedacht, der auf der Länge eines Pendels basierte. Ende des 18. Jahrhunderts wussten die Wissenschaftler, dass die Schwingungsdauer eines Pendels nicht von der Pendelmasse, sondern ausschließlich von seiner Länge abhängt. Die Periode eines Pendels bot sich deshalb zur Definition einer Längeneinheit durchaus an. Das sogenannte Sekundenpendel, das unter normalen Schwerkraftbedingungen auf Meereshöhe und 54° Breite – also auf halbem Weg zwischen dem Äquator und den Polen – für eine Halbschwingung eine Sekunde benötigt, ist 0,994 m lang, etwas weniger als einen Meter.

Die Definition des Meters über ein Pendel wurde jedoch verworfen: Einerseits hängt die Periodendauer von der mit absoluter Höhe und Breitengrad variierenden Schwerkraft ab, andererseits sollten sich die Zeiteinheiten möglicherweise selbst ändern, dachte man doch über die Dezimalisierung der Zeitmessung nach– eine Tageseinteilung in 10 Stunden zu je 100 Minuten à 100 Sekunden.

Die Maßbestimmung mithilfe des Pendels hätte freilich einen großen Teil der Zeit und Mühe erspart, die man darauf verwendete, mit größtmöglicher Genauigkeit den Meridianbogen von Dünkirchen bis Barcelona zu vermessen. Dieses mühevolle Unternehmen, das in einer Zeit innenpolitischer Wirren in Frankreich und des Krieges gegen Spanien durchgeführt wurde, nahm mehr als sieben Jahre in Anspruch, und die Resultate waren recht genau, auch wenn sich Fehler eingeschlichen hatten, teils weil die Erde keine perfekte Kugel ist, teils aufgrund ungenauer Instrumente. Dennoch verlieh diese Expedition dem Meter Legitimität und dem metrischen System Prestige, einem System, das sich, so unpopulär es anfangs auch war, letztlich durchsetzen musste. Napoleon hatte völlig Recht, als er sagte: «Eroberungen vergehen, aber dieses Werk wird von Dauer sein.»

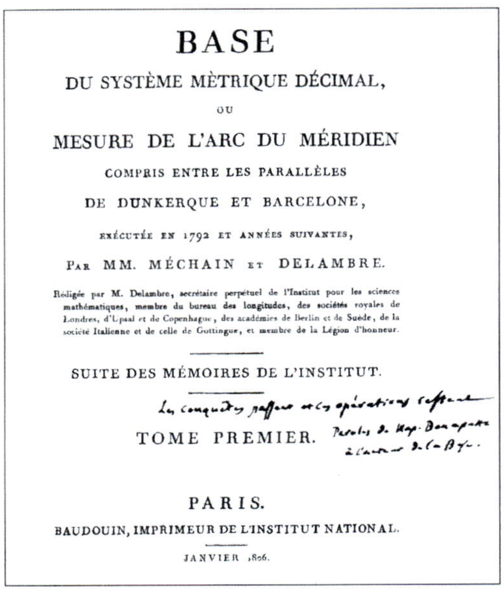

BASE

DU SYSTÈME MÈTRIQUE DÉCIMAL,

OU

MESURE DE L'ARC DU MÉRIDIEN

COMPRIS ENTRE LES PARALLÈLES

DE DUNKERQUE ET BARCELONE,

EXÉCUTÉE EN 1792 ET ANNÉES SUIVANTES,

PAR MM. MÉCHAIN ET DELAMBRE.

Rédigée par M. Delambre, secrétaire perpétuel de l'Institut pour les sciences mathématiques, membre du bureau des longitudes, des sociétés royales de Londres, d'Upsal et de Copenhague, des académies de Berlin et de Suède, de la société Italienne et de celle de Gottingue, et membre de la Légion d'honneur.

SUITE DES MÉMOIRES DE L'INSTITUT.

Les conquêtes passent et ces opérations restent

TOME PREMIER.

PARIS.

BAUDOUIN, IMPRIMEUR DE L'INSTITUT NATIONAL.

JANVIER 1806.

Links: Eine Zeichnung aus der Zeit der Französischen Revolution zeigt Bürger (von oben links im Uhrzeigersinn) beim Gebrauch von Liter, Gramm, Meter, Kubikmeter, Franc und Doppelmeter. In Wirklichkeit sorgte die gleichzeitige Verwendung alter und neuer Maße für heillose Verwirrung.

Links unten: Titelblatt des Buches „Base du Système Métrique Décimal", erschienen 1806. Es handelt sich um das Exemplar Delambres. Er hielt darauf auch den Kommentar Napoleons zu diesem Buch fest: «Eroberungen vergehen, aber dieses Werk wird von Dauer sein.»

Unten: Napoleon Bonaparte (1769–1821), Kaiser der Franzosen (1804–14). Bei allem Interesse für die Wissenschaft benutzte Napoleon selbst niemals metrische Maße. Nach seiner Abdankung 1815 kritisierte er die Begeisterung der französischen Gelehrten für das metrische System: «Es reichte ihnen nicht, 40 Millionen Franzosen zu beglücken, sie wollten das ganze Universum dazu verpflichten.»

Die Metrifizierung der Welt

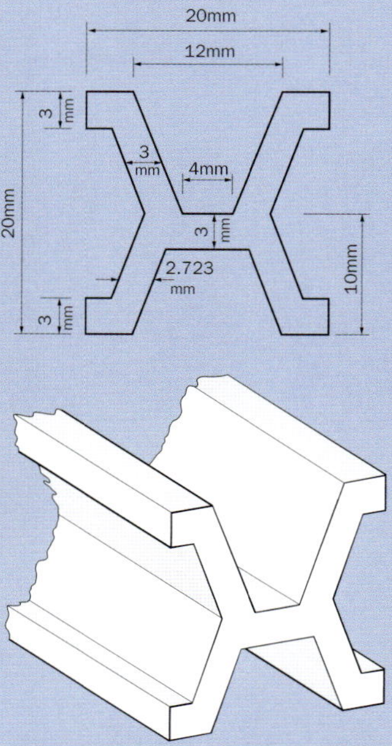

Die Anfertigung des neuen Standardmeters, Stich von 1874. Er zeigt Wissenschaftler des Conservatoire National des Arts et Métiers in Paris bei der Arbeit an einem neuen Meterstab. Die Grafiken zeigen Ende und Querschnitt des endgültigen internationalen Prototyps aus Platin-Iridium.

Von der Französischen Revolution bis zur Einführung des Internationalen Einheitensystems im Jahr 1960 war das Urnormal des Meters eine Metallstange, die im Internationalen Büro für Maße und Gewichte in Sèvres aufbewahrt wurde. Die Eichinstitute anderer Länder besaßen Kopien. 1889 fertigte man einen neuen Prototyp an. Er bestand aus einer Platin-Iridium-Legierung und hatte einen X-förmigen Querschnitt, der bei fachgerechter Lagerung ein Durchbiegen und Verwinden verhindern sollte. Die polierten Facetten wiesen an beiden Enden feine waagerechte Striche für visuelle Mikrometermessungen auf sowie stärkere vertikale Striche zur Überwachung der Ausdehnung des Metalls im Temperaturbereich 0–20 °C. Die Längendefinition erfolgte jeweils bei 0 °C.

Da die Nachteile eines solchen Stabs offenkundig sind, versuchte man in der ersten Hälfte des 20. Jahrhunderts immer wieder, den Meter neu zu definieren, und zwar durch die Wellenlänge des Lichts, einen unveränderlichen Standard, der in jedem entsprechend ausgestatteten Labor gemessen werden konnte. 1960 definierte man den Meter über die Vakuumwellenlänge der orangeroten Spektrallinie des Kryptonisotops 86Kr. 1983 erfolgte die heute gültige, auf der Lichtgeschwindigkeit basierende Definition: Ein Meter ist die Strecke, die das Licht im Vakuum in1/299 792 458 Sekunden zurücklegt. Die steigende Genauigkeit des Längenstandards ist aus der Tabelle ersichtlich:

Jahr	Definitionsgrundlage	Genauigkeit
1791	Meridianquadrant der Erde	±0,06 mm
1889	Prototyp	±0,002 mm
1960	Krypton-Wellenlänge	±0,000 007 mm
1983	Lichtgeschwindigkeit	±0,000 000 7 mm
Heute	Dito mit genauerem Laser	±0,000 000 02 mm

Die Metrifizierung der Welt ist auf S. 15 dargestellt. Nach Frankreich haben dessen Nachbarstaaten, die unter französische Herrschaft geraten waren, auf das metrische System umgestellt, und erstaunlicherweise sind die Niederlande, Belgien und Luxemburg nach dem Sturz Napoleons 1815 dabei geblieben. In der Zeit, in der in Frankreich neben den neuen auch alte Maße gültig waren, benutzten sie ausschließlich das metrische System.

Spanien stellte in den 1850er- und 1860er-Jahren um, im Rahmen ihrer politischen Einigung folgten Deutschland und Italien, bald darauf Portugal, Norwegen-Schweden, Österreich-Ungarn und Finnland. 1900 hatten weit mehr als die Hälfte der Länder Europas das metrische System übernommen. Im Zuge des Kolonialismus folgten die verbliebenen spanischen Koloniern in Südamerika – zumindest offiziell – dem Beispiel des Mutterlandes, Algerien und Tunesien mussten Frankreich folgen, während die Verweigerung Großbritanniens die Umstellung in Australien, Kanada und Indien bis in die zweite Hälfte des 20. Jahrhunderts verzögerte. Die ersten asiatischen Länder, die das metrische System einführten, waren 1918 die Mongolei, nach 1920 Kambodscha und Afghanistan. In Japan gab es starke Widerstände, sodass die Umstellung erst nach 1950 erfolgte, in China musste sie bis 1959 warten, zehn Jahre nach der kommunistischen Machtübernahme. Wie in der Sowjetunion, die 1924 umgestellt hatte, war hier der politische Umsturz der Metrifizierung förderlich. Die britische Regierung verpflichtete sich 1965 zur Umstellung, ließ aber die Dinge schleifen und schaffte die Metrifizierungsbehörde 1979 ab. Seit 1974 wird das metrische System in den Schulen unterrichtet, und auf Verpackungen wurden zusätzlich metrische Angaben eingeführt. Eine Umstellung der Verkehrsschilder ist aber nicht geplant. In der Presse findet man eine ziemlich willkürliche Mischung von britischen und metrischen Einheiten. Vielleicht dauert es noch ein weiteres Jahrzehnt, bis das metrische System in Großbritannien akzeptiert wird. Das wäre ab 1965 gerechnet ein halbes Jahrhundert – wie in Frankreich von 1791 bis 1840.

In den USA fehlt der politische Wille zur Umstellung. Sogar Wissenschaftler benutzen oft noch die alten Maße – manchmal mit peinlichen Folgen. So verlor die NASA 1999 eine Marssonde, weil eines der Konstruktionsteams die traditionellen und das andere metrische Maße benutzt hatte. Zwischen 1971 und 1991 stieg zwar die Akzeptanz des metrischen Systems von 38 auf 80%, aber die Zahl derer, die eine Umstellung befürworten, sank von 50 auf 26%.

Die Metrifizierung in Großbritannien und den USA. Die britische Hinweistafel auf eine Brückendurchfahrt benutzt vier Einheiten: Yards, Feet, Zoll und Meter. In den USA rückt das metrische System zunehmend ins Bewusstsein. Dieser Prozess wird von der Bundesregierung durch Schilder mit umgerechneten Einheiten gefördert (ganz unten). Die obligatorische Verwendung des metrischen Systems scheint jedoch noch nicht bevorzustehen.

2. Kapitel *Zahlen und Mathematik*

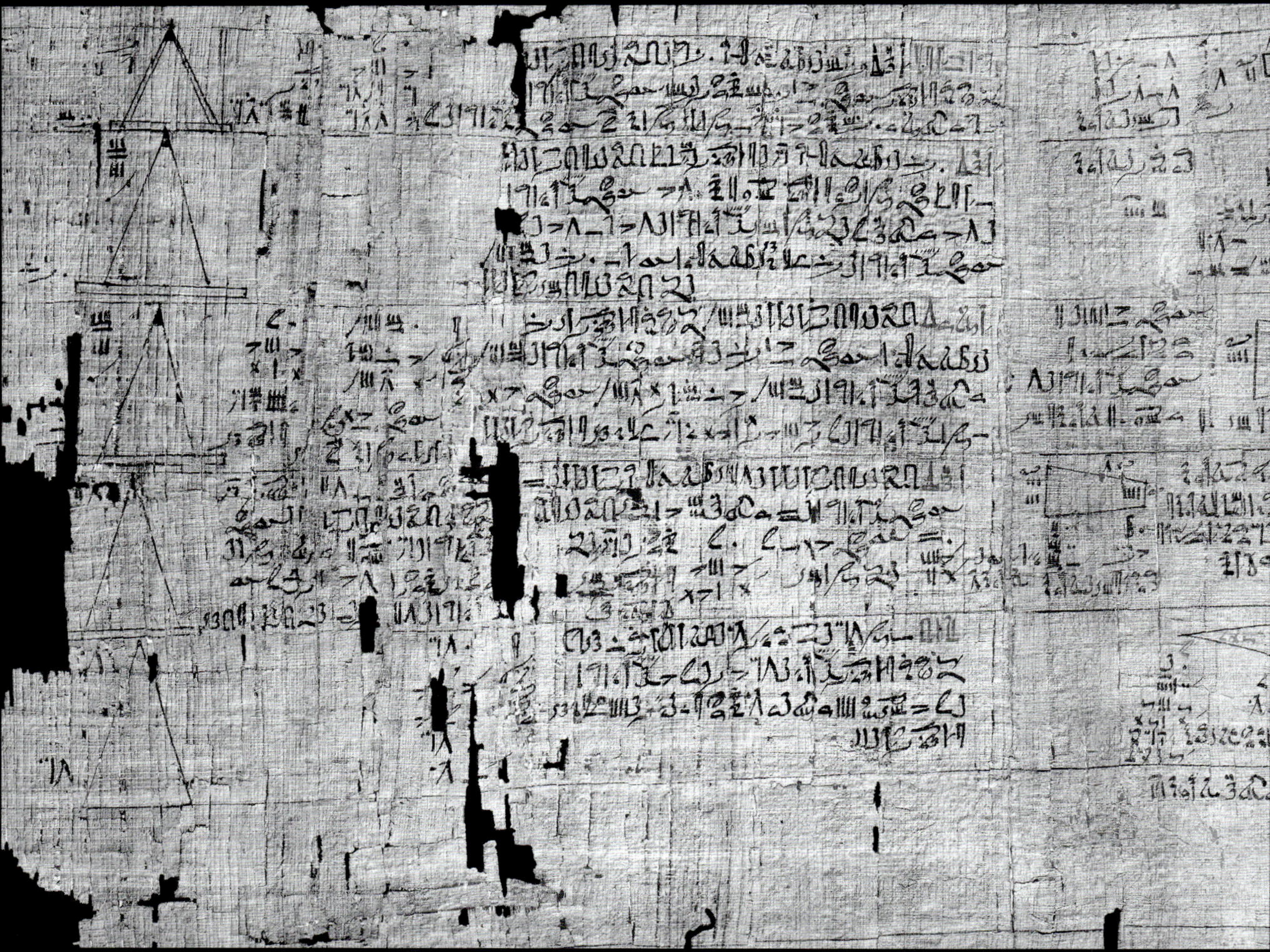

Mathematik im alten Ägypten. Der aus der 15. Dynastie um 1550 v. Chr. datierende Papyrus Rhind ist die Kopie eines Papyrus der 12. Dynastie. Die abgebildeten Aufgaben betreffen die Flächen von Rechtecken, Dreiecken und Pyramiden. Eine andere Stelle zeigt einen Näherungswert für die Konstante π, nämlich ca. 3,1605. Schon babylonische Mathematiker hatten π über ecks, das in einen Kreis eingezeichnet ist, auf 3,125 berechnet. Diese geometrische Methode wurde später von Archimedes verfeinert, der π auf 3,1418 festlegte, was dem heute geltenden Wert von ca. 3,1416 bereits sehr nahe kommt. Anders als die Babylonier und Griechen interessierten sich die altägyptischen Mathematiker aber mehr für den praktischen Nutzen als für

Zählen und Buch führen

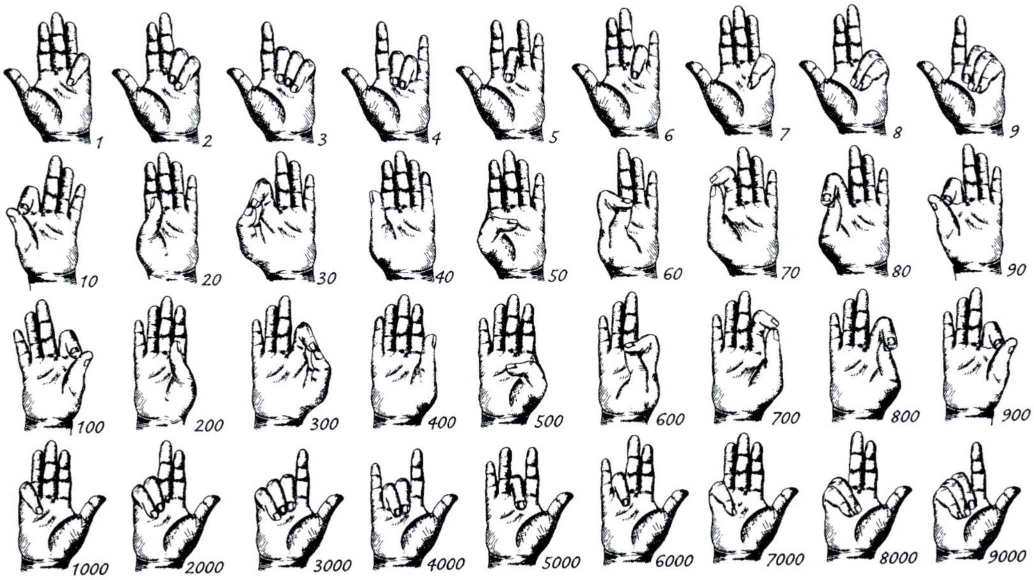

Links: Fingerzeichen aus einem Handbuch von 1520. Wir neigen dazu, das Dezimalsystem aus unseren zehn Fingern zu erklären. Dabei übersehen wir aber, dass unsere zehn Zehen ebenfalls zum Zählen verfügbar gewesen wären, insbesondere in Kulturen, in denen man keine Schuhe oder nur Sandalen trug und der Schneidersitz die übliche Sitzweise war.

Unten: Zählmarken aus Ton (8000–1500 v. Chr., Naher Osten). Die gekreuzte Marke diente offenbar dazu, die Anzahl von Schafen festzuhalten.

Anders als das Messen setzt das Zählen die Fähigkeit zu abstrahieren voraus. Man kann Gegenstände konkret mit den Fingern, dem Arm oder dem Fuß abmessen. Sie an den Fingern oder Zehen abzuzählen, erfordert hingegen den Übergang vom konkreten zum abstrakten Konzept. Von „mein Finger" oder „dein Finger" muss man auf „den Finger" kommen. «Es muss sehr lange gedauert haben, bis man entdeckte, dass ein Fasanenpaar und zwei Tage gleichermaßen Verkörperungen der Zahl Zwei waren», bemerkte Bertrand Russell scharfsinnig.

Die ältesten Zeugnisse des Zählens sind Kerbknochen aus der letzten Eiszeit (s. S. 34). Etwas jüngeren Datums sind sogenannte Zählmarken aus Ton, die man bei Ausgrabungen im Nahen Osten fand. Sie stammen aus dem Zeitraum von 8000 bis 1500 v. Chr., wobei die Zahl der Funde aus der Zeit nach 3000 v. Chr. abnimmt, was sich wohl daraus erklärt, dass man in Mesopotamien gegen Ende des 4. Jahrtausends v. Chr. begann, auf Tontafeln zu schreiben.

Die frühesten Zählmarken sind schmucklose geometrische Körper wie Kugeln, Scheiben oder Kegel, die späteren haben komplexere Formen und weisen oft Einritzungen auf. Ihr genauer Zweck ist nicht bekannt. Die plausibelste Erklärung ist, dass sie als Zähleinheiten oder Belege für Abrechnungen dienten. Verschiedene Formen standen für verschiedene Einheiten, für ein Schaf etwa oder für eine bestimmte Menge eines Produkts wie z. B. einen Scheffel Korn. Die Notwendigkeit, Buch zu führen, war der Grund für das Entstehen sämtlicher frühen Zählsysteme und Zählmethoden.

Kerbholz, Quipu und Abakus

Dem griechischen Geschichtsschreiber Herodot zufolge ließ der Perserkönig Darius auf einem Feldzug gegen die Skythen eine griechische Einheit zur Bewachung einer strategisch wichtigen Brücke zurück. Er übergab den Griechen einen Riemen mit sechzig Knoten und trug ihnen auf, täglich einen davon zu lösen. Sollte er vor dem Lösen des letzten Knotens nicht zurückgekehrt sein, dürften sie ihr Schiff besteigen und heimfahren.

Die frühesten Beispiele solcher Messmittel sind eiszeitliche Knochen wie die hier abgebildeten auf 13 500 v. Chr. datierten Adlerknochen aus Le Placard in Westfrankreich (ganz rechts). Mikroskopische Untersuchungen haben gezeigt, dass sie über einen gewissen Zeitraum mit verschiedenen Werkzeugen eingekerbt wurden. Eine mögliche Erklärung dafür wäre, dass es sich um Markierungen des

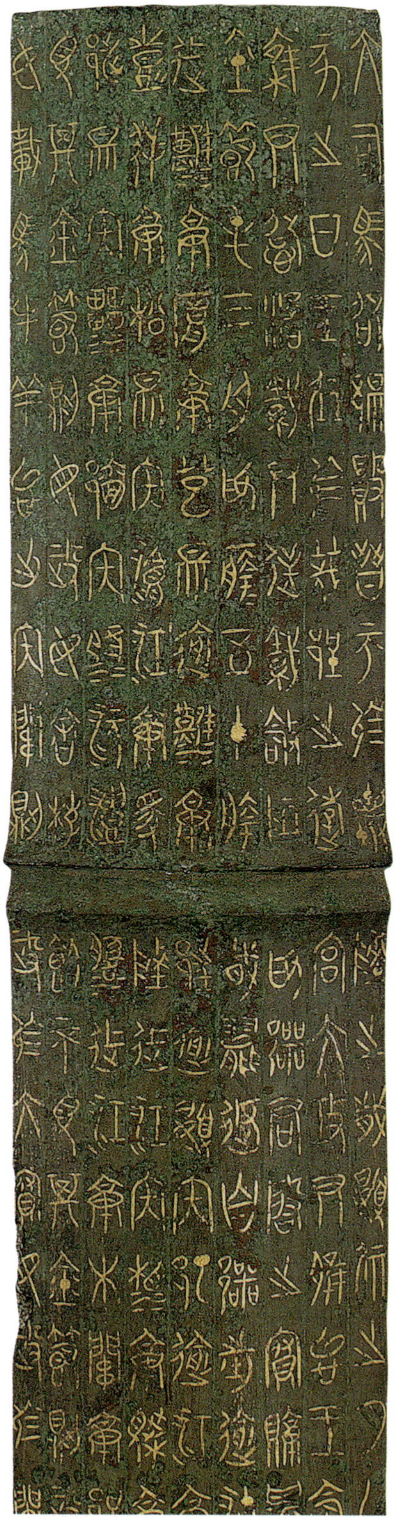

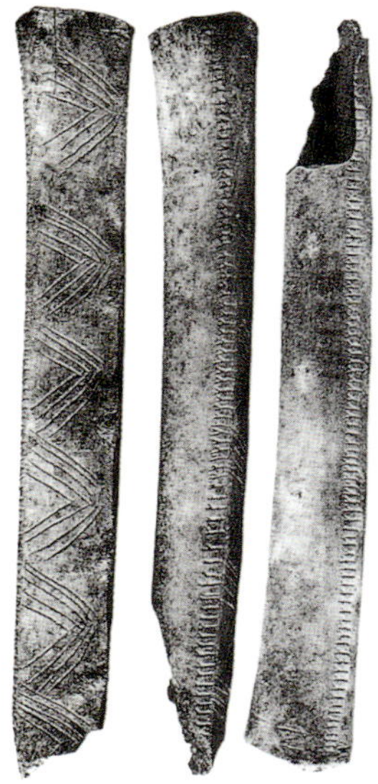

Links: Stäbe zur Buchführung. Vom 12. bis Anfang des 19. Jahrhunderts benutzte der englische Fiskus Holzstäbe, um Zahlungen und Rückstände aufzuzeichnen. Der Betrag wurde auf dem Stab vermerkt, der anschließend mit genormten Kerben versehen wurde: je höher der Betrag, desto größer die Kerbe. Der Schuldner hatte also etwas „auf dem Kerbholz“. Dann wurde der Stab senkrecht gespalten. Der Schuldner bekam das „Gegenstück“, der Gläubiger behielt den „Stock“ (daher der Begriff „stockholder“ für Aktionär). Der bronzene Buchführungsstab mit Goldeinlage kommt aus China. Er datiert aus der Westlichen Zhou-Zeit (1046–770 v. Chr.) und ist offenbar Bambus-Zählstäben nachempfunden, von denen allerdings keiner erhalten ist.

Mondstands handelt: Durch Aufzeichnung der Mondphasen schufen sich die Menschen der Eiszeit brauchbare Kalender.

Das Reich der Inka in den Zentralanden Südamerikas war, anders als die Kulturen der Maya oder Azteken in Mittelamerika, schriftlos. Güterbewegungen wurden mithilfe von Knotenschnüren festgehalten, sogenannten Quipus. Geknüpft und interpretiert wurden die Knoten von den *quipumayoc*, den lokalen Knotenmeistern. Dieses bewährte System blieb auch nach Ankunft der Konquistadoren im 16. Jahrhundert noch eine gewisse Zeit in Gebrauch. Möglicherweise stellten die Knoten nicht nur Zahlen dar. Jeffrey Quilter schreibt in seinem Buch „Narrative Threads" über die Quipus: «Zahlen lassen sich als Größen oder als Mengen interpretieren, aber auch als Markenzeichen, die möglicherweise eine beschreibende Funktion haben.» Ausrichtung und Farbe der Knoten und anderer Quipu-Bestandteile sind in ihrer vollen Bedeutung keineswegs entschlüsselt.

Der Abakus hingegen hat eine lange und bekannte Geschichte als Ahnherr der modernen Rechenmaschinen. Die Entstehungsgeschichte des Wortes weist auf den Ursprung des Geräts zurück: Wahrscheinlich leitet sich die griechische Form „abakos" von einem semitischen Wort ab wie dem hebräischen Begriff „abaq" (Staub). In Babylon war der Abakus anfangs ein Brett oder eine Platte, das bzw. die mit Sand bestreut war, in den man mit den Fingern Rechenvorgänge einzeichnete. Später kamen Linien und Zählmarken hinzu, aus den Linien wurden Rillen oder Drähte, auf denen sich die Marken schnell verschieben ließen. In Europa verschwand der Abakus nach Einführung der arabischen Ziffern, überlebte hingegen im Nahen Osten sowie in China und Japan, wo er in der Hand von echten Rechenkünstlern mit vielen modernen elektronischen Rechenmaschinen mithalten kann.

Links: Die Zeichnung (um 1613) zeigt einen Sekretär der Inka mit einem Quipu, links der „Kopf", rechts der „Schwanz" des Quipus. In welche Richtung geknüpft und gelesen wurde, ist noch nicht geklärt. Es gab viele Knotenarten, deren jede einen dezimalen Wert darstellte; ein fehlender Knoten stand für null. Eine Schnur mit zwei einfachen Knoten über einem vierfachen, unter dem sich ein fünffacher Knoten befand, stand für 245. Der Wert des Knotens hing aber auch von seiner horizontalen Position auf dem Quipu ab.

Unten: Chinesischer Abakus. Die Marken im oberen Bereich haben jeweils den Wert 5, die im unteren den Wert 1. Zahlendarstellung und Additionen erfolgen durch Verschieben der Marken zur Trennstange. Die Anordnung der Marken auf der Abbildung stellt die Zahl 205 847 326 212 dar.

2 0 5 8 4 7 3 2 6 2 1 2

Alte Zahlen

In einem wesentlichen Bereich messen wir auf die gleiche Weise wie die Sumerer vor 5000 Jahren. Wir benutzen für die Messung von Zeit und Winkeln das auf der Basis 60 beruhende Sexagesimalsystem: 60 Sekunden bilden eine Minute, 60 Minuten eine Stunde, 60 Minuten einen Grad, 360 Grad einen Kreis. Im sumerischen Zählsystem, das zahlreiche Untersysteme umfasste, kam der folgender Zahlenreihe große Bedeutung zu:

36 000 3600 600 60 10 1 $^1/_2$

Die entsprechenden Symbole benutzte man beim Zählen von eigenständigen Objekten wie Menschen, Tieren, Milch- oder Textilerzeugnissen, Fischen, Werkzeugen und Geräten aus Holz oder Stein und Behältern.

Die Babylonier behielten das Sexagesimalsystem bei, allerdings wurden die Zahlensymbole bei ihnen keilförmig wie alle anderen Zeichen ihrer Keilschrift. Sie hatten nun die folgenden Formen:

$60^2 \times 10$ (36 000) 60^2 (3600) 60×10 (600) 60 10 1

Schon in der altbabylonischen Epoche (der ersten Hälfte des 2. Jahrtausends v. Chr.) war dieses System voll entwickelt. Zahlen wurden nun bereits mittels eines Stellenwertsystems ausgedrückt, wie wir es heute haben: Der Wert einer Ziffer hängt von der Stelle innerhalb eines Zahlzeichens ab. In der Dezimalzahl 555 hat jede Fünf einen anderen Wert, nämlich 500, 50, 5; der Wert verzehnfacht sich von Stelle zu Stelle von rechts nach links. Was vor 4000 Jahren noch fehlte, war ein Zeichen für null. Offenbar waren die babylonischen Schreiber in der Lage, sich beim Rechnen eine freie Stelle innerhalb einer Zahl zu merken, die wir heute mit einer Null füllen würden. Nach 300 v. Chr. wurde ein aus zwei schrägen Keilen bestehender Platzhalter eingeführt. Dieses voll entwickelte Stellenwertsystem benutzte die folgenden Zeichen:

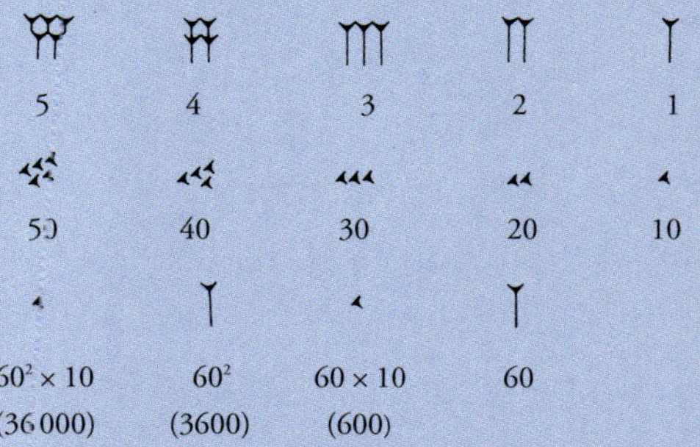

Die Doppeldeutigkeit ist offenkundig bei dem Zeichen, das sowohl für 60 als auch für 3600 steht, ebenso verhält es sich bei 600 und 36 000. Auch wenn das Zeichen mit dem höchsten Stellenwert immer links steht (wie in unserem Dezimalsystem), lässt dies bei beiden Zeichen drei Möglichkeiten zu:

$60 + 10 + 5 = 75$
oder $60^2 + 10 + 5 = 3{,}615$
oder $1 + (15/60) = 1.25$

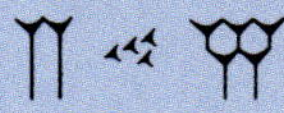

$(2 \times 60) + 40 + 5 = 165$
oder $(2 \times 60^2) + (40 \times 60) + 5 = 9605$
oder $2 + (45/60) = 2{,}75$

In der assyrischen Geschichte gibt es einen berühmten Fall von Manipulation der Wertigkeit. Nachdem Sanherib 689 v. Chr. Babylon geplündert und zerstört hatte, verfügte er, die Stadt müsse auf Geheiß des Gottes Marduk 70 Jahre lang unbewohnt bleiben. Als ihm 680 Asarhaddon folgte, wollte dieser Babylon wieder aufbauen. Marduk habe vergeben, verkündete er, und die ursprüngliche Zeichenfolge umgekehrt, sodass sein Fluch nur elf Jahre währe:

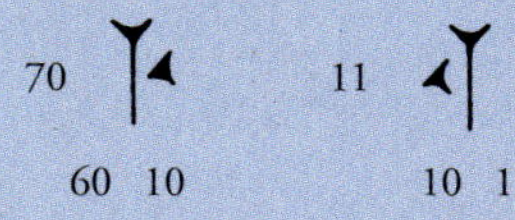

So wie heute (und in Babylon) war der Stellenwert auch in der Maya-Kultur bekannt, die ihre Blüte 250–900 n. Chr. erlebte. Im heutigen Dezimalsystem steigt der Wert von Stelle zu Stelle um das Zehnfache, bei den Maya war es das Zwanzigfache (1, 20, 400, 8000 etc.). Eine Muschel verkörperte die Null, die die Maya den Babyloniern und Römern voraushatten und die erst viel später nach Europa gelangte (s. S. 39). Ein Punkt bedeutete 1, ein waagerechter Strich 5. Dazu einige Beispiele:

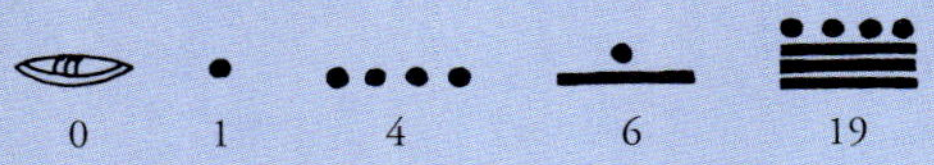

Die Wertigkeit steigerte sich hier jedoch nicht horizontal von rechts nach links wie in unserem System, sondern vertikal von unten nach oben:

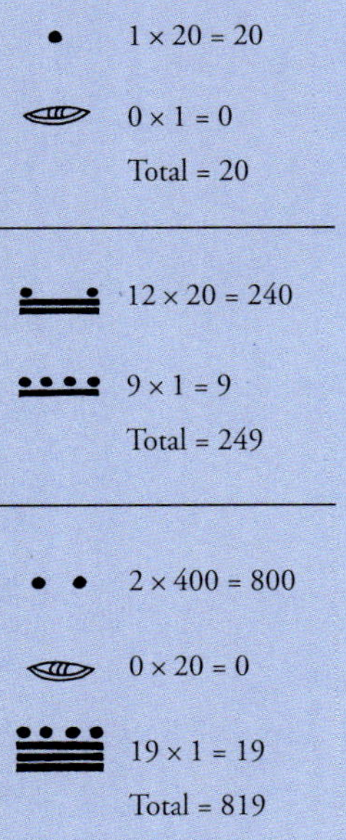

Eine andere Frühkultur, die Mitte des 2. Jahrtausends v. Chr. aufblühende minoische und mykenische Kultur, benutzte ein Dezimalsystem, aber ohne Stellenwerte. Ihre sogenannte Linear-B-Schrift umfasst folgende Zahlzeichen:

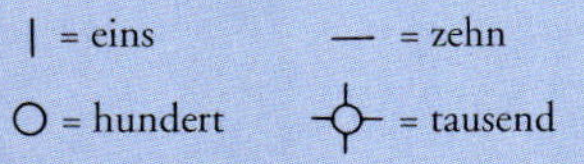

Zwei Zahlenbeispiele auf Linear-B-Tontafeln: 362 und 1350

362

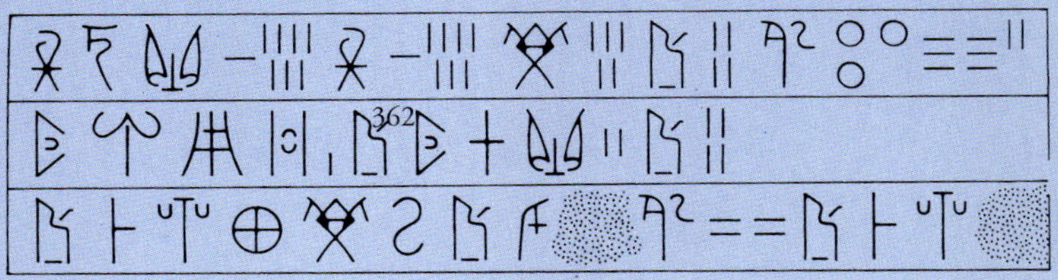

1350

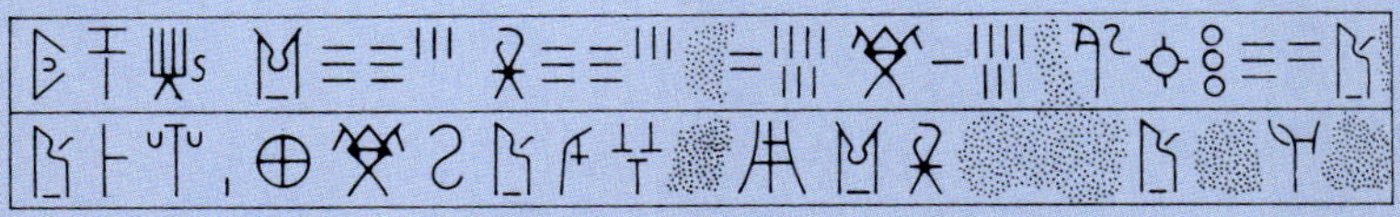

Auch die Griechen der klassischen Epoche und die Römer benutzten ein Dezimalsystem ohne Stellenwert, als Ziffern dienten ihnen allerdings alphabetische Zeichen. So standen bei den Griechen z. B. α, β, γ, δ, ε für 1, 2, 3, 4 und 5; ι, μ, π für 10, 40 und 80; und ρ, τ und ψ für 100, 300 und 400. So stellte man z. B. 14 mit ιδ dar, 481 mit ψπα. Bei den noch heute gebräuchlichen römischen Ziffern stehen I, V, X, L, C, D und M für 1, 5, 10, 50, 100, 500 und 1000. Somit schreibt man 1486 in römischen Ziffern MCLXXXVI. Die heute in der westlichen Welt gebräuchlichen Ziffern 1–9 und das dezimale Stellenwertsystem kamen über den Hof des Kalifen Harun ar-Raschid im Mittelalter nach Europa. Sie gehen auf indische Mathematiker des 6. und 7. Jahrhunderts zurück. Damit sollten sie eigentlich nicht als arabische, sondern als indische Ziffern bezeichnet werden. Zunächst wehrte man sich dagegen – 1299 wurden sie in Florenz mit der Begründung verboten, sie seien leichter zu fälschen als römische Ziffern. Schließlich konnten sie sich durchsetzen, da sie sich bei Rechenoperationen als wesentlich praktischer erwiesen als alle vorher gebräuchlichen Ziffernsysteme.

Zahlensysteme

Warum benutzten Kulturen wie die minoische oder die ägyptische ein auf 10 basierendes System (Dezimalsystem), während die Maya und die Babylonier ein vigesimales (auf 20) bzw. sexagesimales (auf 60) basierendes verwendeten – oder das duodezimale (Basis 12) bzw. ein gemischtes Zahlensystem? Besonders interessant ist das – dezimal durchsetzte – sexagesimale System der Babylonier, da es sich als außergewöhnlich langlebig erwies. Trotz aller Forschungen weiß man immer noch nicht, warum sie sich dafür entschieden. Zweifellos übten die 30 Tage des Monats und 360 des Jahres dabei einen großen Einfluss aus. Ein wichtiger Grund war wohl auch, dass sich 60 durch 30, 20, 15, 12, 10, 6, 5, 4, 3 und 2 teilen lässt, was beim kaufmännischen Rechnen von Vorteil ist. (So gesehen ist auch die Basis 12 der 10 überlegen, da 12 durch 2, 3, 4 und 6 teilbar ist, 10 hingegen nur durch 2 und 5.)

Das Dualsystem, von dem die moderne Zeit womöglich noch stärker als vom Dezimalsystem geprägt ist, wurde in der Antike überhaupt nicht benutzt. Es bringt beim Teilen keinerlei Vorteile. Auf der Basis 2 basierend ist es die Grundlage des elektronischen Rechnens, weil ein elektrischer Schalter nur die Positionen „an“ und „aus“ einnehmen kann, ähnlich den beiden Magnetisierungsrichtungen eines Punktes auf einer Magnetplatte. Wenn „aus“ für 0 steht und „an“ für 1, kann eine Reihe von Schaltern – bzw. Binärziffern (Bits) – eines auf 2 basierenden Zahlensystems jede beliebige ganze Zahl darstellen (Beispiele dazu rechts).

Die Zahlenbasen sind wesentlich für die 1594 von John Napier erfundenen Logarithmen (er erfand auch das Dezimalkomma). Den gewöhnlichen Logarithmus (zur Basis 10), also log10, zumeist „lg“ geschrieben, erklärt man am besten durch Beispiele. Erinnern wir uns, dass $10^2 = 100$, $10^3 = 1000$, $10^6 = 1\,000\,000$ und $10^9 = 1\,000\,000\,000$ darstellen. Die Logarithmen dieser Zahlen sind jeweils: lg 100 = 2, lg 1000 = 3, lg 1 000 000 = 6 und lg 1 000 000 000 = 9. Auch für Zwischenzahlen gibt es Logarithmen: z. B. lg 24 = 1,38, lg 759 = 2,88 und lg 8 525 000 = 6,94. Das heißt, dass eine logarithmische – anders als die gewohnte lineare – Skala problemlos einen weiten Größenbereich erfassen kann, was für die Wissenschaft von entscheidender Bedeutung ist. Mit logarithmisch geteilten Skalen misst man Säure- und Basenstärken (pH-Wert), Schallpegel (Dezibel) und Erdbeben (Richter-Magnituden). In Form des 1622 erfundenen Rechenschiebers waren diese Skalen die wichtigste Rechenhilfe der vorelektronischen Zeit.

Dezimal	**Binär**
0	0
1	1
2	10
3	11
4	100
8	1000
10	1010
32	100000
64	1000000
100	1100100

Unten: Rechenschieber wiesen logarithmische Skalen auf, anhand derer man multiplizieren, dividieren, potenzieren und radizieren konnte, gleichgültig, wie hoch oder niedrig die Zahlen waren. Der Rechenschieber 2/83N von Faber-Castell war für seine hohe Auflösung und leichte Handhabung berühmt. Bei den Apollo-Mondflügen 1968–72 führte man zur Sicherheit Rechenschieber als Ersatz für die elektronischen Rechner mit. Bald darauf wurden aber elektronische Rechner entwickelt, die sowohl betriebssicher als auch billig waren und die Rechenschieber ins Museum verbannten.

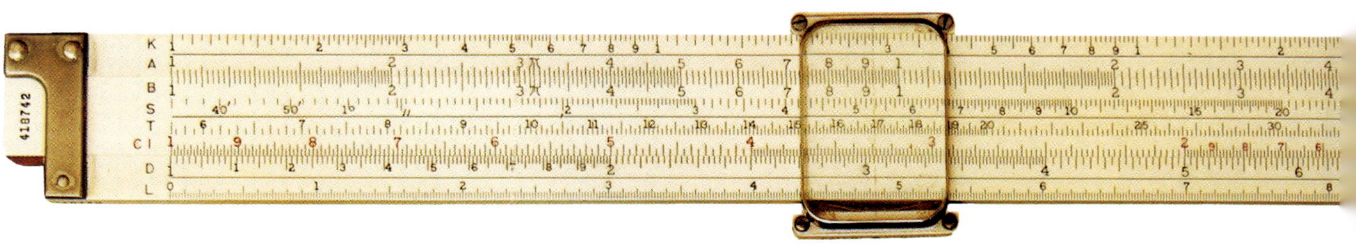

Null und Unendlich

Pierre-Simon Laplace schrieb über die Null und die anderen arabischen Ziffern: «Indien verdanken wir die geniale Methode, sämtliche Zahlen mit zehn Zeichen auszudrücken, deren jedes einen absoluten und einen Stellenwert hat … Diese geistige Großtat sollten wir umso mehr bewundern angesichts der Tatsache, dass große Denker wie Archimedes und Apollonius sie nicht vollbrachten.»

Was die Geschichte angeht, ist das richtig. Es stellt sich jedoch die schwierige Frage, ob das „zehnte Zeichen“, die Null, die gleiche Art von Wert darstellt wie die neun anderen Zeichen. Wenn sich fünf Münzen in einer Tasche befinden und man ihr drei entnimmt, verbleiben darin zwei. Entnimmt man ihr keine Münzen, verbleiben darin fünf. Aber kann man null Münzen entnehmen?

Addiert man eine Zahl der Reihe 1 bis 9 mit einer Zahl derselben Reihe, so ergibt sich eine neue Zahl: 2 + 2 = 4 und 7 + 8 = 15. Gleiches gilt für Multiplikation, Division und Subtraktion (bei Letzterer können auch negative Zahlen entstehen). Addiert oder subtrahiert man hingegen 0, bleibt die Zahl unverändert; multipliziert man sie mit 0, ist das Ergebnis stets 0. Ein verblüffendes Problem bringt die Division einer Zahl durch 0 mit sich. Wir hören immer wieder, die Teilung durch 0 ergebe unendlich, richtig wäre hingegen, dass die Teilung durch 0 überhaupt nicht sinnvoll ist. Warum nicht, erkennt man anhand einer simplen Gleichung wie 6 x 0 = 8 x 0. Für jede beliebige Gleichung gilt die bekannte Regel, dass die Äquivalenz bestehen bleibt, wenn man auf beiden Seiten dieselbe Operation durchführt. Teilt man 4 x 12 = 6 x 8 auf beiden Seiten durch 2, so erhält man 2 x 6 = 3 x 4. Teilt man hingegen 6 x 0 = 8 x 0 auf beiden Seiten durch 0, so erhält man 6 = 8, was völlig unsinnig ist. Wäre es richtig, so wären alle Zahlen gleich, da man für a x 0 = b x 0 zwei beliebige Zahlen einsetzen könnte.

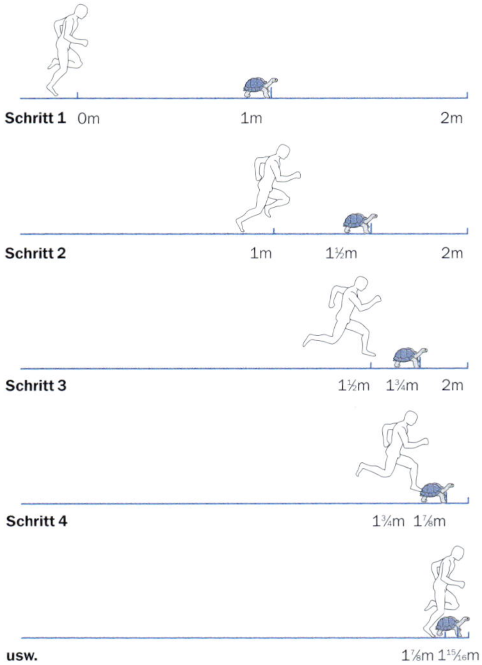

Die griechischen Philosophen lehnten die Null – das Nichts, die Leere – ebenso ab wie die Unendlichkeit. Sie waren sich ihrer zwar als Konzepte bewusst, sahen darin aber das trojanische Pferd im System ihrer Logik. So schrieb Anaxagoras: «Unter den kleinen Dingen gibt es kein kleinstes und unter den großen kein größtes, sondern immer etwas noch Kleineres und noch Größeres.» Und Archimedes versuchte mit seinem Sandrechner herauszufinden, wie viele Sandkörner das Universum füllen würden, statt Unendlich als Wert zuzulassen.

Die Paradoxie des griechischen Philosophen Zenon (5. Jahrhundert v. Chr.), bekannt als der Wettlauf des Achilles mit der Schildkröte. Achilles läuft dabei doppelt so schnell wie die Schildkröte, startet aber hinter ihr. Auf der Grafik läuft Achilles einen Meter hinter der Schildkröte los und hat eine Geschwindigkeit von 1 m/s, die Geschwindigkeit der Schildkröte beträgt 0,5 m/s. Wie weit Achilles auch immer läuft, er wird die Schildkröte niemals einholen, obwohl deren Vorsprung immer kleiner wird. Mathematisch ausgedrückt: $1+{}^1/_2+{}^1/_4+{}^1/_8+{}^1/_{16}$ ergeben die Zahl 2. Diese und weitere von Zenon erdachte Paradoxien trugen wesentlich dazu bei, dass die Konzepte „Null“ und „Unendlich“ im antiken Griechenland auf Ablehnung stießen.

Koordinaten

Die Koordinaten im Atlas gehen auf Ptolemäus und Hipparch zurück. In der Mathematik führte Descartes sie im 17. Jahrhundert ein. Sein System mit den zwei bzw. drei Achsen x, y und z, die zueinander senkrecht stehen und Positionen in zwei oder drei Dimensionen darstellen können, ist bis heute in Gebrauch. Anders als geographische Koordinaten wie 52° 31' 20" N 13° 17' 51" O (Berlin) drückt man kartesische Koordinaten durch Zahlenreihen wie 2,4 oder 2,4,5 aus.

Das Zentrum, der Schnittpunkt der Achsen, auch Ursprung genannt, ist der Nullpunkt, ein radikaler Neubeginn im Vergleich zu den Griechen, die die Null und das Vakuum ablehnten. Auch die katholische Kirche, nervös geworden durch das heliozentrische Weltbild des Kopernikus und den dadurch implizierten unendlichen Kosmos, verwarf die Existenz der Null und der Leere. Es gab aber auch Abweichler. Immerhin gehörte Silvester II., der einzige Papst, der mathematische Werke veröffentlicht hat, zu den Persönlichkeiten, denen man die Einführung der arabischen Ziffern (einschließlich der Null) in Europa zuschrieb. Descartes, erzogen bei den Jesuiten, «lehnte die Leere ab, aber setzte sie ins Zentrum seiner Welt», schrieb Charles Seife in seiner Biografie der Zahl Null.

Mithilfe der kartesischen Koordinaten ließ sich die von den Arabern aus babylonischen und griechischen Quellen entwickelte Algebra mit der griechischen Geometrie verbinden. Einstein halfen sie, durch ein Gedankenexperiment die spezielle Relativität zu entdecken: Man fährt in einem Zug mit konstanter Geschwindigkeit, der also weder beschleunigt noch bremst, und lässt aus dem Waggonfenster einen Stein auf den Bahndamm fallen. Vernachlässigt man den Luftwiderstand, so sieht man den Stein trotz der Zugbewegung senkrecht zu Boden fallen. Ein Fußgänger hingegen, der diese Handlung («Missetat», wie Einstein schreibt) von einem Weg aus beobachtet, sieht den Stein in einer Parabel fallen. Welche der Bahnen, die geradlinige oder die Parabel, entspricht der Realität? Die Antwort ist: beide. Die Realität hängt eben vom Bezugssystem ab – vom Koordinatensystem, dem der Beobachter angehört – dem des Zugs oder dem des Bahndamms. Was in einem relativen System geschieht, sagt Einstein, lässt sich wie folgt formulieren: «Der Stein beschreibt eine gerade Bahn relativ zu dem am Waggon fixierten Koordinatensystem, relativ zu dem am Bahndamm fixierten hingegen eine Parabel. Dieses Beispiel zeigt, dass es eine absolute Bahn gar nicht gibt, sondern nur eine Bahn in Relation zu einem Bezugskörper.»

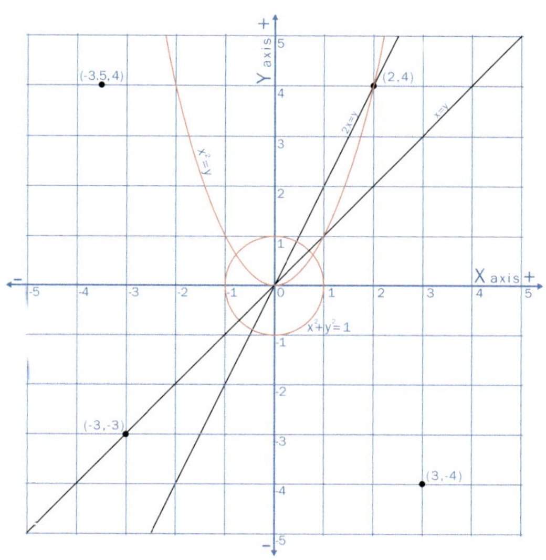

René Descartes (1596–1650), Philosoph, Mathematiker und Wissenschaftler, erfand ein Koordinatensystem, das die Algebra mit der Geometrie verband. Das Diagramm **(unten links)** zeigt vier Punkte mit ihren zweidimensionalen kartesischen Koordinaten und vier algebraische Gleichungen: zwei gerade Linien, einen Kreis und eine Parabel. (Die Ausweitung des Systems auf negative Zahlen war das Werk von Descartes' Mitarbeitern.) Die mit kartesischen Achsen dargestellte Gleichung $x = y$ ist eine Gerade mit Gradient 1, Gleiches gilt für $2x = y$ mit Gradient 2. Andere einfache Gleichungen bilden Kurven: $x^2 = y$ ist eine Parabel; $x^2 + y^2 = 1$ ist ein Kreis mit dem Radius 1.

Geometrie

Die Inschrift am Eingang zu Platos Akademie lautete: «Niemand, der ungeometrisch ist, darf eintreten.» Auch wenn sich die Griechen aus purer Neugierde mit Geometrie befassten, hatte sie etwas mit der Realität zu tun, bedeutet das Wort doch „Erdvermessung“. In diesem Sinn war die Geometrie schon in der vorklassischen Zeit von praktischem Nutzen. Möglicherweise hat sie mit der Arithmetik ihren Ursprung in der Vermessungstechnik der Pharaonenzeit. Mithilfe einer straff gespannten Schnur zogen die ägyptischen Landvermesser gerade Linien, eine an einem Drehpunkt befestigte diente ihnen als Zirkel.

Beim Bau der Pyramiden war die Geometrie unverzichtbar. Vor Baubeginn diente sie zum Ausrichten der Pyramidenseiten nach den Himmelsrichtungen. Zur Festlegung der Nord-Süd-Achse ermittelte man den mittäglichen Sonnenstand. Man benutzte dazu einen senkrecht in den Boden getriebenen Pflock, der als Gnomon (Schattenstab der Sonnenuhr) diente. «Dann beobachtete man die vom Ende seines Schattens beschriebene Bahn. Die Punkte A und B, an denen diese Bahn einen um den Gnomon gezogenen Kreis durchschnitt, wurden verbunden. Dann wurde diese Linie AB in der Mitte durchschnitten, um den Stand der Sonne zu Mittag zu bestimmen», schreibt O. A. W. Dilke in „Mathematik. Maße und Gewichte in der Antike“. (Alternativ dazu halbierte man den Winkel, der sich aus den Positionen eines Sterns beim Aufgang bzw. Untergang ergab.)

Bei den ägyptischen Pyramiden, die bis auf die älteste, die Stufenpyramide von Sakkara, eine quadratische Grundfläche aufweisen, hing der Neigungswinkel der Seitenflächen sowohl von der Höhe der Pyramide als auch von der Länge der Basiskante ab. Die Hieroglyphe für „Neigung“ hieß „skd“, was Verhältnis bedeutet. Es wurde in Handbreiten gemessen (7 Handbreiten = 1 Elle), wozu man die Hälfte der Basiskante (in Handbreiten) durch die Höhe der Pyramide (in Ellen) teilte. Solche Aufgaben findet man auf dem „Papyrus Rhind“ (s. S. 32), z. B.: «Eine Pyramide hat eine Höhe von $93^1/_3$ [Ellen]. Wie groß ist ihr skd, wenn eine Seite 140 [Ellen] misst?» Man teile 140 durch 2, dann erhält man als halbe Basislänge 70, multipliziert zur Umrechnung in Handbreiten mit 7, was 490 ergibt, teilt nun 490 durch $93^1/_3$ und erhält als Ergebnis $5^1/_4$ Handbreiten. Da eine Handbreite 4 Fingerbreiten umfasst, lautet das Endergebnis 5 Handbreiten und 1 Fingerbreite. Bei der großen Pyramide von Gizeh mit einer Basiskante von 440 Ellen und einer ursprünglichen Höhe von 280 Ellen beträgt das skd nach dieser Methode gerechnet $5^1/_2$ Handbreiten.»

Die Griechen trieben die Geometrie in abstrakte Höhen. Die fünf Axiome und die „Grundbegriffe“, die Euklid um 300 v. Chr. formulierte, beherrschten die Geometrie bis ins 19., die Schulbücher bis ins 20. Jahrhundert. Eines der Axiome gilt noch heute: «Mit jedem Mittelpunkt und Abstand kann man einen Kreis zeichnen.» Sein berühmtes Parallelenaxiom versuchte man bis in die 1820er-Jahre zu beweisen, bis schließlich ein erneuter Fehlschlag zur Entstehung der nichteuklidischen Geometrie führte.

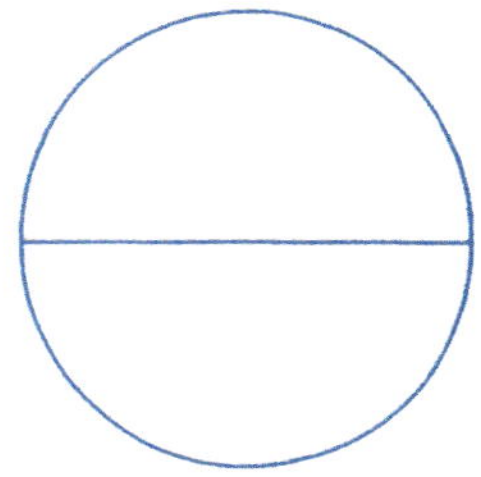
1

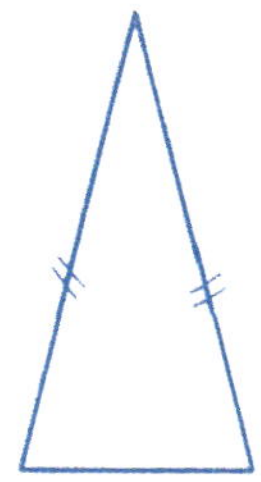
2

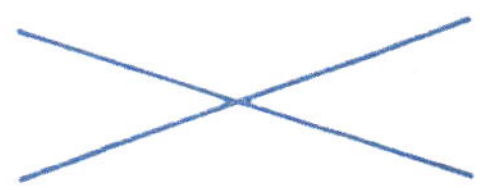
3

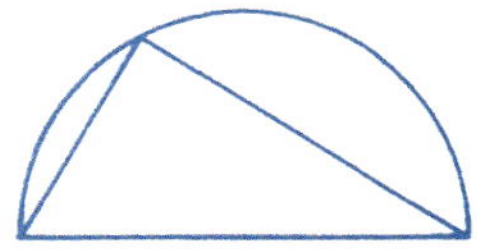
4

Vier geometrische Sätze, die Thales von Milet (6. Jahrhundert v. Chr.) zugeschrieben werden.
1: Jeder seiner Durchmesser teilt den Kreis in zwei gleiche Teile.
2: Gleichschenklige Dreiecke haben an der Basis zwei gleiche Winkel.
3: Schneiden sich zwei Geraden, sind die beiden Winkelpaare gleich.
4: Winkel, deren Scheitel an einem Halbkreis liegen und deren Schenkel mit dem Kreisdurchmesser ein Dreieck bilden, sind rechte Winkel.

Der Goldene Schnitt

Es wird oft behauptet, das Gesicht von Leonardos berühmter Mona Lisa folge dem Goldenen Schnitt. Umgrenze man ihr Gesicht mit einem Rechteck, betrage das Verhältnis von dessen Höhe und Breite 1,618 : 1 (etwas mehr als 8 : 5). Leonardo vermerkt freilich nirgends, dass er den Goldenen Schnitt im Sinn hatte, war jedoch eng mit Luca Pacioli befreundet, der darüber mit „Divina Proportione" ein dreibändiges Werk verfasste.

Den Goldenen Schnitt findet man angeblich in den verschiedensten Gebilden, so etwa der Vorderfront des Parthenon, der zweispaltigen Gutenbergbibel und der Spiralschale des Nautilus, ja sogar in den Proportionen der Kreditkarte. Er faszinierte Mathematiker von Euklid, der ihn erstmals schriftlich definierte, über Kepler bis Roger Penrose. «Biologen, Künstler, Musiker, Historiker, Architekten, Psychologen, ja sogar Mystiker machten sich Gedanken über seine Allgegenwart und seinen Reiz. Wie keine andere Zahl in der Geschichte der Mathematik hat er Denker aller Bereiche angeregt», schreibt der Astrophysiker Mario Livio in „The Golden Ratio". Es gibt aber keine Beweise dafür, dass sein Auftreten irgendwo beabsichtigt ist.

Mathematisch definierbar ist der mit Φ (Phi) benannte Goldene Schnitt (nach dem Bildhauer Phidias, der ihn angeblich im Parthenon anwandte) am besten über die Teilung der Linie a in einen längeren Teil a und einen kürzeren Teil b:

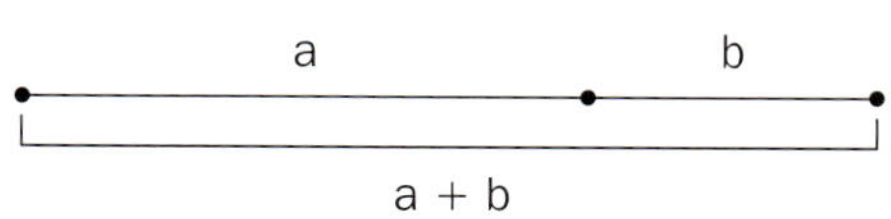

Beim Goldenen Schnitt verhält sich die Gesamtlänge zum größeren Teil wie der größere Teil zum kleineren. Genauer: $\Phi = (a + b)/a = a/b$. Ist gleich $(1 + \sqrt{5})/2$, einer irrationalen Zahl, die etwas größer als 1,618 ist.

Links oben: Das Parthenon in Athen, 5. Jahrhundert v. Chr. Das Foto zeigt zwei Beispiele für einen Goldenen Schnitt: A : B, und (A + B) : C. Es gibt jedoch keinen Beweis dafür, dass die griechischen Architekten dem Goldenen Schnitt besondere Beachtung schenkten.

Unten: Die Spiralschale des Nautilus mit ihren aneinandergereihten Kammern (die für den Auftrieb sorgen). Sie stehen zueinander in einem dem Goldenen Schnitt ähnlichen Verhältnis.

Fraktale

Auf einer Küstenwanderung kann man die Erfahrung machen, dass der Weg zum Ziel länger als die auf den Wegweisern angegebene Strecke ist. Schon die Griechen hatten ein Problem, als sie die „Größe" von Sardinien und Sizilien maßen. Vieles deutete darauf hin, dass Sizilien größer war als Sardinien, was in Bezug auf die Fläche stimmt, doch die Seefahrer der Antike widersprachen den Geographen. Denn um Sardinien zu umsegeln, brauchte man mehr Zeit, seine Küste war länger als die Siziliens. Die Frage, wie lang eine Küste ist, lässt sich nicht leicht beantworten. Ein großes Schiff wird zu einer bestimmten Entfernung kommen, ein Boot zu einer größeren, ein Wanderer zu einer noch größeren. Je näher man der Küste ist, desto weniger geradlinig verläuft sie und desto länger wird sie. Es kommt also darauf an, wie wir die Küstenlinie messen.

Eine solche Rauheit ist in der „glatten" euklidischen Geometrie nicht vorgesehen, doch sie ist ein ständig wiederkehrendes Faktum der Natur, was im 20. Jahrhundert zur Fraktalgeometrie führte. Der Begriff, abgeleitet vom lateinischen „fractus" (gebrochen), wurde 1975 von dem Mathematiker B. Mandelbrot geprägt. In der Einleitung zu seinem Buch „Die fraktale Geometrie der Natur" schreibt er: «Wolken sind keine Kugeln, Berge keine Kegel, Küstenlinien keine Kreise, Baumrinde ist nicht glatt und der Blitz bewegt sich nicht geradlinig fort.»

Natürliche und vom Menschen geschaffene Fraktale. Jeder einzelne Blütenstand des grünen Blumenkohls **(unten links)** ist ein Abbild des gesamten Kohlkopfs und kann selbst immer wieder in ähnliche Knospen unterteilt werden. Mit bloßem Auge erkennt man fünf Unterteilungen, wesentlich mehr mit dem Vergrößerungsglas oder unter dem Mikroskop. Selbstähnlichkeit in allen Größenbereichen ist das wesentliche Merkmal von Fraktalen, wobei die Ähnlichkeitsskala vom exakten Abbild bis zur qualitativen Ähnlichkeit (wie z. B. bei Farnen oder Blutgefäßen) reicht. Zwei einfache mathematische Fraktale stellen die Koch-Schneeflocke **(links)** und das Sierpinski-Dreieck **(ganz links)** dar. Beide sind Beispiele exakter Selbstähnlichkeit. Ausgangsform für die Schneeflocke ist ein gleichseitiges Dreieck, bei dem jede einzelne Kante immer wieder durch vier Kanten ersetzt wird, sodass jeweils ein hervorspringendes Dreieck entsteht. Die Begrenzungslinie der Schneeflocke wird auf diese Weise unendlich, während ihr Flächeninhalt endlich bleibt.

In jüngster Zeit wurden die abstrakten Bilder des amerikanischen Malers Jackson Pollock, dessen Ziel es war, die von ihm so benannten „Rhythmen der Natur“ darzustellen, einer Fraktalanalyse unterzogen. Der als „Jack the Dripper“ bekannte Pollock arbeitete auf einer großen, auf dem Boden seiner Scheune ausgebreiteten Leinwand. Mit einem Stock, den er in eine Farbdose tauchte, tröpfelte er Farben darauf.

Seine Bilder konnten von geheimnisvollem Reiz sein, wie z. B. sein 1950 entstandenes Werk „Autumn Rhythm“. Viele fühlten sich berufen, in Pollocks Technik weiterzumalen (einige in Fälschungsabsicht), aber keines ihrer Bilder konnte sich mit seinen besten Arbeiten messen. Als Beispiel soll ein nicht von Pollock stammendes Bild dienen (unten).

Der Physiker Richard Taylor, der selbst abstrakt malt, kam auf die Idee, Pollocks Bilder könnten eine fraktale Struktur haben. Daher unterzog er einige davon – zum Vergleich auch nicht von Pollock stammende Werke – einer Computeranalyse. Geprüft wurden diverse Formen, vom kleinsten Farbfleck bis zu ein Meter langen Elementen. Wie sich zeigte, waren Pollocks Muster im Gegensatz zu den anderen eindeutig fraktaler Natur. Taylor schrieb 2002 in *Scientific American*: «Sie waren über den gesamten Größenbereich fraktal – die größten maßen mehr als das Tausendfache der kleinsten.» 25 Jahre vor Mandelbrots Entdeckung der Fraktale in der Natur malte Pollock sie bereits.

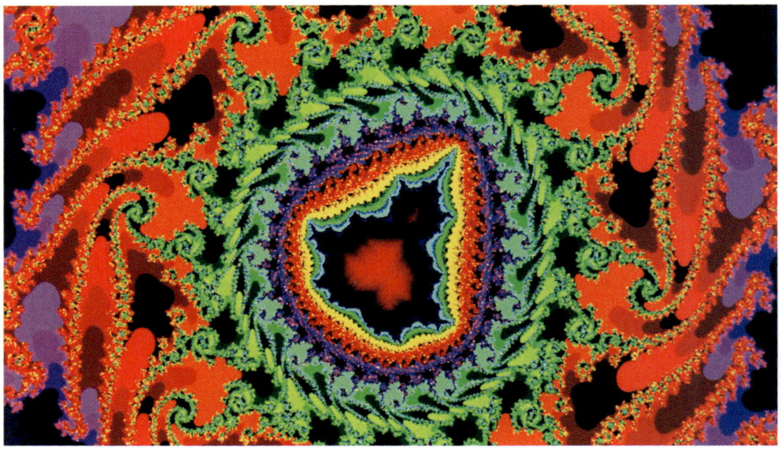

Oben: Das nicht auf exakter Selbstähnlichkeit beruhende Mandelbrot-Set (abgebildet ist ein kleiner Ausschnitt) ist wesentlich komplexer als die Koch-Schneeflocke oder das Sierpinski-Dreieck (S. 43). «Hätte man das gesamte Mandelbrot-Set im gleichen Maßstab gezeichnet, würde es in der Nähe des Sterns Sirius enden», schreibt Mandelbrot.

Oben: Jackson Pollock (1912–1956). Die Muster in seinen Naturdarstellungen sind eindeutig fraktal, anders als bei seinen Nachahmern **(links)**.

Mathematik: natürlich oder menschlich?

Was sollen wir aus der Tatsache schließen, dass die physische Realität der Natur mit vom Menschen erdachten mathematischen Formeln beschreibbar ist? Haben Zahlen und ihre Beziehungen „da draußen" eine reale, von unserem Denken unabhängige Existenz, die der Mensch „entdeckt", oder sind sie eine reine Erfindung des Geistes, die wir der Realität aufzwingen? Gibt es in der Natur wirklich einen golden Schnitt oder Fraktale?

Seit Galilei die bei Versuchen entdeckten Zahlenwerte als Beweis dafür vorlegte, dass die von ihm abgeleiteten Gesetze der Bewegung nicht seine, sondern Naturgesetze waren, haben sich führende Wissenschaftler mit dieser Frage beschäftigt – ohne Ergebnis. Der Physiker Heinrich Hertz sagte: «Man kann sich nicht des Gefühls erwehren, dass mathematische Formeln eine unabhängige Existenz und eigene Intelligenz haben, dass sie klüger sind als wir, sogar klüger als ihre Entdecker.»

Der wie immer epigrammatische Einstein sagte: «Soweit mathematische Sätze sich auf die Realität beziehen, sind sie unzuverlässig; soweit sie zuverlässig sind, beziehen sie sich nicht auf die Realität.» Später änderte er seine Ansicht: «Natürlich bleibt die Erfahrung das einzige Kriterium des physischen Nutzens einer mathematischen Konstruktion. Aber das kreative Prinzip wohnt in der Mathematik. In gewissem Sinn halte ich es für zutreffend, dass der reine Gedanke die Wirklichkeit erfassen kann, wie die Alten es erträumten.»

Ein weiterer Physiker, der Nobelpreisträger Eugene Wigner, hielt eine Vorlesung über das Thema «Die unvernünftige Wirksamkeit der Mathematik in den Naturwissenschaften», in der er folgende Anekdote erzählte: Zwei ehemalige Klassenkameraden reden über ihre Jobs. Der eine ist Statistiker für Bevölkerungsentwicklungen. Er zeigt seinem Schulfreund einige seiner Veröffentlichungen. Es beginnt wie üblich mit der Glockenkurve der gaußschen Verteilung. Der Statistiker erklärt die Bedeutung der die tatsächliche Bevölkerung und der die Durchschnittsbevölkerung darstellenden Symbole, usw. Sein Schulfreund glaubt, das sei ein Scherz. «Wie willst du das wissen?» fragt er. «Und dieses Zeichen?» – «Ach», sagt der Statistiker, «das ist Pi.» – «Was ist das?» – «Das Verhältnis des Kreisumfangs zum Durchmesser.» – «Jetzt treibst du es zu weit», sagt der Schulfreund, «was hat denn die Bevölkerung mit dem Kreisumfang zu tun?»

Wigner bezeichnete diese Reaktion als «gesunden Menschenverstand» und räumte ein: «Mathematische Konzepte tauchen in völlig unerwarteten Zusammenhängen auf. Mehr noch, sie ermöglichen oft eine unerwartet genaue Beschreibung der Phänomene … Der enorme Nutzen der Mathematik in den Naturwissenschaften grenzt an ein Mysterium, es gibt dafür keine rationale Erklärung.»

Kreisgrenze III, M. C. Escher, 1959. Eschers klassische Zeichnungen faszinieren jeden, besonders aber Mathematiker, da sie die Beziehungen zwischen Natur und Mathematik sichtbar machen. Die Abbildung zeigt eine Fläche in nichteuklidischer Geometrie. In dieser fremdartigen Geometrie des gekrümmten Raums, die für Einsteins allgemeine Relativitätstheorie essenziell ist, «muss man sich die gekrümmten Linien als gerade vorstellen; die Dreiecke (und Fische) müssen als gleich groß gesehen werden; der begrenzende Kreis ist in der Unendlichkeit, und die sich daran treffenden Linien sind parallel.» (Luke Hodgkin, „A History of Mathematics: From Mesopotamia to Modernity").

3. Kapitel *Traditionelle Maße*

Graffiti aus der Eiszeit. Die als Negativ auf den Fels gemalte Hand und die roten Punkte sind wahrscheinlich 20 000 Jahre alt. Sie wurden in der Höhle von Pech-Merle im südfranzösischen Département Lot entdeckt. Was bedeutet diese einfache und zugleich anschauliche Darstellung? Heißt sie: «Ich war hier mit meinen Tieren»? – Oder hat sie eine tiefere Bedeutung? In der Höhle findet man viele weitere Malereien dieser Art, andere wieder zeigen Tiere, die als Pferde, Büffel und Mammute erkennbar sind. Einige davon sind gepunktet, andere nicht. Niemand kann ihre Bedeutung zweifelsfrei erklären. Fest steht jedenfalls, dass die menschliche Hand und andere Körperteile wie Arm und Fuß die Grundlage für die frühesten Längenmaße bildeten.

Gewicht und Dichte

Das älteste als solches erkennbare Messsystem sind die Wägsteine der Industal-Kultur aus dem 2. Jahrtausend v. Chr. (s. S. 8). Es ist nicht verwunderlich, dass es sich dabei um ein Gewichtssystem und keines zur Messung von Längen oder Volumen handelt. Das Gewicht ist das Maß, das man beim Handel mit Lebensmitteln oder Edelmetallen wie Gold und Silber benötigt. Daraus erklärt sich wohl auch die Betonung des Begriffs „Gewicht“ durch die Endstellung in dem Wortpaar „Maße und Gewichte“ und die Tatsache, dass Waagschalen oft für Gerechtigkeit stehen. Einer der bekanntesten überlieferten Ausrufe der antiken Welt – Archimedes' «Heureka!» – bezog sich auf die Gewichtsmessung.

In der vormetrischen Welt gab es eine riesige Anzahl unterschiedlicher Gewichte – vom altbabylonischen Schekel und dem Talent über die griechische *mina* und die römische *libra* bis zu den Pfunden und Unzen der USA von heute, ganz zu schweigen von speziellen Gewichten wie dem Skrupel der Apotheker oder dem Karat der Goldschmiede.

Ein interessantes Beispiel ist der „Sack“, der im 15. und 16. Jahrhundert in Genf als Grundlage für die Besteuerung durchreisender Kaufleute diente. Güter wurden in Säcken transportiert, die paarweise auf dem Rücken von Maultieren befestigt waren. Auf den ersten Blick konnte man damit Missbrauch treiben: Es zählte die Anzahl der Säcke und nicht ihr Gewicht. Man konnte sie mit schweren Gütern vollstopfen und zahlte die gleiche Abgabe wie für halb leere Säcke. Doch in dieser Hinsicht war für einen Ausgleich gesorgt: «Schließlich war es», wie Witold Kula in „Measures and Men“ schreibt, «im ureigensten Interesse [des Kaufmanns], dass die Säcke nicht zu schwer waren, sonst konnte es passieren, dass das Lasttier auf dem Weg zum Pass zusammenbrach.»

Normierungsversuche und Kontrollen durch Gesellschaft und Behörden oder kirchliche Sanktionen gab es auch bei anderen Maßeinheiten. Sie erfolgten durch Aufstellen von Eichmaßen vor dem Rathaus oder auf dem Marktplatz, wo sie leicht zugänglich waren, wenn es galt, Streitigkeiten zu schlichten. Unter der Aufsicht örtlicher oder staatlicher Behörden schnitt man Längenmaße in

Unten: Avoirdupois-Bechergewichte Georgs III., 1773: 28 Pfund, 14 Pfund, 7 Pfund, 4 Pfund, 2 Pfund, 1 Pfund, 8 Unzen, 4 Unzen, 2 Unzen, 8 Dram, 2 Dram. Ein Avoirdupois-Pfund (0,454 kg) hatte 7000 Grain. Das Grain war das «angenommene Durchschnittsgewicht eines aus der Mitte der Ähre stammenden Gerstenkorns und entsprach 64,8 mg» (R. D. Connor, „The Weights and Measures of England“). Ein Pfund hatte 16 Unzen, eine Unze 16 Dram. Der Begriff „Avoirdupois“ kommt vom altfranzösischen „aveir de peis“ (Ware mit Gewicht).

Stein oder goss sie, mit Verzierungen versehen, in Schwermetall, sodass sie schwer zu entfernen und nicht leicht zu fälschen waren. Oft waren sie an einer Mauer befestigt. Aber selbst dann konnten die Mächtigen sie bei Auseinandersetzungen über die rechten Maße verschwinden lassen. Die Normstücke wurden oft an heiligen Stätten wie dem Jerusalemer Tempel, dem Kapitol in Rom oder der Hagia Sophia in Byzanz aufbewahrt. Heute ist dies Aufgabe des Internationalen Büros für Maße und Gewichte in Sèvres bei Paris, in dem das Standard-Kilogramm aufbewahrt wird, sowie nationaler Institutionen wie der Physikalisch-Technischen Bundesanstalt.

Links: Römische Waage und Bronzegewichte, Pompeji, 79 v. Chr. Die *libra* (Pfund) war das römische Standardgewicht. Neben dieser Kurzbezeichnung gebrauchte man auch den Ausdruck „libra pondo" (ein Pfund an Gewicht), woraus sich wiederum der Begriff „Pfund" ableitete. Im Englischen wurde daraus „pound", die Abkürzung dafür lautet jedoch lb (von libra). Eine *libra* hatte 12 *unciae* zu 27–27,5 g, von denen sich die Unze ableitet. Das britische Pfund hat allerdings 16 Unzen.

Links: Ein Ägypter wiegt Goldringe mit einem Gewicht in Form eines Stierkopfs ab (ca. 1400 v. Chr.). Die traditionelle ägyptische Masseneinheit war der Deben (etwa 93,3 g), später kam der Kite (9–10 g) hinzu, wobei dem Deben 10 Kite entsprachen. Der Deben war das Maß für Kupfer, Silber oder Gold, der Kite nur für Silber oder Gold. «Man benutzte sie, um den Gegenwert einer Reihe von nichtmetallischen Gütern zu bestimmen, wodurch in der geldlosen Wirtschaft der Pharaonenzeit ein rudimentäres Preissystem entstand» (Paul Nicholson, „British Museum Dictionary of Ancient Egypt").

Links: Gewicht und Gleichgewicht. Das Glasfenster (15. Jahrhundert) in der Kathedrale von Tournai in Belgien zeigt das Abwiegen von Gegenständen auf der Balkenwaage. Gewöhnlich gab es ein Ungleichgewicht zugunsten des Kunden, da Verluste durch Auslaufen usw. zu erwarten waren. Beim Brot war es umgekehrt: Bei manchen Bäckern fielen die Brote mit oder ohne Absicht zu leicht aus. Ihnen wurde das beanstandete Brot um den Hals gehängt, dann wurden sie durch die Straßen geführt. Bei schweren Verfehlungen spannte man ihnen auch die Beine in den Block, wie die Zeichnung aus dem Liber Albus (1419) zeigt **(unten)**.

Die Dichte ist das Verhältnis von Masse und Volumen. Ein Sack voll Zement ist schwerer als ein gleich großer, der mit Sägemehl gefüllt ist. Eis ist leichter als Wasser und schwimmt an der Oberfläche, ein Stein ist schwerer und versinkt. Besser wäre es zu sagen, der Stein hat eine höhere Dichte als Wasser und dieses eine etwas höhere Dichte als Eis. Gold wiederum hat eine bedeutend höhere Dichte als alle drei. Wie die Abbildung zeigt, wiegt je ein Kubikzentimeter Gold 19,3 g, Silber 10,5 g, Wasser nur 1 g.

Im 3. Jahrhundert v. Chr. nutzte Archimedes in Syrakus sein Wissen über Masse, Volumen und Dichte für praktische Zwecke. Der Herrscher der Stadt, Hieron II., hatte sich eine Krone anfertigen lassen. Da er dem Goldschmied misstraute, beauftragte er Archimedes herauszufinden, ob sie aus reinem Gold oder einer Gold-Silber-Legierung hergestellt war, und zwar ohne sie zu beschädigen. Archimedes, so heißt es, habe die Methode dafür gefunden, als er in der Badewanne an seinem Körper den Auftrieb spürte und die verdrängte Wassermenge sah. Jubelnd sprang er auf und rannte mit dem Ruf «Heureka!», was etwa «Ich habe begriffen!» bedeutet, auf die Straße. Das Ergebnis war, dass der unglückliche Goldschmied hingerichtet wurde. So berichtet es zumindest Vitruvius.

Welche Versuche Archimedes machte, ist nicht bekannt, er hinterließ darüber keine Aufzeichnungen. Einer modernen Version nach könnte er sich die Tatsache zunutze gemacht haben, dass sich das Gewicht eines in eine Flüssigkeit getauchten Körpers um das Gewicht der von ihm verdrängten Flüssigkeitsmenge verringert. Haben zwei Körper die gleiche Masse, aber verschiedene Volumina, also eine unterschiedliche Dichte, so wird der größere Körper (mit der geringeren Dichte) mehr Wasser verdrängen und darin weniger wiegen als der kleinere Körper. Anders gesagt: War die Krone nicht aus purem Gold und somit von geringerer Dichte als eine aus purem Gold, so musste sie im Wasser weniger wiegen, als man bei reinem Gold erwarten konnte. Vermutlich tauchte Archimedes einen an einer Waage hängenden Goldklumpen ein, um dessen Gewichtsverlust zu messen; daraus errechnete er die relative Dichte von Gold und daraus wieder den zu erwartenden Gewichtsverlust einer Krone aus purem Gold. Dann wiederholte er die Messung mit Hierons Krone, die im Wasser weniger wog, als zu erwarten war.

In den damaligen Maßeinheiten ausgedrückt würde das archimedische Prinzip etwa so lauten: «Ein unter Wasser getauchter Gegenstand verliert $7^{10}/_{19}$ Minen an Gewicht für jeden Khoes ($^{1}/_{12}$ Amphore) seines Volumens» (nach Alex Hebra in „Measure for Measure"). Vielleicht benutzte Archimedes solche Maße, sie sind aber – anders als sein Prinzip – nicht erhalten geblieben.

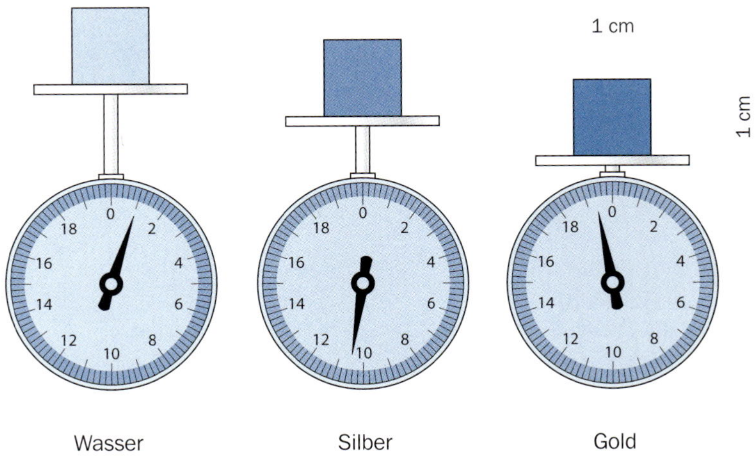

Oben: Archimedes (ca. 287–212 v. Chr.) gilt als der größte Mathematiker und Physiker der antiken Welt. 2006 entdeckte man ein Palimpsest mit seinen Entdeckungen. Darunter fand sich auch das Gesetz von der Auftriebskraft, die auf einen in Wasser getauchten Körper wirkt.

Länge und Entfernung

In Myanmar (Birma) ist das metrische System noch nicht eingeführt. Besonders für Tuch sind noch einige der traditionellen Längenmaße in Gebrauch. Sie lauten wie folgt:

10 **sanchi** (Haarbreite) = 1 hnan (Sesamkorn)
6 **hnan** = 1 muyaw (Reiskorn)
4 **muyaw** = 1 let-thit (Fingerbreit)
6 **let-thit** = 1 maik (Handbreit mit Daumen)
12 **let-thit** = 1 twa (Handspanne)
3 **maik oder 2 twa** = 1 taung (Unterarm oder Elle)
7 **taung** = 1 ta (Feldmaß)
1000 **ta** = 1 taing (etwa 3,2 km)

Weltweit liegen den traditionellen Längenmaßen Teile des menschlichen Körpers sowie Samen und Körner zugrunde. In England war es das Gerstenkorn. Unter Eduard II. Anfang des 14. Jahrhunderts wurde der Zoll mit «drei Gerstenkörnern, trocken und rund, der Länge nach aneinandergereiht» definiert. Für geringere Längen wurde das Gerstenkorn in vier gleiche Teile geteilt, die Linien. Damit ergaben 12 Linien 1 Zoll, 12 Zoll (36 Gerstenkörner) 1 Fuß und 3 Fuß 1 Yard. Einem 1566 erlassenen Gesetz zufolge ergaben «4 Gerstenkörner 1 Finger; 4 Finger 1 Hand; 4 Hände 1 Fuß». Das bedeutete, dass 1 Fuß nun 64 Gerstenkörnern entsprach. Waren die Gerstenkörner in den mittlerweile vergangenen Jahrhunderten kleiner oder die Füße größer geworden?

«Die Unklarheiten und Widersprüchlichkeiten historischer Maße machen selbst die ausgeklügeltsten Versuche zunichte, sie zu harmonisieren oder kleinzureden», sagt Arthur Klein in „The World of Measurement". Einer Vielzahl von Definitionen unterlag dabei insbesondere die Elle, ein Maß, das ungefähr dem Abstand zwischen dem Ellbogengelenk und der Spitze des Mittelfingers entsprach, also einem halben Meter. Im birmanischen System z. B. scheint 1 taung entweder 18 oder 24 let-thits zu umfassen. Im alten Ägypten maß die kurze Elle 6 Handbreiten, die beim Pyramidenbau benutzte Königliche Elle hingegen 7 Handbreiten. Vergleicht man die Ellen früher Kulturen, so findet man laut A. E. Berriman, Historical Metrology, folgende Längenunterschiede:

Elle	metrisches Äquivalent
römisch	0,444
ägyptisch, kurz	0,450
griechisch	0,463
assyrisch	0,494
sumerisch	0,502
ägyptisch, königlich	0,524
talmudisch	0,555
palästinisch	0,641

Unten: Der Zweck dieser griechischen metrologischen Skulptur, des sogenannten Arundel-Reliefs (ca. 450 v. Chr.), ist nicht völlig klar. Möglicherweise war es auf einem Platz als Eichmaß aufgestellt. Setzt man den fehlenden Teil den Proportionen gemäß ein, so misst die Spannweite der Arme (der Klafter) 2,08 m, der Unterarm (die Elle) 0,52 m und der Fuß 0,297 m. Diese Maße entsprechen allerdings nicht anderen Standardmaßen der damaligen Zeit. So wird für die griechische Elle im Allgemeinen ein Betrag von 0,463 m angenommen.

Oben: Die Standardisierung des Fußes. Der Holzschnitt aus Jakob Köbels Geometrie (1531) zeigt, wie man in Deutschland die „richtige und gesetzliche" Länge der Rute (12,36 Fuß) bestimmte, die in England als *rod* (16,5 Fuß) bekannt ist, aber auch als *rood* oder *rode* mit ähnlicher, aber nicht gleicher Länge. Nach dem sonntäglichen Gottesdienst «gebot der Landvermesser 16 Männern zu verweilen, großen und kleinen, so wie sie aus der Kirche kamen». Sie mussten sich in ihrer Sonntagskleidung hintereinander aufstellen und «ihren linken Fuß hinter den des Vordermanns setzen». (Die drei Beobachter im Hintergrund links sind offenbar Verantwortliche für das Messwesen.) Aus Köbels auf der Rute basierenden Zahlen ergibt sich für den linken Fuß eine Durchschnittslänge von 23,55 cm. Das erscheint zu kurz, vor allem angesichts der Tatsache, dass die Männer Schuhe tragen. Vermutlich lag sein Maß näher an der englischen *rod* als an der deutschen Rute.

Die im Pferderennsport bis heute benutzte englische Achtelmeile (furlong) entsprach ursprünglich der Länge einer Furche, die ein Pferd beim Pflügen eines zehn Morgen großen Feldes zog. In der Regierungszeit Elisabeths I. wurde diese „Furchenlänge" von 625 auf 660 Fuß (220 Yard) erhöht, sodass acht Furchen 5280 Fuß oder 1760 Yard maßen, was der heutigen englischen Meile (1,6 km) entspricht. Diese ist damit um etwa 9 % länger als das römische *milliare*, von dem die Meile ihren Namen hat. Auch dieses Maß basierte auf einem menschlichen Maß: *mille passuum*, tausend Schritte eines römischen Legionärs auf dem Marsch. Ein römischer „Schritt" maß damit etwa 1,5 m, was unmöglich erscheint. Offenbar ist darunter eine Schrittfolge links-rechts-links bzw. umgekehrt zu verstehen, sodass sich eine akzeptable Schrittlänge von 0,75 m ergibt.

Links: Nilometer auf der Rawada-Insel bei Kairo, fertiggestellt in den Jahren 861–2. An der achteckigen Messsäule konnte der Wasserstand des Nils in Ellen abgelesen werden. Nilometer aus vor-islamischer Zeit verwendeten Steinstufen als Maßstab.

Altenglische Flächen- und Hohlmaße

Der Begriff „Areal“ kommt vom lateinischen *area*, was „unverbaute Bodenfläche“ bedeutet, aber auch Spielplatz oder Tenne. Er ist mit dem Verb *arere* verwandt, „trocken sein“, von dem sich der Fachbegriff „arid“ für trocken ableitet.

Verwandte Wörter findet man in den romanischen Sprachen: das italienische „ara“, das spanische „área“ und das französische „are“, von dem sich unser „Ar“ herleitet, das 100 Quadratmeter umfasst. Stellt man „hekto“ voran (vom griechischen „hekaton“ für hundert), so erhält man Hektar (10 000 m^2).

Dort, wo sich Großbritannien auf das metrische System umgestellt hat, hat das Hektar das wichtigste der alten Feldmaße verdrängt, den *acre* oder Morgen (ein Hektar entspricht nicht ganz 2,5 *acres*). Im deutschen Sprachraum war der Morgen die Ackerfläche, die man mit einem Ochsengespann an einem Vormittag umpflügen konnte. Natürlich spielten dabei auch Faktoren wie Bodenbeschaffenheit, Gefälle und Feuchtigkeit eine Rolle. Der britische Morgen war laut Gesetz eine rechteckige Fläche von 40 Ruten Länge und 4 Ruten Breite. Da die oben erwähnte Furche 40 Ruten hatte, war ein Morgen $^1/_8$ Meile lang und $^1/_{80}$ Meile breit, womit die britische Quadratmeile 640 Morgen entsprach.

Im Vergleich zu den Flächenmaßen waren die britischen Hohlmaße «ein historisches Durcheinander», wie Arthur Klein schreibt. «Unter Königin Elisabeth I. wurde die Korngallone auf ihr früheres Maß von 268,8 Kubikzoll zurückgeführt, während die Weingallone bei 231 Kubikzoll verblieb. Die bisherige Größe der Korngallone, 282 Kubikzoll, wurde zur Größe der Biergallone, die nun das Maß für den Gerstensaft bildete.» Damit gab es drei verschiedene Gallonen: eine für Schüttgut und zwei für Flüssigkeiten.

Eine üppig wuchernde Maßvielfalt gab es bei alkoholischen Getränken. Außer dem Pint („Halbe“), dem Quart (1,14 l), der Gallone und dem Barrel (Fass) hatte man den Schluck, den Becher, den Pott, das Gill (Viertelpint), das Pottle, den Viertelscheffel, den Scheffel, das Großfass, das Firkin (Viertelfass), die Pipe (Röhre), das Kilderkin (Halbfass) und die Tonne. So wie die Gallone hatte auch das Großfass verschiedene Kapazitäten. Bei Bier konnte es 48 Gallonen fassen oder, außerhalb Londons, 51 Gallonen, im großzügigeren London selbst 54 Gallonen. Eine Röhre war ein Doppelgroßfass mit 148 alten Weingallonen – eine Menge, die Shakespeares fröhlichem Genießer Falstaff vom Sherry her vertraut war. Leider bedeutet Shakespeares «ein Pottle voll, leer getrunken bis zum letzten Tropfen» nicht mehr das, was es früher bedeutet hat, als dieses „Pöttchen“ (eine halbe Gallone bzw. 2,3 Liter) noch nicht abgeschafft war.

Die älteste erhaltene Weltkarte (600 v. Chr.) zeigt die Welt der Babylonier, die sie sich als flache, vom Ozean umgebene Scheibe vorstellten. Die Randzonen sind durch Dreiecke dargestellt (ursprünglich vermutlich acht), die in Keilschrift die Entfernung zwischen zwei Regionen anzeigen. Norden liegt oben; Babylon ist als Rechteck abgebildet, das die beiden gekrümmten Linien des Euphrat schneidet. Der Strom mündet im Süden in ein als Rechteck dargestelltes Sumpfgebiet. Ein seitlicher Kanal könnte ein Vorgänger des Schatt el-Arab sein. Kreise mit Punkten stellen Städte dar.

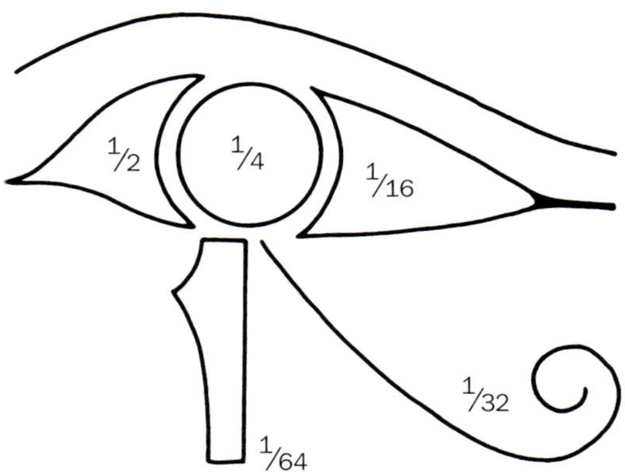

Links: Mosaik aus der Aula dei Mensores (Halle der Messenden) in Ostia, dem antiken Hafen Roms: Sklaven füllen Korn in einen Modius (gewöhnlich mit „Scheffel" übersetzt). Er fasste etwa 8,7 Liter und war das gebräuchlichste Maß für Schüttgut. Die für Flüssigkeiten bestimmten Amphoren waren unterschiedlich groß. Sie fassten um die 26 Liter.

Unten links: Amulette in Form des Horusauges waren im alten Ägypten sehr beliebt. Es war das Symbol der Heilung, da Hathor dem Mythos zufolge das linke Auge des Horus wiederherstellte, nachdem dieser es im Kampf mit Seth verloren hatte. Die Abbildung zeigt das Symbol als Piktogramm, in das die ägyptischen Schreiber Unterteilungen des Hekat eintrugen, der amtlichen Maßeinheit für Korn, (etwa 4,8 l). Ein Khar („Sack") fasste entweder 16 oder 20 Hekat.

Ganz links: Das Standard-Pint von Derby von 1601 zeigt das Wappen Königin Elisabeths I. Ein Pint entsprach 32 Schluck, 16 Bechern, 8 Topf, 4 Gill oder 2 Tassen. Die meisten dieser Einheiten sind nicht mehr in Gebrauch, bei Bier und Milch hat sich das Pint aber bis heute erhalten. Das britische Pint fasst etwa 20% mehr als das amerikanische Pint.

Der Winkel

Vor fast einem halben Jahrhundert machte der Astronom Fred Hoyle einen seiner radikalen Vorschläge: Der Kreis sollte in 1000 gleiche Teile, sogenannte Milliturns, geteilt werden, statt wie bisher in 360 Grad. Da ein Grad bekanntlich 60 Minuten und eine Minute 60 Sekunden hat, hätte ein Milliturn, das wiederum in Microturns teilbar war, 360/1000 = 0,36 Grad oder 21 Minuten und 36 Sekunden betragen. Aus dem Vorschlag wurde nichts. Die Wissenschaft benutzte zur Winkelmessung bereits eine metrische Einheit, den Radianten (siehe unten). Der Rest der Welt war bei der Winkelmessung dem 5000 Jahre alten babylonischen Sexagesimalsystem (und dem sexagesimalen Ziffernblatt bei der Zeitmessung) so sehr verhaftet, dass ein Wechsel nicht in Betracht kam.

Die Winkelmessung hatte nie die praktische Bedeutung, die dem Messen von Gewicht, Längen, Flächen und Rauminhalten zukommt. Unverzichtbar war sie hingegen für Landvermesser, Architekten, Seefahrer und natürlich Astronomen. Hier gibt es keine anderen Einheiten als Grade, Minuten und Sekunden. Das früheste Konzept des Winkels verdanken wir wohl einem Beobachter, der den über ihm liegenden Zenit mit den Horizontlinien verglich, die die Ebenen Mesopotamiens begrenzen: Der Winkel zwischen Zenit und Horizont war in beiden Richtungen ganz eindeutig ein rechter Winkel. Ebenso klar war, dass zwei rechte Winkel einen Halbkreis bilden. Wie erwähnt, wissen wir nicht, warum die Babylonier den Vollkreis in 360 Grad unterteilten. Sicher ist nur, dass die gute Teilbarkeit der Zahl 360 das Messen erleichterte.

Im Laufe der Jahrhunderte entwickelte man Instrumente, mit denen man durch Winkelmessung die Distanz zwischen zwei Punkten bestimmten konnte. Mit dem Quadranten maß man das Viertel des Kreisumfangs (90°), mit dem Sextanten ein Sechstel (60°), mit dem Oktanten ein Achtel (45°). Anfangs peilten Geodäten und Navigatoren das Objekt mit bloßem Auge an, später ver-

Der teleskoplose Messingsextant von Johannes Hevelius (1611–87). Die Zeichnung stammt aus seinem Werk „Machinae Coelestis" (1674). Als Edmond Halley 1679 Hevelius in Danzig besuchte und Teleskope mitbrachte, stellte er fest, dass Hevelius mit seinem Sextanten die Sternpositionen ohne optische Hilfen ebenso genau bestimmte wie andere mit ihren Teleskop-Sextanten.

sah man die Geräte mit Spiegeln und Fernrohren. Im 17. Jahrhundert erhöhte das neu erfundene Teleskop die Messgenauigkeit nur geringfügig. Im folgenden Jahrhundert hingegen ermöglichte es eine weit höhere Genauigkeit. Mit Bordas Repetitionskreis wurden die Winkel nicht mehr in den üblichen Graden, Minuten und Sekunden gemessen, sondern in Graden, die dem hundertsten Teil des rechten Winkels entsprachen, d. h. dem vierhundertsten des Kreisumfangs, der somit in 400 und nicht in 360 Grad unterteilt war.

Die Winkeleinheit im heutigen Système International ist der Radiant. Laien mag dieses System kompliziert erscheinen, es ist jedoch sinnvoll, denn der Kreisumfang U ist gleich $2r\pi$. Jeder Kreis hat 2π Radianten und ein Radiant = $360/2\pi = 57{,}296°$. Das ist logischer, als einen Kreis in 360° zu teilen!

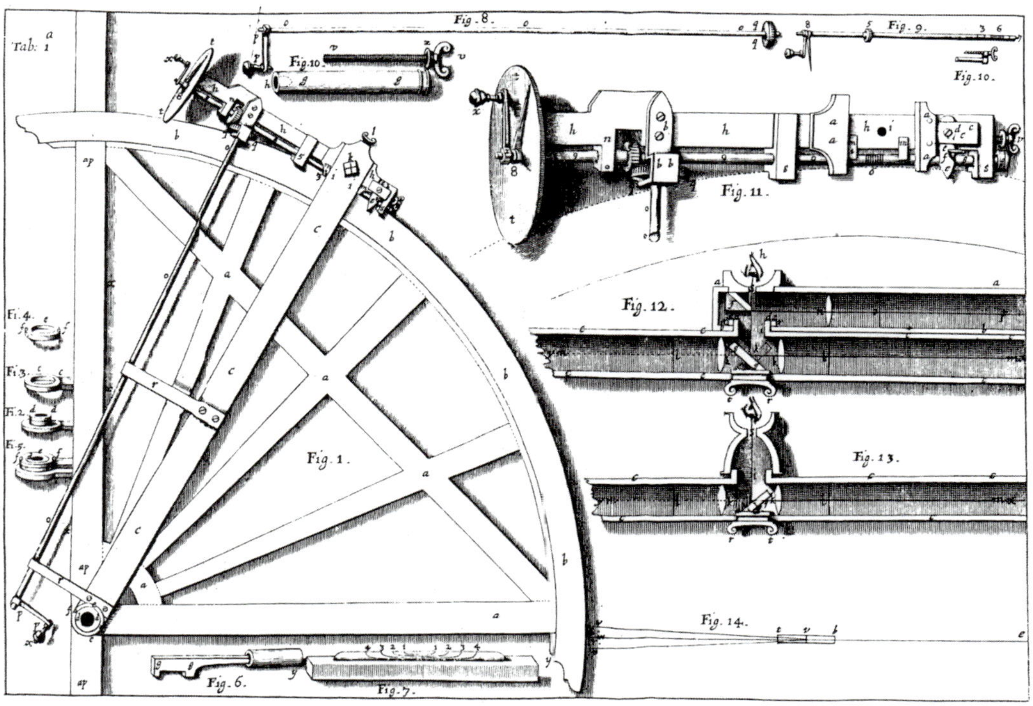

Quadranten und ihre Konstrukteure. In der Zeitspanne zwischen Tycho Brahe (1546–1601) und John Flamsteed (1646–1719) verbesserte sich die Genauigkeit astronomischer Beobachtungen um das Dreifache, Abweichungen von 1 Bogenminute reduzierten sich auf 20 Sekunden. Zwei berühmte Gerätehersteller waren der hier **(links)** abgebildete Elias Allen (1606–54) und Robert Hooke (1635–1703), dessen Quadrant mit Stellschraube **(unten)** abgebildet ist. «Allen hält einen Zirkel in der Hand, auf der Bank vor ihm befindet sich eine horizontale Sonnenuhr, ein Äquinoktialring und ein Circumferentor. An der Wand hängen ein Sektor und ein Quadrant» (Allan Chapman, „Dividing the Circle"). Abb. 1 in Hookes Grafik zeigt den vollständigen Quadranten. «Dreht man die Schraube, bewegt sich die gesamte Alidade (Visier) um einen vorgeschriebenen und ablesbaren Winkel.» Abb. 11 zeigt die Schraube im Detail, Abb. 13 die speziellen katoptrischen Vorrichtungen des Instruments. Hookes Quadrant ermöglichte etwas genauere Ergebnisse, die im 18. Jahrhundert jedoch weit übertroffen wurden, als sich die Genauigkeit der Winkelmessung um den Faktor 200 erhöhte.

Geld und Wert

Oscar Wildes Definition des Zynikers – «Ein Mensch, der von jeder Sache den Preis und von keiner den Wert kennt» – trifft exakt ein Merkmal der modernen Welt. Wir sind derart auf das Geld als alleinigem Wertmaßstab fixiert, dass wir dazu neigen, andere Wertmaße zu vergessen. In unserem Denken muss der Preis mit dem Wert einer Ware steigen. Oder die qualitative Verbesserung geht bei gleichbleibendem Preis mit einer quantitativen Minderuug einher. Wie erwähnt war das früher beim Brot die übliche Praxis; Klöster umgingen auf diese Weise die vorgeschriebenen Beschränkungen ihres Gewinns: Die Mönche kauften Wein in großen Fässern und verkauften ihn zum gleichen Preis in kleineren. Unterschiedliche Größen bei Maßen und Gewichten waren eine wichtige Einnahmequelle.

Geld hat den entscheidenden Vorteil, dass es, anders als Güter wie Korn und Wein, universell konvertibel ist. Darin liegt der Grund für seinen Triumph über frühere Zahlungsmittel. Genießt es bei allen Vertrauen, so ist Geld – aus Metall, Papier oder Kunststoff – ein äußerst praktisches Mittel, um den Wert von Gütern zu definieren. Zudem ermöglicht es Kredite und andere Finanzierungen. Ein Kredit ist in seiner simpelsten Form ein «Werttransfer in der Zeit», wie W. Goetzmann und G. Rouwenhorst in „The Origins of Value“ schreiben. «Ein mittelloser Kreditnehmer kommt durch den Kredit plötzlich zu Geld. Der Kreditgeber hingegen stellt überschüssige Liquidität zur Verfügung, steckt sie in eine Zeitmaschine in Form eines Termingeschäfts und bekommt sein Geld zu einem

Ein Liefervertrag in Keilschrift, 19. Jahrhundert v. Chr., über die Lieferung von Silber und Gegenständen aus Holz. Auf Vorder- und Rückseite der beschrifteten Tafel findet man mehrere als Unterschrift dienende Siegel. Eine andere Keilschrifttafel (nicht abgebildet) enthält Aufzeichnungen über ein Silberdarlehen um 1820 v. Chr. Der Name des Kreditnehmers lautet Ilschu-bani, der des Kreditgebers Sin-taljar. Der Text lautet wie folgt: «Ein und ein Sechstel Schekel Silber [9,33 g], zu denen die üblichen Zinsen kommen, erhielt Ilschu-bani, der Sohn des Nabi-ilischu, von [Gott] Schamasch und von Sin-taljar. Zur Zeit der Ernte wird er das Silber samt den Zinsen zurückerstatten. Im Beisein der fünf Zeugen [die Namen sind aufgelistet]. Im siebten Monat des Jahres, in dem Apil-Sin den Tempel der Inanna in Elip erbaute.»

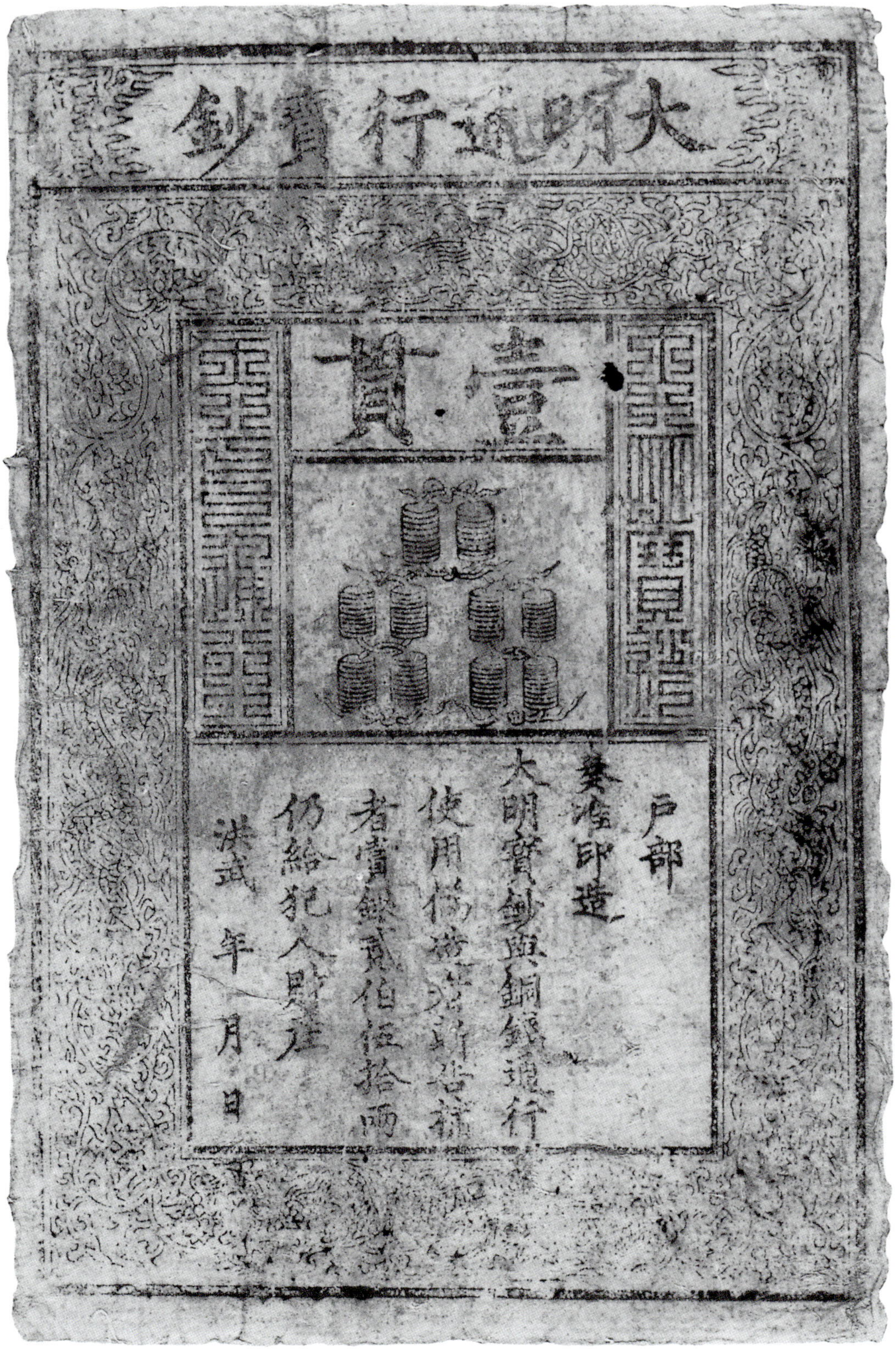

Chinesisches Papiergeld. Dieses Zahlungsmittel wurde in der Songdynastie Ende des 10. Jahrhunderts erfunden. Es wurde oft in Frage gestellt, überlebte aber alle Vertrauenskrisen und wurde von den Mongolen Kublai Khans übernommen, als sie im 13. Jahrhundert China eroberten. Die Ming-Dynastie (1368-1644) war die letzte Dynastie, die Papiergeld verwendete. Der erste Mingkaiser wollte zwar Bronzemünzen wieder zum alleinigen Zahlungsmittel machen, aber die chinesischen Kupferminen waren nicht ergiebig genug. 1375 führte er deshalb das „Da Ming tongxing baochao" („universell gültige Zahlungsmittel des Großen Ming") aus Papier ein (links). Der Text im unteren Rechteck nennt die ausstellende Behörde und erklärt, dass die Banknote den gleichen Nennwert hat wie die entsprechende Bronzemünze. «Der restliche Text nennt die Strafe für Fälscher (Enthauptung) und bietet Informanten eine Belohnung in der Höhe von 250 Liang Silber sowie den gesamten Besitz des Fälschers» (Richard von Glahn, „The Origin of Value"). 1394 fiel der Wert des Baochao auf weniger als 20 % seines Nennwerts, und der Kaiser musste eine unerhörte Maßnahme ergreifen: Er verbot seine Bronzemünzen. 1430 begann man in China das Papiergeld abzuschaffen und vor allem durch Silbermünzen zu ersetzen. Erst im 20. Jahrhundert kehrte das Land zum Papiergeld zurück.

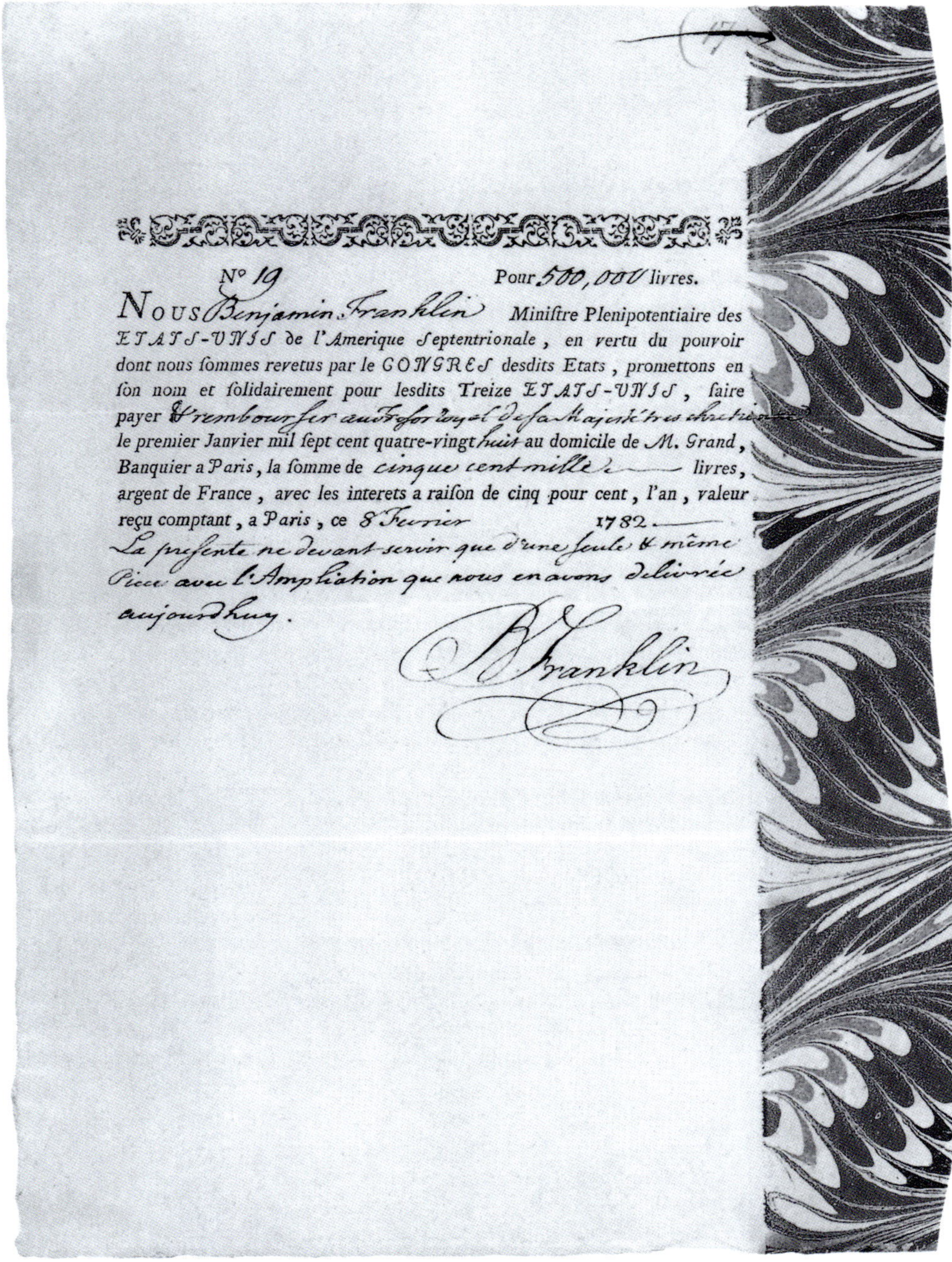
N° 19 Pour 500,000 livres.

NOUS Benjamin Franklin Ministre Plenipotentiaire des ETATS-UNIS de l'Amerique Septentrionale, en vertu du pouvoir dont nous sommes revetus par le CONGRES desdits Etats, promettons en son nom et solidairement pour lesdits Treize ETATS-UNIS, faire payer & rembourser au tresor royal de sa Majesté tres chretienne le premier Janvier mil sept cent quatre-vingt huit au domicile de M. Grand, Banquier a Paris, la somme de cinque cent mille livres, argent de France, avec les interets a raison de cinq pour cent, l'an, valeur reçu comptant, a Paris, ce 8 Fevrier 1782.

La presente ne devant servir que d'une seule & même Piece avec l'Ampliation que nous en avons delivrée aujourdhuy.

B Franklin

Anleihen zur Rettung des Vaterlands. Nach der Unabhängigkeitserklärung beschaffte der US-Kongress in Frankreich große Geldbeträge, um den Krieg gegen die Briten zu finanzieren. Im Februar 1782 erstellte Benjamin Franklin, der amerikanische Gesandte in Paris, einen Plan für eine Rückzahlung in zwölf Jahresraten, beginnend im Jahr 1788 bei 5% Zinsen p. a. Als gelernter Buchdrucker druckte er in zweifacher Ausfertigung 21 amtliche Quittungen (jeweils eine für den Kongress und eine für Frankreich) über die bei 21 verschiedenen Anlässen aufgebrachten Beträge, die von 250 000 bis 3 Millionen Livres reichten. Die Abbildung zeigt eine Quittung über 500 000 Livres. Diese Papiere hatten «einen breiten marmorierten Mittelstreifen, der so zerschnitten wurde, dass zwei zueinander passende Vertragshälften entstanden.» Dadurch waren sie fälschungssicher. «Kurioserweise beschaffte sich Franklin dieses Papier in England» (Ned Downing, „The Origins of Value"). Marmorierungen waren auf Papieren dieser Zeit sehr selten, denn sie konnten nur in einem aufwendigen und teuren Verfahren hergestellt werden.

späteren Zeitpunkt zurück.» Als Gegenleistung erhält er dafür gewöhnlich Zinsen.

Bargeld ist im Geschäftsleben immer noch unverzichtbar. Die berühmte Registrierkasse mit ihrem vertrauten Klingeln ist inzwischen ein Relikt aus dem vorigen Jahrhundert. Ihr elektronischer Nachfolger mit Laserscanner, Digitalanzeige, elektronischem Piepston und Geldschublade hat die gleichen Funktionen: Bargeld sicher aufzubewahren, einen Kassenbon auszudrucken und den Geld- in einen Datenfluss umzuwandeln.

Die erste mechanische Registrierkasse wurde von einem verärgerten amerikanischen Kneipenwirt gebaut, der gelernter Mechaniker war. Wie so viele Läden hatte auch der Saloon James Rittys in Dayton, Ohio, alle Mühe, Gewinn zu machen. Er lief zwar gut, aber Ritty konnte den Getränkeverkauf nicht nachprüfen und die Barkeeper entnahmen

der Kasse immer wieder Bargeld. Ritty erlitt einen Nervenzusammenbruch. 1878 schiffte er sich nach Europa ein, um sich zu erholen. Als er auf der Überfahrt unter Deck den Drehzahlmesser der Schiffsschraube beobachtete, kam ihm plötzlich die Idee einer Registrierkasse. «Wenn man die Umdrehungen einer Schiffsschraube registrieren kann», schrieb er, «dann kann man in einem Laden auch die Verkaufsvorgänge registrieren.»

Sein erstes Modell, das Ritty Patent Dial Register, wies eine Klingel auf, aber keine Geldschublade. Das Modell, das er unter der Bezeichnung „Ritty's Incorruptible Cashier" auf den Markt brachte, hatte immerhin schon die in einem Sichtfenster hochspringenden Zahlen. Außerdem waren seine Tasten mit einer Nadel verbunden, die auf einer Papierrolle in der jeweils passenden Kolonne – der 5-Cent-, der 10-Cent-Kolonne usw., ein Loch stanzte.

Ein Ladenbesitzer aus Ohio, Joe Patterson, kaufte zwei dieser Geräte. Er wunderte sich über den hohen Preis, aber noch mehr über die durch den Rückgang der Diebstähle bedingte Einnahmesteigerung. 1884 erwarb er Rittys Unternehmen und nannte es National Cash Register Company (NCR). Ritty hatte weitere Verbesserungen vorgenommen, wie z. B. den Kassenbon, aber nun kam als wesentliche Neuerung die Geldschublade hinzu. Um die Jahrhundertwende waren Registrierkassen bereits weit verbreitet, die meisten kamen von NCR. 1911 wurde das Unternehmen von der Bundesregierung wegen illegaler Verkaufspraktiken verklagt, aber seine Registrierkassen gaben den Anstoß zur Entwicklung der Informationsindustrie und waren die Grundlage für den Erfolg der „International Business Machines" (IBM).

Oben: Vorder- und Rückseite eines römischen Denarius („Zehner"). Von dieser Münze stammt die im vordezimalen britischen Währungssystem gebräuchliche Abkürzung „D" für Penny, wie sie auf den reich verzierten Registrierkassen aus der Zeit Edwards VII. zu sehen ist **(links)**. Nach 141 v. Chr. wurde das Gewicht des Silberdenars mit einer Unze und sein Wert mit 16 As bestimmt, daher die Zahl XVI. Für Angehörige des Militärs galt der alte Wert: Sie konnten weiterhin für 10 As 1 Denar bekommen.

Die Zeit

In Shakespeares „Heinrich III." Teil 3 sitzt der vor den Schrecken des Krieges verzweifelnde König allein auf dem Schlachtfeld und wünscht sich, ein einfacher Schäfer zu sein:

«Gott! Mich dünkt, es wär' ein schönes
Leben …
Minuten einzukerben, Schnitt für Schnitt,
zu sehen, wie zu vollen Stunden sie
sich reihen und unbeirrt die Zeit verrinnt.»

Wenn Sonnenuhr und Jahreszeiten das Vergehen der Zeit anzeigen, so grübelt der König, könne man sich die Zeit einteilen und sein Leben bis zum „stillen Grab" planen, um sie sinnvoll zu nutzen.

Diese Vorstellung einer einteilbaren Zeit ist freilich eine Täuschung. Denn die Zeit ist anders als Gewicht, Länge, Fläche, Raum, Winkel, Geld und Werte. Wie die Babylonier teilen wir sie in Stunden und Minuten, doch sie geht unaufhaltsam weiter. Sie verfliegt oder zieht sich dahin, aber sie bleibt nicht erhalten wie Gold oder geometrische Figuren. «Eine ‹Zeitmenge› direkt mit einer anderen zu vergleichen ist unmöglich. Man kann eine Zeitdauer auch nicht aufbewahren, um sie später einmal mit einer anderen zu vergleichen», stellt Arthur Klein fest. Die Zeiger einer Stoppuhr verkörpern nicht die Zeit selbst, sondern eine mechanische bzw. elektronische Konfiguration.

Was Uhren und Zeitnehmer messen, sind rekurrierende Bewegungszyklen, die man mit Veränderungen, Bewegungen und Ereignissen der Realität vergleichen kann. Zeitmessung ist der Vergleich eines Bewegungsablaufs mit einem anderen, wie etwa dem Rhythmus des Atmens, den Umläufen eines Zeigers, der Folge von Tag und Nacht oder der Jahreszeiten. Es lässt sich schwer sagen, ob man beim Zeitmessen gesellschaftliche oder natürliche Zyklen misst.

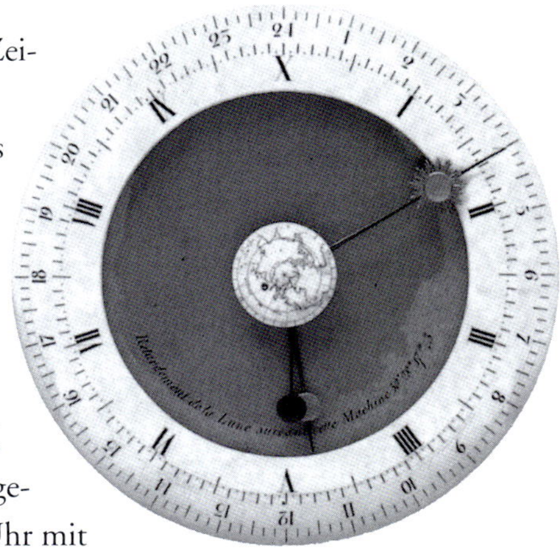

Die Dezimaluhr. In der Frühzeit der Metrifizierung während der Französischen Revolution war der Tag in zehn Stunden unterteilt. Eine Stunde hatte 100 Minuten, eine Minute 100 Sekunden. Diese 1794 eingeführte Zeiteinteilung war derart unbeliebt, dass sie nicht einmal ein Jahr lang gültig blieb. Einige avantgardistische Geister wie der Wissenschaftler Pierre-Simon Laplace ließen ihre Uhren umbauen. Eine Uhr im Palais des Tuileries zeigte bis zum Jahr 1801 Dezimalzeit an. Von solchen Ausnahmen abgesehen fand die Dezimalzeit aber keinerlei Beachtung.

Mechanische Uhren kamen Ende des 13. Jahrhunderts auf. Sie wurden von Gewichten angetrieben. Die erste öffentliche Uhr mit Stundenschlag wurde 1335 in Mailand aufgestellt, die älteste Uhr Englands ist die aus dem Jahr 1386 stammende Uhr der Kathedrale von Salisbury. Die tägliche Gangabweichung konnte damals eine halbe Stunde betragen, und die Zifferblätter zeigten bestenfalls die Stunden. Mit der Einführung von Christiaan Huygens' Pendelmechanismus in der zweiten Hälfte des 17. Jahrhunderts erschienen auf dem Zifferblatt auch Minutenstriche. Im 18. Jahrhundert kamen bei den Pendeluhren der Sternwarten und den Marine-Chronometern (s. S. 24) die Sekundenstriche hinzu. In den 150 Jahren bis 1800 reduzierte sich auch die Gangabweichung drastisch von zehn Sekunden auf eine Fünftelsekunde pro Tag.

Seither wird die Zeitmessung immer genauer. Die meisten Menschen begnügen sich mit dem Zeitzeichen im Radio oder Fernsehen, dem Piepen der Telefonuhr oder Zeitangaben im Internet. Die Wissenschaft und das Système International richten sich nach Atomuhren (s. S. 85). Wie schon der Meter ist auch die Sekunde anhand natürlicher Maße definiert worden.

Im London des frühen 19. Jahrhunderts mochte die tägliche Gangabweichung der durchschnittlichen Uhr oder Taschenuhr noch über eine Sekunde betragen haben. Eine genaue Zeitmessung war somit nicht möglich, es sei denn, die Uhr wurde regelmäßig entsprechend der astronomischen Zeit nachgestellt. Für John Pond, den königlichen Astronomen an der Sternwarte von Greenwich bedeutete das permanente Unterbrechungen. Ständig klopften die Leute an seine Tür und baten: «Darf ich einen Blick auf Ihre Uhr werfen?», wie Konservator David Rooney berichtet. Pond war es schließlich leid, dauernd nach der Uhrzeit gefragt zu werden. So schickte er jeden Werktagmorgen seinen Assistenten John Henry Belville mit dem Auftrag los, die Greenwich-Zeit in die City und andere Bezirke Londons zu bringen.

Belville wurde 1836 Londons erster Zeitausträger. Er war mit dem Zug und zu Fuß unterwegs. Sein Chronometer war vom größten britischen Uhrmacher der damaligen Zeit für den jüngeren Bruder König Georgs IV. angefertigt worden, der es zurückgab, weil es so groß war «wie eine Wärmepfanne». Belville ließ das Goldgehäuse durch ein silbernes ersetzen, da er Angst hatte, auf seinen Rundgängen in Londons ärmeren Vierteln beraubt zu werden. Er nannte sich nun John Henry, um die französische Herkunft zu verbergen.

Mit seinem Service bediente er etwa 200 Kunden: Uhrmacher, aber auch Banken und Unternehmen, denen zunehmend bewusst wurde, wie wichtig die genaue Zeit bei finanziellen Transaktionen war. Auch Privathaushalte waren darunter, die sich die Greenwich-Zeit als Statussymbol leisteten. Von 1852 an stand ein telegrafisches Zeitsignal zur Verfügung. Das veränderte die Nachfrage nach Belvilles Zeit aber nicht, da die Miete für Telegrafenanschlüsse hoch und die Leitungen störanfällig waren. Belvilles Service überlebte sogar die Einführung des Zeitzeichens im Rundfunk 1924: Die Empfänger waren teuer, man brauchte eine großen Antenne und eine Genehmigung. 1936 kam die „sprechende Uhr“ am Telefon, trotzdem waren, als der Zeitservice aus Greenwich 1939 eingestellt wurde, noch 50 Abonnenten geblieben. Ein Jahrhundert lang war das Unternehmen in Familienhand gewesen – zuerst führte es Belville, dann seine Witwe, ab 1892 die gemeinsame Tochter Ruth. Die Abbildung zeigt sie vor der 24-Stunden-Uhr in Greenwich.

Die Zeitausträgerin Ruth Belville vor der Sternwarte von Greenwich. Von hier aus brachte sie die Greenwich-Zeit zu Abonnenten in allen Londoner Stadtteilen.

Die Elefanten-Wasseruhr basiert auf den aus dem 13. Jahrhundert datierenden Zeichnungen des Ibn al-Rassaz al-Jazari. Ein funktionierendes Modell der Uhr wurde von dem Historiker Fuat Sezgin gebaut. Im Inneren des Elefanten befindet sich ein mit Wasser gefüllter Eimer, in dem eine tiefe Schüssel schwimmt. Sie hat in der Mitte ein Loch und benötigt genau 30 Minuten, um sich zu füllen. Beim Absinken zieht sie schließlich an einer Schnur, die an einer im Turm angeordneten Wippe befestigt ist. Von dieser rollt ein Ball in das Maul einer Schlange, die dadurch nach vorn kippt, wobei weitere Schnüre bewirken, dass die Figur im Turm die rechte oder die linke Hand hebt und der Elefantenführer auf die Trommel schlägt, um die halbe Stunde anzuzeigen.

4. Kapitel *Geräte und Techniken*

Die Präzision des Lasers. Bei optischen Spektrometern, mit denen man elektromagnetische Strahlung wie Licht oder Röntgenstrahlen nach ihren Wellenlängen zerlegt, ist das Kernstück in vielen Fällen ein Beugungsgitter. Es besteht normalerweise aus einer großen Zahl von parallelen, in gleichen Abständen angeordneten Linien (ungefähr 7500 pro Zentimeter), die mithilfe modernster Techniken in eine Glas-, Metall- oder Kunststoffplatte geritzt wurden. Die Abbildung zeigt die Herstellung eines Beugungsgitters mithilfe eines Laserstrahls.

Genauigkeit und Präzision

Links: Genauigkeit versus Präzision. Das Zentrum der Zielscheibe ist der zu messende wahre Wert: a ist ungenau und unpräzise; b ist präzise, aber ungenau; c ist genau, aber unpräzise; d ist genau und präzise.

Die Meridianmessung im Frankreich der Revolutionszeit war präzise, aber nicht genau. Das mag verwirrend klingen, weil „Präzision" und „Genauigkeit" im normalen Sprachgebrauch weitgehend austauschbar sind. Auch Wörterbücher sind hier nicht immer hilfreich. Es besteht jedoch ein wesentlicher Unterschied (siehe Abb. oben). Besonders für Wissenschaftler ist diese Unterscheidung wichtig.

Bei der Gradmessung in Frankreich (s. S. 27–29) waren die von Méchain im südlichen Abschnitt des Bogens vorgenommenen Messungen präzise, weil wiederholbar und somit in sich konsistent. Sie waren aber nicht genau, da sie nicht exakt den Messergebnissen entsprachen, die Delambre zur gleichen Zeit im nördlichen Abschnitt erzielte (und die später bestätigt wurden). Den Hauptgrund für die Ungenauigkeit, deren sich Méchain nicht voll bewusst war, bildete die Unregelmäßigkeit der Erdkruste und der Gravitation in der Nähe der Pyrenäen. Sie deformierte den Bogen und beeinflusste sein Messgerät. Möglicherweise war auch ein Fehler durch die Abnutzung von Bordas Repetitionskreis entstanden. Der ehrgeizige Méchain war darüber derart verärgert, dass er schließlich seine Daten zurechtbog, wie der überraschte, aber verständnisvolle Delambre später feststellen musste, nachdem sein Kollege an Malaria gestorben war.

Auch „Fehler" und „Messunsicherheit" sind zu unterscheiden. Ein Fehler ist die Differenz zwischen dem gemessenen Wert und dem wahren Wert der Messgröße. Die Messunsicherheit lässt sich durch den Schwankungsbereich eines aus Einzelmessungen errechneten Mittelwerts bestimmen. Wenn wir sagen, dass eine Metallstange mit einer Zuverlässigkeit von 95% eine Länge von 300 cm ± 0,1% aufweist, dann heißt das, wir sind zu 95% sicher, dass ihre Länge zwischen 299,7 und 300,3 cm beträgt. Fehler wie die einer verformten Federwaage, die immer 50 g zu wenig anzeigt, können im Prinzip durch Korrektur des Messwerts ausgeglichen werden, die Messunsicherheit hingegen lässt sich nie ganz beseitigen. Sie kann lediglich unter Beachtung der möglichen Ungenauigkeitsquellen geschätzt werden.

Unten: Zurückverfolgbarkeit. Die Pyramide zeigt, wie die Streuung bestimmter Daten auf dem Weg vom Eichamt zum fertigen Produkt zunimmt. Kalibriert man ein Gerät mit einem genaueren Gerät, das einer bestimmten Norm entspricht, so lässt sich die Messgenauigkeit auch des ersten Geräts auf die betreffende Norm zurückführen. Diese nachweisbare Verbindung zu nationalen Standards mit festgelegtem Genauigkeitsgrad bezeichnet man als Zurückverfolgbarkeit.

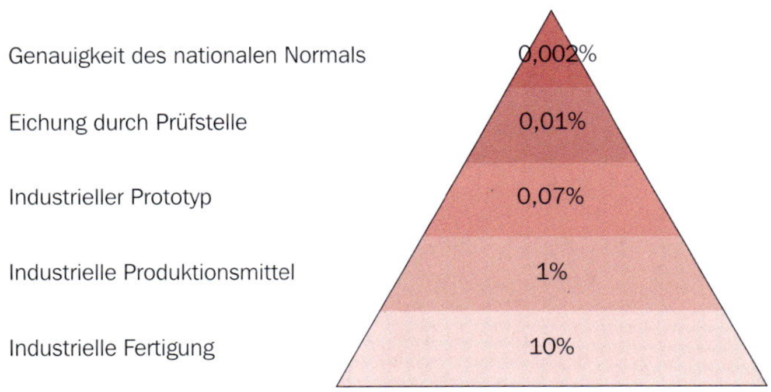

Wie lang ist ein Stück Schnur?

Wie lange braucht man, um durch Paris zu fahren oder um ein Buch zu schreiben? Genauso gut könnte man fragen: «Wie lang ist ein Stück Schnur?» Die Antwort hängt ganz entscheidend von den Definitionen und Umständen ab. Natürlich könnte man irgendeine Zahl angeben, die allerdings nicht sehr aussagekräftig wäre. Eine Schnur kann beliebig lang sein, je nachdem, wie lang man sie haben will.

Auch wenn wir die Länge einer bestimmten Schnur messen, müssen wir mit einem gewissen Grad an Unsicherheit rechnen. Er hängt von diversen Faktoren ab, angefangen bei unserem Maßstab und unserer Sorgfalt bis hin zu Umweltbedingungen wie Luftfeuchtigkeit und Temperatur. Alle Messungen leiden unter den gleichen Unsicherheiten. Die Messinstrumente können fehlerhaft oder schlecht ablesbar sein, sich mit der Zeit abnutzen oder durch elektrische Störungen beeinträchtigt werden. Auch ein voll funktionstüchtiges Gerät wird eine bauartbedingte Messunsicherheit aufweisen. Das zu messende Objekt kann instabil sein wie z. B. ein schmelzender Eiswürfel oder ein ausbrechender Vulkan. Der Messvorgang kann schwierig sein, etwa bei unkooperativen Kleintieren oder wenn es um subjektive Empfindungen wie Lärm geht. In einem gewissen Ausmaß hängen Messungen auch immer vom individuellen Geschick der Menschen ab, die das jeweilige Messgerät einstellen und ablesen. Ein Beispiel sind die unterschiedlichen Reaktionszeiten beim Betätigen einer Stoppuhr. Hinzu kommt, dass Messungen für den Messgegenstand repräsentativ sein müssen: Man sollte die Luftverschmutzung einer Stadt nicht an einem besonders windigen Tag messen oder die Qualität eines Fließbandprodukts am Montagmorgen. Auch Umweltbedingungen können die Messung unbemerkt beeinflussen, wie etwa sommerliche Temperaturen, bei denen sich Stahllineale ausdehnen.

Sorgfältig messen heißt vermeidbare Unsicherheitsfaktoren auszuschließen und die Größe unvermeidbarer Unsicherheiten richtig einzuschätzen. Solche Schätzungen erfordern statistische Methoden, aber auch ohne sie kann man ein Messproblem richtig erkennen. Ist das Maßband geeicht? Wenn ja, wie groß ist die Messunsicherheit? Wann wurde es geeicht? Kann es sein, dass es sich seitdem verkürzt oder gedehnt hat? Was hat es für eine Auflösung? Liegt die Schnur gerade? Wenn nicht, wie kann man die Wellungen berücksichtigen? Wurde sie beim Straffen gedehnt? Sind ihre Enden glatt oder ausgefranst? In welchem Maß beeinflussen Feuchtigkeit und Temperatur ihre Länge? Wie genau kann der Messende das Maßband anlegen? Wie kann er gewährleisten, dass Schnur und Maßband exakt aneinander anliegen? Sind die Ergebnisse reproduzierbar?

Natürlich wird sich kein Mensch die Mühe machen, eine Schnur immer wieder zu messen. Wissenschaftler hingegen müssen Messungen wiederholen, um ein überraschendes oder umstrittenes Resultat zu überprüfen. Der Physiker und Nobelpreisträger Philip Anderson stellt fest: «Viele Wissenschaftler misstrauen instinktiv einem Ergebnis, das sich immer am Rand der ‹statistischen Signifikanz› bewegt.»

Teleskope

Die ersten Teleskope waren Refraktoren, d.h. das Bild im Okular wird durch Fokussierung des Lichts mittels optischer Linsen erzeugt. 1668 erfand Newton das Spiegelfernrohr, bei dem das Licht von einem Hohlspiegel gebündelt und über einen zweiten Spiegel ins Okular gelenkt wird. Mit einem solchen Instrument entdeckte Wilhelm Herschel 1781 den Planeten Uranus. Teleskope dieses Typs wurden zum Werkzeug der Astronomen. Ihre „Größe" misst sich nach dem Durchmesser des Hauptspiegels. Doppelte Größe bedeutet vierfache Lichtstärke: Das Teleskop kann Himmelskörper zeigen, deren Helligkeit viermal schwächer ist, oder einen Körper gleicher Helligkeit, der doppelt so weit entfernt ist.

Bei den großen amerikanischen Teleskopen verdoppelte sich der Durchmesser von Generation zu Generation: Maß das Hooker-Teleskop auf dem Mount Wilson (1917) 2,5 m, so waren es beim Hale-Teleskop auf dem Mount Palomar (1948) 5 m und bei den beiden Keck-Teleskopen auf dem Mauna Kea auf Hawaii (1993) jeweils 10 m.

Auch die Aufzeichnung wurde verbessert. Die Fotoplatten, die nur wenige Prozent des auftreffenden Lichts registrierten, wurden durch elektronische Detektoren ersetzt, die es zu fast 100% erfassen. Mit Computern gelingt es zudem immer besser, durch Luftbewegungen erzeugte Unschärfen zu korrigieren.

Jedes der beiden Keck-Teleskope wiegt 300 Tonnen und erstreckt sich über acht Stockwerke. Ihre Spiegel bestehen aus 36 hochpräzise positionierten hexagonalen Segmenten mit 1,8 m Durchmesser. Die Sechseckform ermöglicht die Bildung einer hyperboloiden Reflexionsfläche. Zurzeit plant man Teleskope von 24 m bzw. 30 m.

Oben: Galileo Galilei (1564–1642), einer der Begründer der modernen Naturwissenschaft, baute das in Holland erfundene Linsenfernrohr nach. 1610 entdeckte er damit die vier größten Jupitermonde und erstellte Tabellen über die Zeitpunkte ihres Erscheinens und Verschwindens. Galilei empfahl Seefahrern, diese Zeitmarken als Himmelsuhr einzusetzen, um die Ortszeit und den Längengrad zu bestimmen.

Links: Die Keck-Teleskope I und II auf dem Mauna Kea auf Hawaii

Das kühnste Projekt ist jedoch ein 100-m-Teleskop mit dem Namen OWL, einem Akronym für „overwhelmingly large". Projektleiter Robert Gilmozzi erklärt: «Bei sichtbarem und nahinfrarotem Licht bieten erdgebundene Teleskope bei geringeren Kosten eine höhere Auflösung und Lichtstärke als orbitale Observatorien» (wie das Hubble-Teleskop). Mithilfe computergestützter Bildverbesserung müsste dieses Riesenteleskop imstande sein, die ältesten Sterne, Exoplaneten, ja vielleicht sogar erdähnliche Planeten zu erkennen.

Links: Im Mount-Wilson-Observatorium in Kalifornien, 1931. Einstein lässt sich die Fotos entfernter Galaxien zeigen, die Edwin Hubble und sein Assistent Milton Humason mit dem 2,5-m-Teleskop gemacht haben. Einstein akzeptierte sie als Beweis für die Ausdehnung des Universums und revidierte seine Vorstellung von einem statischen Universum, die er bei der Entwicklung der Relativitätstheorie vertreten hatte. Das Foto zeigt Einstein mit Charles E. St. John.

Unten links: Das 1850 in Greenwich gebaute Linsenfernrohr wurde nach dem damaligen königlichen Astronomen George Bidell Airy benannt. «Das mittels zweier Präzisionszapfen drehbar gelagerte Teleskop wurde genau auf dem Meridian aufgestellt. Deklinationen wurden auf einer Kreisskala mit zwei Metern Durchmesser abgelesen. Der Mann ganz rechts liest die Skala mit sechs Mikrometer-Mikroskopen ab, die an dem steinernen Pfeiler in Abständen von 60° angebracht sind.» (Allan Chapman, „Dividing the Circle"). 1880 wurde mittels dieses Instruments der Greenwich-Meridian als Referenz für die mittlere Greenwich-Zeit bestimmt. Ein Jahrhundert später war es noch in Gebrauch. Es ist auch heute noch voll funktionsfähig.

Mikroskope

Antoni van Leeuwenhoek, einer der Pioniere der Mikroskopie, teilte 1679 der Royal Society in London mit, die Zahl der «kleinen Tiere» (spermatozoa), die er in der Milch eines Kabeljaus entdeckt hatte – 150 Milliarden – sei weit höher als die Zahl der Menschen, die die Erde ertragen könnte. In den beiden folgenden Jahrhunderten, insbesondere im 19. Jahrhundert, stieg das Vergrößerungs- und Auflösungsvermögen der Mikroskope, da nun Linsen ohne chromatische und sphärische Aberration zur Verfügung standen. 1896 zeigte jedoch Lord Rayleigh, dass das Auflösungsvermögen optischer Systeme durch die Wellenlänge des Lichts begrenzt ist. Die Diffraktion an der Aperturblende des Mikroskops machte es unmöglich, etwas zu beobachten, das kleiner ist als diese Wellenlänge: Elementarteilchen müssen unsichtbar bleiben.

Die ersten Bilder von Atomen erhielt man 1955. In den Jahren nach 1990 wurde die Beobachtung von Atomen zur Routine. Rayleigh war damit nicht widerlegt, denn statt Lichtstrahlen benutzte man nun einen Elektronenstrahl. Nach der Quantentheorie (s. S. 84) können sich Elektronen wie Wellen verhalten, wobei ihre Wellenlänge viel kürzer als die des sichtbaren Lichts ist, sodass man eine Auflösung im atomaren Bereich erreicht.

Das Rastertransmissionselektronenmikroskop benutzt einen von elektrischen oder magnetischen Feldern fokussierten Elektronenstrahl. Anders funktioniert das Rastertun-

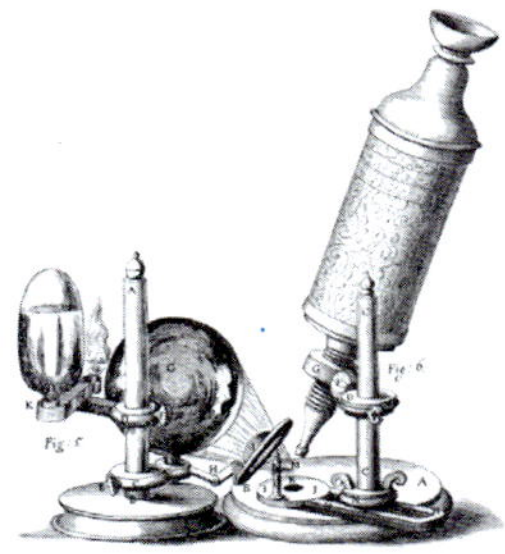

Oben: Frontispiz von Robert Hookes „Micrographia", 1644. Hooke war damals Kurator der physikalischen Abteilung der Royal Society, die sein Buch in folio herausbrachte. Mit wunderbar detaillierten und ausklappbaren Kupferstichen illustriert, einige davon aus der Hand Christopher Wrens, erregte es großes Aufsehen und wurde zu einem Verkaufserfolg. Der Staatssekretär im Marineamt, Samuel Pepys, kaufte es sofort und las es bis zwei Uhr morgens. Es war, wie er in seinem Tagebuch vermerkte, «das großartigste Buch, das ich in meinem ganzen Leben gelesen habe».

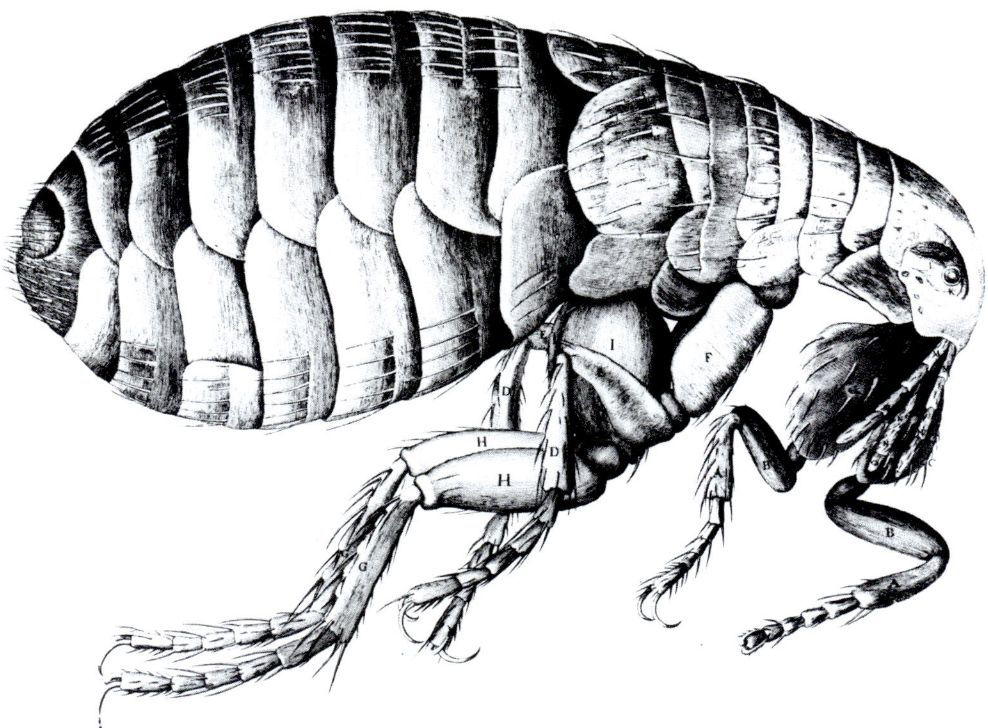

Links: Hookes kurz zuvor entdeckte unsichtbare Welt zeigte in fünfzig- bis hundertfacher Vergrößerung Nadeln, Rußkörner, Fliegen und Flöhe (s. Abb.), Leinen, Schimmel, Kork, Federn und anderes, so auch die Zelle einer Pflanze – ein Wort, das Hooke prägte, weil ihre Form ihn an eine Mönchszelle erinnerte.

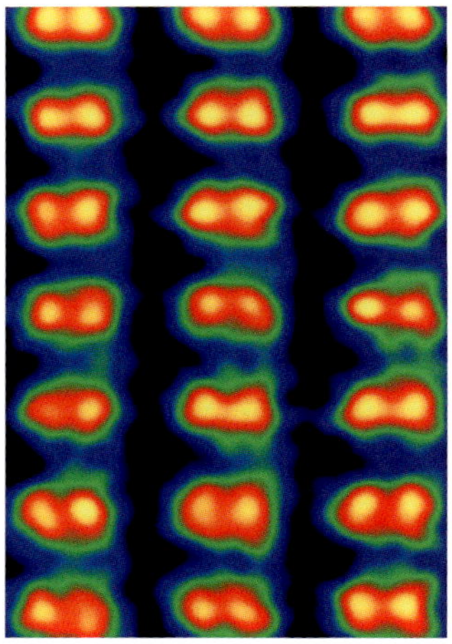

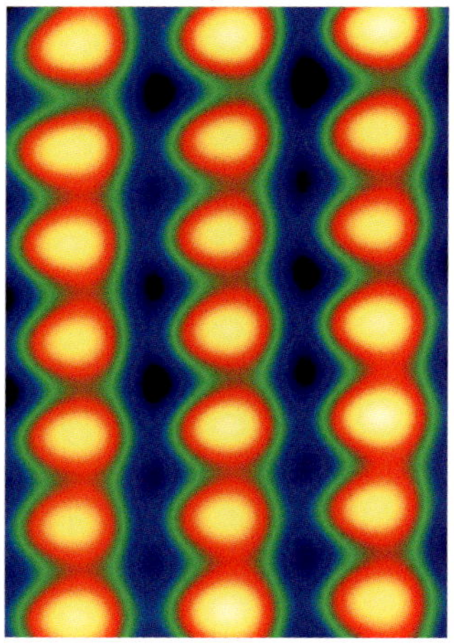

Atome durch das Mikroskop gesehen. **Ganz links:** Das aberrationskorrigierte Rastertransmissionselektronenmikroskop (STEM) kann die Atome eines Siliziumkristalls sichtbar machen.

Oben links: Betrachtet man den Kristall aus einem bestimmten Winkel, so bilden die Siliziumatome Zweierreihen, die nur 78 Pikometer (10^{-12} m) voneinander entfernt sind.

Links: Die zweite Abbildung simuliert, was beim Entfernen des Aberrationskorrektors geschehen würde: Durch die verringerte Auflösung verschmelzen die Paare zu Einzelformen. Mit diesen Mikroskopen gewonnene Bilder leisten einen wertvollen Beitrag zum Verständnis der makroskopischen Eigenschaften von Werkstoffen.

nelmikroskop (RTM), das den quantenmechanischen Tunneleffekt nutzt: Eine elektrisch leitende Nadelspitze wird ganz nahe an die Probenoberfläche herangeführt, sodass bei angelegter Spannung Elektronen von der Nadel über den nicht leitenden Luftspalt auf die Probe übergehen (den Spalt „durchtunneln"). Beim Abrastern der Oberfläche entsteht ein mit der Spaltbreite variierender Strom, durch dessen Aufzeichnung man die Höhenstruktur der Prüffläche erhält. Das RTM benötigt allerdings eine elektrisch leitende Fläche. Da viele Prüfflächen Nichtleiter sind, greift man in diesen Fällen zu einer mechanischen Technik, dem sogenannten Rasterkraftmikroskop (AFM). Es weist einen Federbalken auf, an dessen Ende eine Sonde befestigt ist. Wenn die Sondenspitze das Oberflächenrelief der Probe abtastet, werden anhand der winzigen Auslenkungen des Federbalkens mikroskopische Bilder erstellt. Die Sonde braucht die Probe nicht einmal zu berühren. Dadurch können Biologen Proteinmoleküle darstellen, ohne sie zu beschädigen. Für Werkstoffspezialisten war das AFM geradezu revolutionär.

Thermometer

1714, vor fast 300 Jahren, baute Daniel Gabriel Fahrenheit das erste genaue Quecksilberthermometer. Seltsamerweise fand es in der Medizin erst Mitte des 19. Jahrhunderts Verwendung, da die Ärzte Fieber zumeist als Syndrom und nicht als Symptom ansahen. Auch wenn schon lange klar war, dass zwischen erhöhter Körpertemperatur und Krankheit ein Zusammenhang bestand, mussten sie erst verinnerlichen, dass „erhöhte Temperatur" gleich Fieber war. In den USA stieß der führende Verfechter der Temperaturmessung, der Arzt Edouard Séguin, bei seinen Kollegen auf Gleichgültigkeit. 1871 erklärte er: «Ich halte es für unsere Pflicht, [jede Mutter] nicht nur den Gebrauch, sondern die Philosophie der Thermometrie zu lehren.» Wenn «Nachbarn, Quacksalber und Spiritisten versuchen, ihre Hausmittel anzubieten, wird sie ihr Thermometer haben und wissen, dass regelmäßiges Fiebermessen mehr Hoffnung auf Heilung bringt als Aktionismus.»

Seit dem 18. Jahrhundert sind verschiedene Temperaturskalen in Gebrauch gewesen – so die Réaumur-Skala, auf der die Minusgrade gemessen wurden, mit denen Napoleons Armee 1812 auf dem Rückzug aus Russland zu kämpfen hatte (s. S. 13). Am weitesten verbreitet sind jedoch die Fahrenheit- und die Celsius-Skala, während die meisten Wissenschaftler und das Système International für absolute Temperaturen die Kelvin-Skala benutzen.

Fahrenheit ließ sich von dem dänischen Astronomen Ole Roemer dazu inspirieren, die Temperaturskala anhand fester Punkte zu definieren. Roemer hatte zur Bestimmung des unteren Fixpunkts eine Mischung aus Eis und Salz benutzt, als oberen wählte er den Siedepunkt des Wassers. Seine Skala umfasste 60 Grad, eine Zahl, die er offenbar mit Blick

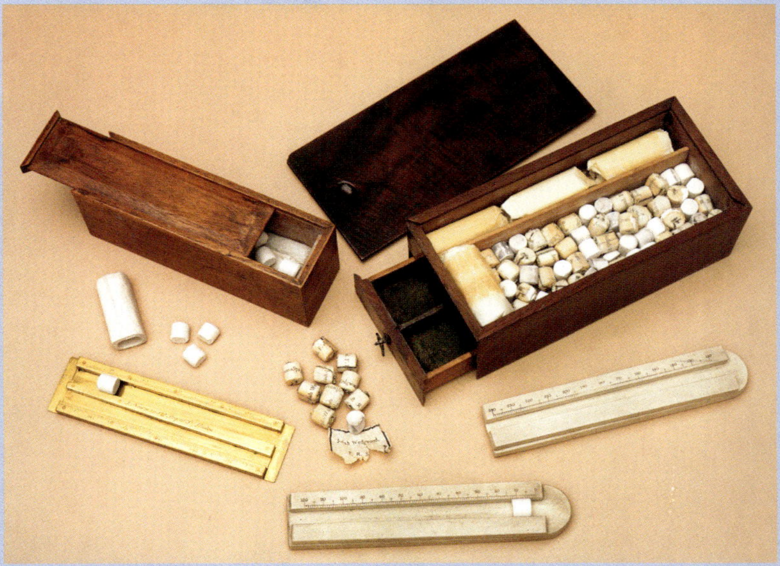

Oben: Dieses von ihm erfundene Pyrometer machte der Porzellanfabrikant Josiah Wedgwood in den 1780er-Jahren König Georg III. zum Geschenk. Wedgwood musste die Temperaturen in seinen Brennöfen kennen, die den Siedepunkt von Quecksilber (357 °C) bei weitem überschritten. Sein Pyrometer maß die Schrumpfung des Tons beim Brennvorgang. Diese hing ausschließlich von der erreichten Höchsttemperatur ab.

Links: Quecksilberthermometer beim Test in einem Ofen des britischen National Physical Laboratory (vor 1918).

auf ihren Gebrauch bei der Zeit- und Winkelmessung wählte. Fahrenheit beschloss, Roemers Skala auf 240 Grad auszuweiten. Er legte den Nullpunkt auf die Temperatur einer Mischung aus Eis, Salz und Salmiak, definierte den Gefrierpunkt von Wasser als 30 °F und die Normaltemperatur des menschlichen Körpers (Blutwärme) als 90 °F. Nach einigen Versuchen revidierte er seine Skala. Der Nullpunkt blieb unverändert, der Eispunkt rückte auf 32 °F und die Körperwärme auf 96 °F, der Siedepunkt des Wassers hingegen wurde von 240 °F auf 212 °F herabgesetzt. Diese Skala war nicht besonders logisch, trotzdem fand sie weite Verbreitung, da Fahrenheits Thermometer gut funktionierten. Er hatte eine Methode gefunden, Quecksilber mit Leder zu filtern, sodass die Thermometerröhrchen nicht durch Verunreinigungen blockiert wurden. Die Fahrenheit-Skala wird noch heute in den USA und einigen anderen englischsprachigen Ländern verwendet. Eis- und Siedepunkt (bei normalem Luftdruck) behielt man bei, aber nicht die Zahl für die Körperwärme, da diese bei einem gesunden Menschen 98,4–98,6 °F beträgt.

Die neue Skala bekam bald Konkurrenz. Nicht lange nach Fahrenheits Tod im Jahr 1736 erstellte Anders Celsius eine Skala mit 100 Graden und zwei Fixpunkten: dem Eis- und dem Siedepunkt des Wassers. Seltsamerweise wählte Celsius 100 °C als Eispunkt und 0 °C als Siedepunkt. Als nach seinem frühen Tod einer seiner Schüler diese Zahlen gegeneinander vertauschte, kam die 100-Grad-Skala sehr gut an und fand in der ersten Hälfte des 19. Jahrhunderts weite Verbreitung. Da die Skala in 100 Grad eingeteilt ist, war und ist in der angelsächsischen Welt die Meinung verbreitet, °C stehe für „Centigrade“. Erst 1948 legte die 9. Allgemeine Konferenz für Maße und Gewichte Celsius als offizielle Bezeichnung fest.

Der Begriff des absoluten Nullpunkts und der absoluten Temperatur wurde 1848 geprägt – noch bevor die maschinelle Kühlung erfunden wurde. Lord Kelvin schlug ihn aufgrund seiner Beobachtungen eines Gasvolumens vor, dessen Temperatur absank. Pro 1 °C Temperaturrückgang reduzierte sich das Gas fast gleichmäßig um $^1/_{273}$ seines Volumens bei 0 °C. Kelvin schloss daraus, dass das Volumen bei – 273 °C auf den „absoluten Nullpunkt“ fallen müsse.

Wir wissen, dass Materie auf diese Weise nicht physisch verschwinden kann. Einen absoluten Nullpunkt zu erreichen ist tatsächlich unmöglich, aber Kelvin lag mit seiner Extrapolation sehr nahe am heute gültigen Wert der tiefsten Temperatur.

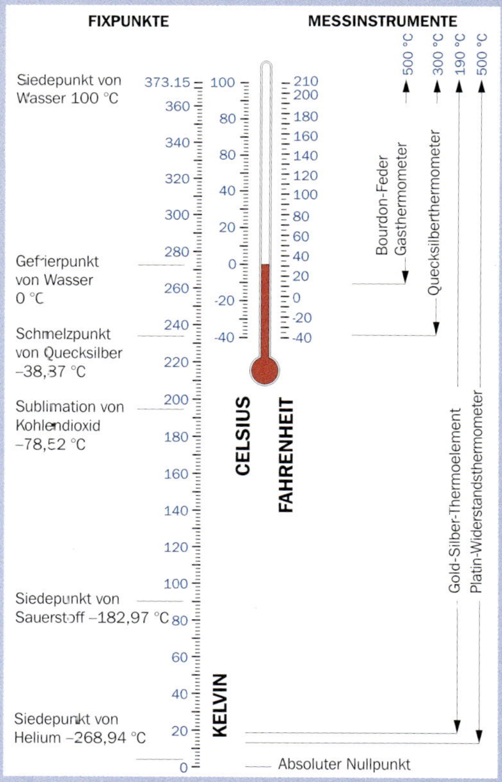

William Thomson (1824–1907), der spätere Lord Kelvin, führte 1848 die Kelvin-Skala ein. Das Diagramm zeigt das Verhältnis der Kelvin-Skala zur Celsius- und zur Fahrenheitskala, die Gefrier- und Siedepunkte bestimmter Stoffe und die Messbereiche bestimmter Thermometer.
Im SI-System ist der absolute Nullpunkt als 0 K definiert, was −273,15 °C entspricht. 1 K entspricht 1 °C, somit sind Eispunkt und Siedepunkt des Wassers 273,15 K bzw. 373,15 K.

Barometer

Das Prinzip des Barometers basiert auf dem Luftdruck und der technischen Möglichkeit, einen luftleeren Raum zu erzeugen. Als Evangelista Torricelli 1644 das Barometer erfand, folgte er einer Anregung seines Mentors Galilei. Torricelli füllte eine 120 cm lange, an einem Ende verschlossene Glasröhre mit Quecksilber und stellte sie mit dem offenen Ende nach unten in eine Schale. In der Röhre verblieben eine nur etwa 76 cm hohe Quecksilbersäule und darüber ein leerer Raum. Torricelli erkannte, dass die Säule durch die auf dem Quecksilber in der Schale lastende Luft hochgehalten wurde und dass der leere Raum darüber ein Vakuum war. Des Weiteren beobachtete er, dass die Höhe der Quecksilbersäule von Tag zu Tag geringfügig schwankte, je nach Luftdruck – das Grundprinzip des Barometers. Torricelli schloss daraus, dass «das Quecksilber zu dem Punkt hochsteigt, wo es im Gleichgewicht mit dem Gewicht der Luft steht, die außerhalb der Glasröhre auf ihm lastet», und dass wir alle «auf dem Grunde eines Luftozeans leben».

Die gebräuchlichsten Einheiten in der modernen Luftdruckmessung sind Quecksilbermillimeter (mmHg) oder Millibar (mb), die SI-Einheit ist das Newton/m^2, also das Pascal (Pa). Der normale Atmosphärendruck auf Meereshöhe ist 760 mmHg/1013,2 mb (101,320 Pa), was etwa der Hälfte des Drucks in einem Autoreifen entspricht. (Allerdings misst der Reifendruckmesser vom Umgebungsdruck aus und nicht von null Druck). Wie Blaise Pascal bald nach Torricellis Versuchen herausfand, sinkt der Luftdruck mit zunehmender Höhe. Auf dem Gipfel des Mount Everest beträgt er nur etwa 300 mb. Würde ein Bergsteiger ein Barometer zum Gipfel tragen, so müsste er die Anzeige korrigieren, da die Temperatur und die örtliche Gravitation das Verhalten des Quecksilbers beeinflussen würden.

Stark verbreitet ist heute das 1844 von Lucien Vidie erfundene Aneroidbarometer, vor allem in Höhenmessern von Flugzeugen. Sein Name kommt vom griechischen Ausdruck für „nicht nass“, gemeint ist ohne Flüssigkeit. Es handelt sich um eine flache, fast luftleere Metalldose mit einer Membran, die sich je nach Luftdruck durchbiegt und über eine Feder und einen Hebel mit einem Zeiger verbunden ist. Dieser Barometertyp ist leichter transportabel und praktischer als das Quecksilberbarometer, insbesondere für automatisierte Aufzeichnungen. Es ist aber weniger genau.

Ganz oben: Evangelista Torricelli (1608–47) erfand das Barometer. Er war der letzte Assistent Galileis.
Oben: Robert Fitzroy (1805–65), leitender Meteorologe der Königlichen Marine, in der Uniform eines britischen Vizeadmirals.
Links: „Fitzroy-Quecksilberbarometer“ kamen in den 1860er-Jahren in den Handel.

Seismographen

Der älteste bekannte Seismograph ist das Werk des chinesischen Astronomen Chang Heng. An einem Gefäß waren über acht Kröten ebenso viele Drachenköpfe angeordnet. In seinem Inneren befand sich ein Pendel, das bei der kleinsten Erschütterung einen Mechanismus betätigte. Dieser bewirkte, dass aus einem der Drachenmäuler eine Bronzekugel fiel und laut scheppernd im Maul der Kröte landete.

In den 1880er Jahren erfand John Milne, ein in Japan lebender Engländer, den modernen Seismographen. Auch er basiert auf dem Pendelprinzip. Die Trägheit eines schweren, frei aufgehängten Gewichts bewirkt, dass es relativ zu seiner vom Beben erschütterten Aufhängung ruhig bleibt. Diese Relativbewegung wird aufgezeichnet. Durch den Einsatz dreier verschiedener Pendel konnte man sowohl die vertikalen als auch die beiden horizontalen Wellenarten eines Erdbebens registrieren.

Milnes erstes Modell wies einen mit dem Gewicht verbundenen Stift auf, der das Seismogramm auf eine rotierende Papierrolle zeichnete – eine Methode, deren Zuverlässigkeit von manchen auch heute noch geschätzt wird. 1893 verbesserte Milne sein Instrument. Das Diagramm wurde fortan auf einem Film aufgezeichnet. Heute wird die Relativbewegung in ein elektrisches Signal umgewandelt, das elektronisch stark vergrößert und auf Papier, Magnetband oder digital aufgezeichnet wird.

Es gibt zwei Grundtypen von seismischen Wellen: Raumwellen (unten links), die vom Erdbebenherd im Erdinneren zum nächsten Punkt an der Erdoberfläche (dem Epizentrum) wandern, und Oberflächenwellen, die im Boden durch Umwandlung von zur Oberfläche gelangten Raumwellen entstehen. Raumwellen unterteilt man in P-Wellen (Primärwellen) und S-Wellen (Sekundärwellen). Beide Arten von Oberflächenwellen (unten rechts) wurden von dem Mathematiker A. E. H. Love und dem Physiker Lord Rayleigh definiert und sind nach ihnen benannt.

Ganz links: Querschnitt des ältesten bekannten Seismographen von Chang Heng, 132 n. Chr.

Unten: Hauptbestandteile eines modernen Seismographen

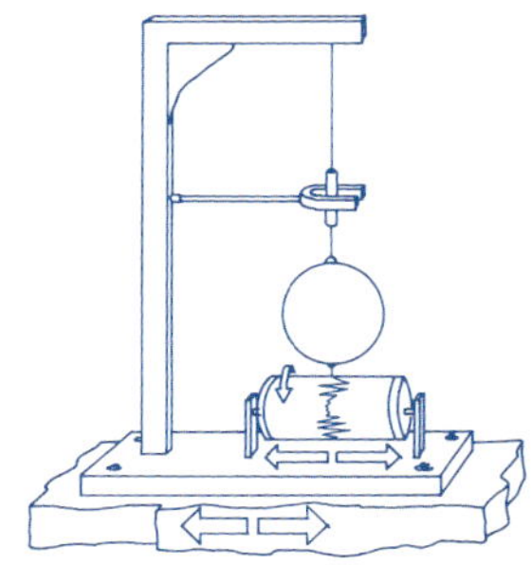

Horizontale Bewegungen

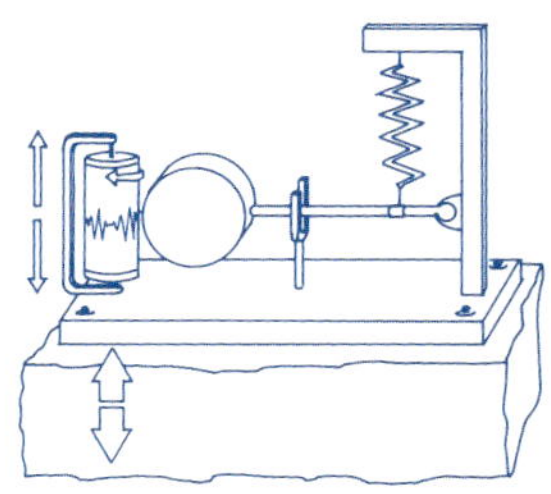

Vertikale Bewegungen

Links: Raumwellen. P-Wellen breiten sich am schnellsten aus (bis zu 6,5 km/s), deshalb geht die erste bei einem Beben registrierte Erschütterung auf eine P-Welle zurück. Es handelt sich um Longitudinalwellen, d. h. sie schwingen wie Schallwellen in Ausbreitungsrichtung. Anders die transversalen S-Wellen: Sie schwingen quer zur Ausbreitungsrichtung wie Radiowellen und bewegen den Erdboden vertikal und horizontal.

Raumwellen

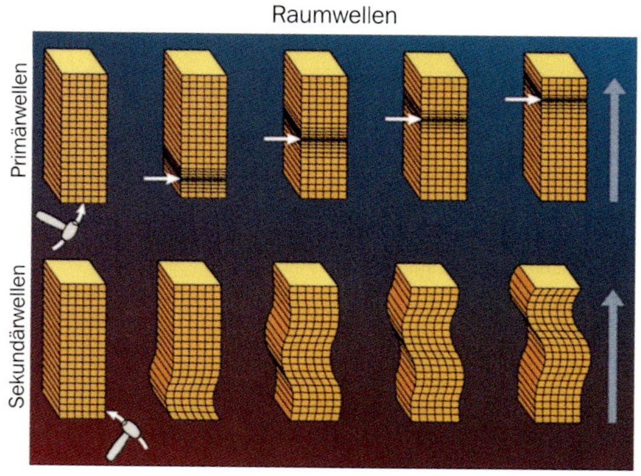

Oberflächenwellen

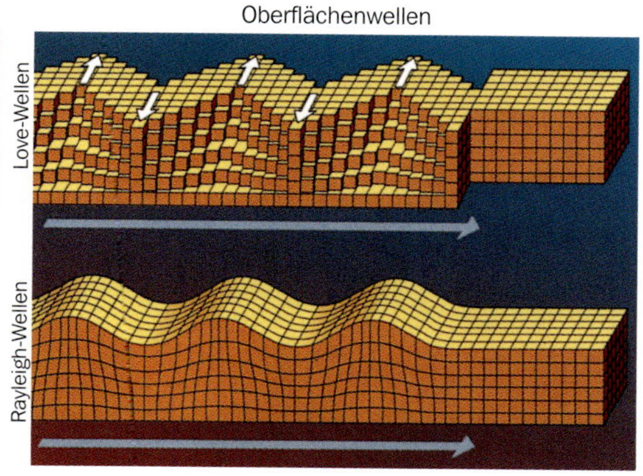

Geigerzähler

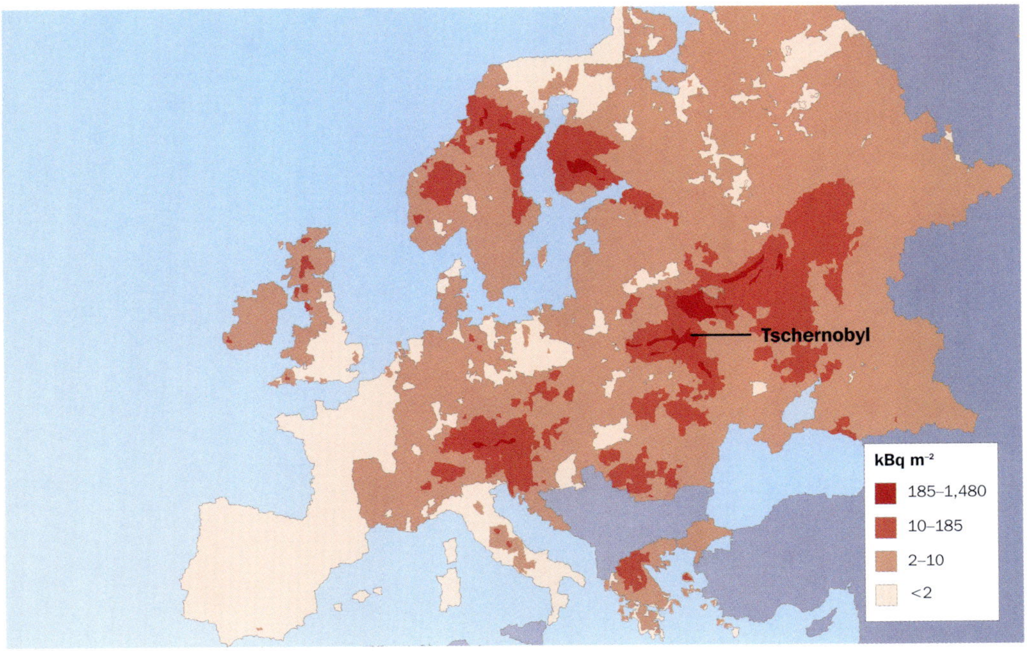

Links: Die Karte zeigt die radioaktive Belastung des Bodens nach dem Reaktorunfall von Tschernobyl 1986, bei dem sich 6,7 Tonnen radioaktive Stoffe in einem Umkreis von Hunderten Kilometern ausbreiteten. Sie zeigt die Kontamination mit Cäsium 137, das eine Halbwertszeit von 30 Jahren hat (s. S. 86), sodass seine Radioaktivität 2016 den halben Wert von 1986 betragen wird. Auf diese Weise wird ein großer Teil der menschenleeren Gebiete um den Reaktor in den kommenden Jahrzehnten zwar wieder bewohnbar sein, aber der Unfall hat laut einem 2005 veröffentlichten Bericht der UN und der Regierungen der Ukraine, Russlands und Weißrusslands schon 4000 Fälle von Schilddrüsenkrebs verursacht, vor allem bei Kindern und Jugendlichen.

In einer Wohngegend wird die Umgebungsradioaktivität einen empfindlichen Geigerzähler im Schnitt alle zwei Sekunden piepsen lassen. Nach einem Regen, der radioaktive Substanzen transportiert hat, kann sich die Frequenz auf fast ein Signal pro Sekunde erhöhen. Das bedeutet einen Atomzerfall pro Sekunde, anders gesagt 1 Becquerel. Die niedrige Zahl bei natürlicher Radioaktivität zeigt, wie gravierend 1986 der Reaktorunfall in Tschernobyl war.

Der Urtyp des Geigerzählers entstand 1908 in Manchester, wo Hans Geiger mit Ernest Rutherford zusammenarbeitete. Das Gerät maß Alphastrahlung bei radioaktivem Zerfall – was 1911 zu Rutherfords spektakulärer Entdeckung des Atomkerns führte. 1928 verbesserte der wieder nach Deutschland zurückgekehrte Geiger mit seinem Schüler Walther Müller sein Instrument. Es besteht im Wesentlichen aus einem meist mit Argon gefüllten Metallrohr, das als Kathode dient, und einer Anode. An ihnen liegt eine Spannung an, die etwas unter dem Wert liegt, der für eine Entladung nötig wäre – ähnlich einer flackernden Leuchtstoffröhre. Durch ein Fenster eindringende radioaktive Teilchen lösen durch ihren hohen Energiewert eine Entladung aus, indem sie aus Gasatomen Elektronen lösen und sie auf diese Weise ionisieren (S. 89). Die Elektronen fließen zur Anode, die positiven Ionen hingegen zur Kathode, wobei sie mit weiteren Gasatomen kollidieren und auch diese ionisieren. Auf diese Weise entsteht eine Elektronenlawine, die stark genug ist, um einen Stromstoß auszulösen, der durch Verstärkung als Piepston hörbar wird. Ein Alpha- oder Betateilchen löst jeweils ein Signal aus. Zählbar sind bis zu mehrere Hundert Signale pro Sekunde.

Oben: Hans Geiger (1882–1945), der Erfinder des Geiger-Müller-Zählers zur Messung von Radioaktivität. Das Gerät misst Alpha- und Betastrahlen, ist aber bei Gammastrahlen nicht verlässlich.

Spektrometer

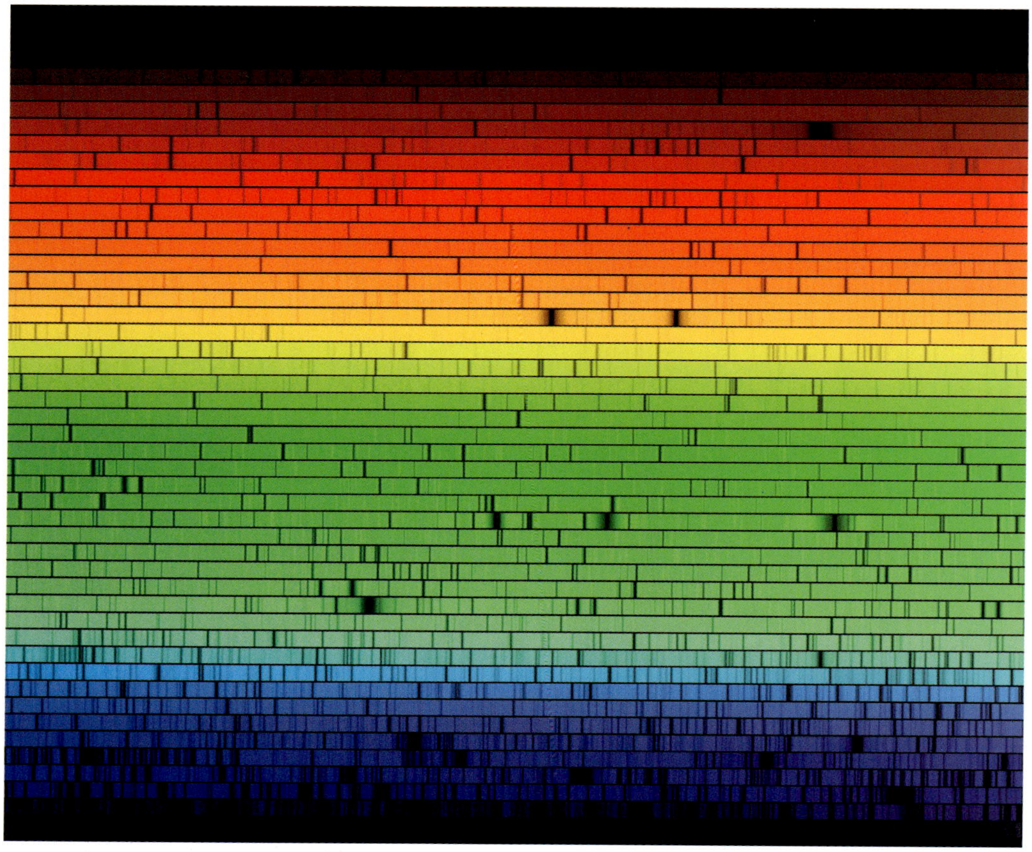

Absorptionslinien in einem Spektrogramm auf der Erde sichtbaren Sonnenlichts. Die dunklen Linien zeigen nicht transmittiertes Licht an. Sie gehen auf Wellenlängen zurück, die von chemischen Elementen der Sonne absorbiert wurden. Der umgekehrte Vorgang, bei dem Atome von einem höheren auf ein niedrigeres Energieniveau zurückkehren und Licht aussenden, erzeugt ein Emissionsspektrum mit hellen Linien. Absorbierte Energie wird bei solaren Reaktionen verbraucht, so bei der Fusion von Wasserstoffkernen zu Helium. Jedes chemische Element hat einen spektralen Fingerabdruck. Wasserstoff hat sowohl ein Absorptions- als auch ein Emissionsspektrum, das aus fünf Serien besteht. Eine Serie liegt im sichtbaren (s. Abb.), eine im ultravioletten und drei im Infrarot-Bereich. 1913 unternahm Niels Bohr den ersten Schritt zur theoretischen Erklärung dieser Serien, indem er die als Spektrallinien erscheinenden Energieübergänge mit dem Vorhandensein von quantisierten Energieniveaus im Wasserstoffatom (s. S. 83–84) in Verbindung brachte.

Vor der Erfindung der Spektroskopie im 19. Jahrhundert mussten die Astronomen auf die Erde gestürzte Meteoriten chemisch analysieren, um etwas über die Zusammensetzung von Himmelskörpern zu erfahren. Heute analysieren sie mit Spektrometern die Wellenlängen des von Sternen ausgesandten Lichts. Sie gewinnen daraus Erkenntnisse über die Sterntemperaturen und die Strukturen der chemischen Systeme, Moleküle und Atome in den fernen Regionen des Universums. Wie die Spektralanalyse zeigt, besteht die Venus-Atmosphäre zu 96,5% aus Kohlendioxid und die äußere Schicht der Sonne zu 90% aus Wasserstoff.

Jede spektroskopische Untersuchung erfordert eine Strahlenquelle (für sichtbare oder nicht sichtbare Strahlung), ein Refraktorprisma oder ein Beugungsraster, das die Strahlung in ihre Wellenlängen aufspaltet, und Detektoren zur Beobachtung oder Aufzeichnung des Spektrums. Gemessen werden die Wellenlängen und Helligkeiten der Objekte, interpretiert werden die Daten durch den Vergleich mit Spektraldaten, die aus der terrestrischen Physik und Chemie gewonnen wurden. Instrumente zur visuellen Beobachtung nennt man Spektroskope. Werden die Daten fotografisch oder auf andere Weise aufgezeichnet, spricht man von Spektrographen.

Laser

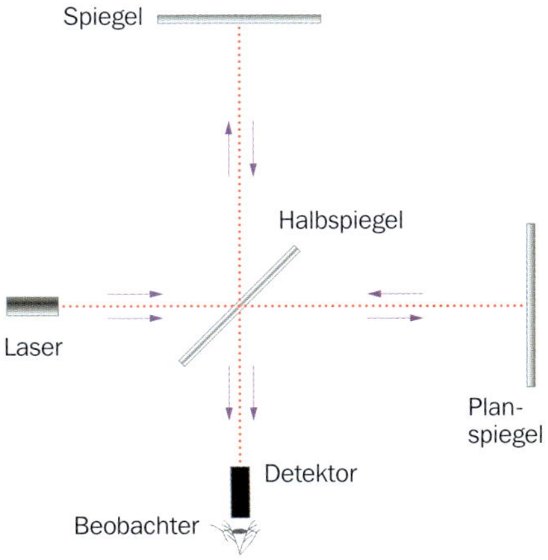

Einstein befasste sich 1917 als Erster mit der stimulierten Emission von Licht – Laser steht für „light amplification by stimulated emission of radiation". Aufbauend auf seiner revolutionären Quantentheorie, die Licht als Teilchen und als Welle ansah, postulierte er, dass ein Lichtquant (Photon in Analogie zu Elektron) ein bereits angeregtes Atom dazu bringen müsste, ein Photon gleicher Energie zu emittieren, was zu einer Lichtverstärkung führen würde.

Was Einstein noch nicht darlegte, war die Kohärenz des Lichtes. Kohärenz heißt, dass die beiden beteiligten Photonen sozusagen identische Kopien sind. Sie haben als Wellen nicht nur die gleiche Frequenz (da sie die gleiche Energie aufweisen), sie sind auch im Gleichtakt. Anders gesagt, ihre Wellenberge und -täler sind koordiniert, sodass sie sich „konstruktiv überlagern" und damit verstärken. Die Wellen eines kohärenten Lichtstrahls sind in Phase; bei einem inkohärenten Strahl – praktisch allen bekannten Formen von Licht einschließlich des Sonnenlichts – sind Wellenberge und -täler ungleichphasig, sodass sie sich „destruktiv überlagern" und somit löschen wollen. Seine Präzision und Kraft bezieht der Laserstrahl aus den gleichen Frequenzen und seiner Kohärenz.

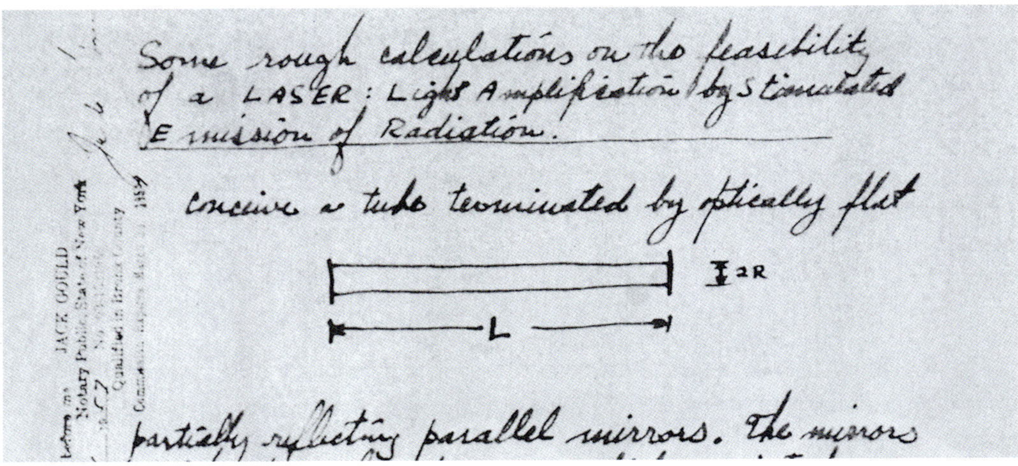

Some rough calculations on the feasibility of a LASER: Light Amplification by Stimulated Emission of Radiation.

Conceive a tube terminated by optically flat

2R

L

partially reflecting parallel mirrors. The mirrors

Unten links: Zur Entwicklung des Lasers trugen viele Wissenschaftler bei, darunter Albert Einstein. Gordon Gould schuf den Begriff 1957 in seinem notariell beglaubigten Notizbuch. Den Nobelpreis für die Erfindung des Lasers erhielten 1964 Alexander Prochorow, Charles Townes und Nikolai Basow (links). Der erste funktionsfähige Laser wurde 1960 von Theodore Maiman gebaut.

Oben, ganz links: Das zurzeit genaueste Längenmessinstrument ist das Laser-Interferometer. Die Abbildung zeigt einen Halbspiegel, der einen Laserstrahl in zwei zueinander senkrecht stehende Strahlen teilt. Diese werden durch justierbare Spiegel in die „Wege" des Interferometers reflektiert, am Strahlteiler wieder zusammengeführt und in den Detektor reflektiert. Legen beide Strahlen genau die gleiche Strecke zurück, so kommen sie in Phase an und überlagern sich konstruktiv. Legt jedoch einer der Strahlen eine halbe Wellenlänge (etwa 300 Nanometer) mehr als der andere zurück, so kommen sie phasenverschoben an und interferieren destruktiv, wodurch sie am Detektor ein Streifenmuster erzeugen. Damit kann ein winziger Längenunterschied zwischen den beiden Wegen – etwa ein Nanometer – gemessen werden.

Staatliche Institutionen

Links: Ansichten der Sternwarte von Greenwich 1885, dem Jahr, nachdem die mittlere Greenwich-Zeit international anerkannt worden ist. Ganz links das nach Airy benannte Meridianfernrohr (s. S. 68), in der Mitte die Uhr, an der die Zeitausträgerin Ruth Belville die Zeit ablas (s. S. 62).

Die Einrichtungen, die man als erste staatliche Institutionen für das Messwesen ansehen kann, verdankten sich der Astronomie: 1667 gründete Ludwig XIV. die Pariser Sternwarte, 1675 Charles II. die Sternwarte von Greenwich. Ihre Aufgaben waren auf Astronomie, Navigation und Vermessungen beschränkt. Die 1799 in London gegründete Royal Institution hatte bereits einen größeren Aufgabenbereich, nämlich alles, was unter „angewandte Wissenschaft für allgemeine Zwecke" fiel. Sie versuchte aber nicht, nationale Standards für Maße und Gewichte zu erstellen. Als speziell für das Messwesen zuständige Behörden entstanden erst im letzten Viertel des 19. Jahrhunderts das Bureau International des Poids et Mesures in Frankreich (1875), die Physikalisch-Technische Reichsanstalt in Deutschland (1887), das National Physical Laboratory (NPL) in Großbritannien (1900) und das National Bureau of Standards in den Vereinigten Staaten (1901). Der Grund für diese Häufung war die schnelle Entwicklung der Technik und der damit verbundene Bedarf an wissenschaftlicher Genauigkeit. Wissenschaft und Industrie forderten die Normierung physikalischer Größen wie Zeit, Länge, Masse, Kraft, Druck und Fassungsvermögen.

In Großbritannien wurde das staatlich finanzierte NPL von einem Gremium geleitet, das aus Mitgliedern der Royal Society und Vertretern der Industrie bestand. Zwangsläufig kam es zwischen Forschung und kommerziellen Aktivitäten zu Konflikten. Die Staatsbeamten hatten für Grundlagenforschung kein Verständnis und vertraten die Ansicht, wissenschaftliche Forschung müsse sich auf lange Sicht selbst tragen. Mit der Auflösung des Vorstands 1965 wurde die Verbindung zur Wissenschaftsgemeinschaft formell abgebro-

Unten: Der Physiker Lord Rayleigh (1842–1919), dessen bürgerlicher Name John William Strutt lautete, war der erste Physiker, der 1899 Erster Vorsitzender im Vorstand des National Physical Laboratory wurde. 1904 erhielt er den Nobelpreis. 1905 wurde er Präsident der Royal Society.

chen und das NPL in das Technik-Ministerium eingegliedert. In den 1990er-Jahren trennte sich der Staat vom NPL ab, indem er die direkte Finanzierung einstellte und es in eine Art Wirtschaftsunternehmen umwandelte. Die Verbindung zur Royal Society wurde jedoch wiederhergestellt.

Von Beginn an bestand ein großer Teil der Tätigkeit des NPL aus gebührenpflichtiger Routinearbeit – Überprüfen von Thermometern, Normieren und Eichen eingesandter wissenschaftlicher Instrumente sowie diversen physikalischen und chemischen Analysen. Trotzdem erwarb es sich nach dem Ersten Weltkrieg mit seinen Forschungen in vielen Bereichen einen guten Ruf, der sich nach dem Zweiten Weltkrieg noch festigte. In den 1940er- und 1950er-Jahren wurden am NPL grundlegende Forschungen zur Computerentwicklung durchgeführt, wobei insbesondere Alan Turings „Automatic Computing Engine" (ACE) entstand, aber auch die ersten verlässlichen Atomuhren (nach 1950) sowie ein Konzept für Netzwerke und Paketvermittlung (nach 1960), das dazu beitrug, dass in den USA das Internet entwickelt wurde.

Eine Geschichte des NPL, Eileen Magnellos „A Century of Measurement", gibt einen guten Überblick über die Aktivitäten des Instituts um die Jahrhundertmitte. 1950, schreibt sie, wurde das NPL konsultiert zur Akustik einer Lautsprecheranlage in der St.-Pauls-Kathedrale, der Akustik der Kathedrale von Winchester, einem Gerät zur Verdampfung von Trilen für schmerzlose Geburten, der Temperaturverteilung in Milchflaschen während der Sterilisierung, Möglichkeiten zur Auffindung von Lecks in unterirdischen Wasserrohren, Wärme- und Feuchtigkeitsproblemen bei unterirdischer Pilzzucht und Schutzmaßnahmen, die zu ergreifen sind, wenn in einer Klinik bei einer Sterilisierung eine Radiumnadel abbricht.

Die technischen Herausforderungen ändern sich natürlich im Lauf der Jahrzehnte, aber die Notwendigkeit der Standardisierung und somit zur Existenz entsprechender Institutionen bleibt. Anfang des 21. Jahrhunderts ist ein Teil davon online gegangen. Das Internet ermöglicht es nationalen Normeninstituten, bestimmte Eichungen auf Distanz vorzunehmen, sodass der physische Transport von Objekten oder Ausrüstungen minimal ist. Über eine Standard-Internetverbindung kann die Software des Instituts die Messgeräte eines entfernten Labors prüfen, die gemessenen Daten analysieren und darüber ein Zertifikat ausstellen.

Herstellung von optischem Glas im National Bureau of Standards, 1928. Die Glasscheibe mit einem Durchmesser von 1,8 m und einem Gewicht von 1,7 Tonnen (damals die größte in den Vereinigten Staaten) diente als Spiegel eines Reflektorteleskops. Vier Scheiben rissen nach dem Guss beim Abkühlen, eine fünfte, die sehr langsam abgekühlt wurde, blieb intakt. Dieser Erfolg des staatlichen National Bureau of Standards ermutigte ein amerikanisches Privatunternehmen. In den 1940er-Jahren einen Fünf-Meter-Spiegel für das Hale-Teleskop auf dem Mount Palomar zu gießen. 1988 wurde das National Bureau of Standards in National Institute of Standards and Technology (NIST) umbenannt.

II MESSEN IN DER NATUR

In einem Atemzug von Sternen, Galaxien und Urknall zu reden, von Elektronen, Quarks und Stringtheorie, ist nicht schwer. Auch ihre Größenverhältnisse lassen sich in logarithmischer Schreibweise oder mit Unmengen von Nullen leicht darstellen, doch diese Relationen zu begreifen ist fast unmöglich. Der menschliche Verstand hat Mühe genug, irdische Naturgewalten zu erfassen. Galaxien haben weit größere Ausmaße als die Distanz zwischen Erde und Sonne, die Fäden der Stringtheorie wären, so sie existieren, um ein Vielfaches kleiner als ein Bakterium – Größenkategorien, die wir uns kaum vorstellen können. Sogar Wissenschaftler flüchten sich oft in nichtmetrische, „menschlichere" Maßeinheiten als etwa Gigameter (10^9 m) oder Nanometer (10^{-9} m). Astronomen verwenden gern die „astronomische Einheit" (AE), den mittleren Abstand der Erde zur Sonnenmitte. Von der Sonne zum Jupiter sind es 5,20 AE, das ist leichter zu merken als 778 Gigameter. Chemiker benutzen zur Messung molekularer Distanzen das Ångström (Å), 0,1 Nanometer, das dem Radius des Chlormoleküls entspricht.

Die Geräte zur Erforschung von Galaxien, Vulkanen und Atomen – von Riesenteleskopen über Satelliten zu Lasern – sind Großtaten des menschlichen Geistes. Sie verwandeln Naturphänomene in Zahlen. Ihre Messungen zu interpretieren ist das Abenteuer der Wissenschaft.

Die fernsten und ältesten Regionen des sichtbaren Universums auf einem Ultra-Deep-Field-Bild des Hubble-Weltraumteleskops. Diese Ehrfurcht gebietende Aufnahme zeigt die ersten Galaxien, die nach dem Urknall entstanden, als das Universum gerade erst 400 Millionen Jahre alt war. Der neuesten Schätzung zufolge beträgt das Alter des Universums etwa 13,7 Milliarden Jahre.

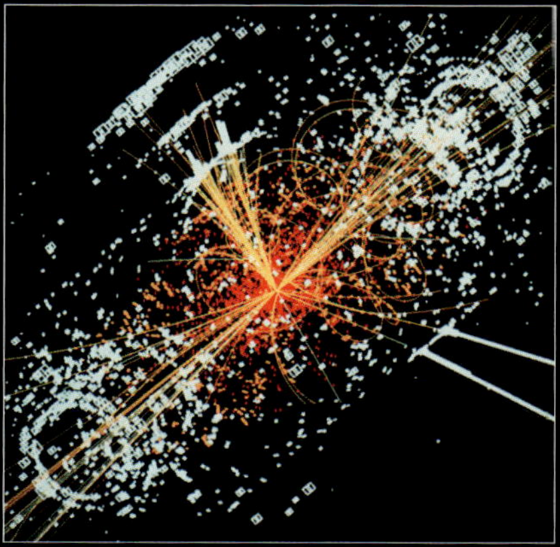

Der „Protonenknacker" LHC. Die riesigen Detektoren des größten europäischen Teilchenbeschleunigers „Large Hadron Collider" **(oben)** messen die Vorgänge, die beim Zusammenstoß von Protonen auftreten, die auf in früheren Teilchenbeschleunigern nicht erreichbare Geschwindigkeiten gebracht wurden. Die Physiker hoffen, in den durch die Kollisionen verursachten subatomaren „Teilchenschauern" **(links)** völlig neuartige Phänomene zu entdecken. Der unterirdische „Large Hadron Collider" des Europäischen Kernforschungszentrums (CERN) liegt unweit von Genf nahe der französischen Grenze. Gegründet und errichtet wurde er in Zusammenarbeit mit mehr als 2000 Physikern aus 34 europäischen Ländern, Universitäten und Labors.

Atom und Quantentheorie

Gibt es eine Grenze, bis zu der man Materie spalten kann? Werden wir irgendwann nicht mehr teilbare Teilchen finden? Ist die Natur ein wellenförmiges Kontinuum oder ein quantisiertes Diskontinuum?

Die Debatte begann im 5. Jahrhundert v. Chr. mit der Lehre von den Atomen, lebte in der wissenschaftlichen Revolution des 17. und 18. Jahrhunderts wieder auf, wurde im 20. Jahrhundert durch die Quantentheorie angeheizt und dauert mit der Wellen-Teilchen-Dualität noch heute an. Der Philosoph Bertrand Russell soll gefragt haben: «Ist die Welt ein Eimer voll Melasse oder ein Kübel voll Sand?» Mathematisch gesprochen: «Muss man die Welt geometrisch darstellen als endlose, ununterbrochene Linien oder mit der Algebra diskreter Zahlen?» «Was beschreibt die Natur besser – Geometrie oder Algebra?», fragt der Physiker John Rigden.

Im 19. Jahrhundert häuften sich die Beweise für die Existenz von Atomen und Molekülen. Der Chemiker John Dalton definierte das Atom als den kleinsten Teil eines Stoffes, der an einer chemischen Reaktion beteiligt sein kann. Er erklärte, dass chemische Elemente wie Sauerstoff und Eisen sich in bestimmten Proportionen vereinigen, und erstellte die erste Tabelle mit Atomgewichten. Nach 1860 entwickelte Dimitri Mendelejew ein Periodensystem, in dem er die chemischen Elemente nach ihrem Atomgewicht in Gruppen mit ähnlichen Eigenschaften anordnete. Heute beruht das Periodensystem auf den Ordnungszahlen (s. S. 88). Später gelang es den Physikern, Erscheinungen wie die Temperatur als riesige Zahlen sich bewegender bzw. schwingender Atome und Moleküle zu erklären. Sie nahmen an, dass diese Teilchen kinetische Energie aufweisen, die zunehmen oder abnehmen kann, wenn sie sich schneller oder langsamer bewegen. Aber noch gab es keinen überzeugenden experimentellen Beweis dafür, dass solche unsichtbaren Einheiten existierten.

1905 legte Einstein dar, dass die Theorie der kinetischen Energie von Atomen und Molekülen das Phänomen der Brown'schen Bewegung erklären konnte. 1827 hatte der Botaniker Robert Brown die Zitterbewegung sehr kleiner, in Wasser suspendierter Pollenteilchen entdeckt. Zur Zeit Einsteins verstand man darunter die unregelmäßige Bewegung unbelebter Partikel – z. B. fein gemahlener Glaskörner – in Flüssigkeiten oder Gasen. Das Phänomen hatte also nichts mit belebten Teilchen zu tun. Einstein nahm an, dass diese Bewegung aus Kollisionen sich ständig bewegender Flüssigkeits- oder Gasmoleküle entstand. Führende Physiker waren davon aber keineswegs überzeugt. Einerseits waren Atome und Moleküle viel zu klein, um ein vergleichsweise riesiges Pollenteilchen zu bewegen: Ein Molekül ist im Verhältnis zu einem Pollenpartikel viel kleiner als eine

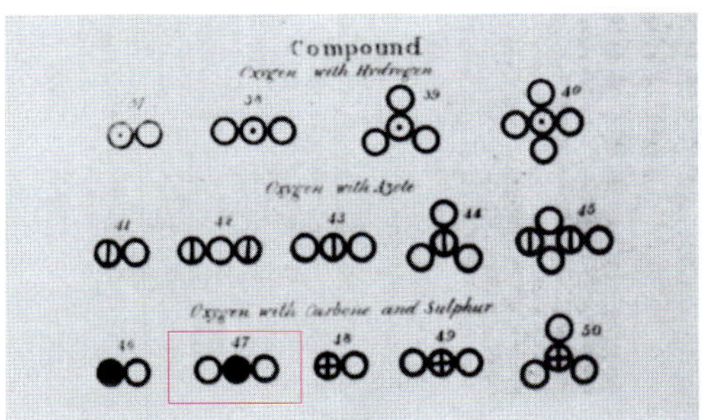

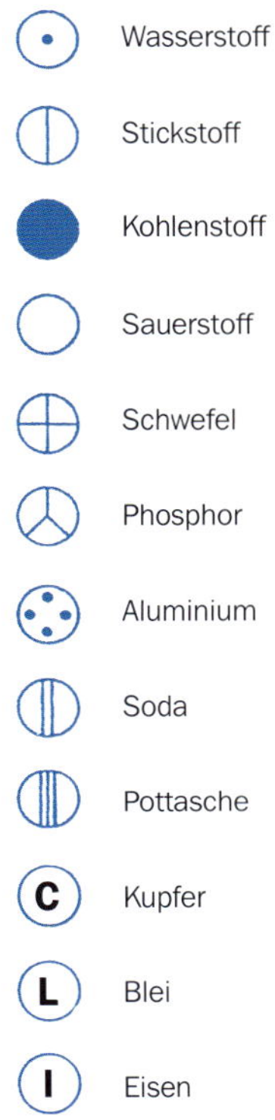

1808 veröffentlichte John Dalton ein „New System of Chemical Philosophy" mit seinem kurz davor erstellten Symbolsystem. Die Abbildung links zeigt einige seiner Zeichnungen von Sauerstoffverbindungen einschließlich CO_2 (hervorgehoben), die Abbildung oben moderne Versionen seiner chemischen Symbole. Viele von Daltons Molekularformeln waren nicht richtig, aber sein Konzept und seine Liste der Atomgewichte übten großen Einfluss aus.

Mücke im Verhältnis zu einem Elefanten. Andererseits regen die bewegten Moleküle das Pollenpartikel aus allen Richtungen an, sodass der resultierende Effekt null sein musste. Wie Einstein jedoch zeigte, lässt sich die Zickzackbewegung der Pollenteilchen aus einem „Massenverhalten" der Atome und Moleküle erklären, d.h. aus lokalen statistischen Fluktuationen großer Atom- und Molekülgruppen, die sich zeitweilig als Masse in die eine und dann in die andere Richtung bewegen und dabei die Pollenteilchen verschieben. Einstein berechnete, dass in 17 °C warmem Wasser suspendierte Partikel mit einem Durchmesser von 0,001 mm – dem Zehntausendfachen eines Atoms – sich um eine mittlere horizontale Distanz von 0,006 mm pro Minute verschieben müssten. Dieses Ergebnis wurde kurz darauf von Jean Perrin im Laborversuch bestätigt.

1900 entstand die Quantentheorie aus den Arbeiten Max Plancks. Dieser hatte die aus einem glutgefüllten Hohlraum ausstrahlende Wärme untersucht. Er wollte eine Theorie aufstellen, die erklärte, auf welche Weise die gemessene Energie mit verschiedenen Wellenlängen und Temperaturen variierte. Solange er die Wärme als kontinuierliche Welle interpretierte, stimmte sein Modell nicht mit den Versuchsergebnissen überein. Erst als er für die Energien der „Resonatoren" (Atome in den Hohlraumwänden), die Wärme sowohl absorbierten als auch abstrahlten, diskrete Werte annahm, entsprach die Theorie dem Experiment. Statt die Wärmeenergie kontinuierlich aufzunehmen und abzugeben, wurde diese in Paketen oder Quanten ausgetauscht. Dabei war die Größe eines Quants proportional zur Frequenz des Resonators. Das bedeutet, dass hochfrequente Quanten mehr Energie haben als niedrigfrequente. Da der konservativ denkende Planck die Natur als Kontinuum ansah, fühlte er sich bei diesen Beobachtungen äußerst unbehaglich und veröffentlichte sie nur widerwillig.

Einstein ging einen Schritt weiter. Er kam zu dem Schluss, dass nicht nur der Energieaustausch zwischen Wärme/Licht und Materie, sondern auch das Licht selbst quantisiert ist. 1905 erklärte er: «Sendet ein Punkt einen Lichtstrahl aus, so verteilt sich die Energie nicht kontinuierlich über stetig wachsende Räume, sondern umfasst eine endliche Zahl von Energiequanten, die an Punkten im Raum angesiedelt sind, sich ungeteilt fortbewegen und als Ganzes absorbiert oder erzeugt werden können.» Einstein stellte einen Lichtstrahl also nicht als bewegte Teilchen, sondern als bewegte Energiepakete dar. Als sein Konzept in den 1920er-Jahren akzeptiert wurde, nannte man diese Pakete „Photonen".

Die Quantentheorie ist ein äußerst wirksames Werkzeug. Durch Darstellung der Energien subatomarer Teilchen als Quanten gelang es der Wissenschaft, die spektralen Absorptions- und Emissionslinien, die Eigenschaften der chemischen Elemente und die durch Kollisionen in Beschleunigern erzeugten subatomaren Teilchenschauer zu erklären. Aber Plancks Unbehagen blieb. «Die Wissenschaft kann das letzte Geheimnis der Natur nicht ergründen», erklärte er, «nämlich deshalb, weil wir letztlich selbst Teil des Geheimnisses sind, das wir ergründen wollen.»

Oben: Max Planck (1858–1947), der Physiker, der in der Wissenschaft eher widerstrebend das Quant einführte. Er war zwar ein eifriger Verfechter von Einsteins Relativitätstheorie, misstraute aber seiner eigenen Quantentheorie.

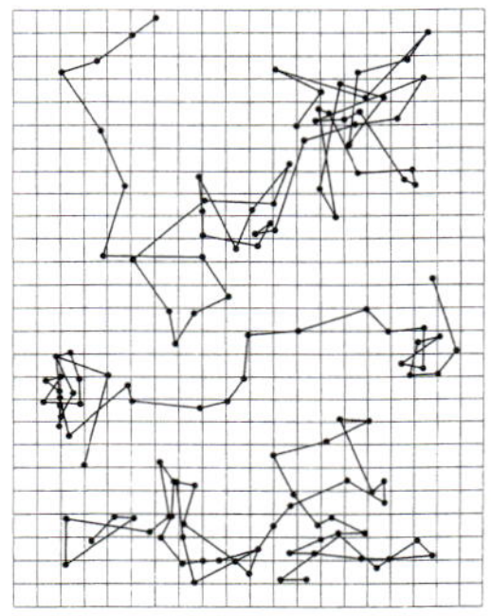

Oben: Die Brown'sche Bewegung, beobachtet von Jean Perrin. Er zeichnete im 30-Sekunden-Rhythmus die Position von drei Mastixkörnchen in einer Lösung auf und verband die Punkte mit Linien, wodurch eine Zickzackbewegung sichtbar wurde. Dieser berühmt gewordene Versuch war die erste überzeugende Demonstration der Existenz von Atomen und Molekülen.

Atomuhren

Was ist eine Uhr? Vergessen wir kreisende Zeiger und in Sichtfenstern erscheinende Zahlen. Das Prinzip der Uhr ist, wie schon erwähnt, dass sie von einem zyklisch arbeitenden Mechanismus angetrieben wird – eine Schwingung mit konstanter Frequenz. Das gilt für das Pendel ebenso wie für Unruh und Unruhfeder, die Rotation der Erde – und ein Atom bzw. Molekül, das beim Übergang eines subatomaren Teilchens von einem niedrigen auf ein höheres Energieniveau Energie absorbiert (z. B. zyklische Strahlung), deren Frequenz von seiner Elektronenstruktur abhängt.

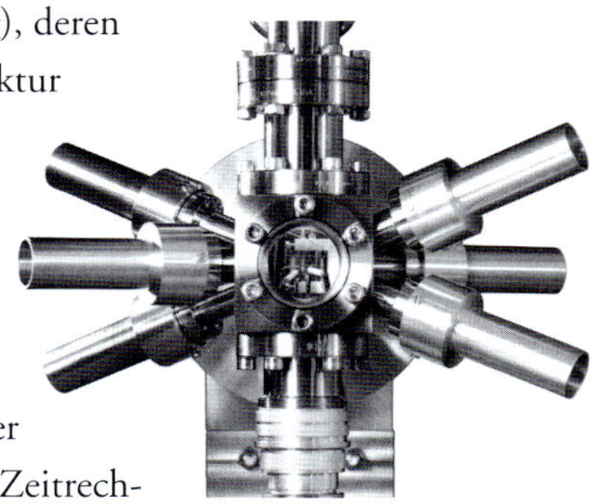

Dieser letztere Mechanismus zersplittert die Zeit in winzige Sekundenfragmente. Die weltbekannte Uhr am Big Ben in London ist sozusagen nur eine Fassade, hinter der von 1967 an die astronomische Zeitrechnung von Greenwich offiziell der Atomzeit Platz gemacht hat. In der wissenschaftlichen Formulierung des National Physical Laboratory klingt das so: «Eine Sekunde ist die Zeitdauer von 9 192 631 770 Perioden der Strahlung, die dem Übergang zwischen den beiden Hyperfein-Niveaus des Grundzustandes des Cäsium-Atoms entspricht.»

Den meisten von uns sagt das vielleicht nicht allzu viel. Aber allen leuchtet ein, dass Quantenvorgänge im Atom in jedem entsprechend ausgerüsteten Labor der Welt einen exakt reproduzierbaren Standard liefern. Die Struktur der Atome ist universell. Anders als ein Pendel wird ein Cäsium-Atom immer ein genauer Zeitgeber sein, auch in tausend Jahren und in einer fernen Galaxie.

Für unser alltägliches Zeitempfinden mag diese Art von Zeitmessung bedeutungslos erscheinen. Sie ist jedoch unverzichtbar für das Funktionieren des Internets, für E-Mails, das Fernsehen, GPS-Systeme, die Stromerzeugung, das Verkehrswesen, für finanzielle Transaktionen und vieles mehr. Auch wenn die Menschheit Jahrtausende ohne Atomzeit zurechtgekommen ist – die technisierte Zivilisation von heute würde ohne sie zum Stillstand kommen.

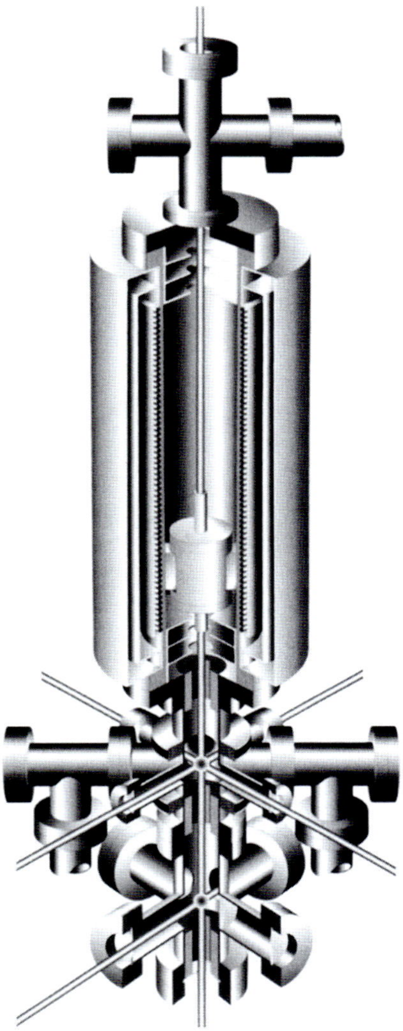

Oben: In den Atomuhren der nächsten Generation werden Ionen mit Lasern in Ionenfallen durch längere Interaktion fast auf den absoluten Nullpunkt gekühlt werden. Mit Ionenfallen könnte man eine Genauigkeit erreichen, die das Tausendfache der heutigen Atomuhren beträgt.

Links: Die „Cäsium-Fontäne“ ist die Nachfolgerin der von Louis Essen 1955 konstruierten Atomuhr. Vier Laser bremsen Cäsiumatome von 200 m/s auf wenige Zentimeter pro Sekunde ab, wodurch sie abkühlen. Dann werden Wolken erkalteter Atome wiederholt nach oben beschleunigt. Wenn sie durch die Schwerkraft wieder herabfallen, passieren sie ein Mikrowellenfeld. Durch Messen der absorbierten Frequenz kann man die Zeit messen. Je länger die Interaktion mit den Mikrowellen dauert, desto genauer ist die Messung.

Radioaktivität und Isotope

Links: Marie Curie (1867–1934) erhielt zwei Nobelpreise – den für Physik (zusammen mit Pierre Curie und Henri Becquerel) für die Entdeckung der Radioaktivität und den für Chemie (allein) für die Entdeckung des Radiums.

Ende des 19. Jahrhunderts, als der atomare Charakter der Materie endgültig feststand, kam man zu der Erkenntnis, dass Atome keineswegs unteilbar sind: Ein chemisches Element kann instabil sein und unter Abgabe von Strahlung zu einem anderen Element zerfallen. Als Henri Becquerel 1896 mit einer Uranverbindung arbeitete, entdeckte er durch Zufall die Radioaktivität. 1898 entdeckten Pierre und Marie Curie zwei weitere stark radioaktive Elemente, Radium und Polonium, die beide in der Natur vorkommen; das Gleiche gilt für Thorium.

In der Folge wurde ein weiterer Punkt der Atomtheorie in Frage gestellt. Man war davon ausgegangen, dass sämtliche Atome eines chemischen Elements gleich sind, dass sie insbesondere das gleiche Gewicht und die gleiche Masse haben. Es war bekannt, dass Uran und Thorium zu Blei zerfallen. 1913 jedoch wurden in Mineralien Bleiarten unterschiedlicher Herkunft nachgewiesen. Diese Bleiarten waren chemisch gleich – eine Mischung konnte nicht chemisch getrennt werden –, aber sie hatten unterschiedliche Atomgewichte. Frederick Soddy nannte diese verschiedenen Arten Isotope, was „gleicher Ort“ bedeutet, da sie den gleichen Platz im periodischen System (S. 88) einnahmen. Nach und nach wurden bei den einzelnen Elementen viele natürliche Isotope isoliert, radioaktive und nicht radioaktive. Die Isotope atomistisch zu erklä-

Unten: Natürliche radioaktive Isotope. Uran hat sechs davon, aber nur ^{238}U kommt relativ häufig vor.

Isotop	Halbwertszeit (Jahre, sonst angegeben)
^{3}H	12,32
^{14}C	5,730
^{50}V	$>3{,}9 \times 10^{17}$
^{87}Rb	$4{,}88 \times 10^{10}$
^{90}Sr	29
^{115}In	$4{,}4 \times 10^{14}$
^{123}Te	$1{,}3 \times 10^{13}$
^{130}Te	$2{,}5 \times 10^{21}$
^{131}I	8040 Tage
^{137}Cs	30,13
^{138}La	$1{,}06 \times 10^{11}$
^{144}Nd	$2{,}1 \times 10^{15}$
^{147}Sm	$1{,}06 \times 10^{11}$
^{148}Sm	7×10^{15}

Isotop	Halbwertszeit (Jahre, sonst angegeben)
^{149}Sm	10^{16}
^{176}Lu	$3{,}8 \times 10^{10}$
^{187}Re	$4{,}2 \times 10^{10}$
^{186}Os	2×10^{15}
^{222}Rn	3823 Tage
^{226}Ra	1599
^{230}Th	$7{,}54 \times 10^{4}$
^{232}Th	$1{,}4 \times 10^{10}$
^{232}U	68,9
^{234}U	$2{,}45 \times 10^{5}$
^{235}U	$7{,}04 \times 10^{8}$
^{236}U	$2{,}34 \times 10^{7}$
^{237}U	6,75 Tage
^{238}U	$4{,}46 \times 10^{9}$

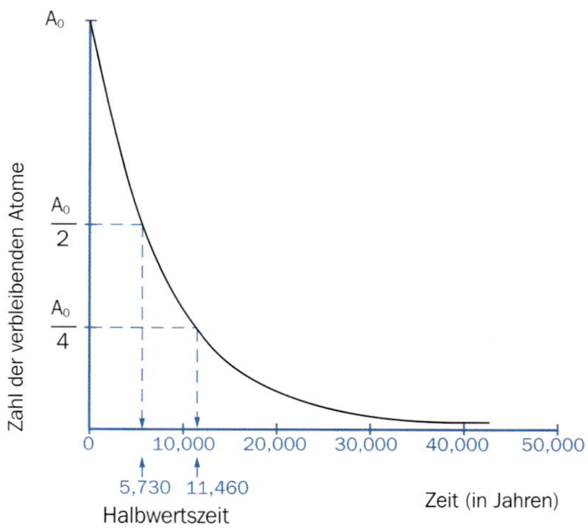

Links: Radioaktiver Zerfall. Das Diagramm zeigt anhand von Carbon-14 (^{14}C), dass der radioaktive Zerfall nicht linear, sondern exponentiell verläuft. Die Halbwertszeit dieses Kohlenstoffisotops beträgt 5730 Jahre, was in etwa dem Alter der menschlichen Zivilisation entspricht – daher die immense Bedeutung der Kohlenstoffdatierung in der Archäologie.

Dosis	Unmittelbare Symptome	Latenzzeit	Voll ausgebrochene Krankheit	Prognose
0,1–0,5	Leichte Übelkeit	Tage, Wochen	Leichter Rückgang der Blutzellen	Überleben fast sicher
1,0–2,0	Leichte bis mittlere Übelkeit, 3 bis 6 Stunden nach Verstrahlung mögliches Erbrechen, Dauer bis zu einem Tag	10–14 Tage	Appetitlosigkeit, Müdigkeit, Rückgang der Blutzellen	Überlebenschance 90%
2,0–3,5	Übelkeit und mögliches Erbrechen 1 bis 6 Stunden nach Verstrahlung, Dauer bis zu 2 Tagen	7–14 Tage	Haarausfall, mittlere bis schwere Knochenmarksschädigung, hohe Infektionsgefahr	Sterblichkeitsrate 35-40%
3,5–5,5	Übelkeit und Erbrechen innerhalb einer halben Stunde, Dauer bis zu 2 Tagen	7–14 Tage	Haarausfall, innere Blutungen, schwere Knochenmarksschädigung, hohe Blutungsgefahr, leichtes gastrointestinales Syndrom	Sterblichkeitsrate 50% binnen 6 Wochen
5,5–7,5	Starke Übelkeit und Erbrechen innerhalb einer halben Stunde, Dauer bis zu 2 Tagen	5–10 Tage	Haarausfall, innere Blutungen, schwere Knochenmarksschädigung mit Versagen des Blutsystems, hohe Infektionsgefahr, mittleres gastrointestinales Syndrom	Wahrscheinlicher Tod binnen 3 Wochen
7,5–10	Extreme Übelkeit und Erbrechen innerhalb von Minuten, mehrere Tage lang	5–7 Tage	Schwere Schädigungen von Knochenmark und Magen-Darm-Trakt	Fast sicherer Tod binnen 3 Wochen, völlige Genesung ausgeschlossen
10–20	Sofortige extreme Übelkeit, Erbrechen und Müdigkeit	5–7 Tage	Schwere Schädigungen von Knochenmark, Magen-Darm, Lunge, kognitive Dysfunktion	Sicherer Tod binnen 5–12 Tagen
20+	Koma	Keine	Sicherer Tod innerhalb von Stunden	Sicherer Tod

Gefährliche radioaktive Strahlung. Die Dosis wird in Gray gemessen. Der Physiker und Radiobiologe Louis Gray untersuchte durch Radioaktivität verursachte Krebserkrankungen.

ren dauerte etwas länger. Zuerst teilte Ernest Rutherford, der den Atomkern und seine positiv geladenen Protonen entdeckt hatte, den radioaktiven Zerfall in Alpha-, Beta- und Gammastrahlen, die er später als Emissionen massiger nuklearer Teilchen (Alpha), Elektronen niederer Masse (Beta) und hochenergetischer Wellen (Gamma) identifizierte. 1913 erstellte Rutherfords Assistent Niels Bohr das dem Sonnensystem nachempfundene Atommodell, bei dem negative Elektronen wie Planeten um den positiven Kern kreisen, jedoch auf durch die Quantentheorie bestimmten Bahnen. 1932 schließlich entdeckte James Chadwick das Neutron, ein ungeladenes Teilchen, dessen Masse etwa der des Protons entspricht.

Aus dieser Sicht des Atomaufbaus erklärten sich die Isotope wie folgt: Jedes chemische Element hat eine Ordnungszahl, die der Zahl seiner Protonen im Atomkern entspricht. Bei Uran lautet sie 92. Die Zahl 92 definiert somit ein Atom als Uranatom. Das Element hat aber auch ein Atomgewicht, das mit der Zahl der im Kern vorhandenen Neutronen variiert. So zählt der Kern von ^{238}U 92 Protonen und 146 Neutronen (92 + 146 = 238), während es bei ^{235}U 143 Neutronen sind.

Das wichtigste Maß der Radioaktivität ist die Halbwertszeit des Isotops. Sie besagt, wie lang eine Probe braucht, bis von der ursprünglichen Anzahl an Kernen die Hälfte zerfallen ist. Diese Halbwertszeit nimmt nicht ab wie die Sterblichkeit des Menschen: Carbon-14 (^{14}C) hat vom jetzigen Zeitpunkt gerechnet 5730 Jahre die gleiche Halbwertszeit und danach wieder 5730 Jahre (also 11 460 Jahre), wobei natürlich die Probe zuerst um die Hälfte und dann um drei Viertel kleiner sein wird.

Das Periodensystem

Was die Chemie so verwirrend macht, ist die unglaubliche Vielfalt scheinbar unzusammenhängender Fakten bei den Elementen, ihren Verbindungen und Reaktionen. Hier bietet das Periodensystem eine gewisse Gedächtnisstütze. Es leistet aber noch viel mehr, denn es veranschaulicht den Zusammenhang zwischen dem Atomaufbau der Elemente und ihrem chemischen Verhalten. So erklärt es, warum Alkalimetalle wie Natrium (Na) und Kalium (K) im Gegensatz zu Metallen wie Gold (Au) hoch reaktiv und die Elemente der letzten Gruppe, also Gase wie Neon (Ne) und Argon (Ar), derart reaktionsträge sind, dass man sie Inert- oder Edelgase nennt (analog zu den Edelmetallen). Wie Peter Atkins in seiner metaphorischen Reise durch das Reich der Elemente schreibt: «Dieses Reich ist keine amorphe Ansammlung von Regionen, sondern ein durchorganisierter Staat, in dem jede Region von ihrem Wesen her der Nachbarregion ähnelt.»

Dimitri Mendelejew stellte 1869 das erste Periodensystem auf. Er ordnete die 61 bekannten Elemente nach steigendem Atomgewicht, das er als ihr wesentliches Merkmal ansah, und ließ überall dort Lücken, wo er noch unbekannte Elemente vermutete.

Das moderne Periodensystem (unten rechts) umfasst weit mehr als 100 Elemente, die nicht mehr nach Atomgewichten geordnet sind, sondern nach Ordnungszahlen. Den Anfang bildet Wasserstoff mit der Ordnungszahl 1, den Schluss die instabilen und radioaktiven Elemente, beginnend mit Thorium mit der Ordnungszahl 90. Diese auch Kernladungszahl (nach Anzahl der Protonen im Kern) genannte Zahl entspricht zugleich der Zahl der Elektronen eines elektrisch neutralen Atoms. Die Elektronenstruktur bestimmt die chemischen Eigenschaften eines Elements, da normalerweise die Elektronenhülle und nicht der Kern für die chemischen Reaktionen verantwortlich ist. Je fester die Elektronen an die Protonen des Kerns gebunden sind, desto reaktionsträger ist das Element.

Im Detail wird die Elektronenstruktur durch die Quantentheorie erklärt. Vereinfacht befinden sich die Elektronen auf den Kern umhüllenden „Schalen", und zwar bis zu einer bestimmten, von der Schale abhängigen Höchstzahl. Bei Edelgasen wie Neon (Ne) ist die äußere Schale voll, sodass für weitere Elektronen kein Platz ist. Alkalimetalle wie Natrium (Na) haben hingegen auf ihrer äußeren Schale nur ein freies Elektron, das sich durch eine Reaktion leicht entfernen lässt (Ionisierung). Obwohl Ne die Ordnungszahl 10 und Na 11 hat, liegen Ne und Na in den entgegengesetzten Gruppen 18 und 1.

Das Periodensystem der chemischen Elemente. Die Ordnungszahl (Atomnummer) des Elements ergibt sich aus der Anzahl der im Kern enthaltenen Protonen, stimmt also mit der Kernladungszahl überein. Jenseits von Meitnerium (Mt) wurden bereits einige überschwere Elemente beobachtet, aber noch nicht offiziell benannt.

1	2	3	4	5	6	7	8	9	10	11	12	13	14	15	16	17	18
H 1																	He 2
Li 3	Be 4											B 5	C 6	N 7	O 8	F 9	Ne 10
Na 11	Mg 12											Al 13	Si 14	P 15	S 16	Cl 17	Ar 18
K 19	Ca 20	Sc 21	Ti 22	V 23	Cr 24	Mn 25	Fe 26	Co 27	Ni 28	Cu 29	Zn 30	Ga 31	Ge 32	As 33	Se 34	Br 35	Kr 36
Rb 37	Sr 38	Y 39	Zr 40	Nb 41	Mo 42	Tc 43	Ru 44	Rh 45	Pd 46	Ag 47	Cd 48	In 49	Sn 50	Sb 51	Te 52	I 53	Xe 54
Cs 55	Ba 56	Lu 71	Hf 72	Ta 73	W 74	Re 75	Os 76	Ir 77	Pt 78	Au 79	Hg 80	Tl 81	Pb 82	Bi 83	Po 84	At 85	Rn 86
Fr 87	Ra 88	Lr 103	Rf 104	Db 105	Sg 106	Bh 107	Hs 108	Mt 109	110	111	112	113	114	115	116	117	118

La 57	Ce 58	Pr 59	Nd 60	Pm 61	Sm 62	Eu 63	Gd 64	Tb 65	Dy 66	Ho 67	Er 68	Tm 69	Yb 70
Ac 89	Th 90	Pa 91	U 92	Np 93	Pu 94	Am 95	Cm 96	Bk 97	Cf 98	Es 99	Fm 100	Md 101	No 102

Ionen und Valenz

Die chemische Formel für Wasser lautet bekanntlich H_2O, die für Kochsalz bzw. Natriumchlorid NaCl. Seit Beginn des Klimawandels wissen die meisten Menschen, dass die Formel für Kohlendioxid CO_2 lautet. Die chemischen Elemente gehen Verbindungen in Proportionen ein, die je nach Element verschieden sind. 1 Sauerstoffatom verbindet sich mit 2 Wasserstoffatomen zu Wasser, damit aber CO_2 entstehen kann, werden für jedes Kohlenstoffatom 2 Sauerstoffatome benötigt. Um etwas weniger bekannte Beispiele zu nehmen: Ätznatron (Natriumhydroxid) mit der Formel NaOH ist die Verbindung von Sauerstoff mit einem Natrium- und einem Wasserstoffatom, Schwefelsäure (H_2SO_4) die Verbindung von 4 Sauerstoff- mit 1 Schwefel- und 2 Wasserstoffatomen. Die meisten Moleküle lebender Systeme wie etwa DNS (Desoxyribonukleinsäure) sind wesentlich komplexer, gehorchen aber den gleichen Bindungsgesetzen.

Chemische Verbindungen beruhen auf dem Zusammenhalt von Atomen mithilfe von Elektronen. Wenn ein Atom ein oder mehrere Elektronen abgibt und diese von einem anderen übernommen werden, spricht man von Ionenbindung. Eine Atombindung hingegen ist gegeben, wenn ein Elektron direkt an der Bindung zweier Atome beteiligt ist. Gibt ein Atom ein Elektron ab, so wird es zu einem positiv geladenen Ion oder Kation (vom griechischen Wort für „unten"). Das das Elektron aufnehmende Atom hingegen wird zu einem negativ geladenen Anion (vom griechischen Wort für „oben"). NaCl ist eine Ionenbindung. Man kann es als mit einem Chlor-Anion verbundenes Natrium-Kation bezeichnen (Na^+Cl^-). Bei H_2O hingegen liegt eine Atombindung vor: 2 Elektronen, je eines der beiden Wasserstoffatome, binden das Sauerstoffatom, werden aber nicht von ihm übernommen – Wasser ist nur schwach ionisiert.

Die Ionisierung führt zur Valenz, der «Bindungsneigung eines Elements, die davon abhängt, wie viele Elektronen ein Atom ‹übrig› hat», wie Philip Ball in „The Elements" schreibt. Die Valenz drückt die festgelegten Proportionen in chemischen Verbindungen aus. In NaCl haben Na und Cl die Valenz 1; in H_2O hat H Valenz 1 und O Valenz 2; in CO_2 hat C die Valenz 4, O die Valenz 2. Manche Elemente können mehrere Valenzen haben, je nach dem Atom, mit dem sie eine Bindung eingehen: Bei Kohlenmonoxid (CO) hat C die Valenz 2, Eisen (Fe) hat in diversen Verbindungen die Valenzen 2 und 3, Phosphor (P) hingegen die Valenzen 3 und 5. Variable Valenz entsteht dadurch, dass manche Elemente mehr „übrige" Elektronen entfernen können als andere.

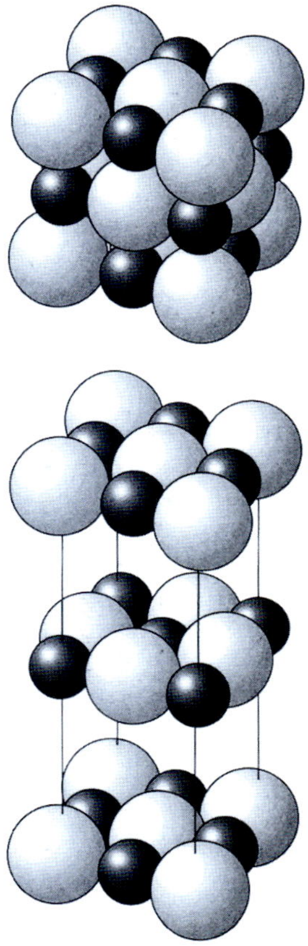

Oben: Die Struktur von Kochsalz (Natriumchlorid). Die obere Abbildung zeigt die eigentliche Struktur aus Natriumkationen (kleine Kugeln) und Chloridanionen (große Kugeln). Wie aus der Explosionsdarstellung hervorgeht, steht jedes Kation mit sechs Anionen in Kontakt und umgekehrt.
Links oben: Das Foto zeigt die für das Salzkristall charakteristische Würfelform.

Chemische Konzentration

„All Ding sind Gift, und nichts ist ohn' Gift, allein die Dosis macht, dass ein Ding kein Gift ist», postulierte der im 16. Jahrhundert wirkende Arzt und Alchemist Paracelsus. Damit meinte er, dass die Giftigkeit eines Stoffes von der chemischen Konzentration abhängt. «Sogar eine Übermenge Wasser ist giftig. In einer Menge von einem Pikogramm [10^{-12} g] hingegen schaden nicht einmal tödliche Nervengase», erklärt der Chemiker James Lovelock, der 1957 den Elektroneneinfangdetektor (ECD) erfand, mithilfe dessen erstmals die weltweite Verschmutzung durch DDT und FCKW erkannt wurde. Lovelock entwickelte anschließend seine „Gaia-Hypothese", die sich auf von zahlreichen Wissenschaftlern mithilfe des ECD gesammelte Beweise stützt.

In den Medien wird die Konzentration zumeist in Millionsteln (ppm) und Milliardsteln (ppb) angegeben. Die CO_2-Konzentration in der Atmosphäre betrug im Jahr 2005 381 ppm (gegenüber 275 ppm vor der industriellen Revolution). Der Alkoholgehalt wird in Volumenprozenten angegeben. Wein hat normalerweise 11–15 Volumenprozent Alkohol, Spirituosen 40 oder mehr. Bei der Pollenkonzentration sind die von den Behörden veröffentlichten Werte die Pollenzahl pro Kubikmeter Luft. Ein anderes Beispiel sind die Oktanzahlen bei Treibstoffen, die so genannte „Klopffestigkeit". (Als Klopfen oder Klingeln bezeichnet man Motorgeräusche, die durch zu frühe Entzündung des Kraftstoff-Luft-Gemischs entstehen.) Oktanzahlen ermittelt man in einem Einzylinder-Viertaktmotor mit Fremdzündung durch Vergleich des zu prüfenden Kraftstoffs mit einer Mischung aus zwei Bezugskraftstoffen, dem klopffesten Isooktan und dem klopffreudigen Normalheptan. Der Volumenanteil Isooktan in der Bezugsmischung, die die gleiche Klopfintensität hat wie der zu prüfende Kraftstoff, ist dessen Oktanzahl. Je höher seine Oktanzahl ist, desto klopffester (und teurer) ist er.

Die in der Wissenschaft zur Messung von Konzentrationen benutzten Einheiten basieren auf der Menge eines in einem Lösungsmittel gelösten Stoffs, der fest, gasförmig oder flüssig sein kann. Die am häufigsten benutzten Einheiten sind: Stoffmenge pro Volumeneinheit und Stoffmenge pro Masseneinheit des Lösungsmittels. Da die Stoffmenge (im SI-System) in Mol gemessen wird, sind die wissenschaftlichen Einheiten der Konzentration gewöhnlich Mol pro Liter oder Mol pro Kilogramm. Die Stoffmenge hängt von der Zahl der vorhandenen Einzelteilchen ab – Atome, Moleküle, Ionen, Elektronen. Die Zahl der Einzelteilchen eines Mols ist für alle Stoffe gleich. Durch willkürliche Festlegung ist ein Mol definiert als die Stoffmenge eines Systems, das aus ebenso vielen Einzelteilchen besteht, wie Atome in 12 g des Kohlenstoff-Isotops ^{12}C enthalten sind.

Die Zahl der in einem Mol eines Stoffes enthaltenen Teilchen wird durch die Avogadro-Konstante angegeben – benannt nach dem Physiker Amedeo Avogadro, der als Erster den Wert des später als Mol bezeichneten Konzepts erkannte (und auch den Begriff „Molekül" einführte). Die experimentell bestimmte Avogadro-Konstante ist außerordentlich hoch, sie liegt etwas über 6×10^{23}.

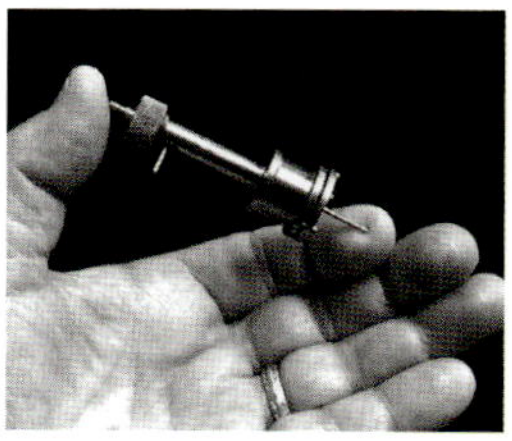

Der ECD (Elektroneneinfangdetektor) wurde 1957 von James Lovelock erfunden. Aufgrund dessen Fähigkeit, sehr geringe chemische Konzentrationen zu messen, wurde Lovelock in den 1990er-Jahren mit bedeutenden Umweltschutzpreisen ausgezeichnet. Lovelock beschrieb ihn als «das empfindlichste, am leichtesten transportable und billigste analytische Gerät, das existiert». Für diese außerordentliche Empfindlichkeit nennt er ein Beispiel: «Stellen Sie sich vor, Sie haben eine mit einem seltenen Perfluorcarbon gefüllte Flasche irgendwo in Japan über eine Decke geschüttet und diese zum Trocknen aufgehängt. Mit etwas Mühe könnten Sie einige Wochen später den von der Decke aufgestiegenen Dunst hier in Devon (wo sich Lovelocks Wohnsitz befindet) messen. Nach zwei Jahren könnte man ihn mit diesem Detektor in der ganzen Welt nachweisen.»

Acidität und Basizität

Für die Landwirtschaft ist die wahrscheinlich wichtigste Eigenschaft des Bodens seine Acidität oder Basizität, da davon abhängt, welche Pflanzen und Bakterien darin gedeihen. Vor allem Lebensmittelpflanzen lieben neutrale oder leicht saure Böden. Bei der Hortensie wechselt sogar die Blütenfarbe je nach Acidität und Basizität des Bodens. An dieser Stelle fühlt man sich sofort an den berühmten Lackmustest erinnert, mit dem der pH-Wert eines Stoffs nachgewiesen wird, da bei Lackmus die Farben umschlagen. Lackmus ist ein aus Flechten gewonnener wasserlöslicher Farbstoff. Lackmuspapier ist bei sauren Reaktionen rot, bei neutralen Bedingungen purpur, bei basischen Reaktionen blau. Der Farbumschlag erfolgt im pH-Bereich 4,5–8,3 (bei 25 °C). Der sogenannte Universalindikator mit synthetischen Chemikalien deckt einen größeren pH-Bereich ab als Lackmus, nämlich den gesamten Bereich des sichtbaren Spektrums: von rot (sehr sauer) und orange/gelb (sauer) über grün (neutral) zu blau (basisch) und dunkelblau (stark basisch).

Der pH-Wert wurde 1909 von Søren Sørensen festgelegt. Über den Ursprung des Ausdrucks ist man sich nicht einig. Zumeist wird er vom lateinischen »pondus« oder »potentia hydrogenii« abgeleitet. Wie auch immer, der pH-Wert ist ein Indikator für die Konzentration von Wasserstoffionen (H^+) in einer Lösung. Ein Übergewicht an Wasserstoffionen verursacht Acidität. Auch destilliertes Wasser hat einen pH-Wert, nämlich 7,0, da es eine minimale Konzentration von Wasserstoffionen enthält (10^{-7} mol/Liter), die durch eine leichte Dissoziation von H_2O in H^+ und OH^- hervorgerufen wird. Anders als Trinkwasserproben, die gelöste Mineralstoffe enthalten, wird es als neutral angesehen – weder sauer noch basisch. Je höher die Konzentration an Wasserstoffionen, desto niedriger der pH-Wert, da er dem negativen Logarithmus der Wasserstoffionen-Konzentration entspricht ($-\lg 10^{-7} = 7{,}0$ für destilliertes Wasser). Da die pH-Wert-Skala logarithmisch ist, zeigt ein Wechsel von pH 3 zu pH 2 eine zehnfache Steigerung der Wasserstoffionen-Konzentration an. Genauer gesagt hängt der pH-Wert von der Wasserstoffionenaktivität ab, die von vielen Variablen beeinflusst wird, so auch der Konzentration.

Stoff	pH-Wert
Saurer Minenabfluss	–3.6-1.0
Batteriesäure	–0.5
Magensäure	1.5–2.0
Cola	2.5
Weinessig	2.4–3.4
Orangen- oder Apfelsaft	3-4
Bier	4.5
Saurer Regen	<5.0
Kaffee	5.0
Tee	5.5
Gesunde Haut	5.5
Normaler Regen	5.6
Milch	6.5
Trinkwasser	6.5–8
Destilliertes Wasser	7.0
Menschlicher Speichel	7.4
Blut	7.4
Seewasser	7.4–8.2
Seife	9–10
Bleichmittel	12.5
Ätznatron	13.5

Oben: Eine pH-empfindliche Blume. Die Gartenhortensie wechselt ihre Farbe, je nachdem, ob der Boden sauer oder basisch ist. Auf saurem Boden werden die Blüten blau (pH <6,0), rosa hingegen auf neutralem oder basischem Boden (pH >6,8).

Links: Die pH-Werte einiger gebräuchlicher Stoffe. Meerwasser ist von Natur aus basisch, obwohl sein pH-Wert um 0,1 geringer ist als in der vorindustriellen Zeit – eine Folge des erhöhten Anteils an gelöstem Kohlendioxid, das eine schwache Säure bildet. Eine weitere Übersäuerung der Ozeane wäre eine ernste Bedrohung von maritimen Lebensräumen wie z. B. Korallenriffen.

Volumen und Druck

Auch wenn wir es nicht sehen können, Gas übt einen Druck aus. Bekannte Beispiele dafür sind Ballons und Fahrradreifen. Wenn wir einen mit Luft gefüllten Ballon zusammenpressen, fühlen wir ihren Gegendruck. Ein weiteres bekanntes Beispiel ist der atmosphärische Druck, den wir nicht fühlen, aber am Barometer ablesen können (s. S. 73). Auf Meereshöhe übt die Atmosphäre einen mittleren Druck von ca. 101 325 Pascal (Newton/m^2) aus.

Auch Flüssigkeiten üben einen Druck aus, sind jedoch viel schlechter komprimierbar als Gase. Die Brown'sche Bewegung (s. S. 83–4) zeigt dies ebenso wie der Wasserdruck auf Taucher und U-Boote. Wird ein Gegenstand in Wasser getaucht, so steigt der auf ihn ausgeübte Druck rapide an. Die Steigerungsrate beträgt etwa 10 000 Pascal pro Meter Tauchtiefe. In 10 m Tiefe hat sich der Druck im Vergleich zur Oberfläche verdoppelt und beträgt 2 Atmosphären. In 1400 m Tiefe beträgt er etwa 140 Atmosphären oder 1,4 x 10^8 Pascal – ca. 156 kg pro cm^2.

Robert Boyle, ein Naturforscher des 17. Jahrhunderts, untersuchte als Erster den Zusammenhang zwischen Druck und Volumen eines Gases. Er verglich die unteren Luftschichten mit Schwämmen oder Federn: Sie werden durch das Gewicht der höheren Luftschichten zusammengedrückt. 1660 veröffentlichte er seine Erkenntnisse in dem Buch „The Spring of Air“, in dem er den Begriff „elastisch“ in seiner heutigen Bedeutung einführte. Zwei Jahre später, im Anschluss an Versuche mit einer von seinem Assistenten Robert Hooke gebauten Luftpumpe, veröffentlichte Boyle eine überarbeitete Ausgabe mit dem Gesetz, das noch heute im Physikunterricht gelehrt wird und sein bekanntester Beitrag zur Wissenschaft ist. Es besagt, dass Volumen und Druck einer Gasmenge sich bei konstanter Temperatur umgekehrt proportional verhalten. Presst man einen Ballon auf das halbe Volumen zusammen, so verdoppelt sich der darin herrschenden Luftdruck. (Würde man das halbe Volumen erreichen, indem man Luft herauslässt, so würde der Druck entsprechend abfallen.)

Bei realen Gasen gilt Boyles Gesetz nur für sehr niedrige Drücke, wenn die Konzentration an Molekülen so gering ist, dass sie im Vergleich zum Gasvolumen ein vernachlässigbares Volumen darstellen. Bei höheren Drücken sind die Moleküle gezwungen, von ihrem Normalverhalten abzuweichen. Ein ideales Gas – in der Wissenschaft ein wichtiger Begriff – wird als Gas definiert, das dem Gesetz Boyles exakt folgt und zudem eine innere Energie besitzt, die unabhängig von seinem jeweiligen Volumen ist. In der kinetischen Gastheorie bedeutet das, dass beim idealen Gas intermolekulare Anziehungskräfte vernachlässigbar sind.

Oben: Robert Boyle (1627–91) war ein Mitbegründer der Royal Society. Man feiert ihn als Entdecker des Boyle'schen Gesetzes, das den Zusammenhang zwischen Volumen und Druck bei Gasen erklärt. Boyle machte in der Physik noch viele weitere Entdeckungen, interessierte sich jedoch vor allem für Chemie. Er war die treibende Kraft, als es galt, die alchimistischen Tendenzen durch eine wissenschaftliche Chemie zu ersetzen.

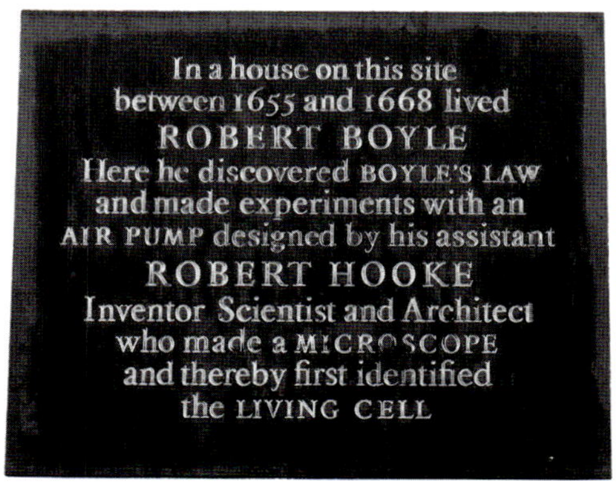

Links: Eine Tafel an der Mauer des University College of Oxford erinnert an das Wirken Robert Boyles und seines Assistenten Robert Hooke. Thomas Young, der Universalgelehrte des 19. Jahrhunderts, schrieb 1807 über die beiden: «Ein Boyle und ein Hooke, die sonst mit vollem Recht das Glanzstück ihres Jahrhunderts gewesen wären, fungierten lediglich als obskure Vorläufer des glorreichen Newton.»

Temperatur und Energie

Temperaturen begann man im 18. Jahrhundert in Fahrenheit- und Celsiusgraden zu messen, ohne den Zusammenhang mit Wärme zu verstehen. James Watt erfand damals eine leistungsfähige Dampfmaschine, deren Wirkungsgrad später von Sadi Carnot berechnet wurde. Kelvin schuf den Begriff des absoluten Nullpunkts (s. S. 72). Nach 1850 wurden die kinetische Wärmetheorie und die Gesetze der Wärmelehre formuliert. Sie erklären altbekannte Erscheinungen: So kühlt heißer Tee in einer Tasse ab, während kalter Tee nie wärmer wird; ein Salzkristall löst sich in Wasser, wird aber nie von selbst kristallisieren; und keine Maschine kann die chemische Energie eines Treibstoffs zu 100% in Arbeit umsetzen.

Das 1. Gesetz besagt im Grunde, dass Wärme und Arbeit äquivalent sind und für ein geschlossenes System das Energieerhaltungsprinzip gilt. Das 2. und bekannteste Gesetz besagt, dass Wärme nicht von einem kälteren auf einen wärmeren Körper übergeht, anders gesagt, dass Energie in einem geschlossenen System zwangsweise dazu tendiert, auf die wahrscheinlichste, d. h. ungeordnete Weise verteilt zu werden. Das 3. Gesetz besagt, dass es unmöglich ist, die Temperatur eines Systems durch eine endliche Anzahl von Vorgängen auf den absoluten Nullpunkt zu senken. Also: «1. Gesetz: Wärme kann in Arbeit umgewandelt werden. 2. Gesetz: Vollständig jedoch nur am absoluten Nullpunkt. 3. Gesetz: Aber der absolute Nullpunkt ist unerreichbar!» So lautet Peter Atkins' boshaftes Resümee in „The 2nd law". Temperatur und Energie sind schwer fassbare Begriffe. Ein Atom oder Molekül kann keine Temperatur aufweisen. Aber auch bei Teilchenverbänden ist die Temperatur nicht direkt, sondern nur indirekt messbar, z. B. über eine Quecksilbersäule. Wenn wir sagen, dass das Thermometer die Lufttemperatur anzeigt, meinen wir, dass die mittlere Energie der Quecksilberatome gleich der mittleren kinetischen Energie der Luftmoleküle ist.

Die Energie ist kein Stoff, sondern eine mathematische Abstraktion. Der Ausdruck „reine Energie" ergibt keinen Sinn. Man kann von elektrischer, kinetischer oder von Lageenergie sprechen. In diesem Sinn wurde der Begriff erstmals 1807 von Thomas Young definiert: «Da die Höhe, in die ein Körper emporsteigt, proportional zum Quadrat seiner Geschwindigkeit ist, neigt er stets dazu, in eine Höhe zu steigen, die proportional zum Quadrat seiner Geschwindigkeit ist … Etwas kürzer wird dies durch den Begriff Energie ausgedrückt.» Damit erklärt sich, dass der Bremsweg eines Fahrzeugs nicht proportional zu seiner Geschwindigkeit ist, sondern zum Quadrat seiner Geschwindigkeit, anders gesagt zu seiner kinetischen Energie.

James Watt (1736–1819) erfand die erste leistungsfähige Dampfmaschine. Sein 1769 konstruiertes Modell war eine Verbesserung der Maschine von Thomas Newcomen, die Watt, um das wechselweise Aufheizen und Abkühlen des Zylinders zu umgehen, um einen separaten Dampfkondensator ergänzte, sodass der Kolben immer heiß bleiben konnte. Watt führte auch die Einheit der Pferdestärke als Maß für die Leistung eines Motors ein. Zu diesem Zweck maß er das Tempo, mit dem Pferde arbeiten konnten. Im heutigen SI-System ist das Watt die Einheit der Leistung. 1 Watt ist die Leistung, die erbracht wird, wenn in 1 Sekunde die Arbeit von 1 Joule verrichtet oder die entsprechende Wärmemenge übertragen wird. 1 PS ist gleich 735,49875 Watt.

Masse und Standardkilogramm

Spielfilme wie Apollo 13 oder Filmmaterial aus Raumfahrzeugen zeigen Astronauten, die schwerelos dahinschweben. Sie haben kein Gewicht, obgleich sich ihre Masse – die Menge der Materie – im Verhältnis zu ihrer Masse auf der Erde nicht geändert hat. Auch Flugzeuge, die sich im Sturzflug befinden, lassen uns kurzfristig körperlich empfinden, dass Masse und Gewicht zwar in direktem Zusammenhang stehen, aber nicht das Gleiche sind, auch wenn wir dazu neigen, sie auf der Erde gleichzusetzen.

Diese wichtige Unterscheidung geht aus der Grafik unten hervor. Auf der Erde wiegt ein Kilogramm fast genau 2,2 Pfund (lb), sodass eine Balkenwaage mit 1 kg in der linken und 2,2 lb in der rechten Schale im Gleichgewicht ist. Das gilt genauso für den Mond, den Mars und eigentlich das gesamte Universum, da die Schwerkraft auf die Masse in beiden Schalen überall gleich einwirkt. Legen wir die 2 lb hingegen auf eine Federwaage, wird die Anzeige in Gramm jeweils anders sein: auf dem Mars geringer als auf der Erde und noch geringer auf dem Mond (ca. $^1/_6$ im Vergleich zur Erde), da die Masse jetzt nur mehr der Gravitation unterliegt und diese auf Erde, Mars und Mond verschieden ist (also mit der Masse und dem Radius des Himmelskörpers variiert).

Von den sieben SI-Grundeinheiten – Meter, Kilogramm, Sekunde, Ampere, Kelvin, Mol und Candela – wird lediglich das Kilogramm durch ein Artefakt ohne natürliche Entsprechung verkörpert. «In einem Gewölbe in der Nähe von Paris wird ein Platin-Iridium-Zylinder aufbewahrt, der die außergewöhnliche Eigenschaft besitzt, dass seine Masse weder zu- noch abnehmen kann», schreibt Ian Robinson vom britischen National Physical Laboratory in der Zeitschrift *Physics World*. «Diese Eigenschaft ist nicht etwa das Ergebnis einer neuen Physik, der Gegenstand ist bereits mehr als hundert

Oben: Gehäuse zur Aufbewahrung des kanadischen Standard-Kilogramms. Das Gewicht aus Platin und Iridium ist eine der 1889 angefertigten Kopien des Urkilogramms, das im Internationalen Büro für Maße und Gewichte in Sèvres bei Paris aufbewahrt wird.

Unten: Der Unterschied zwischen Masse und Gewicht (siehe dazu die Erklärungen im Text).

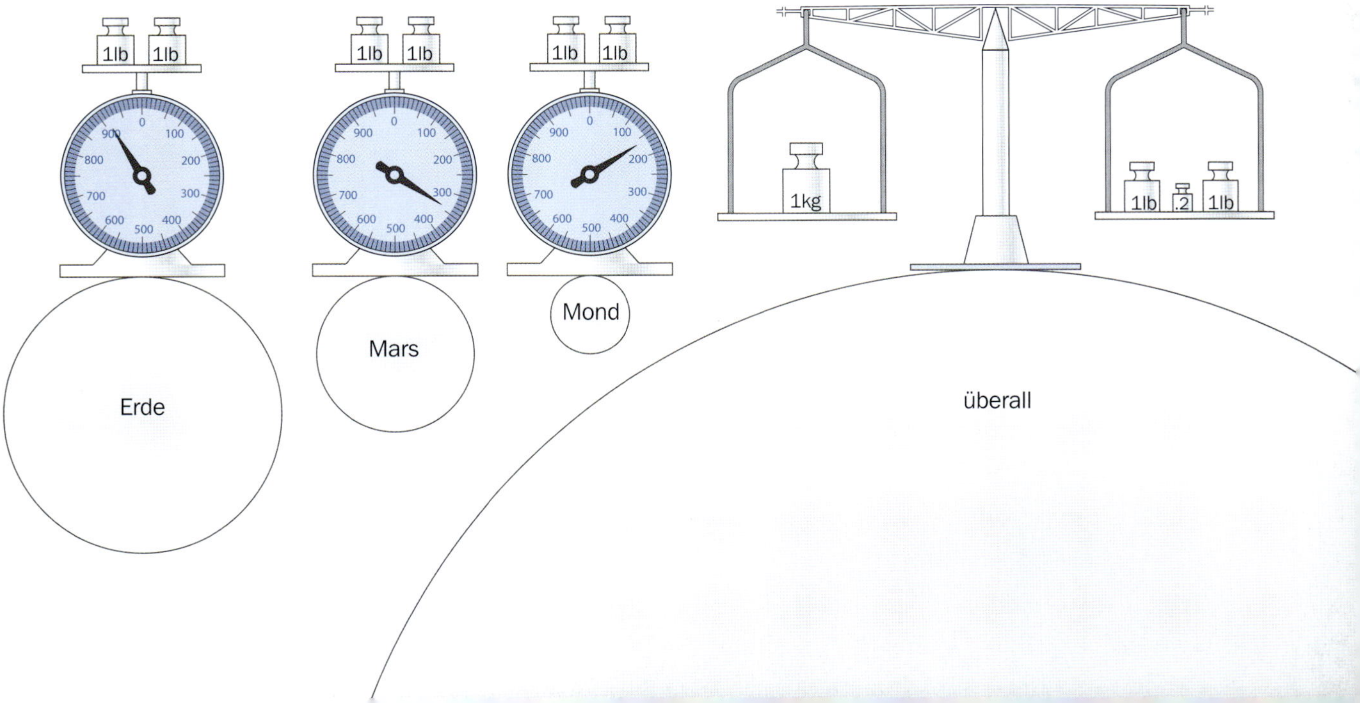

Jahre alt. Seine einzigartigen Eigenschaften erklären sich vielmehr daraus, dass er das internationale Urkilogramm ist.» Wie immer sich dieser Zylinder in Sèvres seit den 1880er-Jahren auch verändert hat – durch Anlagerungen aus der Luftverschmutzung oder Abrieb bei Reinigungen –, seine Masse beträgt per Definition immer noch 1 kg.

Jede der 1889 für die nationalen Normeninstitute gefertigten 40 Kopien hat sich von ihrer Masse her sicherlich anders verändert. Nun können diese Kopien zwar mit dem Urkilogramm in Sèvres bis zu einer Genauigkeit von mehr als 1 Mikrogramm (10^{-9} kg) verglichen werden, da man aber die Veränderungen des Urkilogramms nicht kennt, ist das unbefriedigend. Daraus erklärt sich, warum man versucht, den Zylinder in Sèvres durch einen universell überprüfbaren Standard zu ersetzen. Hierzu gibt es zwei Ansätze: die Atomzählung und Definition des Kilogramms über die Avogadro-Konstante (s. S. 90) und den Bau eines elektrischen Kilogramms, das über die Planck-Konstante definiert wird. Beide Konstanten stehen mit einem extrem hohen Genauigkeitsgrad fest.

Bei der Atomzählung soll, sobald alle Atome einer Probe gezählt werden können, die Gesamtzahl mit der Masse des einzelnen Atoms multipliziert werden, um die Masse der Probe zu bestimmen. Praktisch ist das noch nicht direkt durchführbar. Das Zählen muss indirekt mittels eines perfekten Kristallgitters erfolgen. Man verwendet dazu eine große Siliziumkugel, deren Durchmesser mit einem Laser-Interferometer gemessen wird (s. S. 77). Natürliche Isotope des Siliziums haben bisher verhindert, dass die Atomzählung genügend genau verlief.

Die Alternative, das elektrische Kilogramm, klingt etwas bizarr, ist aber sehr einfach: Man baue eine höchst empfindliche Waage, die das Gewicht eines Objekts – die von der Gravitation darauf ausgeübte Kraft – mit einer von einer stromdurchflossenen Spule erzeugten elektromagnetischen Kraft aufwiegt. «Auf diese Weise könnte man das Kilogramm als die Masse definieren, die von einer elektromagnetischen Kraft gehoben werden kann, die entsteht, wenn ein Strom bestimmter Stärke fließt.» So das NPL, das eine solche Waage konstruiert hat. Man hat aber noch nicht das anvisierte Ziel erreicht, ein Kilogramm mit einer Genauigkeit von einem Millionstel Prozent zu messen.

Die Neudefinition des Kilogramms. Durch Zählen der Atome eines fast perfekt sphärischen Siliziumkristalls **(links)** oder Aufwiegen einer Masse mit einer elektromagnetischen Kraft **(unten)** zielen Wissenschaftler in Europa und Australien darauf ab, die Masse eines Kilogramms sehr genau zu bestimmen. «Würde die Kristallkugel die Größe der Erde haben, so würde der Höhenunterschied zwischen dem höchsten Gipfel und dem tiefsten Tal ganze 7 m betragen.» (*Physics World*). Die zylindrische 1-kg-Masse auf der Watt-Waage des britischen National Physical Laboratory ist unmittelbar unter dem Rahmen erkennbar.

Stoffeigenschaften, Belastung und Dehnung

Warum sind manche chemischen Elemente wie Sauerstoff bei Raumtemperatur gasförmig, während die meisten Festkörper sind, wie etwa Schwefel (der im Periodensystem unter dem Sauerstoff steht), während Quecksilber als einziges Metall flüssig ist? Ihre Zustände und ihre physikalischen und chemischen Eigenschaften lassen sich zumindest im Prinzip durch ihre Atomstruktur erklären, und das gilt für alle Stoffe gleichermaßen.

Die Liste der Stoffeigenschaften, die von praktischem Interesse sind, ist eigentlich unendlich lang. Bei Werkstoffen denkt man an Dichte, Härte, Festigkeit, Elastizität und Viskosität. Wichtige thermische Eigenschaften sind Gefrier- und Schmelzpunkt, Wärmeleitzahl, Wärmekapazität und Ausdehnungsvermögen. Beispiele für elektrische Eigenschaften sind die Metalle von Nichtleitern unterscheidende Leitfähigkeit und die für den Siliziumchip charakteristische Halbleitung. Magnetische Eigenschaften sind vom Eisen und seinen Verbindungen bekannt. Sie sind in der Natur weit verbreitet und werden z. B. für die Magnetresonanztomographie genutzt. Es gibt optische Eigenschaften wie Transparenz und Brechungsindex, und nicht zuletzt gibt es die Radioaktivität.

Die Labors benutzen eine Vielzahl von Materialprüfungsverfahren. Das einfachste ist die Messung von Elastizität und Zugfestigkeit: Man setzt einen Probestab einer Zugspannung aus und misst seine Dehnung durch Aufzeichnung der Entfernungsänderung zweier Punktmarkierungen. Das Verhältnis der Spannung zur Dehnung nennt man Elastizitätsmodul. Ein fester Werkstoff hält großen Zugbelastungen stand, ehe er sich einschnürt und schließlich zerreißt.

4000 v. Chr.: Eisen
magnetisch, Zugfestigkeit

100 v. Chr.: Beton
gießbar, dauerhaft, Druckfestigkeit

50 v. Chr.: Glas
durchsichtig, lichtbrechend, Druckfestigkeit

1840er-Jahre: Gummi
elastisch, Wasser abstoßend, nicht leitend

1850er-Jahre: Stahl
hart, Zugfestigkeit, Schmiedbarkeit

1880er-Jahre: Aluminium
geringes Gewicht, Festigkeit, korrosionsbeständig

1930er-Jahre: Polyethylen
verformbar, leicht, elektrisch und thermisch isolierend, chemisch beständig

1950er-Jahre: Silizium
Halbleiter

Oben: Stoffe, die Geschichte machten.

Links: Viskosität. Versuche, anhand des Modells der Wasserwelle die Viskosität von Schnee zu erfassen, um auf diese Weise eine drohende Lawinengefahr zu erkennen, waren bisher noch nicht sehr erfolgreich. Der Grund dafür ist, dass verschiedene Schneearten, anders als fließendes Wasser, jeweils verschiedene Reibungskoeffizienten haben.

Licht und Strahlung

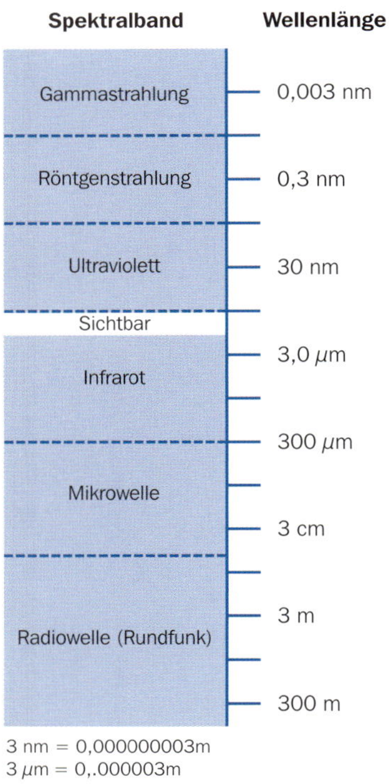

Links: Logarithmische Skala des elektromagnetischen Spektrums.

Unser Auge sieht nicht alle Wellenlängen bzw. Farben des Lichts gleich gut. Es ist interessant – und kein Zufall –, dass die größte Sensitivität des menschlichen Auges etwa in der Mitte des sichtbaren elektromagnetischen Spektrums liegt, also im gelbgrünen Bereich. Diese maximale Sensitivität liegt ganz nahe am Bereich der größten Emissionskraft des auf der Erdoberfläche einfallenden Sonnenlichts. Jahrmillionen müssen sich unsere Augen als Reaktion auf die Sonnenstrahlung und das sichtbare Spektrum entwickelt haben, sodass wir die Natur so deutlich wie möglich erkennen konnten. Wie Arthur Klein in „The World of Measurement" betont, darf es also nicht überraschen, dass die «Menschen unbewusst zu einer Art visuellem Chauvinismus neigen. Strahlung, die wir nicht ‹sehen› können, erscheint als nicht existent oder als bedauerliche Verschwendung.»

In Wirklichkeit ist der sichtbare Bereich – die Regenbogenfarben – nur ein winziges Fenster innerhalb des elektromagnetischen Spektrums. Licht ist nur ein kleiner Teil der Strahlung. Rot hat die größte Wellenlänge, etwa 780 Nanometer (7×10^{-7} m), Gelbgrün hat eine Wellenlänge von 555 Nanometern, Violett mit etwa 380 Nanometern die kürzeste. An Rot schließt der infrarote Strahlungsbereich an (Wärmestrahlung), die (in der Küche und im Mobilfunk genutzten) Mikrowellen sowie die Radiowellen mit immer größeren Wellenlängen. An Violett schließt der ultraviolette Bereich an, Röntgen- und Gammastrahlen mit immer kürzeren Wellenlängen.

Je größer die Wellenlänge einer elektromagnetischen Strahlung ist, desto niedriger ist ihre Frequenz und umgekehrt: Infrarot hat eine niedrigere Frequenz als Ultraviolett, und Radiowellen haben wesentlich niedrigere Frequenzen als Röntgenstrahlen. Der Grund, warum Frequenz und Wellenlänge im umgekehrten Verhältnis zueinander stehen, liegt

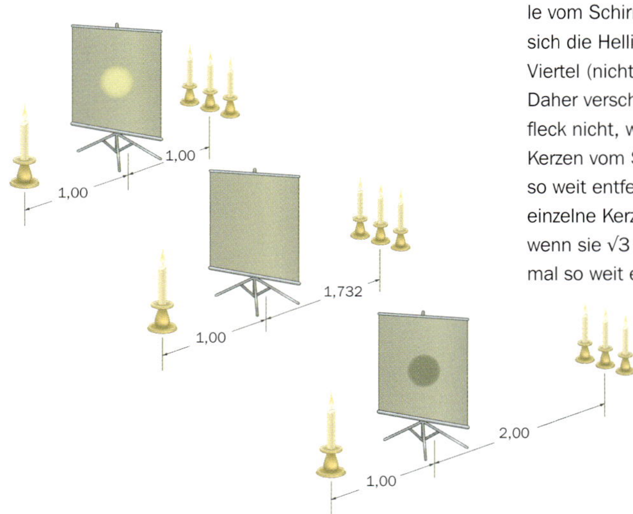

Unten: Fettfleckphotometer. Dieses genial einfache Gerät zur Messung der Lichtstärke wurde im 19. Jahrhundert von Robert Bunsen (bekannt vor allem durch seinen Bunsenbrenner) erfunden. Es besteht aus einem weißen Papierschirm mit einem Ölfleck. Eine Normalkerze wird in einer bestimmten Entfernung zum Schirm aufgestellt, die Prüflichtquelle (hier drei Normalkerzen) auf der anderen Seite wird verschoben, um die Entfernung herauszufinden, bei der der Ölfleck unsichtbar wird. In zu großer Nähe macht die Prüflichtquelle den Fleck hell, in zu großer Entfernung dunkel. Die Helligkeit nimmt nach dem umgekehrten Quadratgesetz ab: Verdoppelt sich die Distanz der Prüflichtquelle vom Schirm, so reduziert sich die Helligkeit auf ein Viertel (nicht die Hälfte). Daher verschwindet der Fettfleck nicht, wenn die drei Kerzen vom Schirm dreimal so weit entfernt sind wie die einzelne Kerze, sondern wenn sie √3 (also 1,732) mal so weit entfernt sind.

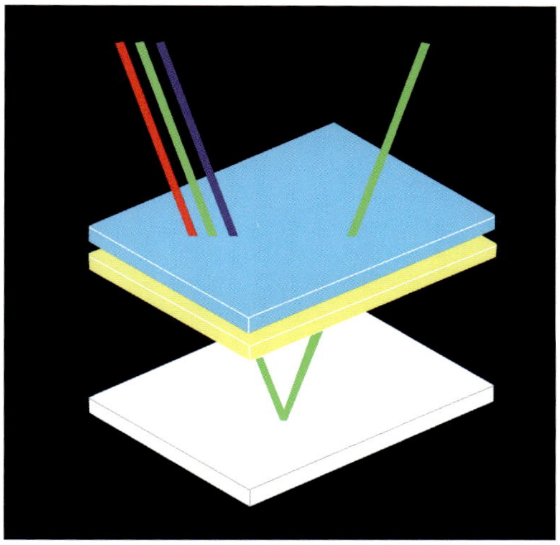

darin, dass das Produkt aus Wellenlänge und Frequenz die Geschwindigkeit der Welle ergibt. Da die Geschwindigkeit der elektromagnetischen Strahlung eine Konstante ist – die Lichtgeschwindigkeit –, muss bei wachsender Wellenlänge die Frequenz absinken und umgekehrt. Der Quantentherorie zufolge tragen hochfrequente Quanten mehr Energie als niederfrequente, sodass Ultraviolettstrahlung – und stärker noch Röntgenstrahlen – pro Photon mehr Energie transportieren als Infrarotstrahlung und Radiowellen. Tatsächlich können UV-Strahlen und Röntgenstrahlen Krebs verursachen. Denn ihre Energie ist groß genug, um Molekularbindungen zu brechen. Kein Gesundheitsrisiko besteht hingegen, wenn man sich weniger energetischen Mikro- oder Radiowellen aussetzt.

Die Stärke sichtbarer Strahlung wird in Watt gemessen. Da das Auge aber nicht auf alle Wellenlängen gleich reagiert, ist für die Lichtstärke eine andere Maßeinheit erforderlich, die Candela des SI-Systems. Um Candela und Watt zu vergleichen, gibt das britische NPL folgendes Beispiel: «Eine 60-W-Wolfram-Glühbirne verbraucht mehr als das Sechsfache der elektrischen Leistung einer 9-W-Kompaktleuchtstofflampe, aber beide erzeugen annähernd gleich viel Licht, also in etwa die gleiche Anzahl Candela. Das kommt daher, dass ein großer Teil der von einer Wolframbirne aufgenommenen Leistung in Form unsichtbarer Infrarotstrahlung abgegeben wird. Das von der Leuchtstofflampe ausgesandte Licht liegt näher an der maximalen Sensitivität des Auges.»

Die Definition der Candela ist somit nicht ganz einfach, da sie von der Reaktion des Auges auf unterschiedliche Wellenlängen abhängt, wobei diese Reaktionen individuell verschieden sind. Es gibt keine Standardreaktion, jeder Mensch sieht die Realität auf etwas andere Weise und mit zunehmendem Alter färben sich die Linsen des Auges gelb. Nach jahrzehntelangen Versuchen wird nun als Definition der Candela ein an 200 Frauen und Männern im Alter von 18–60 Jahren ermittelter Durchschnittswert benutzt.

Farbwahrnehmung: Die Wellenlängen des Lichts und die Farben des Regenbogens variieren ständig innerhalb des sichtbaren Spektrums, aber das menschliche Auge nimmt Licht mit drei diskreten Arten von Primärfarbenrezeptoren auf der Netzhaut wahr. Diese Tatsache, auf die zuerst Thomas Young 1801 hingewiesen hatte, wurde experimentell erst 1959 durch fünf amerikanische Neurobiologen bestätigt. Beim Farbfernsehen entstehen sämtliche Farben auf dem Bildschirm aus Punkten in den Primärfarben Rot, Grün und Blau; Gelb wird generiert durch Mischen gleicher Beträge von rotem und grünem Licht. Beim Farbdruck von Zeitschriften auf weißem Papier erzeugt man Grün durch Überlagerung von Cyan (Blau) und Gelb, die alles außer grünem Licht absorbieren, wie die Grafik zeigt **(ganz links)**. Farben dürfen nie isoliert, sondern immer nur im Kontext betrachtet werden: Umgebungsfarben beeinflussen die Wahrnehmung einer gegebenen Farbe. Die Farbwahrnehmung des menschlichen Auges ist sehr kompliziert. So scheinen z. B. die Grautöne auf dieser Abbildung mit Grau, Blau und Gelb **(links)** zu variieren, obwohl sie identisch sind.

Relativität

Jeder hat von der Relativitätstheorie gehört, aber wenige verstehen sie. Von seiner Sekretärin mit Fragen bedrängt, erklärte Einstein: «Eine Stunde mit einem hübschen Mädchen auf einer Parkbank vergeht wie eine Minute und eine Minute auf einem heißen Ofen wie eine Stunde.»

Einstein verwarf Newtons absoluten Raum als universellen Bezugsrahmen der Bewegung von Körpern und postulierte, man müsse die Position eines bewegten Körpers in Relation zu einem Koordinatensystem (s. S. 40) angeben, was auch für elektromagnetische Strahlung galt. Nun ist aber die Lichtgeschwindigkeit unabhängig von der Bewegung des Beobachters konstant (nicht ganz 300 Millionen m/s), was ohne einen universellen Bezugsrahmen keinen Sinn ergab, es sei denn, man verwarf auch das Konzept der absoluten Zeit. Einstein postulierte deshalb, dass die Lichtgeschwindigkeit in allen Koordinatensystemen gleich ist, unabhängig von der Bewegung der Lichtquelle oder des Beobachters: Man kann, so schnell man sich auch fortbewegt, einen Lichtstrahl nie einfangen. Damit ersetzte 1905 die spezielle Relativitätstheorie bei Raum und Zeit „absolut" durch „relativ".

Die spezielle Relativität gilt für sich gleichmäßig und ohne Beschleunigung fortbewegende Körper, womit die Schwerkraft ausgeschlossen ist. 1916 schuf Einstein unter Berücksichtigung der Schwerkraft die generelle Relativitätstheorie. Er hatte erkannt, dass Schwerkraft und Beschleunigung in gewisser Hinsicht das Gleiche sind. Für die Schwerkraft war die Krümmung des Raums verantwortlich, besser gesagt die Raumzeit, und nicht Newtons geheimnisvolle Kraft, die ohne physischen Kontakt aus der Ferne wirkte. Die Materie gibt dem Raum vor, wie er sich krümmen muss, der Raum der Materie, wie sie sich bewegen muss – so Einsteins stark vereinfachtes Resümee der generellen Relativität.

Die allgemeine Relativitätstheorie im Test. Ihre Aussagen wurden viele Male mit steigender Genauigkeit überprüft. Auch das GPS beruht darauf. Ihren ersten und berühmtesten Test bestand sie 1919, als es dank einer Sonnenfinsternis möglich war zu messen, ob das Sternenlicht durch die Schwerkraft der Sonne in dem von der Relativitätstheorie vorhergesagten Winkel gebeugt wurde. Der Erfolg dieser Messung machte Einstein fast über Nacht berühmt. 1971 wurden Cäsiumatomuhren rund um die Erde geflogen, erst in östlicher, dann in westlicher Richtung. Die nach Osten fliegenden Uhren wurden langsamer, die nach Westen fliegenden schneller – jeweils im Verhältnis zu einer Bezugs-Atomuhr des US-Marine-Observatoriums. Damit bestätigte sich die von der Relativitätstheorie vorhergesagte „kinematische Zeitdilatation", der zufolge zwei Uhren gleich gehen, wenn sie zueinander im Ruhezustand sind, aber nicht, wenn sie sich bewegen. Das genaueste Experiment war die von der NASA 2004 durchgeführte Gravity Probe B (links). Es sollte die Aussage der Relativitätstheorie stützen, dass die Erde bei ihrer Rotation die Raumzeit „mitzieht".

Schall

Das menschliche Ohr ist ein empfindliches und zugleich robustes Organ. Wären junge und gesunde Ohren geringfügig empfindlicher, so könnten sie die ständigen, an der Grenze zur Wahrnehmbarkeit liegenden Wärmebewegungen der Luftmoleküle hören, wobei der durch ihre Zusammenstöße entstehende Lärm den Menschen wohl verrückt machen würde. Am oberen Ende des Hörbereichs, nahe der Schmerzgrenze, ertragen unsere Ohren gerade noch den Lärm eines startenden Düsenflugzeugs. Der Schalldruck beträgt hier das Millionenfache des Drucks an der Hörschwelle, während die Schallintensität (Leistung pro Flächeneinheit) um den Faktor 1 Billion größer ist, also um das Quadrat des Schalldrucks.

Schall ist die mechanische Störung eines Gleichgewichtszustands, die sich in einem elastischen Medium ausbreitet. Dabei kann es sich um Gase, Flüssigkeiten oder Festkörper handeln. In der Luft wird die Störung mit einer Geschwindigkeit von ca. 330 m/s übertragen, im Wasser mit ca. 1500 m/s, durch Glas mit ca. 5500 m/s. Nur im Vakuum breitet sich der Schall nicht aus: Anders als Licht wird er nicht durch den interplanetarischen Raum transportiert, da dieser kein elastisches Medium enthält.

Eine Schallwelle ist eine longitudinale Welle, durch die sich das Medium in Wellenrichtung vor und zurück bewegt. Wird sie über Luft übertragen, so werden die Luftmoleküle nacheinander zusammengepresst und wieder auseinandergezogen, aber nicht endgültig verschoben. Hat sich die Welle weiterbewegt, so nimmt das Medium wieder die Ausgangslage ein. Seine zeitweilige maximale Verschiebung, die Amplitude, ist für den Schalldruck verantwortlich. An der Hörschwelle beträgt diese Verschiebung lediglich ein Billionstel Meter (ca. $^1/_5$ vom Radius des Wasserstoffatoms), der Druckunterschied zwischen Wellenberg und Wellental ist ein Zweihundertstel von 0,001 Pascal (der Atmosphärendruck beträgt ca. 100 000 Pascal).

Wie Licht kann Schall reflektiert, gebrochen, gebeugt und gestreut werden, aber nicht polarisiert, da er nur eine (longitudinale) Bewegungskomponente hat. Aus der

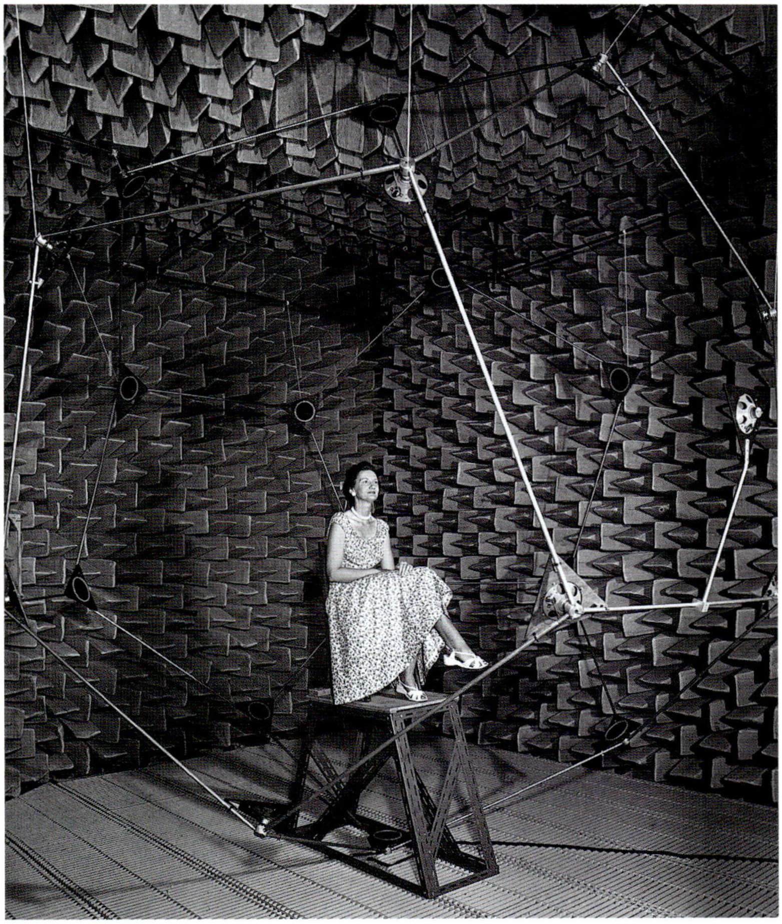

Lautstärke und Schalldruck: Der in Watt pro Quadratmeter gemessene Schalldruck ist unabhängig vom Hörer. Die in Phon und Sone angegebene Lautstärke hängt von den Ohren des Hörers ab, seine Hörschwelle ist subjektiv und altersabhängig. Reflexionsarme Räume (oben) sind so beschaffen, dass darin nahezu kein Schall reflektiert wird. Man vergleicht darin die Lautstärke diffuser und progressiver Schallfelder.

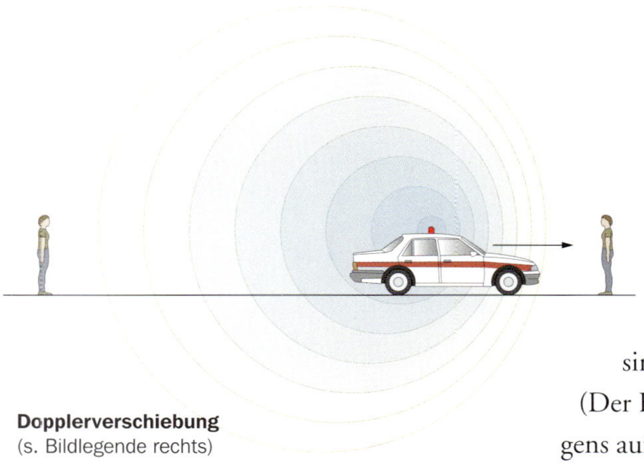

Dopplerverschiebung
(s. Bildlegende rechts)

Wellenlänge ergibt sich die Frequenz, die sich als Tonhöhe auswirkt (s. S. 172–3). Menschen können Frequenzen im Bereich 20–20 000 Hz hören, wobei die größte Sensitivität in der 3-Oktaven-Bandbreite 500 Hz bis 4 kHz liegt und die Sensitivität für höhere Frequenzen altersbedingt abnimmt. Frauen vernehmen gewöhnlich um eine Tonhöhe höhere Töne als Männer gleichen Alters. Tiere hören in anderen Frequenzbereichen. Hunde können unhörbar hohe Pfeiftöne hören, Fledermäuse und Delphine benutzen für Echoortung, Jagd und Verständigung Frequenzen, die von für Menschen Wahrnehmbaren bis hin zu 150 kHz reichen.

Frequenzen über 20 kHz bis ca. 20 MHz (theoretisch gibt es keine Grenze) werden als Ultraschall bezeichnet und zu verschiedenen Zwecken genutzt: für Echolote und Sonare, zum Lösen von Schmutz und in der Medizin zur Darstellung von Geweben, insbesondere von Ungeborenen (s. S. 181–2). Frequenzen unter 20 Hz nennt man Infraschall. Der Mensch kann solche Töne wahrnehmen, wenn sie genügend verstärkt werden. Im Rahmen eines Versuchs setzte man in Konzerten lange, unter 20 Hz resonierende Röhren ein, um im Publikum Reaktionen wie Reserviertheit, Traurigkeit, Sorge und sogar Gänsehaut hervorzurufen. Möglicherweise sind in Spukschlössern Infraschallwellen für die übersinnlichen Erfahrungen verantwortlich. (Der Begriff „Überschall" bezieht sich übrigens auf Geschwindigkeit und nicht auf Frequenzen. Ein Überschallflugzeug ist schneller als der Schall. Seine Geschwindigkeit wird in Mach gemessen: Mach 1 ist die einfache, Mach 2 die doppelte Schallgeschwindigkeit.)

Die Schallintensität wird auf einer logarithmischen Skala gemessen, die in Dezibel (dB) unterteilt ist. Diese nach Alexander Graham Bell benannte Einheit wurde 1923 in den USA von Ingenieuren der Firma Bell Telephones eingeführt, und zwar als elektrische Maßeinheit, um die Signaldämpfung bei zunehmender Länge einer Telefonleitung anzugeben – ein damals gravierendes Problem in einem großen Staat wie den USA. Die Dezibel-Skala für den Schalldruck ist logarithmisch aufgebaut, sodass man Pegel von der Hörschwelle bis hin zur Schmerzgrenze messen kann. Jede Steigerung um 10 dB (1 Bel) entspricht einer zehnfachen Intensitätssteigerung. Die Hörschwelle liegt bei 0 dB, die Schmerzgrenze bei ca. 140 dB. Ein startendes Düsenflugzeug liegt im Bereich von 120 dB, das ist etwa 10^{12} (eine Billion) mal so laut wie der Wert der Hörschwelle. Zum Vergleich: In einer Bibliothek ist man einem Schalldruck von etwa 35 dB ausgesetzt.

Oben: Fledermäuse stoßen für Menschen unhörbare Rufe aus. Diese werden von Hindernissen oder fliegenden Insekten als Echo zurückgeworfen, das die Fledermaus aufnimmt. Links und rechts unterscheidet sie anhand der verschiedenen Zeiten, zu denen es an ihren Ohren eintrifft. Die Geschwindigkeit des Insekts erkennt sie aus der Dopplerverschiebung. Dieser Begriff bezeichnet das Phänomen, dass der Sirenenton eines sich nähernden Polizeiwagens höher und der eines sich entfernenden tiefer wird. Ursache dafür ist die Relativbewegung von Schallquelle und Beobachter **(oben links)**. Durch die Kompression der Schallwellen reduziert sich die Wellenlänge, die scheinbare Frequenz wird höher. Durch ihre Dehnung nimmt die Wellenlänge wieder zu und die scheinbare Frequenz sinkt. Der Fledermaus zeigt das Echo bei Annäherung an ein Insekt eine positive Dopplerverschiebung an, also eine scheinbar höhere Frequenz.

Elektrizität und Magnetismus

Bis tief in die Neuzeit sah man zwischen Elektrizität und Magnetismus keinen Zusammenhang. Es war bekannt, dass Bernstein durch Reibung aufgeladen wurde und Strohteilchen anzog: „Elektrizität" kommt von »elektron«, dem griechischen Wort für Bernstein. Bekannt waren auch die – von Fürsten und Adeligen gesammelten Magnetitsteine –, die, der Schwerkraft trotzend, Eisenstückchen anzogen oder eine Kompassnadel zum magnetischen Nordpol hin ausrichteten. Dass aber Elektrizität etwas mit Magnetismus zu tun hatte, erkannte niemand. Noch 1807 schrieb der Gelehrte Thomas Young in seinen Vorlesungen über Naturphilosophie, dass es keinen unmittelbaren Zusammenhang zwischen Magnetismus und Elektrizität gebe.

Bereits 1800 hatte Alexander Volta die erste Batterie erfunden, die mittels einer chemischen Reaktion konstant Strom erzeugte. Innerhalb einer Generation von Wissenschaftlern gelang es nun, eine Verbindung zwischen beiden Phänomenen – Elektrizität und Magnetismus – herzustellen. 1820 lieferte Hans Christian Ørsted den Beweis, dass ein stromführender Leiter eine Kompassnadel ablenken kann, dass sich also mit Elektrizität Magnetismus erzeugen lässt. Dies inspirierte André-Marie Ampère zu einer Reihe von Versuchen und zu seiner Theorie des Elektromagnetismus, durch die er unsterblich wurde: Sein Name ist mit dem Ampere verbunden, der SI-Einheit für Stromstärke. Ampères wichtigste Leistungen waren erstens der Nachweis, dass zwei parallele und von gleichsinnigen Strömen durchflossene Drähte einander anziehen, dass sie sich aber abstoßen, wenn einer der beiden Ströme in umgekehrter Richtung fließt, und zweitens seine Idee, dass die Stärke eines Magneten auf dem Zusammenwirken winziger, in seinen Atomen fließender Ströme gründet.

1831 entdeckte Michael Faraday sozusagen das Gegenstück zu Ampères Versuch: dass man mit Magnetismus Strom erzeugen kann. Faraday versah eine Eisenstange mit zwei Spulen aus Draht (heute würde man von einem Transformator sprechen). Die erste Spule schloss er an eine Batterie und die zweite an ein Galvanometer an. Wenn durch die erste Spule Strom floss, war an der anderen kein Strom zu messen. Als dieser aber abgeschaltet wurde, schlug das Galvanometer aus. Faraday schloss daraus, dass der Zusammenbruch des Magnetfeldes der ersten Spule in der anderen einen Strom induziert hatte. Zu einer elektromagnetischen Induktion kommt es, wie Faraday erkannte, wenn sich ein Magnetfeld verändert, und nicht, wenn es konstant bleibt. Damit war der Weg frei für die Entwicklung von Dynamos – mit denen man Strom erzeugen (induzieren) kann, indem man eine Spule in einem Magnetfeld rotieren lässt – und für Elektromotoren, bei denen man eine Spule in einem Magnetfeld zum Rotieren bringt, wenn die Richtung des Stroms oder die des Magnetfelds ständig wechselt. Gegen Ende des 19. Jahrhunderts entstanden in Europa die ersten

Hochspannungsnetze. Hochspannungen ermöglichen relativ geringe Stromstärken und damit vom Gewicht her vertretbare Leitungsdurchmesser. Aus Sicherheitsgründen müssen die Hochspannungsleitungen über Masten geführt oder unterirdisch verlegt werden.

Typische Stromstärken

Blitz
30 000 A
Wasserkocher
10 A
Computer
1 A
Haushaltsglühbirne
0,25 A
Tödliche Strommenge
0,1–0,2 A
Stromstoß eines Zitteraals
0,07 A
Ströme bei Nervenimpulsen im menschlichen Körper
0,000 000 01 (10^{-9}) A
Strom eines 1 Sekunde lang bewegten Elektrons
0,000 000 000 000 000 000 16 ($1{,}6 \times 10^{-19}$) A

Einrichtungen für öffentliche Stromversorgung zu Beleuchtungszwecken.

In diesem Kapitel wurde schon mehrmals erwähnt, dass Licht und andere Strahlen wie Radio- oder Röntgenstrahlen elektromagnetische Wellen sind. Was bedeutet das eigentlich und woher wissen wir es?

In einer Wasserwelle schwingen Wassermoleküle auf und ab, also quer zur Ausbreitungsrichtung der Welle, in einer Schallwelle dagegen schwingen die Luftmoleküle longitudinal, d. h. in Wellenrichtung (s. S. 101). Licht erweist sich bei Versuchen mit Polarisatoren als Transversalwelle. Es besteht aus variierenden elektrischen und magnetischen Feldern, die beide quer zur Richtung des Lichtstrahls und im rechten Winkel zueinander liegen (s. Grafik). Diese Felder sind nicht unabhängig, sondern können ohneeinander nicht existieren. Man brauchte also einen neuen Begriff: die elektromagnetische Welle. Als dessen Erfinder, James Clerk Maxwell, die theoretische Ausbreitungsgeschwindigkeit der Welle mit die elektrischen und magnetischen Felder beschreibenden Gleichungen errechnete, entdeckte er zu seiner großen Freude, dass das Ergebnis mit den neuesten Schätzungen der Lichtgeschwindigkeit übereinstimmte. Maxwell schloss daraus, dass Licht eine elektromagnetische Welle sein muss, und veröffentlichte diese Annahme 1873. Nicht lange darauf, 1888, wurde seine Folgerung von Heinrich Hertz bestätigt. In Versuchen mit Induktionsspulen konnte Hertz zeigen, dass Radiowellen, Licht und Strahlungswärme elektromagnetische Wellen sind, deren Verhalten sich durch Maxwells Gleichungen beschreiben lässt, und dass sich alle diese Wellen mit Lichtgeschwindigkeit ausbreiten.

Das Ampere ist eine der sieben SI-Einheiten. Andere elektrische Einheiten, wie das Volt für Spannung oder elektromotorische Kraft (wie etwa bei Batterien), das Ohm für den Widerstand und das Farad für die Kapazität, sind aus dem Ampere abgeleitet. So definiert man das Volt als «Potenzialdifferenz zwischen zwei Punkten eines fadenförmigen Leiters, in dem bei einem zeitlich konstanten Strom von 1 Ampere zwischen den Punkten die Leistung 1 Watt umgesetzt wird.» Um das zu veranschaulichen, können wir uns den elektrischen Strom als aus einem Staubecken fließendes Wasser vorstellen und das Potenzial als Höhe des Beckens über der Turbine. Die Turbinenleistung wird sowohl vom Wasserdurchfluss als auch von der Fallhöhe des Wassers abhängen. In elektrischen Größen ausgedrückt ist die Leistung gleich dem Produkt aus Stromstärke und Spannung. Eine sehr wichtige Folge dieser Gleichung ist, dass man zur weiträumigen Verteilung von Strom Höchstspannungen (mehr als 600 000 V) benutzen muss.

Oben: Michael Faraday (1791–1867) entdeckte die elektromagnetische Induktion und die magnetischen Feldlinien. Seine und Kelvins Entdeckungen brachten James Clerk Maxwell zu der Annahme, dass Licht eine elektromagnetische Welle sein müsse, womit Elektrizität und Magnetismus miteinander verknüpft waren. Die Grafik **(unten)** zeigt, dass in einer elektromagnetischen Welle das elektrische und das magnetische Feld quer zur Fortpflanzungsrichtung der Welle und im rechten Winkel zueinander schwingen. (Bei einer Schallwelle ist die Schwingung longitudinal, d. h. sie verläuft in der Fortpflanzungsrichtung.)

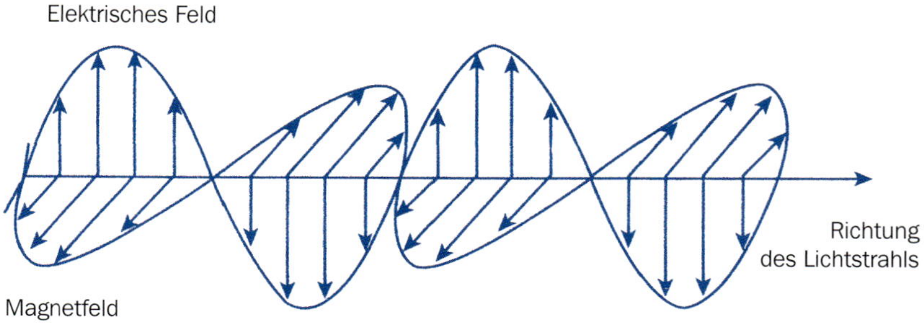

Nanotechnologie

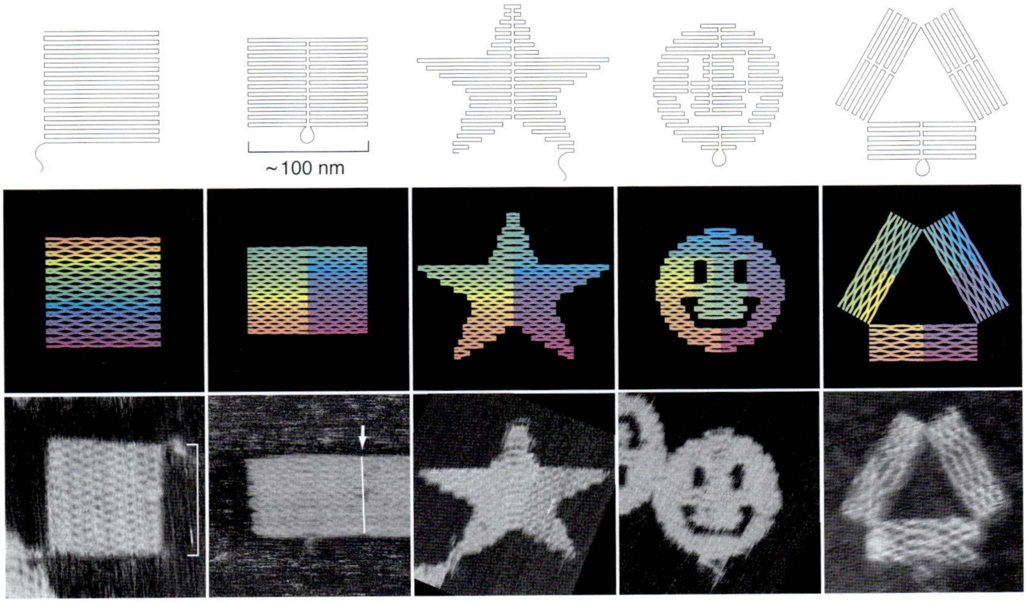

Links: DNS-Origamis (Erklärung im Text)

Warum bringen wir nicht die 24 Bände der *Encyclopaedia Britannica* auf einem Stecknadelkopf unter?», fragte der Physiker Richard Feynman 1959 in einer Diskussion mit dem Titel „Ganz unten ist jede Menge Platz«. Heute, da wir Rastertransmissions- und Rastertunnelmikroskope haben (s. S. 69–70), klingt sein Vorschlag gar nicht mehr so fantastisch. Würde man ein Wassermolekül zu einem Satzpunkt vergrößern, so hätte das größte Riesenrad der Welt (das London Eye) den Durchmesser der Erde. Die Nanotechnologie zielt darauf ab, Atome und Moleküle so zu manipulieren, wie Architekten Stahl und Glas manipulieren. Zwar müssen sich die in die Nanotechnologie gesetzten Erwartungen erst erfüllen, aber wir stehen ja erst am Anfang.

«DNA hat sich in den letzten Jahren als Lieblingsmolekül der Nanodesigner herausgestellt», schrieb 2006 die Zeitschrift *Nature*, als sie die von Paul Rothemund angefertigten „DNA-Origami" (oben) vorstellte. Die genaue Untersuchung der DNA in den fünfzig Jahren seit der Entdeckung ihrer Doppelhelix-Struktur mit den zusammengehörigen Basenpaaren (s. S. 177–8) «gestattet es, mit guten Erfolgschancen vorherzusagen, wie sich ein DNA-Molekül aufgrund seiner Sequenz in Lösung falten wird».

Die oberste Reihe der Abbildung zeigt die Faltgebilde im Nanometermaßstab. Herabhängende Kurven und Schlingen stellen eine aufgefaltete Sequenz dar. Die farbigen Grafiken zeigen die Krümmung der Helices an den Berührungspunkten und entfernt von Berührungspunkten, wo sich die Helices auseinanderkrümmen; Farben zeigen den Basenpaar-Index an (Rot ist dabei die erste, Violett die 7000. Basis.) Die unterste Reihe zeigt Atommikroskop-Bilder von realen „Origami"-Molekülen.

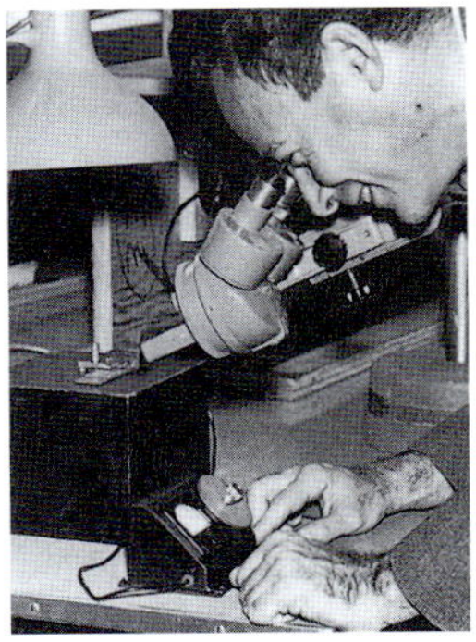

Oben: Richard Feynman (1918–88) trug zur Entwicklung der Nanotechnologie bei. Das Foto zeigt ihn, als er 1960 den kleinsten Motor der Welt untersuchte (Durchmesser 0,0042 mm, ein Millionstel PS), den der Elektroingenieur William MacLellan aufgrund einer 1959 mit Feynman abgeschlossenen Wette gebaut hatte.

6. Kapitel *Die Erde*

Vulkanausbruch. Die Satellitenaufnahme vom 21. Juli 2001 zeigt eine Aschenwolke über dem Ätna auf Sizilien. Der Wind treibt die Asche in Richtung Nordafrika, das 500 km südlich liegt. Eine Nahaufnahme (nicht abgebildet) zeigte orangefarbene Streifen in der Nähe des Gipfels. Es handelt sich dabei um aus Nebenkratern strömende Lavamassen. Der Ätna wird seit Tausenden Jahren immer wieder aktiv. 1669 begrub einer seiner Lavaströme Teile der 27 km entfernt gelegenen Hafenstadt Catania.

Kompass

Die Kraft der Magnetsteine hat die Menschen seit jeher fasziniert, besonders die Chinesen, die vor mehr als 2000 Jahren einen magnetischen, „den Süden weisenden" Löffel zum Wahrsagen benutzten. Auf Newtons Siegelring befand sich der Splitter eines Magnetits, der dafür bekannt war, dass er Eisengegenstände anziehen konnte, die das 250-fache seines Gewichts wogen. Die Royal Society besaß eine Magnetitkugel mit 15 cm Durchmesser, eine sogenannte Terrella („kleine Erde"). Sie gehörte Christopher Wren, der damit «einem Päckchen Nadeln derart Leben und Heiterkeit einhauchte, dass sie durch die Bewegung des Steins wild umhertanzten, als sei der Teufel in sie gefahren», wie ein sonst nüchtern denkender Londoner Journalist es ausdrückte. Mitte des 18. Jahrhunderts beeindruckte eine Gräfin, die ihren Gatten als Kanzler der Universität Oxford sehen wollte, König Georg II. mit einem riesigen, in eine Kupferkrone gefassten Magnetit, den sie dem Ashmolean Museum zum Geschenk machte. Der Magnetit schaffte es …

«Magnete waren Geld», schreibt Patricia Fara in ihrem Buch »Fatal Attraction: Magnetic Mysteries of the Enlightenment«. Insbesondere in Großbritannien, das – um sein verstreutes Imperium zusammenzuhalten – eine mächtige Flotte brauchte, auf deren Schiffen Magnetkompasse ein wichtiges Navigationsinstrument waren.

Die Entdeckung, dass ein an einem schwimmenden Stock befestigter Magnetit sich von selbst zum Polarstern ausrichtet (in Wirklichkeit in die magnetische Nord-Süd-Richtung), machte man im 11. Jahrhundert in China und, wohl unabhängig davon, im 12. Jahrhundert in Europa. Die Idee, den Stein durch eine magnetische Eisennadel zu ersetzen, ließ vermutlich nicht lange auf sich warten. Wie auch immer, die erste auf einem Schiff benutzte schwimmende Kompassnadel wird in China 1115 erwähnt. Es folgten einige Verbesserungen. Die Nadel wurde auf der Pinne gelagert, einem aus dem Boden einer Schüssel ragenden Stift (12. Jahrhundert). Die Schüssel wurde in einem System aus Kardanringen und Zapfen aufgehängt, damit die Nadel auf einem schlingernden Schiff horizontal blieb (um 1300). Im 17. Jahrhundert wurde aus der Nadel ein Parallelogramm, das auf der Pinne leichter zu montieren war. Um die Mitte des 18. Jahrhunderts erfand Gowin Knight eine Methode, Stahl dauerhaft zu magnetisieren, und baute den Azimutkompass mit einer stangenförmigen Nadel und einer Schutzkappe auf der Pinne.

Der Hauptnachteil der Kompassanzeige blieb, dass der magnetische nicht der geographische Norden war. Zudem änderte sich aufgrund von Anomalien des Erdmagnetfelds die Abweichung mit der Position des Schiffes. Hinzu kam, dass sich durch die Feldänderung der nördliche Magnetpol im Lauf der Zeit verschiebt. Seefahrer und Wissenschaftler waren sich dieser Nachteile schon im 15. Jahrhundert bewusst, sie aber durch genaues Anpassen des Kompasses zu kompensieren wurde erst im 20. Jahrhundert möglich.

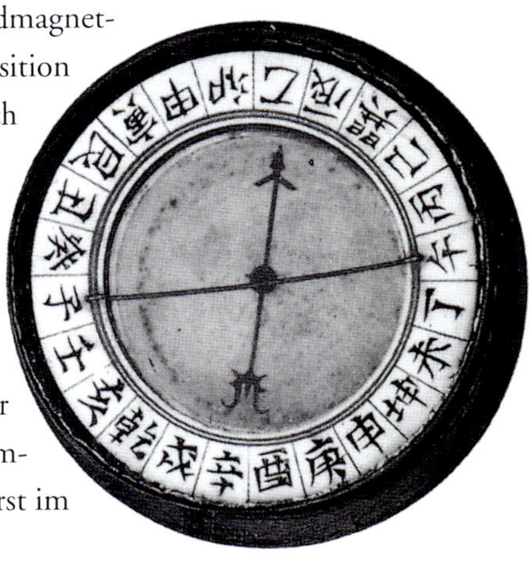

Früher chinesischer Seekompass. Die Chinesen waren die Ersten, die die Kraft und die Nutzungsmöglichkeiten von Magnetsteinen erkannten.

Vermessung

Während Seefahrer anfangs ihre Position nur mithilfe der Gestirne bestimmen konnten, zu denen später Uhren und Kompasse und zuletzt die GPS-Satelliten kamen, konnte man die Position auf dem Festland auch durch Triangulation berechnen. Sie war die Grundlage der ersten nationalen Landaufnahme im 17. Jahrhundert, der Bestimmung der Erdgestalt im 18. Jahrhundert und der Vermessung des Meridianbogens, über den der Meter definiert wurde (s. S. 27).

Bei der Triangulation wird von zwei Punkten A, B ausgehend ein entfernter Punkt C angepeilt, und zwar mithilfe eines Teleskops, das auf einem drehbaren trigonometrischen Instrument (dem Theodolit) montiert ist. Dabei entstehen auf der A und B verbindenden Basislinie zwei Winkel und damit ein Dreieck ABC. Ist die Länge der Basislinie AB bekannt, so kann die Länge der beiden Schenkel des Dreiecks berechnet werden und damit die Position des Punkts C. Sobald diese feststeht, kann die Triangulation beliebig oft wiederholt werden, wodurch ein Netz von Dreiecken entsteht, wie die Darstellung der groß angelegten Triangulation zwischen England und Frankreich zeigt, die 1787–90 durchgeführt wurde. Sie gab den Anstoß zur Vermessung Großbritanniens von 1791.

Natürlich haben trigonometrische Punkte nicht nur eine geographische Länge und Breite, sondern auch eine Höhe, wie aus den Höhenlinien und Höhenangaben auf Landkarten hervorgeht. Die Höhenmessung ist ein schwieriges Problem. Wie sollte, analog zum Nullmeridian von Greenwich, der Höhennullpunkt definiert werden? Die traditionelle mittlere Meereshöhe oder eine globale mittlere Meereshöhe, wie sie das Geoid (s. S. 26) darstellt, oder ein vom GPS erstelltes Niveau, das als Ellipsoid bekannt ist?

Als es noch keine Satelliten gab, maß man die mittlere Meereshöhe mit Gezeitenpegeln. In Großbritannien wurde sie ab 1915 über einen Zeitraum von sechs Jahren im Fischerhafen Newlyn in Cornwall ermittelt. Von diesem Festpunkt ausgehend begann die Landes-

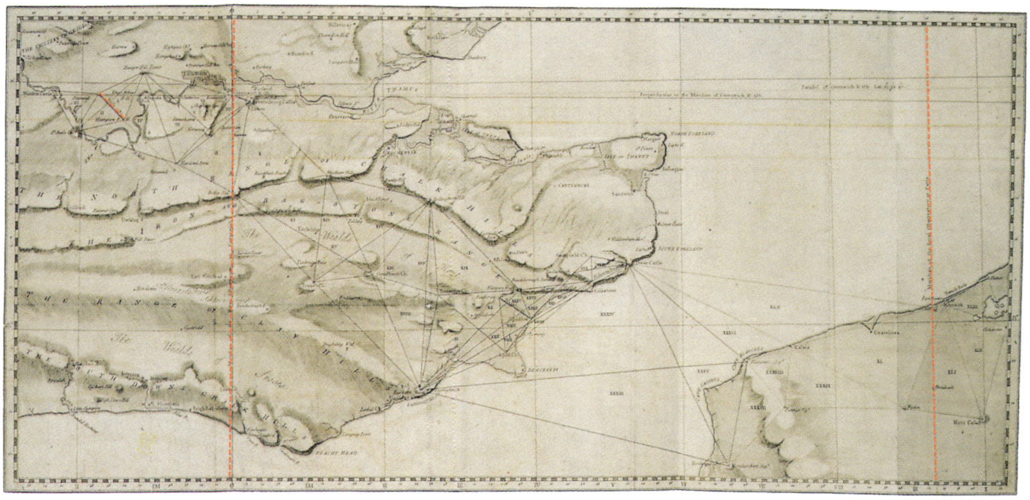

Unten: Der Beginn der amtlichen Landvermessung. Bei der von William Roy 1787–90 durchgeführten Vermessung über den Ärmelkanal wurde die genaue Entfernung zwischen den Sternwarten von Greenwich und Paris ermittelt. Roys Basislinie in Hounslow Heath südwestlich von London und die Meridiane der Sternwarten sind hervorgehoben. Die Hauptdreiecke wurden nachts mit beleuchteten Messpunkten in Dover Castle, Fairlight Head, Cap Blancnez und Montlambert vermessen. Ihre Seiten maßen bis zu 72 km.

Rechte Seite oben: Vermessung eines Subkontinents. Die Legende lautet: «Verzeichnis der trigonometrischen Vermessung Indiens mit Colonel Lambtons Triangulationsnetz in Südindien, der meridionalen und der longitudinalen Hauptdreieckskette, den mit dem Colby-Gerät gemessenen Basislinien, den Nivellierungslinien, den astronomischen, den Pendel- und den Gezeitenpunkten, sowie der zweiten Triangulation zur Festlegung der Gipfel des Himalaja und der Soolimaniketten. Fertiggestellt am 1. Mai 1870.» Bemerkenswerterweise findet sich kein Hinweis auf George Everest!

Rechte Seite unten: Der bei der Vermessung Indiens benutzte Theodolit wurde um 1801 in London hergestellt – heute am Sitz des „Survey of India" in Dehra Dun.

vermessung, in deren Verlauf die Geodäten die Höhe von fast 200 sogenannten Höhenfestpunkten durch Nivellieren festlegten. (Bei dieser Methode werden über kurze Zielweiten immer wieder die Teilstriche einer Messlatte mithilfe einer Wasserwaage horizontal anvisiert. Dabei steht die Latte, die wie ein senkrechtes Riesenlineal aussieht, jeweils auf einem etwas höheren Niveau als bei der vorhergehenden Ablesung. Diese Methode wird auch auf Baustellen angewandt.)

Die Höhenfestpunkte waren Granitpfeiler mit unterirdischen Kammern in stabilem Boden. «Sie bildeten ein landesweites Netz für jeden, der später mithilfe eines dreidimensionalen Koordinatensystems etwas aufzeichnen oder planen wollte», schreibt der Geodät Marek Ziebart. Diese Festpunkte werden heute noch von Bauingenieuren und Flughafengesellschaften benutzt, während die Wissenschaft ihre Höhenmessungen bereits auf GPS umgestellt hat.

Die wahrscheinlich größte Landvermessung aller Zeiten, die in den 1850er- und 1860er-Jahren mit der Messung der höchsten Berge der Welt endete, war die trigonometrische Vermessung Indiens. Sie begann 1802 mit einer von William Lambton vermessenen Basislinie in einer Ebene bei Madras und endete in den 1870er-Jahren im Himalaja. Von der Spitze des Subkontinents bis in das im Norden gelegene Kaschmir wurden einem Meridianbogen folgend 3000 km zurückgelegt, wobei man auch östlich und westlich des Bogens zahlreiche Messungen vornahm. Es ist die Geschichte des unermüdlichen Erfassens des Unmessbaren, verkörpert durch den aufbrausenden und rastlosen Generalvermesser George Everest, dessen Charakter in keiner Weise dem entsprach, was sein Name „ever at rest" (ständig in Ruhe) suggeriert. Er legte daher großen Wert darauf, dass man seinen Namen „Eve-rest" (Abendruhe) und nicht „Ever-rest" aussprach. Heute trägt der Berg – den nicht er vermessen hat – seinen Namen, doch nur wenige wissen, dass dieser Name nicht von der Unbeweglichkeit dieser gigantischen Steinmasse kommt, sondern von einem Menschen, der ihn ganz anders ausgesprochen hören wollte.

Satelliten

Sputnik 1, der erste künstliche Erdtrabant, mit dem die Sowjetunion im Oktober 1957 das Wettrennen ins Weltall eröffnete, umkreiste die Erde in etwa 250 km Höhe. Das unheimliche Funksignal, das er aussandte, trieb die Amerikaner schier zur Raserei. Hinter den unterschiedlich langen Pieptönen verbarg sich die verschlüsselte Anzeige seiner Temperatur und des Drucks. Als einzige weitere Daten sendete er Messwerte über die Dichte der obersten Atmosphärenschichten und die Ausbreitung von Radiosignalen in der Ionosphäre.

Ein halbes Jahrhundert später lokalisieren die 24 Satelliten des vom Pentagon eingerichteten globalen Ortungssystems GPS routinemäßig und zentimetergenau erdgestützte Empfänger. Envisat, einer der Satelliten der Europäischen Raumfahrtagentur ESA, generiert in einer Höhe von 800 km topografische 3-D-Karten mit einer Auflösung von wenigen Millimetern. Diese genaue Fernerfassung ermöglicht es Vulkanologen, die Verformung eines Vulkans vor seinem Ausbruch zu beobachten, Klimatologen, die Bewegung von Eisschichten und Gletschern zu überwachen, und Stadtplanern, Wasserabläufe zu modellieren, um auf diese Weise Überschwemmungsrisiken in bestimmten Regionen vorauszusagen. Gleichzeitig kreisen Kommunikationssatelliten – erstmals prophezeit von Science-Fiction-Autor Arthur C. Clarke in einem 1945 in *Wireless World* veröffentlichten Beitrag – auf geostationären Umlaufbahnen synchron zur Erdrotation, wodurch sie über bestimmten Regionen schweben. Sie können TV-Sendungen und Telefonate zur Bodenstation übertragen. Aus diesem Grund ist es für uns heute ganz selbstverständlich, dass wir mit jemandem auf der anderen Seite der Erde ebenso problemlos telefonieren wie mit einem Partner in derselben Stadt.

Das GPS und sein russisches Gegenstück wurden in den 1970er-Jahren für Spionagezwecke eingerichtet und standen erst später

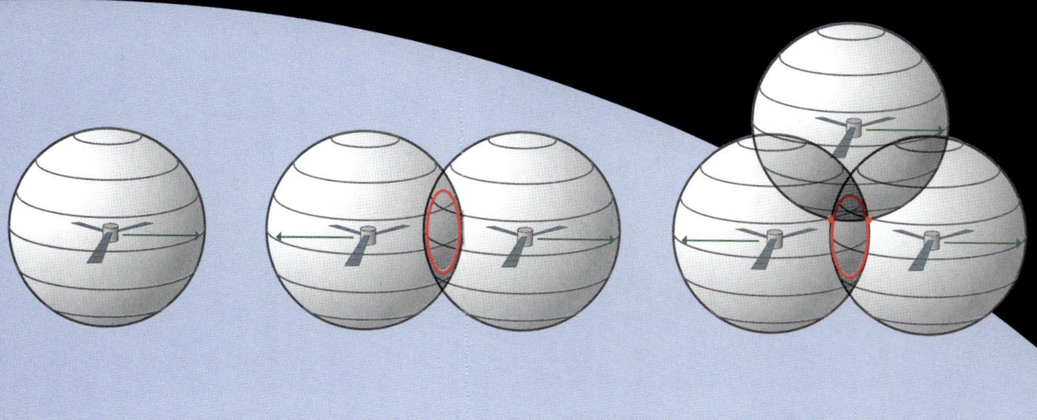

Ein GPS-Satellit auf seiner Umlaufbahn. Wie funktioniert das Ortungssystem? Die Position eines Empfängers auf der Erde wird durch drei sich schneidende Kugeln festgelegt, deren Zentren drei verschiedene Satelliten bilden, eine als Trilateration bekannte Methode. Sobald die Distanz zwischen dem Empfänger und dem ersten Satelliten feststeht, weiß man, dass der Empfänger auf der Oberfläche einer Kugel liegt, deren Zentrum der Satellit und deren Radius gleich der berechneten Distanz ist. Die den zweiten Satelliten umgebende Kugel überschneidet sich mit der ersten. Fügt man eine dritte Kugel mit dem dritten Satelliten im Zentrum hinzu, so erhält man zwei Überschneidungen, d. h. zwei mögliche Empfängerpositionen. Die Kugel eines vierten Satelliten unterscheidet zwischen diesen beiden Überschneidungen und legt die Empfängerposition exakt fest, zugleich ermöglicht sie die Messung und Beseitigung von Zeitsignalfehlern.

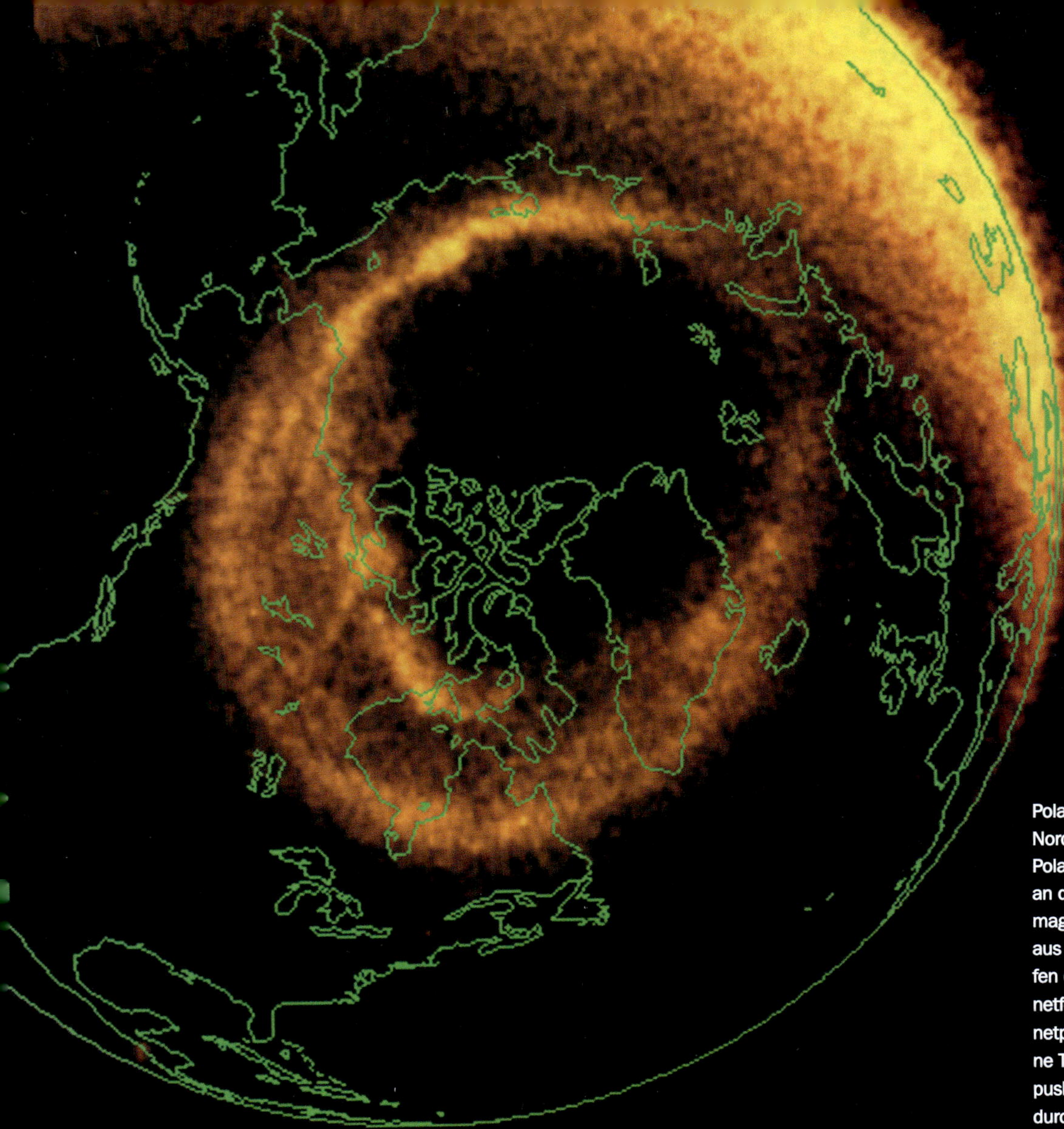

Polarlicht am magnetischen Nordpol, aufgenommen vom Polarsatelliten der NASA. Wie an den Polen eines Stabmagneten erzeugte Fontänen aus Eisenfeilspänen verlaufen die Linien des Erdmagnetfeldes zwischen den Magnetpolen. Elektrisch geladene Teilchen der solaren Korpuskularstrahlung werden durch sie aus dem Weltraum in die Atmosphäre gezogen, wo sie in Höhen von 400 bis 100 km auf Sauerstoff- und Stickstoffmoleküle treffen und diese auf ein höheres Energieniveau bringen. Wenn diese Moleküle wieder auf ihr normales Niveau absinken, emittieren sie Photonen und erzeugen dadurch die als Polarlicht bekannten Leuchterscheinungen: Sauerstoff leuchtet grün, weiß oder rot, Stickstoff blau und violett. Auf welche Weise die faszinierenden und ewig wechselnden Formen des Polarlichts entstehen, bleibt aber ein Rätsel.

für zivile Nutzungen zur Verfügung. Sie stehen noch heute unter militärischer Aufsicht, ein Rechtsanspruch auf weitere permanente Nutzung dieses Dienstes besteht nicht. Galileo, Europas erstes globales Navigationssystem, wurde im ersten Jahrzehnt des 21. Jahrhunderts eingerichtet und ist vom Militär völlig unabhängig. Durch seine Zuverlässigkeit soll es Anwendungen ermöglichen, bei denen es um größtmögliche Sicherheit geht, wie z. B. Landungen von Flugzeugen, Verkehrsnavigation und Zugverkehr. Nach Darstellung der ESA umfasst Galileo «30 Satelliten (27 aktive, drei als Reserve), die auf drei mittleren Erdumlaufbahnen in 23616 km Höhe kreisen, wobei die Inklination der Umlaufebenen zur Äquatorebene 56 Grad beträgt.» Das System soll ein Gebiet abdecken, das sich über 75 Grad sowohl nördlicher als auch südlicher Breite erstreckt und durch den Verlust eines Satelliten kaum beeinträchtigt wird. Es hat auch eine Such- und Rettungsfunktion, durch die es Notsignale orten, übertragen und beantworten kann.

Wetter und Atmosphäre

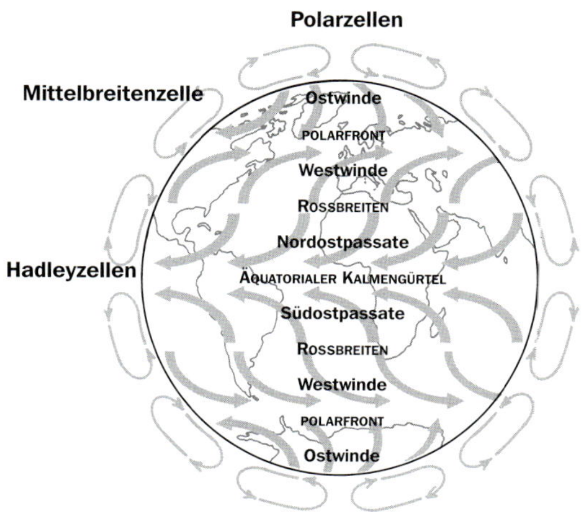

Wetter entsteht durch die Wechselwirkung von Land, Meer und Atmosphäre mit dem Sonnenlicht und der Erdrotation. Deshalb ist seine Erfassung komplex und die Vorhersage schwierig. Aristoteles erkannte, dass die Sonnenwärme das Meerwasser zum Verdunsten brachte: Der Dunst stieg in die Atmosphäre auf, bis er genügend abgekühlt war, zu Wasser kondensierte und als Regen zur Erde fiel. Stürme wurden deshalb lange als Wärmetauscher geschätzt: Sie nahmen Wärme in den Gebieten am Äquator auf, um sie in kühlere Regionen in der Nähe der Pole zu bringen. Die so entstehenden Winde erhielten regional unterschiedliche Namen wie etwa Schirokko.

Erst um die Mitte des 18. Jahrhunderts gelang es, Struktur und Richtungen der Winde wissenschaftlich zu untersuchen. Wie ließen sich die unverzichtbaren Passatwinde in den mittleren Breiten erklären, die auf der Nordhalbkugel aus Nordost wehen (Kolumbus hatte sie für seine Reise in die Neue Welt genutzt) und auf der Südhalbkugel aus Südost? Der Londoner Rechtsanwalt George Hadley nahm 1735 die Existenz von Konvektionszellen an, in denen am Äquator warme Luft in die Atmosphäre hochstieg, abkühlte und ihre Feuchtigkeit abgab, zu den Polen strömte, erneut zur Erde absank und von Norden und Süden zurück zum Äquator floss und dabei Feuchtigkeit aufnahm, ehe sie erneut hochstieg. Da die Erde aber nicht stillsteht, sondern sich dreht, bleibt der Wind hinter der Erdoberfläche zurück – je näher er am Äquator ist (wo sich die Erde am schnellsten dreht), desto größer ist der Rückstand –, sodass seine Bewegung eine östliche Komponente zu haben scheint (s. Grafik links).

Die Klassifizierung der Winde nach Geschwindigkeit und den erzeugten Wellen geht auf Francis Beaufort zurück, dessen Skala 1835 allgemein anerkannt wurde. Sie sieht 13 Windstärken vor, die von 0 (Windstille und spiegelglatte See) bis 12 (Orkan bei völlig weißer See und hochgeschleuderter Gischt) reichen. Die ersten Untersuchungen der Atmosphärenstruktur wurden Anfang des 20. Jahrhunderts durchgeführt.

Windstärke in bf	Bezeichnung	Windstärke (km/h)
0	Windstille	<1
1	leiser Zug	1–5
2	leichte Brise	6–11
3	schwache Brise	12–19
4	mäßige Brise	20–28
5	frische Brise	29–38
6	starker Wind	39–49
7	steifer Wind	50–61
8	stürmischer Wind	62–74
9	Sturm	75–88
10	schwerer Sturm	89–102
11	orkanartiger Sturm	103–117
12	Orkan	über 118

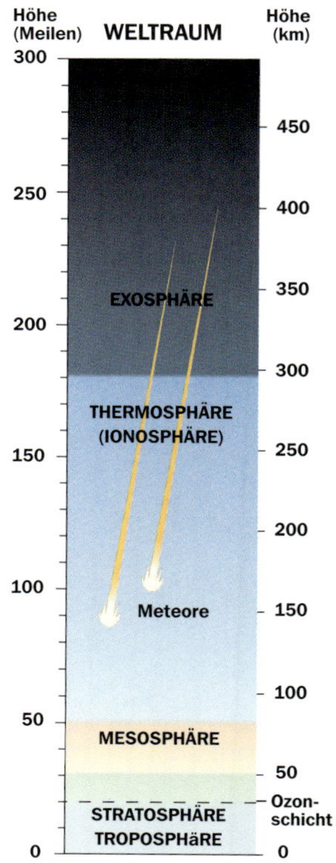

Oben: Gliederung der Atmosphäre. Die Ozonschicht bildet praktisch den Abschluss der Stratosphäre, die höchste Ozonkonzentration ist in der Mitte der Schicht. Zur heute gültigen Einteilung der Atmosphäre in übereinanderliegende Schichten führten Versuche mit Drachen und Ballonen sowie Beobachtungen von Polarlichtern, Radiowellenübertragungen und Lichtspuren von Meteoren.

Oben links: Die globalen Winde mit den von George Hadley erstmals beschriebenen und nach ihm benannten Konvektionszellen.

Links: Die Beaufort-Skala

Wolken sind in der Troposphäre und der Stratosphäre – außer über trockenen Wüstengebieten – fast ebenso verbreitet wie Wind, lassen sich aber weniger gut erklären. Man weiß zwar, dass sie wie Sonnenschirme das Sonnenlicht in den Weltraum zurückstrahlen und so der globalen Erwärmung entgegenwirken; erwiesen ist aber auch, dass sie wie eine Decke die Wärme in der unteren Atmosphäre zurückhalten und so die Erwärmung verstärken. Wir wissen nur wenig, auf welche Weise Wolken an der Entstehung von Stürmen, Wirbelstürmen und Blitzen beteiligt sind. Man könnte meinen, dass eine Wolke mehr Wasser enthält als die sie umgebende Luft, in Wirklichkeit ist die Differenz nur gering. Der Unterschied ist vielmehr, dass sich der Wassergehalt der Wolke aus Tröpfchen, Eiskristallen und einer Mischung aus Eis und Wasser zusammensetzt, da die Temperatur in der Wolke niedriger ist als in der freien Luft. Auch die Farbe der Wolke – weiß wie Watte und schwarz bei Gewittern – hat nur wenig Aussagekraft. «Die Farbe der Wolke hängt hauptsächlich von dieser Eis-Wasser-Mischung und der Größe der Tröpfchen ab, und weniger von der Wassermenge an sich», schreibt der Physiker Albert Zijlstra.

Grundlage für die Schätzung der Wassermenge ist heute in erster Linie das Volumen (schätzbar aufgrund des Wolkenschattens), von dem ein Millionstel aus Wasser besteht. Eine kleine Wolke mit dem Volumen 500 m x 500 m x 100 m – also 25 Millionen m^3 – enthält etwa 25 m^3 Wasser und wiegt 25 Tonnen.

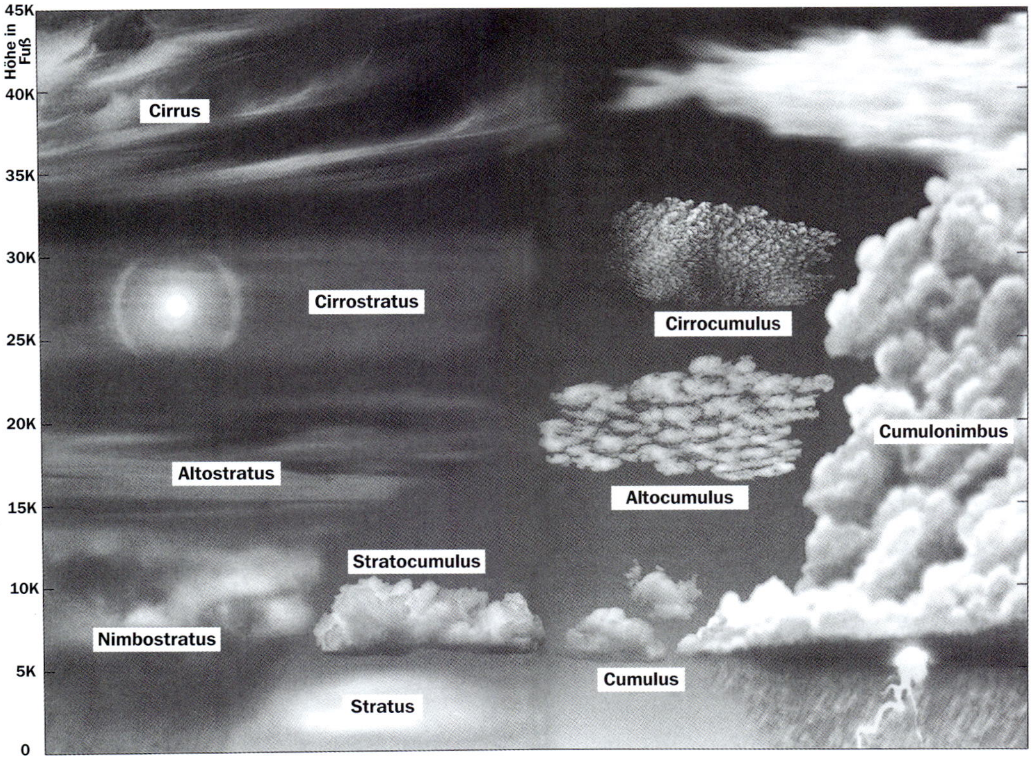

Wolkengattungen. Den ersten Versuch, Wolken wissenschaftlich zu klassifizieren, unternahm 1802 Luke Howard, der sich auf das Linnésche System zur Klassifizierung von Pflanzen und Tieren stützte. Er prägte die Bezeichnungen Cumulus, Stratus, Cirrus und Nimbus (Letztere ist nicht mehr in Gebrauch). Mit dem 1896 erschienenen Internationalen Wolkenatlas kam es zu einer umfassenden Revision. Der Cumulonimbus, die bergartig aufgetürmte Gewitterwolke, ist die größte Wolkengattung. Sie erhielt die Kennzahl 9, in einer zweiten Ausgabe die Zahl 10.

Gewitter, Hurrikane und Tornados

Auf der Erde toben ständig etwa 2000 Gewitter, deren Blitze eine Gesamtleistung von einer Billion (1012) Watt ergeben – das ist mehr als die Leistung sämtlicher Stromgeneratoren der Vereinigten Staaten. Bei einem einzigen Gewitter können mehr als 500 Millionen Liter Wasser fallen. Ein starker Hurrikan mit einem Durchmesser von 1500 km oder mehr und Windgeschwindigkeiten von bis zu 320 km/h entwickelt so viel Energie, wie die USA ein halbes Jahr lang für Heizzwecke aufwenden. Der 1938 über Neuengland tobende Hurrikan hat die Form der amerikanischen Ostküste verändert. Zyklone über Bangladesch formen regelmäßig das Gangesdelta um (und haben im 20. Jahrhundert Hunderttausende Menschen das Leben gekostet). Stürme können sogar das Schicksal von Nationen beeinflussen. 1588 fiel die spanische Armada vor den Britischen Inseln einem gewaltigen Sturm zum Opfer. 1281 waren die Truppen des Mongolenkaisers Kublai Khan nach einem Taifun der Gnade der Samuraikrieger ausgeliefert, die dem Göttlichen Wind – Kamikaze – für die Befreiung Japans dankten. Auf weniger dramatische Weise schadete der Hurrikan Katrina, der 2005 New Orleans verwüstete, dem Image von Präsident George W. Bush.

Als Hurrikan bezeichnet man einen Wirbelsturm mit Windstärken ab 118 km/h bis zu einer Höchstgeschwindigkeit von etwa 320 km/h. Der Name kommt aus einer karibischen Indianersprache: Hurakán bedeutet „starker Wind“. Man bezeichnet damit Wirbelstürme über dem Atlantik. Im pazifischen Raum spricht man von Taifunen (vom chinesischen „taifeng“), die über dem Indischen Ozean und um Australien tobenden Stürme werden Zyklone genannt. Die Saffir-Simp-

Rechts: Der Taifun „Tip“ war der stärkste tropische Wirbelsturm, der im Pazifik je gemessen wurde. Das Satellitenbild zeigt ihn fast 2000 km südlich von Japan und 1450 km östlich der Philippinen. Der von einem Flugzeug aus am 12. Oktober 1979 gemessene Druck in seinem Auge betrug auf Meereshöhe 870 mbar, der tiefste je registrierte Wert. Außer dem gut erkennbaren Auge zeigt das Foto die hochgradige Konzentrizität des Taifuns, der sich (wie alle Wirbelstürme auf der nördlichen Halbkugel) entgegen dem Uhrzeigersinn dreht, sowie die Ausbreitung seines riesigen Konvektionssystems.

Unten: Zugbahnen tropischer Wirbelstürme 1992–2001

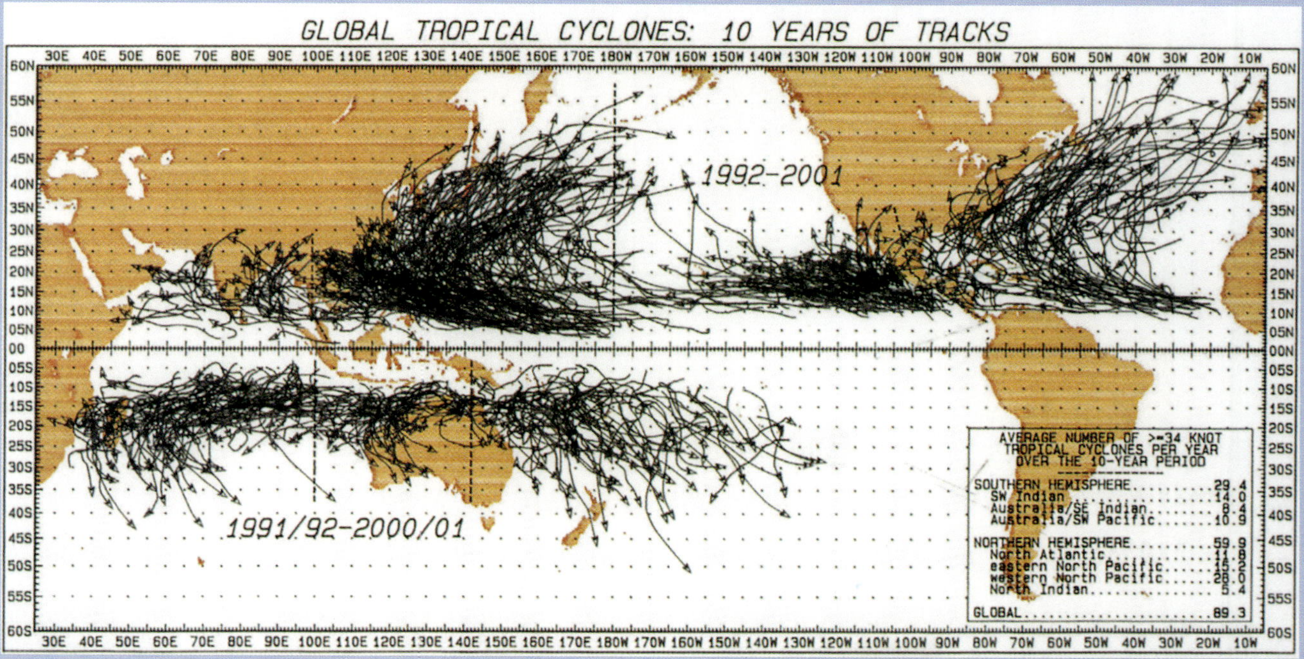

son-Hurrikan-Skala (s. unten) kennt fünf Kategorien zur Klassifizierung atlantischer Hurrikane. Tornado, ein in der ganzen Welt

Kategorie	Maximale Windgeschwindigkeit (km/h)
Tropensturm	50–117
Hurrikan:	
Stufe 1 (schwach)	118–153
Stufe 2 (mäßig)	154–177
Stufe 3 (stark)	178–210
Stufe 4 (sehr stark)	211–250
Stufe 5 (verheerend)	251–

gebräuchliches Wort, bezieht sich auf kleinräumige und kurzlebige Wirbelstürme mit Windgeschwindigkeiten bis über 500 km/h.

Im 20. Jahrhundert gelang es der Wissenschaft, Wirbelstürme (Hurrikane, Taifune und Zyklone) durch genaue Messungen, vor allem mithilfe von Flugzeugen und Satelliten, besser zu erklären, freilich nur in Bezug auf bestimmte Aspekte. Viele der großen Fragen blieben ohne befriedigende Antwort. Man weiß immer noch nicht recht, warum sich manche Stürme zu Wirbelstürmen entwickeln und andere nicht; warum manche das Festland erreichen und andere über dem Meer bleiben; was Wirbelstürme zum Schwanken oder sogar zur Umkehr bringt; in welchem Ausmaß sie sich selbst steuern können und inwiefern die Erderwärmung sich auf ihre Häufigkeit und Stärke auswirkt.

Aus den jährlichen Zugbahnen der Wirbelstürme ergeben sich so gut wie keine erkennbaren Muster. Betrachtet man sie hingegen über Jahrzehnte und weltweit, so zeichnen sich sehr wohl bestimmte Muster ab. Hurrikane, Taifune und Zyklone entstehen nur in bestimmten Teilen des Westatlantiks, des Ost- und Südpazifiks, des Nordwestpazifiks sowie im südlichen und nördlichen Indischen Ozean. Im Südatlantik wurde erstmals 2004 ein Hurrikan registriert. Die Orkane erreichen nur selten eine Breite von 4–5° nördlich oder südlich des Äquators und überschreiten ihn nie. Je nach Ozean treten sie in bestimmten Jahreszeiten gehäuft auf. Der Atlantik hat im Spätsommer Hochsaison.

Die Breitenfrage lässt sich leicht erklären. Aufgrund der Erdrotation tendiert die Luft

Unten: Querschnitt eines Hurrikans. Der vertikale Querschnitt des Hurrikans „Floyd", der 1999 über dem Atlantik entstand, verdankt sich einem Flugzeug, das im Auge des Wirbelsturms fliegend die Radarreflexion von Regen maß. Das Diagramm stellt einen Bereich von 20 km Höhe und 120 km Breite dar. Das Pluszeichen markiert die Lage des Auges. Rot und Orange zeigen die stärksten Regenfälle an. Floyd hatte eine doppelte, d. h. eine innere und eine äußere Augenwand, zwischen denen es weniger stark regnete – ein «häufiges Merkmal starker Hurrikane», wie Kerry Emanuel in „Divine Wind" schreibt.

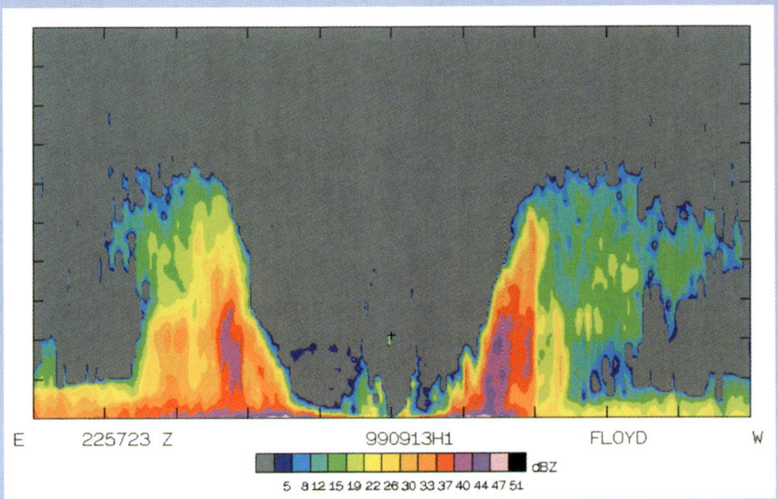

PPI CP3 DBM.
0
20
60
40

dazu, sich um Tiefdruckgebiete zu drehen: Die Ursache ist die Coriolis-Kraft. Der Einfluss der Erdrotation auf den Wind wird mit wachsender Distanz zum Äquator immer stärker, am Äquator selbst ist er null. Um sich zu drehen, brauchen Wirbelstürme die Einwirkung der Erdrotation, die umso größer ist, je weiter sie vom Äquator entfernt sind.

Sie brauchen aber auch hohe Wassertemperaturen, was erklärt, warum sie nur in bestimmten Zonen entstehen: Das Meer muss also nah genug am Äquator sein, damit es warm ist, und genügend weit entfernt, damit die Drehung entstehen kann. Die Schwellentemperatur für das Entstehen von Wirbelstürmen liegt bei 26 °C. Zeichnet man in verschiedenen Jahreszeiten eine Karte der 26-°C-Isotherme, so zeigt sich, dass Wirbelstürme in dieser Zone entstehen. Ab 26 °C können Winde durch direkten Kontakt mit dem Wasser, über die Gischt und durch die Verdunstung genügend Wärme aufnehmen.

Die zur Verdunstung nötige Wärme wird dem Meer entnommen, das dadurch abkühlt. Satellitenaufnahmen der Meerestemperatur vor und nach dem Durchzug eines Hurrikans vor der amerikanischen Ostküste zeigten auf dem offenen Meer eine Abkühlung von mehr als 3 °C, die mehr als zwei Wochen anhielt. In kälteren Meeren höherer Breite oder in Küstennähe wurden noch stärkere Abkühlungen beobachtet.

Hurrikane lassen sich gut vorhersagen, nicht aber Tornados, die überall auftreten können, besonders im Mittleren Westen der USA, eher selten in Afrika, vereinzelt auch in Indien. Charakteristisch für Tornados sind unglaublich hohe Windgeschwindigkeiten und die kurze Dauer. Oft sind es nur zehn Minuten, maximal zwei Stunden. Ihr Aktionsgebiet ist überraschend klein, oft nur 50 m breit und weniger als 10 km lang. Nur 0,5% der Tornados legen mehr als 160 km zurück. Ihre Form kann an ein langes Seil erinnern, einen Elefantenrüssel oder eine umgekehrte dicke Glocke. Sie können ein stattliches Haus zum Einsturz bringen oder forttragen, einen Schulbus in ein Klassenzimmer schleudern oder ein Huhn rupfen. Sie fordern auch regelmäßig Todesopfer – die schlimmste Bilanz waren 689 Tote im März 1925 in drei Bundesstaaten im Mittleren Westen der USA.

Tornadojagd ist eine beliebte Tätigkeit bei Wissenschaftlern und Amateuren. Die Wissenschaft steckt hier noch in den Kinderschuhen, da das Messen von Tornados ebenso schwierig wie gefährlich ist. Sogar die Spitzengeschwindigkeiten sind umstritten. Man hat versucht, in Tornados Messinstrumente abzusetzen, die meisten Informationen verdankt man jedoch dem Doppler-Radar und Fotos. Viele Fotos zeigen, dass Tornados sehr komplex sein können. Oft bestehen sie aus mehr als einem Wirbel. Manchmal dreht sich einer der kleinen Wirbel im Uhrzeigersinn, also dem Hauptwirbel entgegengesetzt. Es kommt sogar vor, dass sich auf der Nordhalbkugel gegen alle Naturgesetze der Hauptwirbel selbst im Uhrzeigersinn dreht– was von Hurrikanen nicht bekannt ist. «Wir wissen nicht wirklich, wie Stürme entstehen, seien es Tornados oder andere», gesteht der Meteorologe Howard Bluestein in „Tornado Alley".

Gegenüber: Ein Superzellengewitter. Superzellen sind langlebige Gewitter, die sich in Aufwind- und Abwindbereiche teilen. Unter einem regenfreien Teil der Aufwärtsströmung können starke Aufwärtsbewegungen und einströmende Winde eine abgesenkte, kragenförmige „Wandwolke" entstehen lassen, aus der sich häufig Tornados bilden, wie es hier der Fall ist.
Mit dem Doppler-Radar (s. S. 102) ist es manchmal möglich, das Entstehen eines Tornados vorherzusagen. Hakenechos **(unten links)** im Niederschlagsmuster eines Gewitters auf dem Radarschirm sind ein Hinweis auf Tornados. Auf der Abbildung sind zwei Hakenechos sichtbar, eines ganz links, das andere oben rechts. Das Radar kann auch einen senkrechten Schnitt durch den Tornado darstellen **(unten rechts)**, der das fast hohle „Schwachecho-Loch" im Zentrum zeigt, das sich vom Boden bis zur Spitze der Superzelle «wie ein Miniaturauge eines Hurrikans» erstreckt (Howard Bluestein).

Der Blitz

Ein Blitz dauert zumeist nur einige Zehntelsekunden. In der Regel sind es nicht eine, sondern drei oder vier Entladungen, es können aber auch 20 oder 30 sein. Sie erfolgen in Abständen von 0,04 oder 0,05 Sekunden, was das Flackern des Blitzes erklärt. Die Stromstärke beträgt dabei 10 000–20 000 A, aber auch mehrere Hunderttausend Ampere sind möglich. Innerhalb einiger Millionstel Sekunden wird eine zwischen Wolke und Boden bestehende Potenzialdifferenz von mehreren Hundert Millionen Volt ausgeglichen.

Vieles ist noch ungeklärt. Wir wissen nicht einmal genau, warum eine Gewitterwolke oft dreipolig ist, sodass die negativ geladene Zone zwischen zwei positiven liegt. Die Entladung beginnt zumeist in der negativen Zone (1) und breitet sich ruckweise als Leitblitz nach unten aus (2–6). Diesem springt in Bodennähe eine positive Fangladung entgegen (7), daraufhin beginnt vom Boden aus in Richtung Wolke die Hauptentladung (8–10). Der Leitblitz ist für Spezialkameras sichtbar, das Auge sieht nur die Hauptentladung. Sie erreicht fast ein Drittel der Lichtgeschwindigkeit, erhitzt die Luft auf etwa 30 000 °C und erzeugt eine Druckwelle von 100 Atmosphären, die als Donner hörbar wird.

Im Jahr 2002, 250 Jahre nachdem Benjamin Franklin seinen Drachen steigen ließ, lösten Forscher in Florida bei Gewittern Blitze durch kleine Raketen aus, die über einen Holzturm geerdete Drähte nachzogen. Merkwürdigerweise zeigten die Bodeninstrumente Röntgenstrahlen an. «Hätte der Mensch einen Röntgenblick wie Superman», erklärt der Physiker Joseph Dwyer, «so würden wir Blitze ganz anders wahrnehmen.» Der Leitstrahl wäre als «rasche Folge herabstoßender Blitze sichtbar. Sie würden mit zunehmender Bodennähe immer stärker werden und bei Beginn der Hauptentladung als starkes Aufleuchten enden. Der nun folgende, sonst als helles Licht sichtbare Stromstoß würde auf einem Röntgenbild schwarz sein.» Ein anerkanntes wissenschaftliches „Blitzmodell“ steht noch aus.

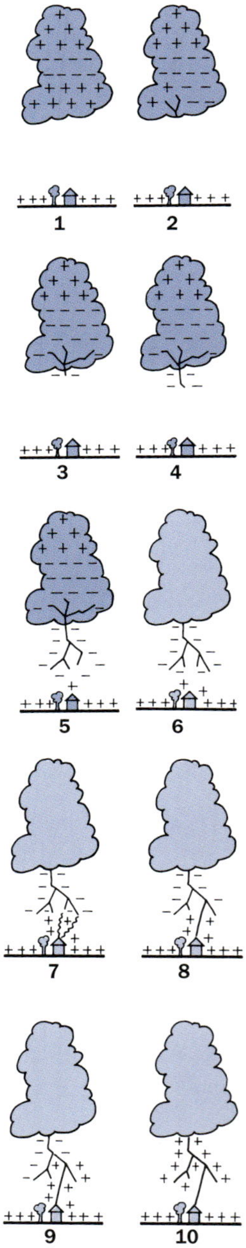

Oben: Ein Blitz schlägt ein (Erklärung im Text).

Links: Mit Drähten ausgerüstete Raketen können Blitze messen.

Der Klimawandel

Neunundneunzig Prozent der Atmosphäre – Stickstoff und Sauerstoff – weisen keine isolierenden Eigenschaften auf. Das verbleibende Prozent enthält auch sogenannte Treibhausgase, die wie eine Decke wirken und den Erdbewohnern das Leben ermöglichen. Die wichtigsten dieser Gase sind Kohlendioxid, Methan, Distickstoffoxid, Ozon und Fluorchlorkohlenwasserstoffe (FCKW). Sie absorbieren infrarote Strahlung (eine Form der Wärme) auf eine ähnliche Art wie ein Glashaus.

In ein Gewächshaus dringt sichtbares Licht ein, wird von den Pflanzen absorbiert und teilweise als Infrarot wieder abgestrahlt. Der größte Teil davon verbleibt im Glashaus, weil langwellige Strahlung das Glas nicht durchdringt. Auf diese Weise heizt sich die Atmosphäre im Glashaus auf, sodass ihre Temperatur weit über der Außentemperatur liegt.

Im „Glashaus Erde" wird das Sonnenlicht von der Erdoberfläche absorbiert und als Infrarotstrahlung in die Atmosphäre zurückgestrahlt, das nun von den Treibhausgasen und den Wolken absorbiert und zum Teil abgestrahlt wird. Ein beträchtlicher Teil (12%) gelangt (anders als beim realen Glashaus) in den Weltraum, der größere Teil wird jedoch nach unten abgestrahlt und heizt die untere Atmosphäre und die Erdoberfläche auf. Mit Spektrometern aus dem Weltraum gemessen, beträgt die Temperatur der Erde –19 °C, innerhalb der Atmosphäre gemessen jedoch +14 °C. Diese Differenz von 33 °C ist dem Treibhauseffekt zu danken.

Das Problem ist, dass sich dieser Treibhauseffekt, der normalerweise für angenehme Temperaturen sorgt, verstärkt, sodass die mittlere Erdtemperatur ansteigt. Schuld daran sind mit größter Wahrscheinlichkeit durch menschliche Aktivitäten verursachte Treibhausgase, insbesondere das durch Verbrennen fossiler Brennstoffe entstehende CO_2. Im 20. Jahrhundert stieg die CO_2-Konzentration dramatisch an. Ende des Jahrhunderts betrug sie etwa 370 ppm, ein Drittel mehr als 1750 (275 ppm), als die industrielle Revolution begann. Die Auswertung von Temperaturaufzeichnungen ergab, dass das globale Temperaturmittel im Zeitraum 1900–2000 um 0,6 °C anstieg (bei einer Unsicherheit von 0,2 °C), wobei fast alle wärmsten Jahre in das Jahrzehnt nach 1990 fielen. Ein vom Menschen verursachter Klimawandel hat begonnen. Dem Zwischenstaatlichen Ausschuss für Klimaänderungen IPCC zufolge wird Ende des 21. Jahrhunderts die globale Mitteltemperatur je nach Kohlenstoffausstoß um 1,4–5,8 °C höher sein als 1990 – mit katastrophalen Folgen für die Menschheit.

Oben: Der Atmosphärenchemiker und Klimatologe Charles David Keeling (1928–2005) begann 1957 auf dem Mauna Loa (Hawaii) und in der Antarktis mit genauen Messungen, die eine steigende CO_2-Konzentration in der Atmosphäre ergaben.

Unten: Das Ozonloch über der Antarktis. In den 1980er-Jahren wurde die Ozonschicht über der Antarktis immer dünner – Rot und Gelb zeigen eine höhere Konzentration an, Blau und Violett eine geringere. Die Ursache waren FCKW.

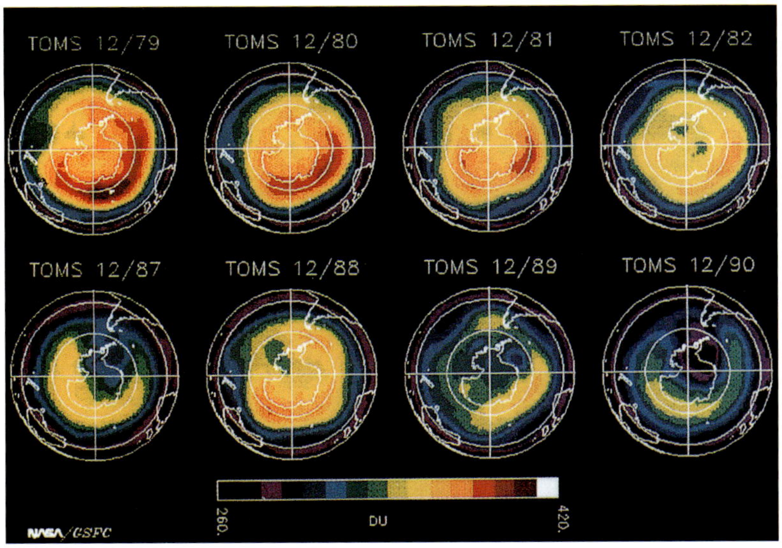

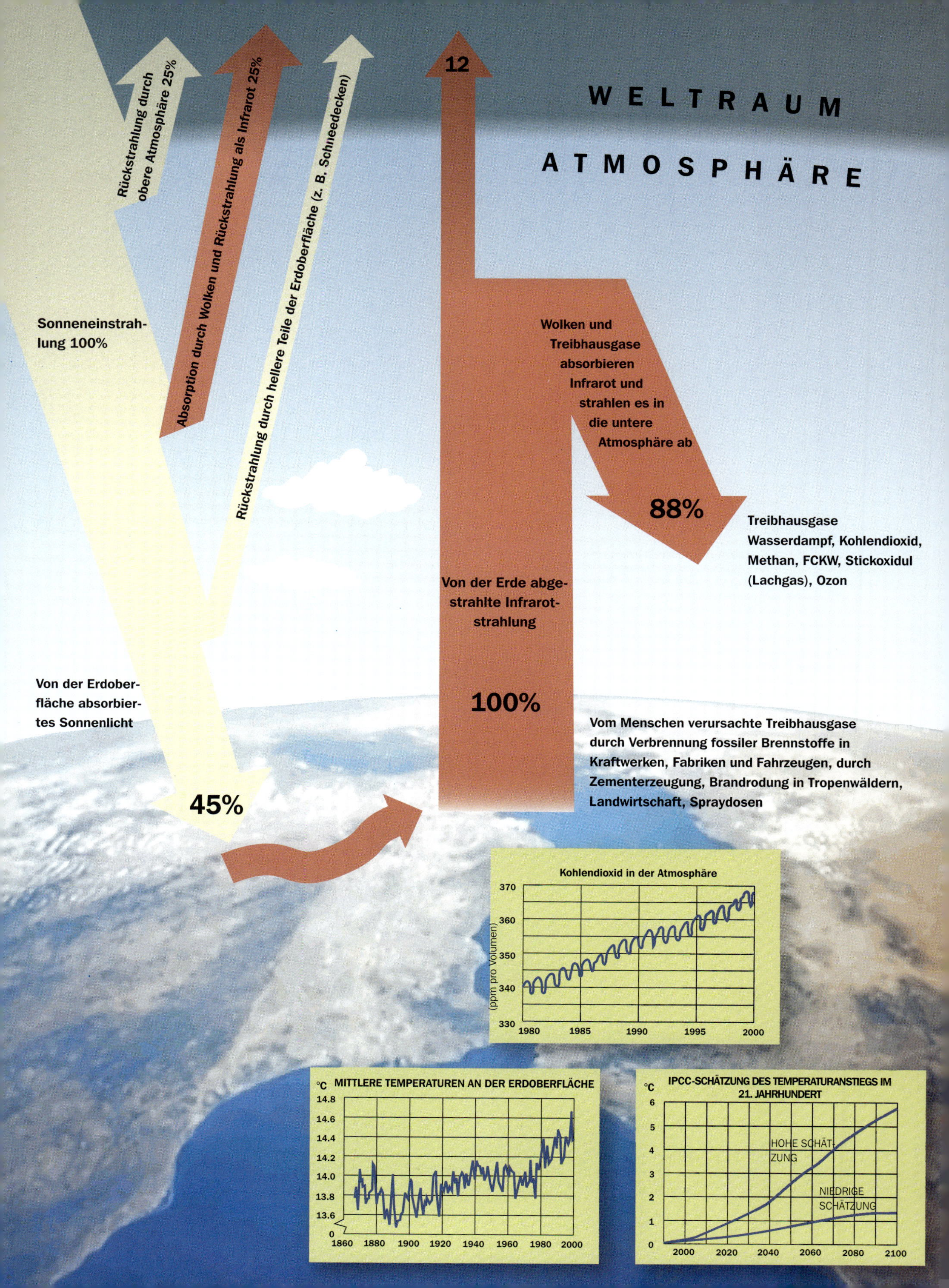
WELTRAUM
ATMOSPHÄRE
Rückstrahlung durch obere Atmosphäre 25%
Absorption durch Wolken und Rückstrahlung als Infrarot 25%
Rückstrahlung durch hellere Teile der Erdoberfläche (z. B. Schneedecken)
12
Sonneneinstrahlung 100%
Wolken und Treibhausgase absorbieren Infrarot und strahlen es in die untere Atmosphäre ab
88%
Treibhausgase Wasserdampf, Kohlendioxid, Methan, FCKW, Stickoxidul (Lachgas), Ozon
Von der Erde abgestrahlte Infrarotstrahlung
100%
Von der Erdoberfläche absorbiertes Sonnenlicht
45%
Vom Menschen verursachte Treibhausgase durch Verbrennung fossiler Brennstoffe in Kraftwerken, Fabriken und Fahrzeugen, durch Zementerzeugung, Brandrodung in Tropenwäldern, Landwirtschaft, Spraydosen
Kohlendioxid in der Atmosphäre
(ppm pro Volumen)
370
360
350
340
330
1980
1985
1990
1995
2000
°C
MITTLERE TEMPERATUREN AN DER ERDOBERFLÄCHE
14.8
14.6
14.4
14.2
14.0
13.8
13.6
0
1860
1880
1900
1920
1940
1960
1980
2000
°C
IPCC-SCHÄTZUNG DES TEMPERATURANSTIEGS IM 21. JAHRHUNDERT
6
5
4
3
2
1
0
HOHE SCHÄTZUNG
NIEDRIGE SCHÄTZUNG
2000
2020
2040
2060
2080
2100

Erdzeitalter

ÄON	ÄRA	PERIODE	EPOCHE	ALTER
PHANEROZOIKUM	KÄNOZOIKUM	NEOGEN	HOLOZÄN	0.012
			PLEISTOZÄN	1.8
			PLIOZÄN	5.3
			MIOZÄN	23
		PALÄOGEN	OLIGOZÄN	34
			EOZÄN	56
			PALEOZÄN	65
	MESOZOIKUM	KREIDE		146
		JURA		200
		TRIAS		251
	PALÄOZOIKUM	PERM		299
		CARBON	PENNSYLVANIUM	318
			MISSISSIPPIUM	359
		DEVON		416
		SILUR		444
		ORDOVICIUM		488
		CAMBRIUM		542
PROTEROZOIKUM				2,500
ARCHAIKUM				
		ENTSTEHUNG DER ERDE		4,550

Der biblischen Genesis zufolge wurde die Erde in sieben Tagen von Gott erschaffen, später folgte die Sintflut. Das Alter der Erde belief sich auf etwa 6000 Jahre. Eine erste überzeugende wissenschaftliche Alternative legte der Geologe James Hutton vor, weswegen er als Vater der Geologie gilt. Anhand der Untersuchung von Gesteinen seiner schottischen Heimat begründete er 1785 das Aktualismusprinzip: Die in der Gegenwart beobachtbaren geologischen Vorgänge wie Erosion oder Vulkanismus seien immer schon und genauso verlaufen. Träfe dies zu, so wäre dafür ein immenser Zeitraum nötig gewesen und die Erde müsste unvorstellbar alt sein.

In der ersten Hälfte des 19. Jahrhunderts teilte die neu entstandene Wissenschaft der Geologie diesen unvorstellbaren Zeitraum in Äonen, Ären, Perioden und Epochen ein und schuf geologische Zeitskalen. Zu diesem Zweck untersuchte man Bodenschichten (die Reihenfolge der Gesteine) und Fossilien (die darin eingebetteten Überreste von Lebewesen). Wenn eine Schicht über der anderen liegt, musste die obere die jüngere sein – es sei denn, diese Reihenfolge wäre durch ein späteres tektonisches Ereignis verändert worden. Fossilien bilden Gruppen, die ganz bestimmten Zeitspannen zuzuordnen sind, da sie später ausstarben. In ihren Grundzügen wird die heute geltende Zeitskala ab 1900 allgemein akzeptiert.

Mit der Erfindung der radiometrischen Datierung im 20. Jahrhundert, die auf der Zerfallsrate radioaktiver Elemente in Gesteinen basiert, konnten die Geologen in die

Oben: James Hutton (1726–97), der Vater der Geologie, Karikatur von John Kay, 1787. Diese wurde kurz nach Huttons umstrittener Theorie über die Erde veröffentlicht. Hutton hämmert auf Felsen herum, die den Gesichtern seiner Kritiker ähneln.

Links: Die heute gültige geologische Zeittafel. Über die genaue Dauer der einzelnen Perioden und Epochen gehen die Meinungen oft auseinander, deshalb ist sie Gegenstand ständiger Überprüfungen.

Tabellen absolute Zahlen einfügen. So z. B. wurde im Jahr 2000 der Jura im Mesozoikum auf den Zeitraum 200 bis 146 Millionen Jahre vor unserer Zeit datiert. Genauer gesagt erfolgte der durch Uran-Blei-Datierung errechnete Übergang von der Trias zum Jura vor 199,6 Millionen Jahren (mit einer Unsicherheit von 0,3 Millionen Jahren). Die Geologen maßen den Zerfall zweier Uranisotope zu Bleiisotopen (s. S. 86–87) in Zirkonproben aus einer Schicht vulkanischen Tuffs aus dem oberen Bereich der Triasschichten der Insel Kunga vor der Westküste Kanadas.

Die geologische Tabelle mit Zeitskala bringt jedoch ernsthafte Probleme mit sich. Erstens sind Namen, die bestimmten Schichten in einem bestimmten Land gegeben wurden, für Geologen anderer Länder nichtssagend. «In den USA wurde Stufen des Ordoviziums Namen gegeben, die für viele europäische Geologen ebenso schwer verständlich sind wie Serbokroatisch: Chazyan, Blackriverian, Trentonian und Cincinnatian», klagt der britische Geologe Patrick Wyse Jackson. «Sie entsprechen in etwa den britischen Stufen Tremadoc, Arenig, Llanvim, Llandeilo, Caradoc und Ashgill.» Zweitens weichen radiometrische Daten je nach Gestein und Technik beträchtlich voneinander ab, ein Problem, das auch bei der Kohlenstoffdatierung archäologischer Funde aus einer relativ nahen Vergangenheit auftritt: 1987 legte man das Ende der Jurazeit auf einen Zeitpunkt vor 131 Millionen Jahren. Diese Schätzung basierte auf einer Kalium-Argon-Datierung des Minerals Glaukonit, bis man erkannte, dass Argon aus diesem Mineral aussickert, sodass der Glaukonit jünger erscheint als er ist. Das allgemein akzeptierte Enddatum des Jura vor 146 Millionen Jahren basiert auf der Kalium-Argon-Datierung von Basalt (s. die Tabelle auf S. 121). Doch «die geologische Tabelle», schreibt Jackson, «entwickelt sich ständig weiter.»

Oben: Dendrochronologie: Durch Zählen der Jahresringe von Bäumen lässt sich das Alter von Holz bestimmen. Diese Probe stammt aus einer Dachstütze eines Grubenhauses in Arizona im Südwesten der USA. Das Anzeigegerät steht auf dem Ring 543 n. Chr.

Unten: Abschnitt aus der Zeitskala der Kreidezeit. Er umfasst das Ende der Periode vor 65–70 Millionen Jahren. Die Fossilien zeigen, dass die Dinosaurier in dieser Zeit ausstarben.

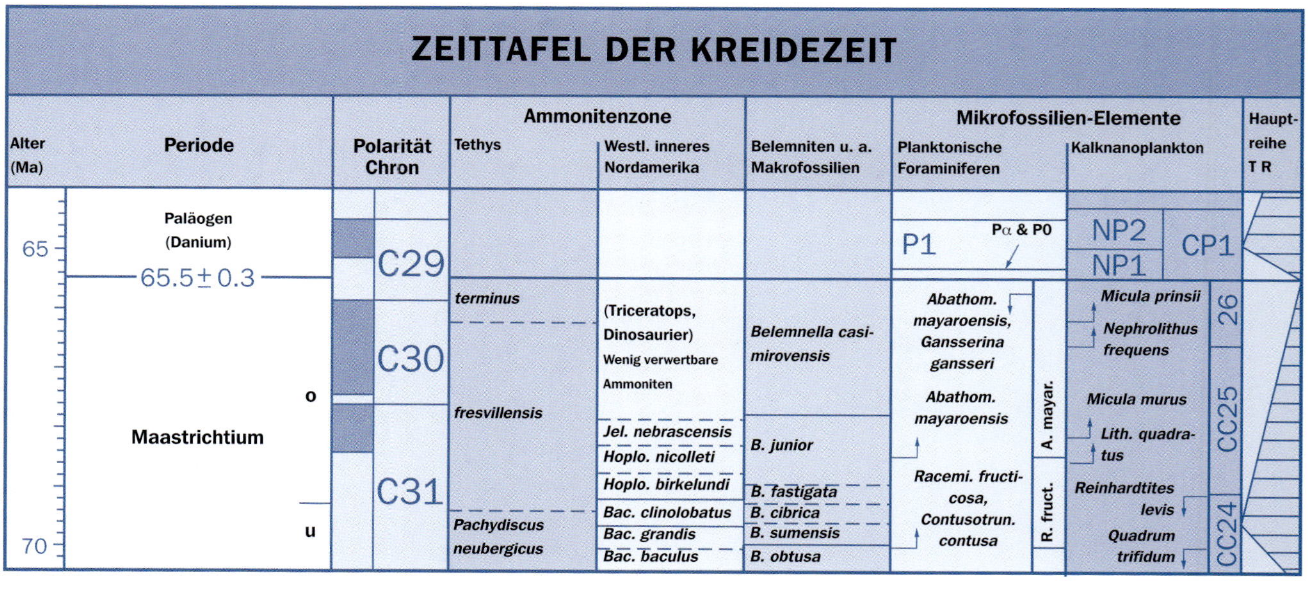

Plattentektonik

Alfred Wegener war ein vielseitiger Meteorologe und Astronom, dem die auffällige Übereinstimmung zwischen den Atlantikküsten Afrikas und Südamerikas zu denken gab. 1911 gelangte er zu der Überzeugung, dass eine Kontinentalverschiebung stattgefunden habe. Ein von ihm Pangäa (Gesamtland) genannter Megakontinent sei auseinandergebrochen und die Bruchstücke seien nach Jahrmillionen in die heutige Position der Kontinente gedriftet. Wegeners Grundgedanke war bestechend und richtig, der von ihm postulierte Mechanismus und seine Berechnungen der Driftgeschwindigkeit aber fehlerhaft. Die große Mehrheit der Wissenschaftler verwarf deshalb die Theorie der Kontinentaldrift, bis in den 1960er-Jahren die Beweise schließlich so überwältigend wurden, dass die ganze Geowissenschaft umdenken musste.

Die ältesten Beweisstücke kamen vom Grund des Atlantiks. Schon nach 1850 war man von einem Gebirgszug unter dem Mittelatlantik ausgegangen. 1947 begannen Wissenschaftler, mithilfe des damals stärksten Tiefenmessers die Form des Mittelatlantischen Rückens nachzuzeichnen. Es stellte sich heraus, dass dieser in Nord-Süd-Richtung in etwa gleich weiter Entfernung zu den Kontinenten verlief. Bodenproben ergaben, dass das Gestein vulkanischen Ursprungs und viel jünger war als angenommen. Zudem wies der Meeresboden weniger Ablagerungen auf, als eine Theorie erwarten ließ, der zufolge die Meeresböden in der Frühzeit der Erde entstanden waren. Der Geologe Bruce Heezen war derart fasziniert, dass er mit seiner Assistentin Marie Tharp begann, Tiefenmessungen aus der ganzen Welt zu sammeln und damit die ersten Profile und dreidimensionalen Karten des Meeresbodens anzulegen (s. S. 124). Als Heezen auf seiner Karte die Epizentren atlantischer Seebeben eintrug, wurde ihm plötzlich klar, dass die Beben von der Riftzone des Mittelatlantischen Rückens ausgingen.

Die Theorie der Plattentektonik besagt, dass die Erdkruste nicht aus starren, auf einer verformbaren Kruste driftenden Kontinenten, sondern aus steifen Platten besteht, die an manchen Rändern durch Vulkantätigkeit größer werden, an anderen jedoch absinken und sich, angetrieben von im Erdkern und Erdmantel auftretenden Konvektionsströmen, über die Erde bewegen. Man unterscheidet grundsätzlich drei Typen von Plattengrenzen: ozeanische Rücken, wo zwei Platten anwachsen; ozeanische Gräben, wo eine Platte unter die angrenzende Platte subduziert wird, also abtaucht; und das, was Geologen als Transformstörungen bezeichnen, wobei die Platten weder größer noch kleiner werden. Jeder dieser Grenztypen ruft auf dem Land und unter dem Meer Vulkane und Beben hervor. Die isländischen Vulkane sind die Folge eines ozeanischen Rückens, die karibischen einer Subduktionszone, die Erdbeben am kalifornischen San-Andreas-Graben die einer Transformstörung. Die Plattentektonik liefert eine befriedigende Erklärung für den zirkumpazifischen Vulkangürtel (den „Feuerring"), aber nicht für die von Plattengrenzen weit entfernten Vulkane Hawaiis und Italiens und die Erdbeben in den USA und Zentralindien.

Oben: Alfred Wegener (1880–1930) auf Grönland. Von 1906 an leitete Wegener drei Expeditionen in die Arktis, wo er 1930 den Tod fand. In den Nachrufen wurde er überschwänglich als bedeutender Forscher und Meteorologe gepriesen. Kaum erwähnt wurde aber seine damals höchst umstrittene Theorie der Kontinentalverschiebung, die er erstmals 1915 in seinem Hauptwerk „Die Entstehung der Kontinente und Ozeane" vertrat. Es wurde später ins Französische, Schwedische, Spanische, Russische und Englische übersetzt.

Nächste Seite: Ausschnitt aus einer Meeresbodenkarte mit dem Mittelatlantischen und dem Ostpazifischen Rücken, der auf dem Festland zur San-Andreas-Verwerfung wird. Messungen des Mittelatlantischen Rückens zeigen, dass der Atlantische Ozean sich pro Jahr um 1,8 cm verbreitert. Auf diese Weise öffnete sich vor 100 Millionen Jahren der Nordatlantik.

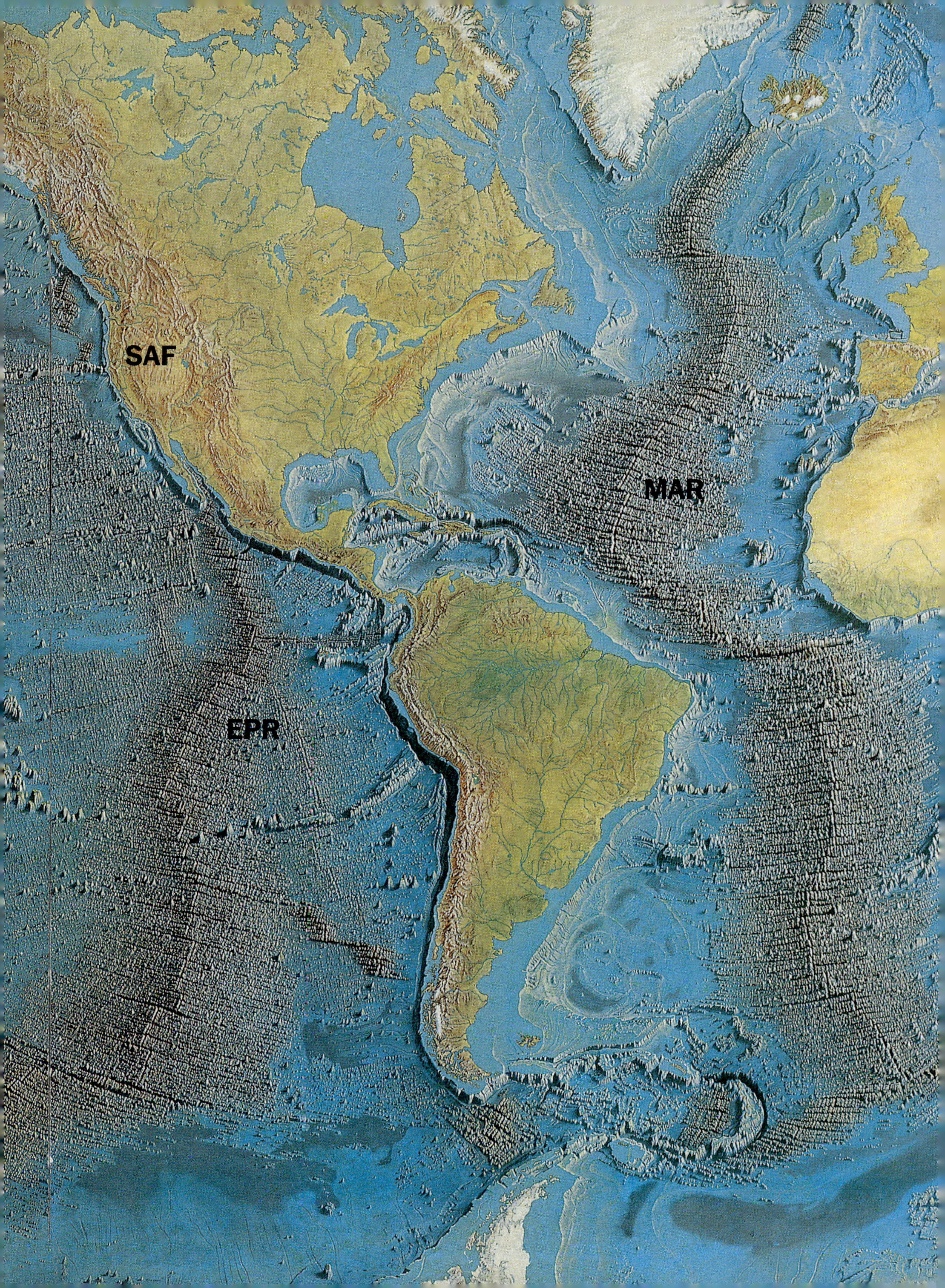
SAF
MAR
EPR

Erdbeben

Bis in die Mitte des 18. Jahrhunderts kamen Erdbeben aus dem Reich der Götter. So machten die Japaner Namazu dafür verantwortlich, einen riesigen Seewolf, der im Schlamm unter der Erdoberfläche lebte und nur von der wachsamen Gottheit Kashima, die seinen Kopf mit einem mächtigen Felsen festhielt, von üblen Streichen abgehalten wurde. Ließ deren Aufmerksamkeit nach, schlug Namazu frech um sich.

Nach beunruhigenden Beben in London im Jahre 1750 und der Zerstörung Lissabons 1755 definierte der Geologe John Michell Erdbeben als «Wellen, die durch die Bewegung von Gesteinsmassen in einer Tiefe von mehreren Meilen unter der Erdoberfläche» ausgelöst werden. Er benannte zwei Arten von Wellen, die aufeinander folgen; weiterhin erklärte er, man könne ihre Geschwindigkeit und das Zentrum des Bebens berechnen, indem man die Zeit ihres Eintreffens an verschiedenen Orten vergleicht. Seine zweite Erkenntnis geriet für fast ein Jahrhundert lang in Vergessenheit. Heute wird nach diesem Prinzip das Epizentrum (ein Ort an der Erdoberfläche) ermittelt.

1857 erreichte London eine Erdbebenmeldung aus Italien und bewog den Ingenieur Robert Maillet, in das Königreich Neapel zu reisen. Maillet beurteilte mit geübtem Blick jeden Riss und erstellte Karten mit Isoseisten, das sind Linien, die gleich schwere Bebenstärken markieren. Diese Methode wird heute mit gewissen Verbesserungen benutzt, um das Erdbebenrisiko deutlich zu machen. Seine Karten ermöglichten es, annähernd das Zentrum der Erschütterung zu lokalisieren und deren Stärke zu schätzen. Zwanzig Jahre lang stellte Maillet einen Katalog sämtlicher Erdbeben der Welt zusammen. Er hielt 6831 Ereignisse fest mit Datum, Ort, Zahl der Erdstöße, wahrscheinlicher Richtung und Dauer der seismischen Wellen sowie Bemerkungen über ihre Auswirkungen. Seine aus diesen Daten erstellte, heute noch gültige Weltkarte war der erste Hinweis darauf, dass Erdbeben in bestimmten Zonen gehäuft auftreten.

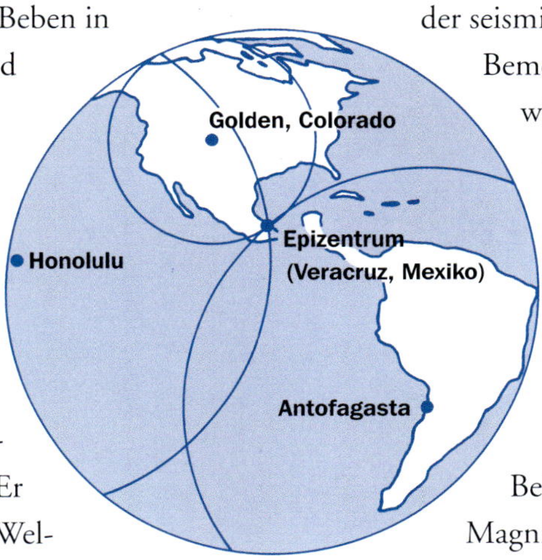

Die Intensität eines Bebens darf nicht mit der Magnitude verwechselt werden, einer Zahl, die gewöhnlich in den Medien erscheint. Die Intensität ist, wie die Magnitude, ein Maß für die Stärke eines Bebens; während sich aber Letztere aus der Schwingung eines seismografischen Pendels (S. 74) errechnet, bemisst sich die Intensität nach sichtbaren Schäden an Bauwerken, Veränderungen der Erdoberfläche und physischen Wahrnehmungen, etwa von Autofahrern. Die Intensität ist, was der Mensch nach dem Beben sieht; die Magnitude, was Instrumente anzeigen.

Die am meisten benutzte Intensitätsskala ist eine neue Version der Skala, die der italienische Seismologe Giuseppe Mercalli 1902

Oben: Bei einem Erdbeben entgleister Hochgeschwindigkeitszug. Nach Inbetriebnahme der Züge im Jahr 1964 entgleiste 2004 in Westjapan erstmals ein solcher Zug bei einem Erdbeben (Magnitude 6,8). Nach einer Warnung durch das landesweite Frühwarnsystem konnte er seine Geschwindigkeit innerhalb von Sekunden von 216 auf 200 km/h drosseln. 2003 hatte dieses System aus ca. 1000 Seismografen auf sämtlichen japanischen Inseln noch keinerlei Anzeichen für ein vor der nordjapanischen Küste drohendes Erdbeben der Magnitude 8,0 registriert.

Links: Wie findet man ein Epizentrum? Ein Seismograph zeigt die Entfernung der Erdbebenwarte vom Epizentrum eines Bebens an. Werden drei Distanzen von drei verschiedenen Stationen aus berechnet, so lässt sich das genaue Epizentrum über drei sich schneidende Kreise feststellen. Die Abbildung zeigt das Epizentrum eines Bebens der Magnitude 5,5 am 11. März 1967 auf 19,10 °N 95,80 °W (vor der Küste Mexikos östlich von Veracruz).

schuf. Sie hat große Nachteile. Ein Blick auf die folgende Seite zeigt, wie subjektiv die Mercalli-Intensitäten sind und dass sie von der Qualität eines Baus abhängen, die sich schwer angeben lässt: Ein Haus übersteht ein Beben, das Nachbarhaus nicht. Die Skala ist auch „kulturell" subjektiv: Schäden an Stein- oder Spannbetonbauten sind ein Kriterium in San Francisco, aber schwerlich in einem indischen Dorf. Die Skala berücksichtigt auch nicht die Entfernung des Beobachters vom Epizentrum: Ein schwaches und nahes Beben kann eine höhere Intensität haben als ein starkes und weit entferntes. Trotzdem sind Intensitätsskalen sehr nützlich, nicht zuletzt für Vergleiche mit Erdbeben aus der Zeit vor 1900, da bei ihnen die Intensität die einzig verfügbare Größe ist.

In den vergangenen Jahrzehnten wurden Beben unter jedem technisch machbaren Aspekt gemessen, auch die Plattentektoniktheorie erwies sich als nützlich. Aber man fand keine zuverlässige Vorhersagemethode. 1985 wurde in den USA für Parkfield auf dem San-Andreas-Graben ein Beben der Magnitude 6 mit 95%iger Wahrscheinlichkeit für vor 1992 vorausgesagt. Es kam 2004.

Was 1958 der Seismologe Charles Richter sagte, gilt immer noch: «Man kann [die Erdbebenvorhersage] mit einem Mann verglei-

Das Loma-Prieta-Beben 1989 mit der Magnitude 7,1 beschädigte die Bay Bridge in San Francisco. Die Intensität entsprach hier der Stufe XI („zerstörte Brücken") auf der abgekürzten modifizierten Mercalli-Skala von 1931 (unten).

I Nur für sehr wenige Personen unter besonders günstigen Umständen fühlbar

II Nur von wenigen ruhenden Personen wahrgenommen, besonders in Gebäuden und höheren Stockwerken. Beweglich aufgehängte Objekte können pendeln.

III In Innenräumen deutlich spürbar, besonders in höheren Stockwerken, von vielen aber nicht als Erdbeben wahrgenommen. Stehende Autos können leicht schaukeln.

IV Untertags von vielen Personen in Innenräumen, im Freien nur von wenigen wahrgenommen. Vereinzelt erwachen nachts schlafende Menschen. Geschirr klappert, Fensterscheiben klirren, Türen schlagen, Mauern knirschen.

V Praktisch von allen wahrgenommen. Viele Schlafende erwachen, Teller, Scheiben etc. können zerbrechen; vereinzelt Risse im Putz, instabile Gegenstände fallen um. Möglicher Stillstand von Pendeluhren.

VI Für alle spürbar, viele laufen aus Angst ins Freie. Schwere Möbel bewegen sich, vereinzelt herabfallender Putz und beschädigte Kamine. Leichte Schäden an Gebäuden.

VII Alle laufen ins Freie. Vernachlässigbare Schäden an erdbebenfest gebauten Gebäuden; leichte bis mäßige Schäden an üblichen gut gebauten Gebäuden, beträchtliche bei Leichtbauweise.

VIII Leichte Schäden an erdbebenfest konstruierten Bauten, beträchtliche an normalen großen Gebäuden, teilweise Einstürze. Schwere Schäden bei Leichtbauweise. Paneelwände fallen aus den Rahmen, Kamine, Lagerstapel, Säulen, Monumente, Mauern und schwere Einrichtungsgegenstände stürzen um.

IX Beträchtliche Schäden auch an erdbebenfest konstruierten Bauten. Verschobene Fundamente, auffällige Risse im Boden. Unterirdische Rohre brechen.

X Teilweise gehen feste Holzkonstruktionen zu Bruch, Mauerwerk, Balkenwerk und Fundamente werden großteils zerstört, starke Risse im Boden. Verbogene Schienen, beschädigte Dämme und Deiche.

XI Zerstörung fast aller Gebäude und Brücken, breite Spalten im Boden, Totalausfall unterirdischer Rohrleitungen. Auf weichem Grund Erdrutsche, Schienen stark verbogen.

XII Totalschäden. Praktisch alle Bauten zerstört oder schwer beschädigt. Sichtbare Wellung des Bodens. Sichtachsen und Horizontallinien deformiert. Gegenstände werden in die Luft geschleudert.

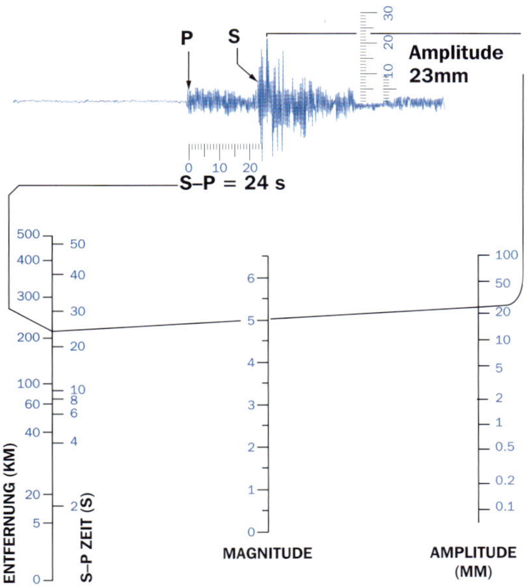

Links: Berechnung der Stärke eines Bebens auf der Richter-Skala. Die Entfernung des Seismografen vom Epizentrum wird durch das Zeitintervall der S- und P-Wellen (s. S. 74) bestimmt (hier 24 s oder etwas über 200 km). Die maximale Amplitude der Erdbebenwelle (hier 23 mm) ist auf dem Seismogramm ablesbar. Die Verbindung der entsprechenden Striche auf der linken und der rechten Skala ergibt auf der mittleren Skala die Magnitude 5,0.

chen, der ein Brett über das Knie biegt und voraussagen will, wo und wann darin Risse entstehen werden.»

Die Stärke eines Erdbebens berechnet man aus der Entfernung des Seismografen vom Epizentrum und der Erschütterung. Diese Formel kompensiert die durch die Entfernung bedingte Abschwächung. Die Berechnungen sind kompliziert, auch werden mehrere Skalen benutzt. Die bekannteste ist die Richter-Skala, die 1935 von dem kalifornischen Seismologen Charles Richter erstellt wurde, ursprünglich um in Südkalifornien die Magnituden örtlicher Beben zu messen. Sie wurde später für eine globale Anwendung modifiziert. Zum Ärger der Seismologen melden die Medien die Stärke eines Erdbebens „auf der Richterskala“, ob es nun danach gemessen wurde oder nicht

Nach der ursprünglichen Definition ist die Magnitude der Logarithmus der maximalen Amplitude der Erdbebenwelle (in Tausendstelmillimetern), so wie sie auf einem geeichten Wood-Anderson-Seismografen in einer Entfernung von 100 km vom Epizentrum registriert wurde. Um eine logarithmische Skala handelt es sich deshalb, weil die Stärke bei Beben sehr verschieden ist, sodass eine lineare Skala unpraktisch wäre. Auf der Richter-Skala entspricht eine Steigerung der Magnitude um den Wert 1 einer Verzehnfachung der Wellenamplitude. Ein Beben der Stärke 8 erschüttert den Boden zehnmal so stark wie eines der Stärke 7 und hundertmal so stark wie eines der Stärke 6. Liegt nun das Epizentrum in einer dicht bevölkerten Gegend, so kann ein Beben der Stärke 6 eine höhere Intensität haben und sich verheerender auswirken als ein Beben der Stärke 8.

Bei jeder Erhöhung der Magnitude um den Wert 1 wächst die seismische Energie etwa um den Faktor 30. Die Ermittlung der freigesetzten Energie ermöglicht einen Vergleich des Bebens mit einer Atomexplosion oder mit Vulkanausbrüchen.

Unten: Freisetzung seismischer Energie. Die Grafik zeigt die Gesamtzahl der Erdbeben pro Jahr nach Magnitude (linke Skala) und freigesetzter Energie (rechte Skala). Bei einer Erhöhung der Magnitude um den Wert 1 erhöht sich die freigesetzte Energie in etwa um den Faktor 30.

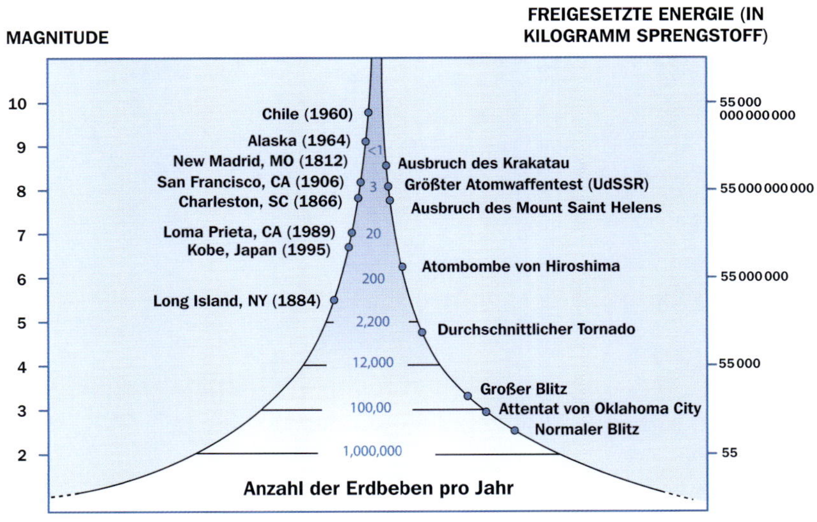

Tsunamis

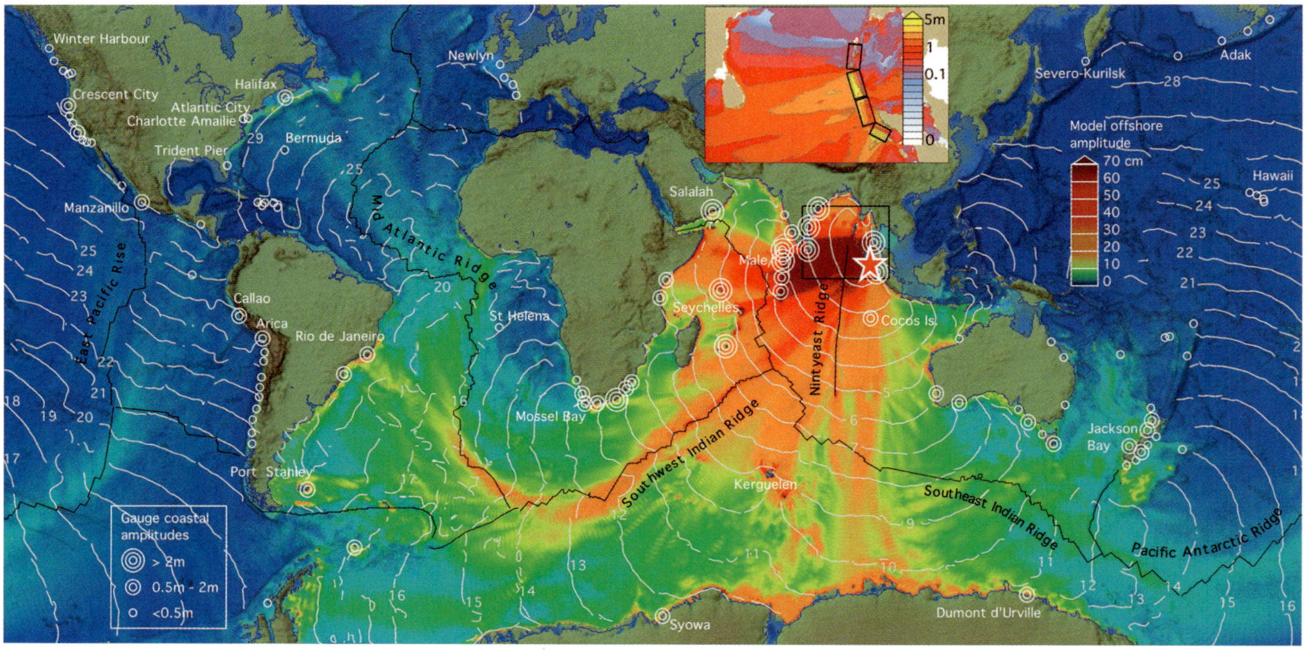

2004 breitet sich ein Tsunami vom Indischen Ozean ausgehend in der ganzen Welt aus. Das ihn auslösende Erdbeben begann am 26. Dezember um 00:59 GMT 100 km westlich von Sumatra in einer Tiefe von 30 km unter der mittleren Meereshöhe. Zwei Stunden später traf der Tsunami Sri Lanka, nach 7 Stunden und 15 Minuten erreichte er Afrika.

Die meisten Menschen, die 1883 beim Ausbruch des Krakatau starben, fielen einem Tsunami zum Opfer. Er schwemmte 165 Dörfer beiderseits der Sundastraße zwischen Java und Sumatra weg, wobei 36 000 Menschen ums Leben kamen. Die Flutwelle war noch in Südafrika und sogar im Ärmelkanal spürbar.

Der 2004 durch das Sumatra-Andamanen-Beben verursachte Tsunami war noch folgenreicher. In den Anrainerstaaten des Indischen Ozeans starben fast 300 000 Menschen, und die Wellen waren im Pazifik und Nordatlantik messbar. Zum ersten Mal wurde ein Tsunami auf den Ozeanen mit Meeresspiegel-Messgeräten und aus dem Weltraum mithilfe von Höhenmessungs-Satelliten erfasst. Diese Daten ermöglichten eine sorgfältig getestete Computersimulation der Wellenausbreitung auf offener See. Die Farben der von Vasily Titovs Team erstellten Weltkarte zeigen die errechneten Maximalhöhen des Tsunami während der 44 Stunden dauernden Simulation. Die Konturen zeigen die Ankunftszeiten der Wellen, die Kreise die Lokalisierung und die Amplituden der Wellen in dreistufigen Kategorien. Die Nebenkarte zeigt die vier mit Satellitenmessungen, seismischen und geodätischen Daten ermittelten Störungen am Erdbebenherd sowie die Wellenhöhen im Golf von Bengalen. Am meisten überrascht die ausgeprägte Gerichtetheit des Tsunami, bedingt «durch die fokussierende Konfiguration des Ausgangsgebiets und die die Wellen leitende Struktur mittelozeanischer Rücken», wie die Verfasser der Karte schreiben. Die nur 1700 km südlich des Epizentrums liegenden Kokosinseln bekamen durch den Tsunami weniger Wasser ab als Peru und Neuschottland.

Vulkane

Vulkane gibt es in allen Formen und Größen, und bei den Eruptionen verhält es sich ähnlich. Kilauea, ein Schildvulkan auf Hawaii mit sanften Hängen, bricht ohne Explosion aus. Es kommt zu Lavafontänen und anhaltenden Lavaströmen, die erstmals 1790 und danach immer wieder auftraten: Der neueste Lavastrom fließt schon seit einem Vierteljahrhundert.

1883 hingegen wurde die Welt durch den Ausbruch eines Vulkans auf der indonesischen Insel Krakatau erschüttert. Er dauerte 100 Tage, danach war es mehr als ein Jahrhundert relativ ruhig. Der einzige davor gemeldete Ausbruch des Krakatau von 1680 war eher harmlos. Dazwischen liegt der Ätna auf Sizilien: Hier wechseln ziemlich häufige Perioden starker, mit Lavaströmen verbundener Eruptionen mit Zeiten relativer Inaktivität. Die frühesten Berichte und Sagen über die Tätigkeit des Ätna gehen auf etwa 1000 v. Chr. zurück. Diese wechselnde vulkanische Aktivität in Verbindung mit nur stückhaften historischen Berichten und die technischen Schwierigkeiten bei der Nahbeobachtung einer Eruption bewirken, dass Vulkane schwerer zu klassifizieren und zu messen sind als Erdbeben, obwohl sich ihre Ausbrüche leichter vorhersagen lassen.

Der wohl berühmteste Vulkan der Welt erhebt sich über der Bucht von Neapel: Der Vesuv, ein Berg von nur 1280 m Höhe, ist kaum 17 000 Jahre alt. Er brach zuletzt 1944 aus (während der alliierten Invasion in Italien), vorher 1906. Insgesamt wurde er in den letzten 2000 Jahren über 50-mal aktiv, im Schnitt alle 40 Jahre einmal. Die heutigen Intervalle zwischen den Eruptionen, die Ruhezeiten, entsprechen solchen Mittelwerten nicht. Der Vesuv brach 1037 aus, danach war er 600 Jahre untätig. Als er 1631 erwachte, begrub er in den Dörfern auf seinen Hängen binnen dreier Tage 4000 Menschen unter Schlamm, Asche und Lava. Sogar im 16 Kilometer entfernten Neapel stand die Asche kniehoch. Portici, eine südlich von Neapel am Fuß des mörderischen Berges gelegene Kleinstadt, wurde völlig zerstört. Der Vizekönig ließ hier eine Gedenktafel anbringen, auf der unter anderem zu lesen war: «Kinder und Kindeskinder. Hört! … Früher oder später bricht auf diesem Berg Feuer aus. Ehe es dazu

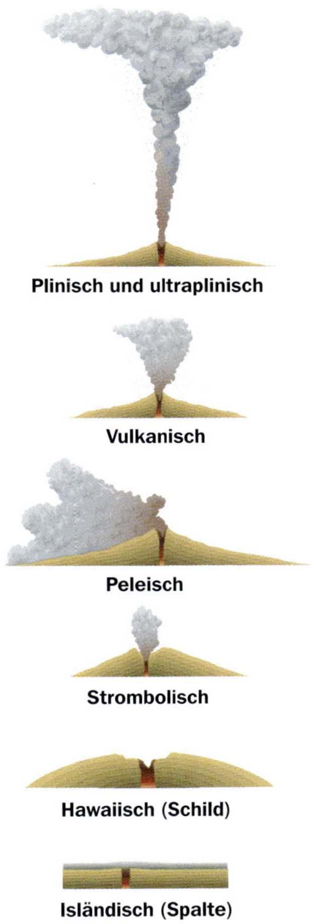

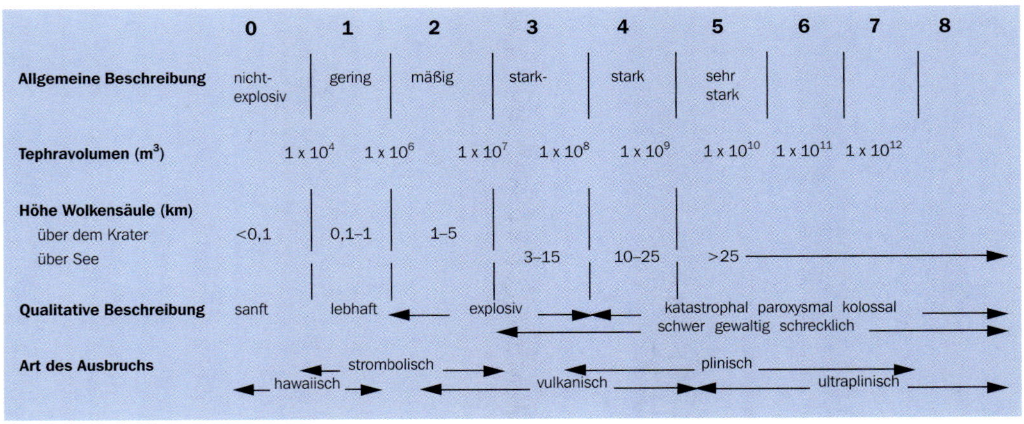

Oben: Verschiedene Ausbruchsarten und **(links)** vulkanischer Explosionsindex. Mit Ausnahme der nach Plinius dem Jüngeren benannten explosivsten Arten sind die Eruptionstypen nach Vulkanen benannt. Der Index versucht, so wissenschaftlich wie möglich zu sein, indem er die Ausbruchsarten ziemlich präzise nach Tephravolumen (Volumen der herausgeschleuderten Lockerprodukte) und der Höhe der Wolke über dem Krater bzw. über dem Meer misst.

kommt, hört man Murren und Brüllen, und die Erde bebt. Er speit Rauch, Flammen und Blitze, die Luft zittert, grollt und heult. Flieht so weit ihr könnt … Beachtet ihr die Zeichen nicht und sind euch Besitz und Vieh teurer als das Leben, so wird er Leichtsinn und Habgier bestrafen. Sorgt euch nicht um Heim und Herd und flieht ohne Zögern!»

Nach diesem heute fast vergessenen Ausbruch von 1631 machte ein folgenreiches Ereignis den Vesuv berühmt. Als man beim Wiederaufbau von Portici neue Brunnen grub, entdeckte man das darunter liegende Herculaneum. Portici war über dem einstigen Hafen dieser antiken Stadt erbaut worden. Einige Kilometer weiter südlich, ebenfalls am Fuß des Vulkans, entdeckte man bald darauf Pompeji. Die beiden Städte waren beim Ausbruch des Vesuvs 79 n. Chr. unter Schlamm, Asche und Felsstücken (nicht Lava) begraben worden und fast in Vergessenheit geraten. Wäre nicht der Brief Plinius' des Jüngeren gewesen, der darin beschreibt, wie sein Onkel, Plinius der Ältere, bei dem Vulkanausbruch ums Leben kam, hätte man bei den im 18. Jahrhundert vorgenommenen Ausgrabungen über Herculaneum und Pompeji überhaupt nichts gewusst.

Zu den Menschen, die der Vesuv im wieder anzog, zählte Sir William Hamilton, der 1764 bis 1800 britischer Botschafter im Königreich Neapel war (und Ehemann der Geliebten Nelsons). Der Vesuv brach in dieser Zeit neunmal aus. Hamilton bestieg seine Hänge mehr als 200-mal und wurde so einer der Pioniere der Vulkanologie. Er begann ein Verzeichnis der Eruptionen anzulegen, indem er die Daten sammelte, zu denen Priester in Neapel und den am Vesuv gelegenen Ortschaften Heiligenbilder aufgestellt hatten. Hamiltons Briefe an die Royal Society, veröffentlicht in „Observations on Mount Vesuvius, Mount Etna and Other Volcans", wurden das erste Werk der modernen Vulkanologie.

Feuerfelder. Sir William Hamilton, der britische Botschafter im Königreich Neapel, führt im Mai 1771 den König und die Königin beider Sizilien und ihr Gefolge zur Besichtigung eines Lavastroms auf die Flanke des Vesuvs. Die Eruption auf dem Gipfel ist im Hintergrund sichtbar. Der kolorierte Stich von Pietro Fabris (der sich im Vordergrund selbst abgebildet hat) stammt aus Hamiltons berühmtem „Campi Phlegraei" (1776), einem Pionierwerk der Vulkanologie.

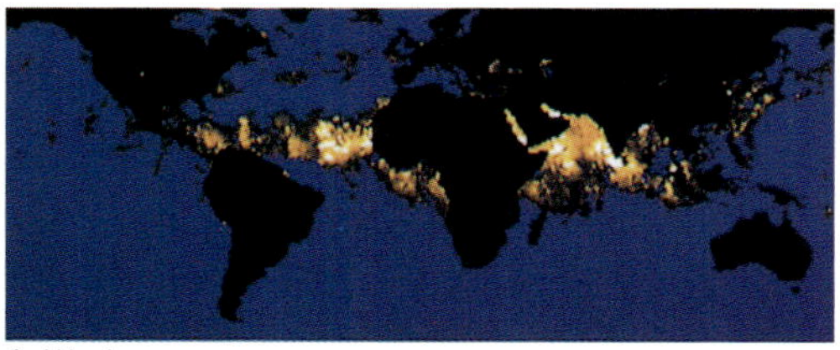

1. Woche

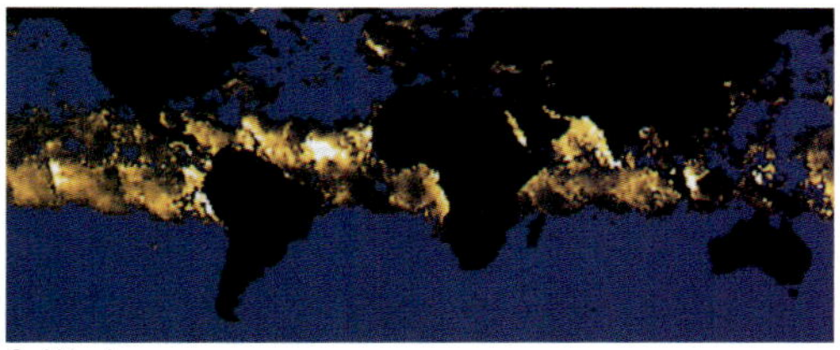

6. Woche

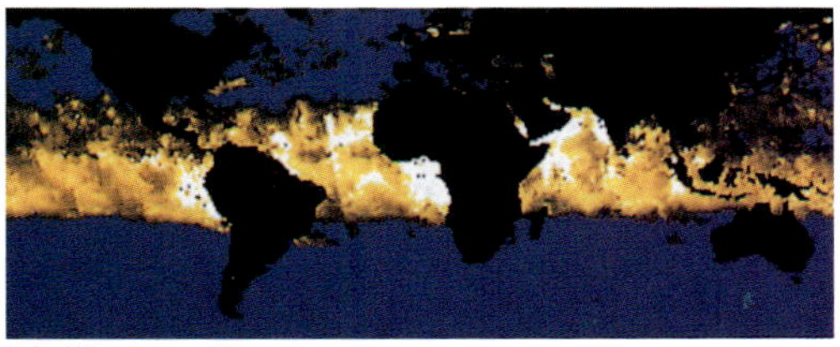

10. Woche

Mehr als zwei Jahrhunderte später ist die Vorhersage von Eruptionen, ähnlich der von Erdbeben, trotz aller Technik immer noch eine frustrierende Wissenschaft. Unter einem Vulkan brodelnde Lava zu beobachten ist eines; vorherzusagen, wann er ausbrechen wird, etwas völlig anderes. Der wichtigste Aspekt der Überwachung ist die Kontinuität. Sofern die Geschichte der Geologie und der Eruptionen eines Vulkans ausreichend bekannt ist, bietet sie meist gute Anhaltspunkte für Prognosen.

Zu den von Vulkanologen erfassten Indikatoren zählen Seismizität, Schwellungen, Neigungen, Gasstrahlen, Veränderungen der Gravitation, der magnetischen und elektrischen Felder und Infraschall. Wichtigster Indikator ist die Seismizität, da es vor Eruptionen praktisch immer zu Beben kommt. Bahnt sich das Magma einen Weg zur Oberfläche, möglicherweise durch Risse in der Kruste (man weiß darüber sehr wenig), so verursacht es mit Seismografen messbare Erschütterungen. Oft sind solche Vorbeben sehr stark, so wie jenes, das 62 n. Chr. Pompeji erschütterte. 1880 wurde durch ein Vorbeben ein Leuchtturm in der Nähe des Krakatau beschädigt. 1975 folgte auf ein Beben der Magnitude 7,2 auf Hawaii bald ein Ausbruch des Kilauea, der das Verhaltensmuster des Vulkans veränderte. Es kann Stunden, ein Jahr oder noch länger dauern, ehe auf das Beben ein Ausbruch folgt.

Sobald das Magma nahe an die Erdoberfläche aufgestiegen ist, bläht es den Vulkan auf und verformt seine Oberfläche, eine Erscheinung, die erstmals kurz nach 1900 in Japan und auf Hawaii beobachtet wurde. Bis zur Eruption kann es danach Minuten, aber auch Tage dauern. Heute sind GPS-Satelliten das wichtigste Mittel zur topografischen Erfassung von Vulkanen. Früher musste man mit den üblichen Vermessungstechniken auf dem Vulkan Hunderte Messpunkte festlegen, um Deformationen feststellen zu können. Heute nehmen über den Vulkan verteilte Empfänger die Signale von GPS-Satelliten auf und lesen daraus vertikale und horizontale Veränderungen ihrer Lage mit einer Genauigkeit von wenigen Millimetern ab. Auf dem Kilauea, dem besterforschten Vulkan der Welt, lassen sich dank der GPS-Überwachung kleinste Verformungen registrieren, aus denen auf Tiefe und Volumen des Magmas geschlossen werden kann.

Der größte Vulkanausbruch des 20. Jahrhunderts war der Ausbruch des zuvor 600 Jahre inaktiven Pinatubo auf den Philippinen 1991. Er hatte den vulkanischen Explosionsindex 6. Neben riesigen Aschenmengen blies er 20 Millionen Tonnen Schwefeldioxid in die Stratosphäre. Die Satellitenbilder zeigen, wie sich das Schwefelsäureaerosol auf der Erde eine, sechs und zehn Wochen nach der Eruption verteilt hatte. Es reflektierte die Sonnenstrahlung in den Weltraum und kühlte den Planeten zwei oder drei Jahre spürbar ab, wodurch die Erderwärmung mehr als kompensiert wurde. 1994 hatte die globale Durchschnittstemperatur jedoch wieder ihren früheren Stand erreicht. In diesem Fall hatten Vulkanologen aufgrund der am Boden gemessenen Schwefeldioxidemission und der Erdbebentätigkeit vorhergesagt, dass ein Ausbruch unmittelbar bevorstand.

Austretende Gase können von Satelliten gemessen werden, vorausgesetzt, sie entweichen nach einer Eruption in großen Mengen wie z. B. 1991 beim Ausbruch des Pinatubo auf den Philippinen, als es zu einem massiven Ausstoß von Schwefeldioxid kam. Will man vor der Eruption austretende Gase untersuchen, so muss man aus Bodenöffnungen Proben entnehmen. Diese müssen zumeist im Labor analysiert werden, da die dafür erforderliche Ausrüstung viel zu empfindlich und sperrig ist, als dass man sie ohne große Kosten und Zeitaufwand auf den Vulkan transportieren könnte. Diese Methode ist also für Vorhersagen nur von begrenztem Wert. Auf dem Pinatubo erwies sich die SO_2-Messung als nützlich. Mitte Mai 1991 stieß der Vulkan täglich 500 Tonnen Gas aus. Zwei Wochen später hatte sich die Menge verzehnfacht, dann fiel sie plötzlich auf 280 Tonnen pro Tag ab. Das Überwachungsteam schrieb diesen Abfall einer Blockade zu, die eine Steigerung des Innendrucks erwarten ließ. Die Brennpunkte des Bebens waren nun zum Gipfel aufgerückt. Eine Woche danach, am 12. Juni, begann der Hauptausbruch.

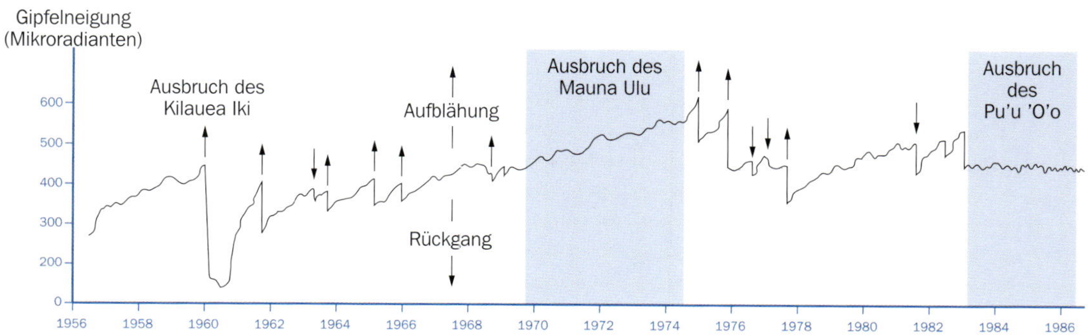

Zum Messen der Vulkantätigkeit vor Ort **(oben)** benutzt man heute Temperatursensoren aus Siliziumkarbid, die Temperaturen bis zu 500 °C standhalten, und Laser-Geodimeter, mit denen man die Aufblähung der Vulkanoberfläche überwacht. Die Grafik **(links)** zeigt das maximale Anwachsen und Absacken des Kilauea. Das im Vulkan hochsteigende Magma erweitert die unterhalb des Gipfels gelegene Magmakammer, sodass ihr Winkel größer wird. Nach jeder Eruption (siehe schwarze Pfeile) wird der Winkel kleiner. Da der Zusammenhang zwischen dem Anschwellen des Gipfels und den Eruptionen sehr komplex ist, sind Messungen auf dem Kilauea für Vulkanologen immer wieder eine faszinierende Tätigkeit.

Mineralien, Gold und Diamanten

Im SI-System gibt es kein Maß für die Härte eines Stoffes, da diese keine eindeutig definierte physikalische Variable wie etwa das Atomgewicht ist. Trotzdem ist man sich darin einig, dass der Diamant der härteste aller bekannten Stoffe ist: Diamanten, vor allem die seit den 1950er-Jahren herstellbaren synthetischen, werden als Schneidwerkzeuge und zur Prüfung der Härte anderer Materialien eingesetzt.

Eines der in der Physik und bei der Werkstoffprüfung benutzten Verfahren ist die Bestimmung der Rockwellhärte von Metall. Dazu wird z. B. ein Diamantkegel mit einer genormten Prüfkraft in das Metall gedrückt. Die Eindringtiefe des Kegels ergibt den Härtewert, die darauf folgende Abkürzung steht für das angewandte Verfahren. Die 1812 von dem deutschen Mineralogen Friedrich Mohs eingeführte Mohs'sche Härteskala hingegen dient vor allem der Einstufung natürlicher Minerale. Sie beruht auf der Erscheinung, dass ein härteres Mineral ein weicheres ritzt. Ganz oben steht der Diamant mit Härte 10, ganz unten Talk mit Härte 1. Dazwischen liegen Korund (9), Topas (8), Quarz (7), Feldspat (6), Apatit (5), Fluorit (4), Kalzit (3) und Gips (2). Quarz ritzt z. B. Feldspat, aber nicht umgekehrt, ebenso verhält es sich mit Kalzit und Gips. Zum Vergleich: Eine Stahlnadel hat die Härte 6,5, eine Glasscheibe 5,5, ein Taschenmesser 5,1, eine Kupfermünze 3,2 und ein Fingernagel 2,2. Gold hat je nach Legierungsanteil eine Härte von 2,5–3, kann also mit dem Fingernagel nicht geritzt werden.

Das Karat (vom arabischen „quirat", Samenkorn des Johannisbrotbaums) dient als Maßeinheit für das Gewicht von Diamanten und anderen Edelsteinen und für den Goldgehalt einer Legierung. Ein Edelsteinkarat entspricht dem Gewicht von 0,2 g (200 mg) des Steins, ein 5-karätiger Diamant wiegt somit 1 g. Reines Gold hingegen hat 24 Karat, während 18-karätiges Gold aus drei Teilen Gold und einem Teil Legierungsmetall besteht, 12-karätiges Gold nur zur Hälfte aus Gold.

Wie man reines von legiertem Gold unterscheidet, entdeckte Archimedes (s. S. 54). Schwieriger ist es, natürliche Diamanten von synthetischen zu unterscheiden. Das wichtigste Verfahren basiert darauf, dass die Unreinheiten und Wachstumsstrukturen verschieden sind, da künstliche Diamanten innerhalb weniger Tage entstehen, natürliche in Milliarden von Jahren. Setzt man die Steine Laserstrahlen aus, so fluoreszieren sie unterschiedlich. Simon Lawson, Physiker im Diamantenhandel, beschreibt das Resultat (s. Abb.) wie folgt: «Unter starkem Ultraviolettlicht zeigen künstliche Diamanten klobige Fluoreszenzmuster mit klaren geometrischen Formen, während natürliche Diamanten eher wellige oder an Jahresringe erinnernde Strukturen aufweisen.»

Natürliche und synthetische Diamanten. Ein als DiamondView bekanntes Prüfgerät, das mit Ultrafluoreszenz arbeitet, ermöglicht es, natürliche **(ganz oben)** von synthetischen Diamanten **(oben)** zu unterscheiden.

Tier- und Pflanzenarten

Die älteste bekannte Darstellung einer Pflanze findet man auf einem als Johnson-Papyrus bekannten Fragment, das um 400 n. Chr. datiert ist. Bei der als Symphyton bezeichneten Pflanze handelt es sich um ein Exemplar des *Symphytum officinale* (aus der Familie der Raublattgewächse), im Deutschen besser bekannt als Echter oder auch Gemeiner Beinwell.

Wie man Arten definiert und wie neue Arten entstehen, sind zentrale Fragestellungen der Biologie, wie schon der Titel von Darwins revolutionärem Werk „Die Entstehung der Arten" zeigte. Als es 1859 in London erschien, war das Mitte des 18. Jahrhunderts eingeführte System nach Carl von Linné in der Biologie schon fest etabliert. Es wird bis heute benutzt.

In Linnés binominaler Nomenklatur ist der erste Teil des lateinischen Namens die Gattung, der zweite die Art. Beide werden kursiv gedruckt. So etwa ist in *Rana temporaria*, der wissenschaftlichen Bezeichnung des Grasfrosches, *Rana* die Gattung und *temporaria* die Art. Beim Kriechenden Hahnenfuß, *Ranunculus repens*, und dem Scharfen Hahnenfuß, *Ranunculus acris*, hat man es mit zwei Arten, *repens* und *acris*, der Gattung *Ranunculus* zu tun. Manchmal folgt in gewöhnlicher Schrift der abgekürzte Name des Entdeckers. So etwa lautet die Bezeichnung des Gänseblümchens *Bellis perennis* L. (L steht für Linnaeus). Während also beim landessprachlichen Pflanzennamen zuerst die Art (z. B. „kriechend") und danach die Gattung kommt („Hahnenfuß"), ist es bei der wissenschaftlichen Bezeichnung genau umgekehrt.

Ein und dieselbe Pflanze hat oft verschiedene Namen, aber immer nur eine wissenschaftliche Bezeichnung. So wird der Echte Beinwell (*Symphytum officinale*) auch Gemeiner Beinwell, Arznei-Beinwell, Beinwurz, Bienenkraut, Hasenlaub, Milchwurz, Schadheilwurzel, Schmalwurz, Schwarzwurz, Wallwurz, Komfrei oder Wundallheil genannt. Umgekehrt kann ein und derselbe Name auch ganz verschiedene Pflanzen oder Tiere bezeichnen. So wird der Weberknecht auch Kanker oder Schneider genannt, ein Blick in den Duden zeigt jedoch, dass „Schneider" neben dem Weberknecht auch einen kastrierten Eber, ein langbeiniges Insekt wie Wasserläufer, Libelle oder Schnake, aber auch eine bestimmte Art von Karpfenfisch bezeichnet.

Der Gattung übergeordnete Kategorien sind Familie, Ordnung und Abteilung. Sie werden seit 1867 im Internationalen Code der Botanischen Nomenklatur (ICBN) geregelt. Die Familie der Liliengewächse (Liliaceae) umfasst u. a. Lilien, Tulpen, Fritillaria und Zahnlilien. Zur Ordnung der Ranunculales gehören die Hahnenfußgewächse (Ranunculaceae), die Berberitzengewächse (Berberidaceae) und die Fingerfruchtgewächse (Lardizabalaceae). Abteilung nennt man eine höhere Kategorie wie z. B. Blütenpflanzen im Gegensatz zu Sporenpflanzen.

Familien, Ordnungen und Abteilungen wurden ständig revidiert, und das schon vor der Entstehung der Molekularbiologie in den 1950er-Jahren. In der jüngsten Vergangenheit änderte sich das gesamte Artenkonzept durch die außergewöhnliche Spezifizität der Gensequenzierung. «Wenn man eine Blattkäferart gesehen hat, so hat man garantiert nicht alle gesehen», schreibt der prominente Biologe

Ungefähre Artenzahlen bei Pflanzen und Pilzen

Bezeichnung	Anzahl der Arten
Prokaryoten (Bakterien, Cyanobakterien)	3600
Eukaryotische Algen	33000
Grünalgen	7000
Kieselalgen	6000
Rotalgen	4000
Braunalgen	1500
Pilze einschließlich der Schleimpilze	90000
Ascomycetes (Schlauchpilze)	30000
Basidienpilze	30000
Moose	26000
Flechten	20000
Farngewächse	15000
Bärlappe	400
Schachtelhalme	32
Spermatophyten (Samenpflanzen)	236000
Nacktsamer	800
Bedecktsamer	235000

(und Ameisenspezialist) Edward O. Wilson in seinem Buch „In Search of Nature". «Jede Art hat in ihren Genen eine Million bis eine Milliarde Erbinformationen, die bei einer – je nach taxonomischer Gruppe verschiedenen – mittleren Lebensdauer von 1 bis 10 Millionen Jahren infolge einer unvorstellbaren Zahl von Mutationen und adaptiven Evolutionen immer wieder anders kombiniert werden.»

Wilson und andere schätzen, dass die Zahl der bekannten Arten – Tiere, Pflanzen, Mikroorganismen – 1,4 Millionen beträgt, dass aber die Zahl der existierenden Arten irgendwo zwischen 5 und 100 Millionen liegt. So unglaublich diese Zahlen auch erscheinen, es kann sein, dass sie weniger als ein Prozent der Arten umfassen, die bisher existierten. «Wir haben begonnen, das jetzt und früher auf der Erde existierende Leben ziemlich oberflächlich zu erforschen», behauptet Wilson schon lange.

Ungefähre Artenzahlen in der Tierwelt

Bezeichnung	Anzahl der Arten
Urtierchen	40000
Schwämme	
Nesseltiere (z. B. Korallen, Quallen)	10000
Plattwürmer	16100
Spulwürmer	
Weichtiere	
Schnecken	85000
Muscheln	25000
Kopffüßer (z. B. Kraken)	600
Ringelwürmer (Anneliden)	17000
Gliederfüßer	
Spinnentiere	68000
Krebstiere	50000
Insekten	
Libellen	4700
Küchenschaben	4000
Heuschrecken, Grashüpfer	20000
Schnabelkerfe	73000
Käfer	350000
Bienen und Ameisen (Hautflügler)	110000
Schmetterlinge	
Fliegen, Mücken	
Stachelhäuter (z. B. Seeigel)	6500
Wirbeltiere	46500
Fische (einschließlich Neunaugen)	20600
Amphibien	3300
Reptilien	6300
Vögel	8600
Säugetiere	3700

Die Yeti-Krabbe (*Kiwa hirsuta*). Nachdem Tiefseeforscher dieses behaarte, blinde, etwa 15 cm lange Krustentier entdeckt hatten, musste dafür eine neue zoologische Familie eingeführt werden, die Kiwaidae. Die Bezeichnung leitet sich von der polynesischen Göttin der Krustentiere, Kiwa, ab. Dieses Tier bewohnt die Tiefsee und wurde in der Nähe der Osterinseln entdeckt. Vermutlich lebt sie von den Bakterienpopulationen in der Nähe von Tiefsee-Geysiren.

7. Kapitel *Universum*

Armillarsphäre. Die Ringkugel stellt die Großkreise des Himmels dar – Horizont, Meridian, Äquator, Polarkreise –, in deren Mittelpunkt sich die Erde befindet. Der Name dieses im antiken Griechenland erfundenen astronomischen Geräts kommt vom lateinischen „armilla“ für „Armreif“.

Das heliozentrische Universum

Oben: Der Mechanismus von Antikythera, 2. Jahrhundert v. Chr. Das 1900 in einem Wrack vor der griechischen Insel Antikythera gefundene Gerät diente wahrscheinlich zur Berechnung von Eklipsen.

Für Aristoteles und Ptolemäus war die Erde der Mittelpunkt des Universums, Sonne und Planeten umkreisten sie: Der Kreis war die vollkommenste aller Formen, und der Himmel war vollkommen. Wie wir längst wissen, bewegen sich die Erde und die anderen Planeten auf elliptischen Bahnen um die Sonne. Aber, wie Alex Hebra in „Measure for Measure" schreibt: «Anstatt das antike Wissen zu belächeln, sollte man bedenken, dass von der Spätantike über das Mittelalter das Konzept der Kreisbahnen genaue Vorhersagen über Sonne, Mond und Planeten ermöglichte, dass die Astronomen Sonnen- und Mondkalender erstellten und Eklipsen exakt vorhersagten – eine großartige und umso bemerkenswertere Leistung, als [nach ihrer Überzeugung] die Sonne um die Erde kreiste.»

Eines der für diese Vorhersagen benutzten Instrumente war die Armillarsphäre, ein skelettartiger Himmelsglobus aus fünf Ringen, die durch ihre Skalierung Winkelmessungen ermöglichten. Aufgehängt, in einem Gestell montiert oder mit einem Handgriff versehen, galten diese Geräte in der Renaissance als das Symbol für Bildung und Wissen und erfreuten sich ungeheurer Beliebtheit. Einige für den praktischen Gebrauch bestimmte Armillarsphären stellte Tycho Brahe Ende des 16. Jahrhunderts her. Brahe entwickelte verschiedene Typen für bestimmte astronomische Zwecke. Im Lauf der Zeit wurden die Konstruktionen einfacher und leichter, sodass sie nicht mehr unter ihrem eigenen Gewicht zusammenbrachen. Trotzdem spiegelte ihre Komplexität die Bemühungen der Astronomen wider, die Zickzacklinien und die elliptischen Bahnen der Himmelskörper zu erklären. Die Armillarsphären erfreuten sich auch noch im 17. und 18. Jahrhundert großer Beliebtheit: Man benutzte sie, um den Unterschied zwischen dem geozentrischen und dem neuen heliozentrischen Weltbild des Kopernikus zu demonstrieren.

Aus den Leistungen der mittelalterlichen Astronomen, der Tatsache, dass die Kirche die aristotelische Philosophie vertrat, und der Neigung des Menschen, sich als Mittelpunkt des Universums zu sehen, erklärt sich, warum sich die heliozentrische Weltsicht erst so spät durchsetzte. Seine Schrift „De Revolutionibus Orbium Coelestium" hatte Kopernikus kurz vor seinem Tod 1543 veröffentlicht, doch bis ins 18. Jahrhundert erschienen Bücher, die ein geozentrisches Weltbild vertraten. Mit der Relativitätstheorie wurde die Debatte Anfang des 20. Jahrhunderts bedeutungslos. Die Aussagen «Die Sonne steht still und die Erde bewegt sich» und «Die Sonne bewegt sich und die Erde steht still» wurden durch sie zu Konventionen mit Bezug auf ein jeweils anderes Koordinatensystem, wie Einstein in „Die Evolution der Physik" schreibt. «Beide Koordinatensysteme darf man mit gleichem Recht

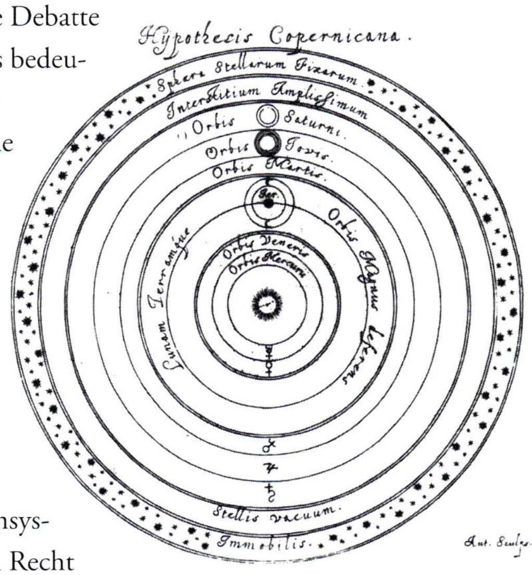

Unten: Das heliozentrische Universum des Kopernikus in Johannes Hevelius' „Selenographia", 1647. Die Planetenbahnen sind als Kreise dargestellt.

Die Bewegungen der Planeten

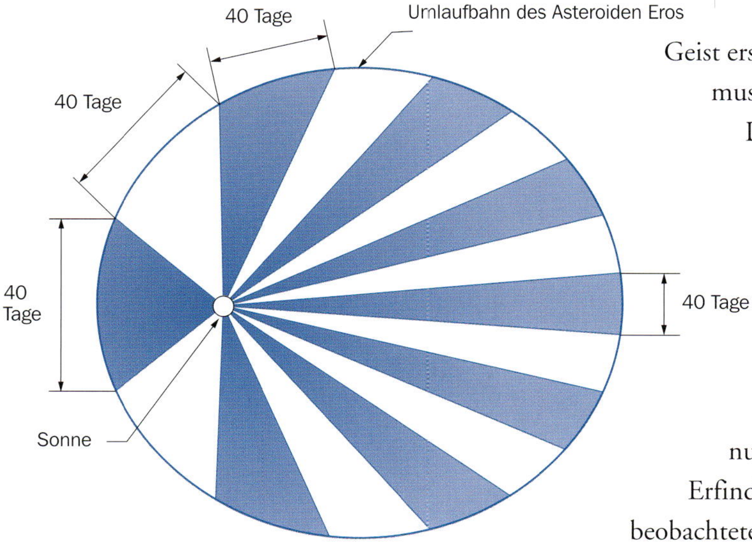

Geist erst Formen konstruieren muss, bevor wir diese in den Dingen finden können. Keplers bewundernswerte Leistung ist ein besonders schönes Beispiel dafür, dass Wissen nicht allein der Erfahrung entspringen kann, sondern nur aus dem Vergleich der Erfindungen des Geistes mit beobachteten Fakten.»

Der Astronom Johannes Kepler (1571–1630) entdeckte die Gesetze der Planetenbewegung. Sein zweites Gesetz wird durch die Grafik veranschaulicht. Sie zeigt die elliptische Umlaufbahn, die der Asteroid Eros um die Sonne beschreibt. Alle Sektoren der Ellipsenfläche haben den gleichen Flächeninhalt.

Der Astronom Johannes Kepler analysierte die ersten genauen, auf Beobachtung gründenden Daten von Planetenbewegungen, die der 1601 verstorbene Tycho Brahe gesammelt hatte. Er schloss daraus, dass ihre Bahnen nicht Kreise waren, wie noch Kopernikus geglaubt hatte, sondern Ellipsen, eine von den Griechen „entdeckte" geometrische Form. Dank dieser Erkenntnis formulierte Kepler seine Gesetze der Planetenbewegung. Mit ihrer Hilfe erstellte er Tabellen zur Bestimmung von Planetenpositionen in der Vergangenheit, Gegenwart und Zukunft, die mit den Beobachtungen der Astronomen übereinstimmten, so Galileis. Später gewann insbesondere das zweite Keplersche Gesetz entscheidende Bedeutung für Newton, der das Gesetz von der Anziehung zwischen Erde und Mond und zwischen Sonne und Planeten formulierte.

1930 erklärte Einstein zu Keplers 300. Todestag: «Es scheint, dass der menschliche

Was wir heute erstes und zweites Gesetz nennen (das zweite wurde vor dem ersten entdeckt), veröffentlichte Kepler 1609 in seiner „Astronomia Nova", das dritte erst 1620 in „De Harmonia Mundi". Das erste Gesetz besagt, dass die Planeten elliptische Bahnen ziehen und die Sonne in einem Brennpunkt dieser Ellipsen steht. Das zweite ist etwas schwerer zu verstehen. Es besagt, dass Flächen, die von einer Linie überstrichen werden, die die Sonne und den Planeten über gleiche Zeiträume verbindet, von gleicher Größe sind. Das bedeutet, dass sich Planeten in Sonnennähe schneller fortbewegen (s. Grafik). Noch komplizierter ist das dritte Gesetz. Es beschreibt mathematisch genau den Zusammenhang zwischen den Distanzen der Planeten zur Sonne und ihren Geschwindigkeiten, «eine Leistung, die [Kepler] außerordentliches Vergnügen bereitete», schreibt der „Hutchinson Dictionary of Scientific Biography", «und ihn in seinem Glauben an die Harmonie des Universums bestärkte».

Der Mond

Anfang 2001 schrieb einer der bekanntesten Astronomen in seinem Buch „Patrick Moore on the Moon“: «1969 glaubten alle, binnen weniger Jahre würde eine komplette Mondstation errichtet sein und der Mondtourismus würde vor der Tür stehen. Am Beginn des neuen Jahrtausends liegen diese Ziele noch in weiter Ferne.» Moore erinnerte sich an ein Gespräch, das er 1970 mit Neil Armstrong führte und in dem dieser sagte: «Ich bin ziemlich sicher, dass wir solche Mondbasen noch erleben werden.» Heute ist klar, dass Armstrong zu optimistisch war. Seit über einer Generation haben Menschen den Mond nicht mehr betreten.

Diese lange Pause führte zu Vergleichen zwischen Mond- und Polarexpeditionen. Nach den ersten, von nationalen Rivalitäten bestimmten Expeditionen zum Nord- und zum Südpol 1909 bzw. 1911 verging fast ein halbes Jahrhundert, ehe Wissenschaftler dort tätig wurden und im Internationalen Geophysikalischen Jahr 1957/58 die ersten ständigen Basen errichteten. Geht es nach der NASA, so werden bald nach 2018, ein halbes Jahrhundert, nachdem die USA mit ihrer bemannten Mondlandung die Sowjetunion überrundeten – «für einen Menschen ist das ein kleiner Schritt, für die Menschheit ein Riesensprung», wie Armstrong sagte, als er den Mond betrat –, vierköpfige Teams im Blick auf die spätere Errichtung einer Basis eine Woche auf dem Mond verbringen.

«Für die wissenschaftliche Arbeit ist der Mond eines der besten Grundstücke im Sonnensystem», schrieb 2006 der *New Scientist* in seinem Sonderbericht über Forschungsarbeiten auf dem Mond. «Einige polnahe Stellen werden ständig von der Sonne bestrahlt und eignen sich für permanente Solarstromproduktion. Im Schatten der Kraterränder herrscht ewige Finsternis – für Astronomen ideal. Die tiefen Temperaturen in den Kratern eignen sich hervorragend für Superleiterkraftwerke, Infrarot-Astronomie und andere Arten von Tieftemperaturforschung.« Auf dem äußerst festen Boden kann man nicht nur bauen, er liefert auch das nötige Material. «Kein Wunder, dass die Mondoberfläche seit Langem begehrliche Blicke auf sich zieht.»

Umseitig: Die Apollo-12-Mission, 14. bis 24. November 1969. Die vom Kommandomodul abgekoppelte Mondfähre Intrepid schwebt 111 km über dem Riesenkrater Ptolemäus. Der kreisförmige Krater im Mittelgrund rechts ist der Herschel-Krater. Intrepid landete anschließend im Meer der Stürme.

Lunare Mess- und Bewegungsdaten

Mittlere Entfernung zur Erde	384 365 km oder 0,0025695 astronomische Einheiten (AE)
Größte Entfernung	406 670 km
Kleinste Entfernung	356 396 km
Siderische Umlaufzeit	27,321661 Tage
Synodische Umlaufzeit	29 Tage, 12 Stunden, 44 Minuten, 2,9 Sekunden
Axiale Inklination des Äquators gegen die Ekliptik	1° 32´
Orbitale Exzentrizität	0,0549
Orbitale Inklination (Neigung gegen die Ekliptik)	5° 9´
Mittlere orbitale Geschwindigkeit	3680 km/h
Scheinbarer Durchmesser	max. 33° 31' mittl. 31° 5' min. 20°22'
Magnitude des Vollmonds bei mittlerer Entfernung	–12,7
Mittlere Albedo	0,07
Linearer Durchmesser	3476 km
Masse	$^{1}/_{81,3}$ der Erde = 0,0123 der Erde = $3{,}7 \times 10^{-8}$ der Sonne
Volumen	0,0203 der Erde
Fluchtgeschwindigkeit	2,38 km/s
Dichte	3,34 von Wasser = 0,60 der Erde
Oberflächenschwerkraft	0,01653 der Erde

Die Planeten

Lange bevor es Teleskope gab, wussten die Astronomen, dass es außer Sonne und Mond fünf Himmelskörper gibt, die sich vor dem Hintergrund der offenbar fest stehenden Sterne bewegen: Es waren die Planeten Merkur, Venus, Mars, Jupiter und Saturn. Ihre Namen wurden in einigen Sprachen mit den Wochentagen verbunden, man denke auch an „saturday“ im Englischen in Anlehnung an *Saturni dies*, den Tag des Saturn. Mithilfe der Teleskope entdeckte man später weitere Planeten: 1781 Uranus, 1846 Neptun und 1930 Pluto (der allerdings 2006 zum Zwergplaneten degradiert wurde), sodass es insgesamt neun wurden bzw. waren.

Galilei entdeckte die vier Jupitermonde und später die Saturnringe, die er als „Henkel“ bezeichnete. Dank eines längeren Fernrohrs mit besseren Linsen erkannte Christiaan Huygens 1655 die Scheibenform der Saturnringe und entdeckte Titan, den größten Saturnmond. Eigenartigerweise beobachtete Huygens keine weiteren Saturnmonde. Er war ein Jünger Descartes', der ihn darin bestärkte, dass Himmel und Mathematik zusammenhängen. Eine vollkommene Zahl ist so groß wie die Summe ihrer ganzzahligen Divisoren: 6 ist vollkommen, da seine Teiler 1, 2 und 3 sind und zusammen 6 ergeben (die nächsten vollkommenen Zahlen sind 28, 496 und 8128). Da der Himmel vollkommen war, so Huygens' Argument, mussten es auch seine Zahlen sein. Es waren sechs Planeten und sechs Monde bekannt (der Erdmond, die Jupitermonde und der Titanmond), was zwei vollkommene Zahlen ergab, sodass man nicht nach weiteren Monden suchen musste.

1671/72 entdeckte Jean-Dominique Cassini (der Begründer der französischen Kartografen-Dynastie) die Saturnmonde Iapetus und Rhea. Auch er «erging sich in Zahlenfantasien», schreibt I. B. Cohen in „The Triumph of Numbers“. Da er darauf hoffte, Leiter der von Ludwig XIV. gegründeten Sternwarte zu werden, schmeichelte er diesem mit der Behauptung, dass die sechs Planeten und acht Monde vierzehn die Sonne umkreisende Himmelskörper ergäben, eine symbolträchtige Zahl, die vom Ruhm des Sonnenkönigs künde, dessen Name mit ihr verbunden war. Cassini bekam die Stelle – wie er aber 1684 dem König seine Entdeckung zweier weiterer Saturnmonde, Tethys und Dione, erklärte (Saturn hat insgesamt 18 Monde), ist nicht bekannt. Cassini, der bis zu seinem Tod 1712 Leiter der Sternwarte blieb, lebt in zweierlei Hinsicht fort: in der Cassini-Teilung (einer von ihm entdeckten Lücke zwischen den Saturnringen) und dem Cassini-Orbiter, der den Saturn umrundet.

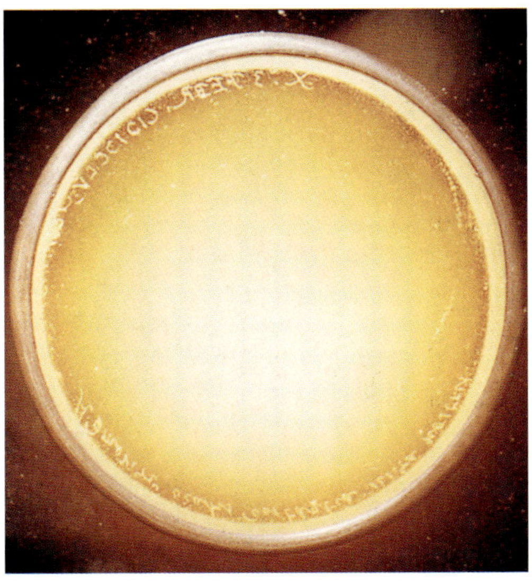

Christiaan Huygens (1629–95), Physiker, Mathematiker und Astronom **(oben)**, entdeckte den Saturnmond Titan und die wahre Natur der Saturnringe. Die Aufnahme **(unten)** zeigt, was von seinem Teleskop übrig geblieben ist: die Linse mit 57 mm Durchmesser; am Rand ist die Brennweite eingraviert (10 rheinische Fuß) und das Datum, an dem sie die Endpolitur erhielt (3. Februar 1655). Weiterhin findet man darauf einen Vers des römischen Dichters Ovid: «Admovere oculis distantia sidera nostris» (Sie brachten die fernen Sterne unseren Augen näher). Huygens ist auch für seine Theorie zur Wellennatur des Lichts bekannt – mit der er in Gegensatz zur Korpuskeltheorie Newtons geriet, derzufolge Licht aus winzigen Teilchen bestand.

«Die Cassini-Huygens-Mission hat unser Wissen vom Saturn in einer für Cassini unvorstellbaren Weise verändert. Die 1997 gestartete Sonde (s. Abb. gegenüber) hatte eine Startmasse von 5820 kg und ist eine der größten Raumsonden, die je gebaut wurden. Sie hat die Größe eines Schulbusses, wozu noch die in alle Richtungen vorragenden Antennen kommen», schreibt Joan Horvath, die an der Konstruktion beteiligt war, in „Saturn: A New View“. Sie ist auch eine der komplexesten, nicht zuletzt wegen des spärlichen Sonnenlichts auf dem Saturn (1% des Sonnenlichts auf der Erde), sodass Solarpaneele als Energiequelle nicht verwendet werden können. Die Abbildung rechts zeigt Ingenieure, die die Sonde für Tests in der Thermalvakuumkammer des Jet Propulsion Laboratory in Kalifornien vorbereiten, in dem man die Vibration beim Start, die starke Hitze im inneren und die Kälte im äußeren Sonnensystem simulieren kann. In der Mitte des Orbiters ist die mit Folien bedeckte Landekapsel Huygens zu sehen, die sich am Weihnachtstag 2004 vom Orbiter trennte und am 14. Januar 2005 per Fallschirm auf Titan landete, wo sie 1 Stunde 12 Minuten und 13 Sekunden – weit länger als erwartet – überlebte und Daten erfasste. Eines der in Verbindung mit dem Hubble-Teleskop entstandenen einzigartigen Bilder dieser Mission ist rechts zu sehen. Es zeigt, wie sich am Saturn-Südpol im Verlauf von fünf Tagen ein Polarlicht entwickelt. Hubble nahm die Bilder in Ultraviolett auf, während Cassini Radiowellen registrierte und die Intensität des Sonnenwinds maß.

Links und gegenüber: Die Cassini-Sonde startete 1997 zum Saturn.

Unten: Die Saturnringe und das Polarlicht, aufgenommen im Rahmen der Cassini-Mission

ANGABEN ZU CASSINI
Abmessungen: Länge 6,7 m, Durchmesser 4 m
Gewicht: 5820 kg mit Treibstoff,
2125 kg ohne Treibstoff
Kosten: $ 3,3 Milliarden
Start: 15. Oktober 1997

FELD- UND PARTIKEL-INSTRUMENTE
Drei Instrumente zur Erforschung der Saturnmagnetosphäre und Detektion geladener Teilchen und Plasmen. Untersuchung der Wechselwirkungen zwischen Monden und Sonnenwind sowie von Eis, Staub, Plasma und Radiowellen.

PARABOLANTENNE
Funkverbindung mit Erde und Radarabtastung der Titan-Oberfläche.

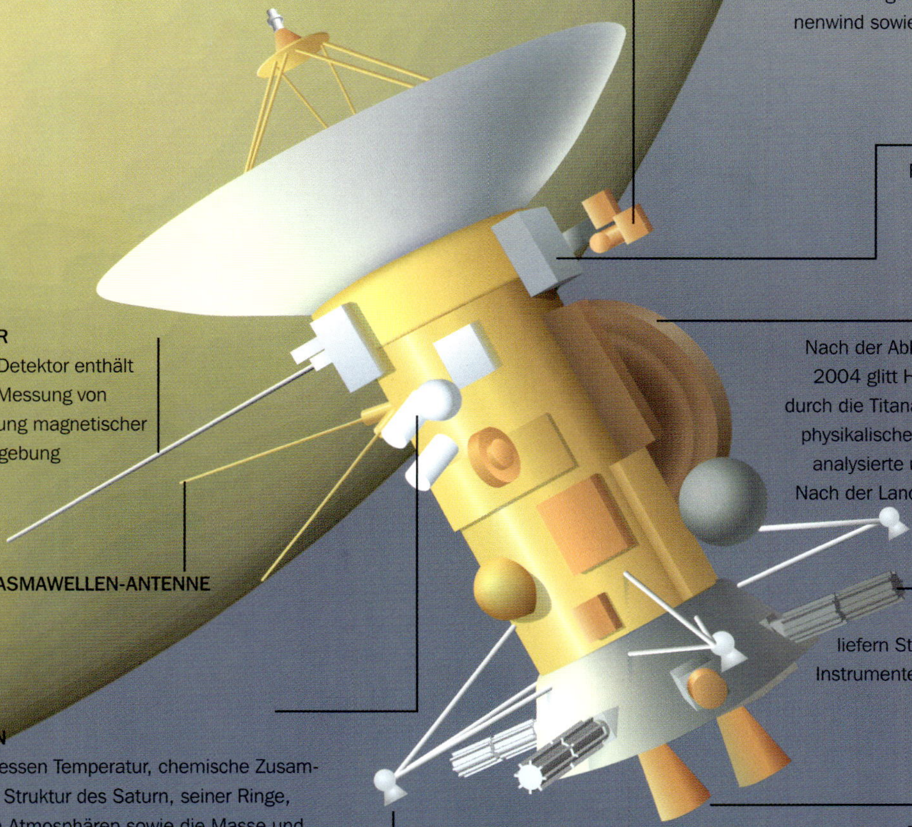

MAGNETOMETER
Der 11 m lange Detektor enthält Instrumente zur Messung von Größe und Richtung magnetischer Felder in der Umgebung des Saturn.

LANDEKAPSEL HUYGENS
Nach der Abkoppelung am 25. Dezember 2004 glitt Huygens an zwei Fallschirmen durch die Titanatmosphäre, wobei sie deren physikalische und chemische Verhältnisse analysierte und zugleich Bilder aufnahm. Nach der Landung auf Titan analysierte sie dessen Oberfläche.

RADIO- UND PLASMAWELLEN-ANTENNE

RADIOISOTOPEN-THERMOELEMENTE
liefern Strom für die Raumsonde, ihre Instrumente, Computer und Funkgeräte.

FERNSENSOREN
Vier Sensoren messen Temperatur, chemische Zusammensetzung und Struktur des Saturn, seiner Ringe, Monde und ihren Atmosphären sowie die Masse und interne Struktur von Saturn und den Monden. Kameras fotografieren im sichtbaren, Nahinfrarot- und Ultraviolettbereich.

STEUERTRIEBWERKE nehmen kleine Korrekturen der Flugbahn vor.

HAUPTTRIEBWERK
Es entwickelt eine Schubkraft von 445 Newton.

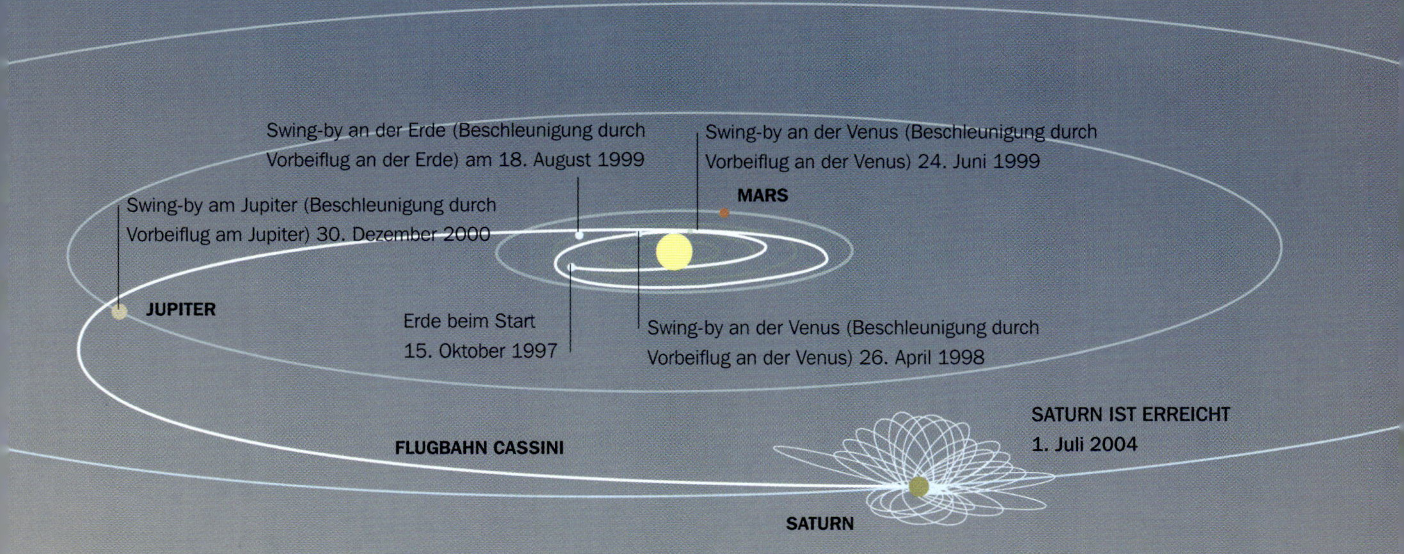

Mars Venus Erde

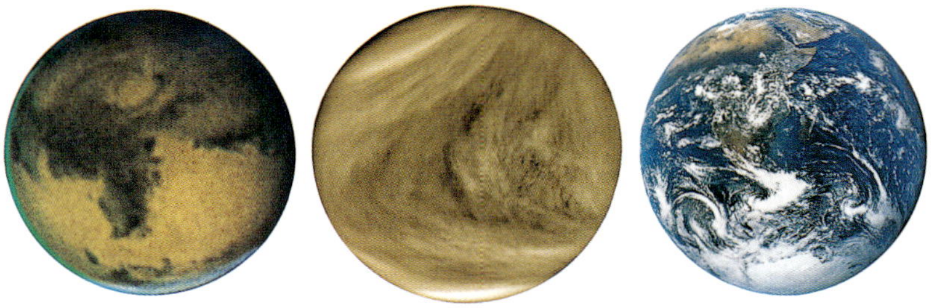

Links: Zu kalt, zu heiß und optimal für das Leben: Temperaturen und Atmosphären der Erde und ihrer Nachbarplaneten

95%	96,5%	0,03%	**Kohlendioxid**
2,7%	3,5%	78%	**Stickstoff**
0,13%	Spuren	21%	**Sauerstoff**
Spuren	0.0	0,0000017%	**Methan**
– 53 °C	+ 459 °C	+ 14 °C	**Oberflächentemperatur**

Gibt oder gab es Leben auf dem Mars? Die Diskussion begann 1895, als der Astronom Percival Lowell „Marskanäle“ entdeckte: «[Seine] Sicht des Mars als Wüstenplaneten, der einst der Erde glich und nun stirbt, faszinierte die Fantasie des 20. Jahrhunderts», schrieb *Nature* 2006. Die Zusammensetzung der Marsatmosphäre und die Oberflächentemperatur legen jedoch nahe, dass er ebenso unbelebt wie Venus ist. Allerdings wurden bei der jüngsten Marsmission in seiner Atmosphäre Methanspuren entdeckt.

Unten: Eine hochauflösende Aufnahme des Mars Global Surveyor von 2003 zeigt Schichtformationen in einem alten Impaktkrater im Schiaparelli-Becken des Mars. Sie erinnern an irdische Sedimente, die auf dem Grund alter Seen und Meere abgelagert und durch Erosion freigelegt wurden. «In der fernen Vergangenheit des Roten Planeten könnte der Krater mit Wasser gefüllt gewesen sein, vielleicht war er der Rest eines Sees, der das Schiaparelli-Becken füllte«, schreiben Jerry Bonnell und Robert Nemiroff in *Astronomy: 365 Days*. Sie räumen jedoch ein, dass die Schichten auch aus Material entstanden sein könnten, das der sehr windigen Marsatmosphäre entstammt. Die beiden Mars-Rover Spirit und Opportunity entdeckten 2004 interessante Hinweise auf Bedingungen, die früher Leben auf dem Mars ermöglicht haben könnten, so etwa ungewöhnliche graue Kügelchen aus Eisen und Gestein, die den Spitznamen „Blaubeeren“ erhielten. Möglicherweise sedimentierten sie aus einer schlammigen Wasserdecke.

Die Sonne

Als wichtigste Quelle von Licht und Wärme hatte die Sonne in den frühen Kulturen eine zentrale Position inne, besonders in Ägypten, wo sie in Gestalt des Sonnengottes Ra verehrt wurde. Als der berühmte griechische Philosoph Diogenes, der in einem Fass lebte, die Wahl zwischen Reichtum und Sonnenlicht hatte, entschied er sich für Letzteres. Alexander dem Großen, der ihm, um ihn auf die Probe zu stellen, die Erfüllung aller Wünsche versprach, soll er geantwortet haben: «Geh mir aus der Sonne!»

Die Babylonier berichteten schon im 21. Jahrhundert v. Chr. von Eklipsen. Eine Keilschrifttafel enthält die Prophezeiung, dem König von Ur werde, wenn der Mondgott verfinstert sei, durch seinen Sohn Unrecht widerfahren; sein Sohn werde ihm aber nicht auf den Thron folgen, denn der Sonnengott werde ihn fangen. Forschungen zufolge wurde Schulgi von seinem Sohn zur Zeit der Mondfinsternis vom 4. April 2094 v. Chr. ermordet, und Amar-Sin bestieg den Thron.

Die Schönheitsfehler der Sonne – dunkle Sonnenflecken – wurden von Christoph Scheiner S.J. im Jahr 1611 entdeckt. Um seine Augen zu schützen, benutzte er ein Teleskop, mit dem er das Bild auf eine weiße Leinwand projizierte. Sein erstes Werk erschien anonym, um die Jesuiten im Fall eines Irrtums nicht in Misskredit zu bringen – was Galilei nicht daran hinderte, Scheiner zu enttarnen und zu erklären, er selbst habe die Sonnenflecken schon zuvor beobachtet. 1630 veröffentlichte Scheiner unter eigenem Namen das erste große, von ihm selbst illustrierte Werk über Sonnenflecken, „Rosa Ursina", (oben). Das Foto unten zeigt eine extreme Nahaufnahme eines Sonnenflecks aus dem Jahr 2002. Er ist dunkler als die Umgebung, da seine Temperatur um mehr als 2000 Grad unter den fast 6000 °C der übrigen Sonnenoberfläche liegt.

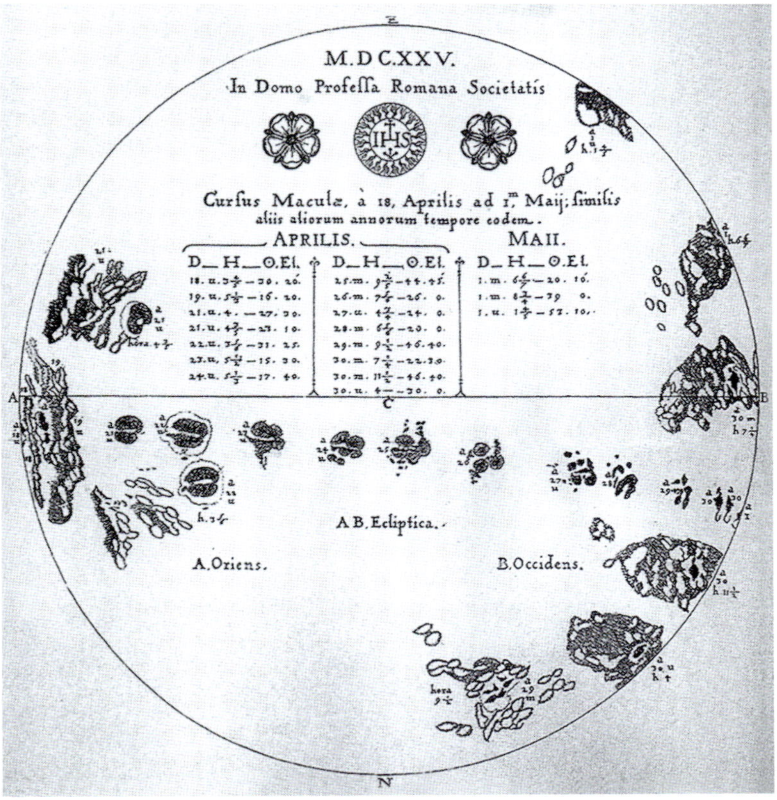

Oben: Sonnenflecken, Zeichnung von Christoph Scheiner, 1625

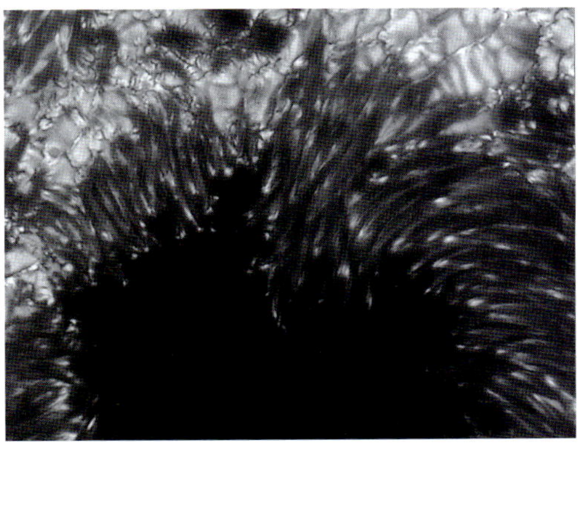

Unten: Aufnahme eines Sonnenflecks in starker Vergrößerung

Mit Analemma bezeichneten die Griechen ursprünglich die Basis der Sonnenuhr. Heute bezeichnet man damit die Kurve, die man erhält, wenn man ein Jahr hindurch jeden Tag zur gleichen Zeit den Sonnenstand misst. Für diese schwierige Aufgabe braucht man eine bei jeder Aufnahme gleich ausgerichtete Kamera. Das 2003 über den Ruinen des antiken Nemea in Griechenland aufgenommene irdische Analemma erforderte 44 Einzelbilder und eine Aufnahme des Vordergrunds. Das Mars-Analemma wurde aus Fotos zusammengestellt, die 1997 von der im Rahmen der Mars-Pathfinder-Mission errichteten Sagan Memorial Station aus gemacht wurden. Die Kurve entsteht durch die Neigung der Erdachse und die unterschiedlichen Geschwindigkeiten der Erde auf ihrer Umlaufbahn um die Sonne. Wäre die Erdbahn keine Ellipse, sondern eine Kreisbahn, und wäre die Erdachse nicht geneigt, sondern senkrecht zur Bahnebene, so würde die Sonne das ganze Jahr über zur selben Zeit am selben Himmelspunkt stehen, und das Analemma bestünde aus einem einzigen Punkt. Wäre hingegen die Erdbahn bei geneigter Erdachse kreisförmig, so wären die beiden Schleifen der Acht gleich groß.

Analemma der Erde **(gegenüber)** und des Planeten Mars **(unten)**. Das Mars-Analemma gleicht einer Träne und nicht einer Acht wie bei der Erde. Das liegt daran, dass sich beim Mars das Zusammenspiel zwischen seiner Achsneigung und der Form seiner Umlaufbahn anders auswirkt. Auch Saturn hat ein tränenförmiges Analemma, Jupiter hingegen ein elliptisches.

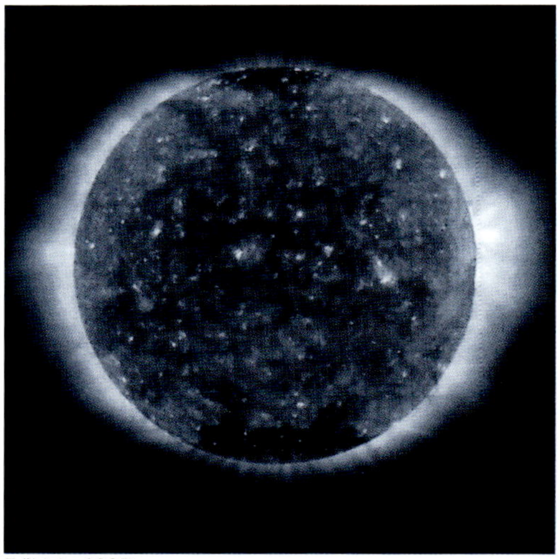

Frühjahr 1997

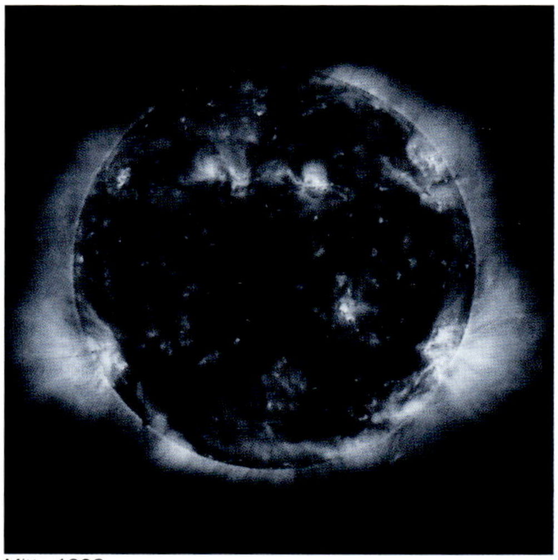

Mitte 1998

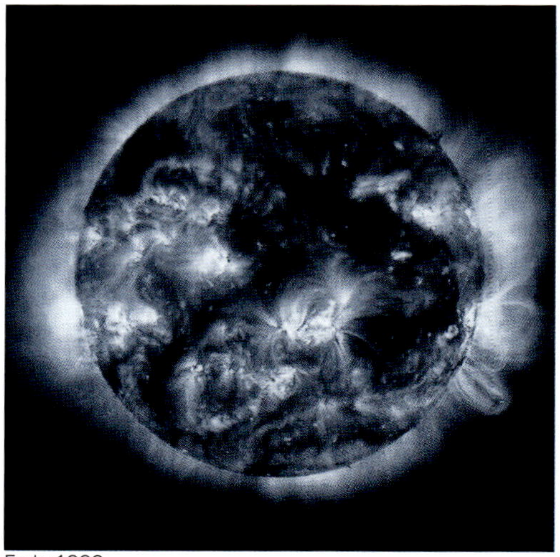

Ende 1999

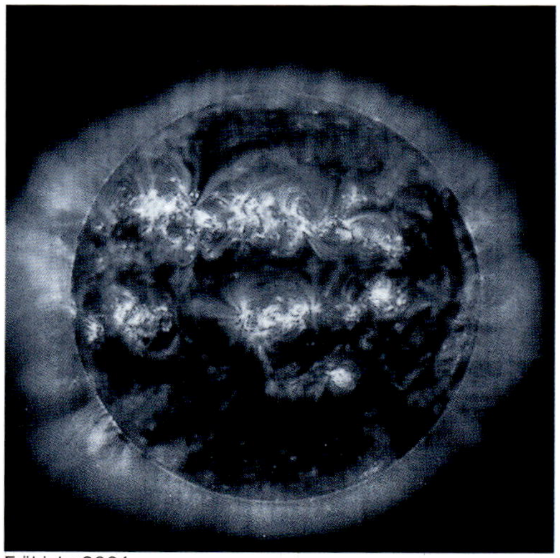

Frühjahr 2001

Links: Zyklische Sonnenaktivität. Die Ultraviolettbilder von 1997–2001 zeigen eine wachsende Sonnenaktivität in einem der elfjährigen Zyklen, wie sie das Sonnenfleckendiagramm 1750-1997 darstellt. Sie hat 2001 ihren Höhepunkt erreicht. «Die Wissenschaftler sind sich darin einig, dass die bei einer Sonneneruption freigesetzte Energie in den Magnetfeldern der Sonne gespeichert sein muss», erklärt Gordon Holman. Es scheint, dass die Ursache in einer magnetischen Rekonnexion liegt, d. h. dass sich zwei antiparallele Felder nahe kommen und teilweise auslöschen –, was die Schleifen in den Sonneneruptionen erklärt.

Unten links: Ringförmige Eklipse, 1994. Der Mond verdeckt den Großteil der Sonne. Da seine Umlaufbahn kein perfekter Kreis ist, wird sein Erdabstand manchmal etwas größer, wodurch sich die Form der Eklipse ändert.

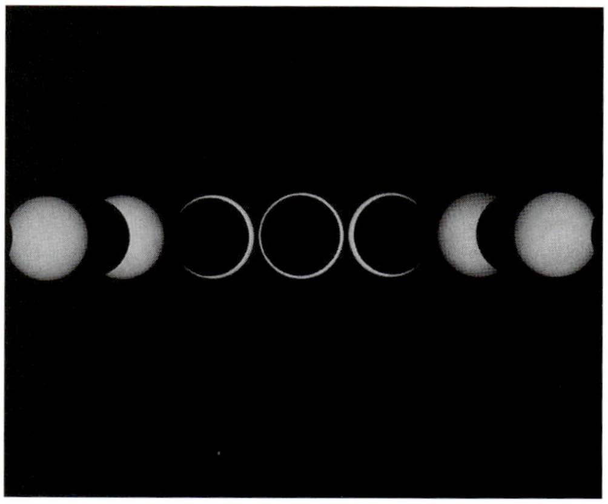

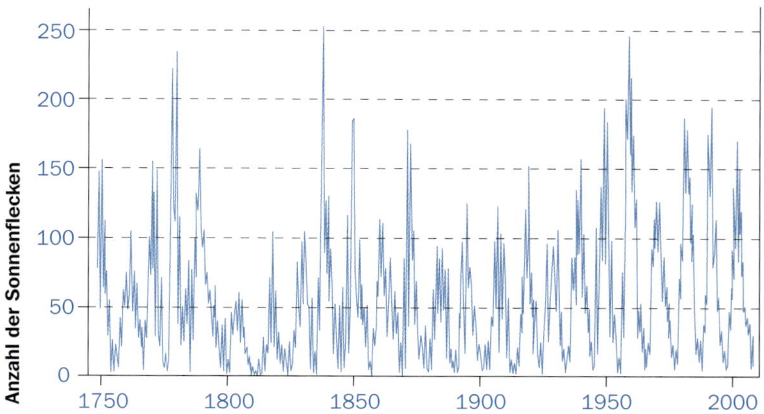

Die Sterne

Die Zahl der Sterne des Universums geht in die Billionen (10^{12}), aber nur ein kleiner Teil davon ist mit bloßem Auge sichtbar. Die Menschen beobachten die Sterne schon seit Tausenden Jahren; sie sehen darin Götter, Tiere und vertraute Gegenstände wie Waagen, trotzdem flößt ihr Anblick stets aufs Neue Ehrfurcht ein.

Der sonnennächste Stern ist Proxima Centauri mit ungefähr 4,3 Lichtjahren Entfernung zur Sonne. Das Lichtjahr ist eine praktische Einheit. Es entspricht der vom Licht im Vakuum in einem Jahr zurückgelegten Entfernung (als SI-Einheit 9461 x 10^{15} m). Die fernsten Sterne sind Milliarden von Lichtjahren entfernt. Einzelsterne wie die Sonne sind weniger häufig als Doppelsterne, Sternsysteme oder Sterncluster aus zahllosen Komponenten. Sterne unterscheiden sich nach Helligkeit, Farbe, Temperatur, Masse, Größe, chemischer Zusammensetzung und Alter.

Hipparch, der im 2. Jahrhundert v. Chr. seinen Sternkatalog erstellte (s. S. 21), führte als Erster ein System zur Messung der Helligkeit ein. Es umfasste sechs Größenklassen oder Magnituden, wobei die 15 hellsten Sterne der nördlichen Himmelshalbkugel die 1. Größe bildeten, die dunkelsten die 6. Größe. Das heutige System folgt Hipparch: je kleiner die Größenzahl, desto heller der Stern. Für jede Verringerung um eine Klasse steigt die Helligkeit logarithmisch um 2,512, was bedeutet, dass eine Verringerung in der Größe um 5 einer Helligkeitssteigerung von 2512^5 bzw. um den Faktor 100 entspricht. Manche Sterne sind so hell, dass sie eine negative Magnitude haben, so hat Sirius –1,5, Venus, der Abend- bzw. Morgenstern, bei seiner größten Helligkeit –4,0, der Vollmond –12,7 und die Sonne –26,9.

All diese Zahlen sind scheinbare Helligkeiten, da sie nicht die jeweilige Entfernung des Sterns zur Erde berücksichtigen. Die absolute Helligkeit, die die Leuchtkraft eines Sterns direkt beschreibt, ist die Magnitude, die er hätte, wenn er aus einer Standarddistanz von 32,6 Lichtjahren gemessen würde. Die Spektralanalyse der Strahlung, die sich schon bei der Analyse der Sonne (S. 76) bewährt hat, ist die wichtigste Methode zur Untersuchung ferner Sterne. Sie werden dabei nach Farbe und Temperatur in Spektralklassen eingeteilt. Der heißeste blaue Typ O hat eine Temperatur von 40000 K, der kühlste rote Typ M 3000 K. Das Hertzsprung-Russel-Diagramm (HRD) zeigt die Entwicklungsverteilung der Sterne: Setzt man die absolute Helligkeit in Relation zum Spektraltyp, so erhält man an gewissen Stellen im All Cluster, z. B. die „weißen Zwerge“, die „Riesen“ und die „Cepheiden“.

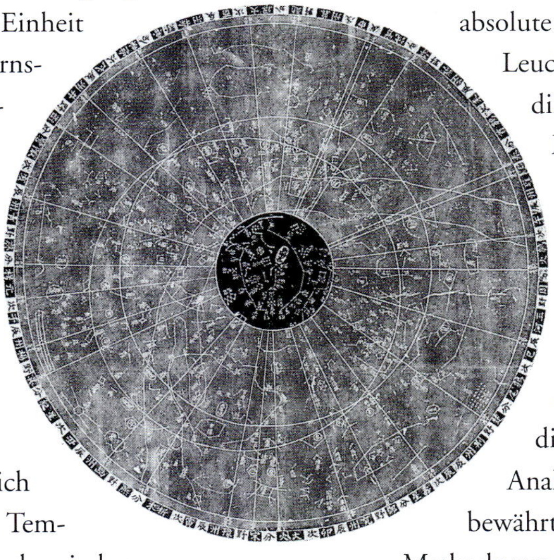

Oben: Konstellationen in einem volkstümlichen Buch über Kosmografie, 1540.

Links: Sternkarte, China, 1193. Sie entstammt einer der längsten durchgehenden astronomischen Aufzeichnungen der Geschichte.

Umseitig, oben: Sternspuren über dem Mauna Kea auf Hawaii, wo sich Großteleskope wie die Keck-Teleskope (s. S. 67) befinden. Die Digitalaufnahme entstand aus mehr als 150 Fotos mit je einer Minute Belichtungszeit. In diesem Zeitraum bewirkte die Erdrotation den Sternspuren-Effekt. Die Vulkanlandschaft im Vordergrund wurde vom Mondlicht erhellt.

Umseitig, unten: Infrarotfoto des Andromedanebels. Die unserer Milchstraße am nächsten gelegene Spiralgalaxie ist zwei Millionen Lichtjahre entfernt. Das Bild entstand aus 11000 Aufnahmen, für die das Spitzerteleskop 18 Stunden brauchte. Infrarotlicht ist für von Sternen erwärmten Staub besonders empfindlich.

Kometen

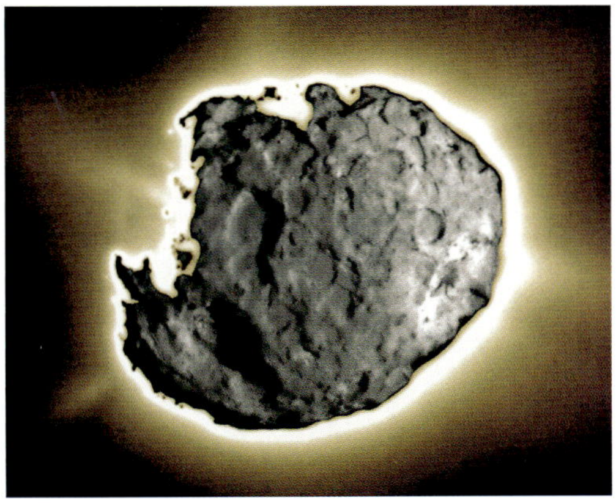

Kometen faszinieren die Menschheit seit Anbeginn. Der alle 76 Jahre (zuletzt 1986) erscheinende Halley'-sche Komet wurde schon 240 v. Chr. gesichtet. Als er zur Zeit der Eroberung Englands durch die Normannen auftauchte (1066), wurde sein Abbild auf den Wandteppich von Bayeux gestickt. 1910 leuchtete er besonders hell. Leonard Woolf (der spätere Ehemann Virginia Woolfs), Kolonialbeamter in einer abgelegenen Küstenregion Ceylons, schrieb in sein Tagebuch, dass die Dorfbewohner darin einen Vorboten von Unheil sahen.

Edmond Halley berechnete 1705 als Erster die Umlaufbahn eines Kometen und den Zeitpunkt seiner Wiederkehr. Die 1531, 1607 und 1682 gesichteten Kometen, so erklärte er, waren sich derart ähnlich, dass sie identisch sein mussten. Der Komet werde 1758 wieder erscheinen. Halley starb 1742, aber seine Vorhersage traf ein, und der Komet wurde nach ihm benannt.

Zu Beginn des 21. Jahrhunderts wissen wir ungleich mehr. Raumsonden nahmen Kometen aus der Nähe auf, Proben wurden analysiert, eine Sonde schlug auf einem Kometenkern auf. Am meisten überrascht, dass die «schmutzigen Schneebälle aus Feuer und Eis zugleich geboren sind», schrieb *Nature* 2006. Wissenschaftler stellten fest, dass die Partikel, die die Stardust am 2. Januar 2004 beim Vorbeiflug an Wild 2 einfing, Mineralien enthielten. «Viele Verbindungen konnten nur in Sternnähe entstehen, weit weg vom kalten Randbereich des Sonnensystems, wo sich der Komet herausbildete.»

Unten: Der Halley'sche Komet auf dem Wandteppich von Bayeux. Er war 1066 erschienen.

Links: Kern des Kometen Wild 2, aufgenommen 2004 von der NASA-Raumsonde „Stardust". Der Kern hat etwa 5 km Durchmesser, der Schweif aus Staub und Gasen aber ist Millionen Kilometer lang.

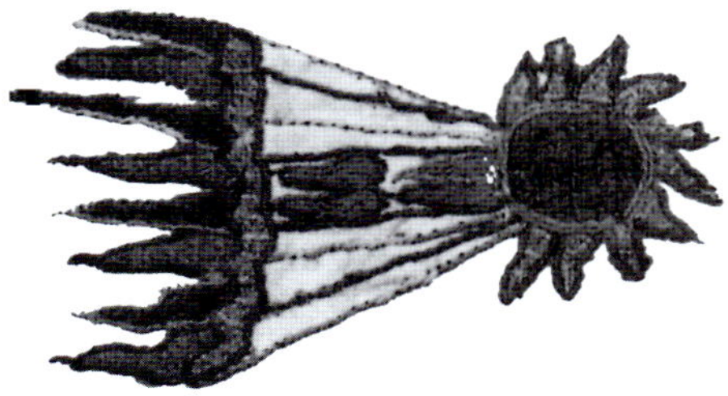

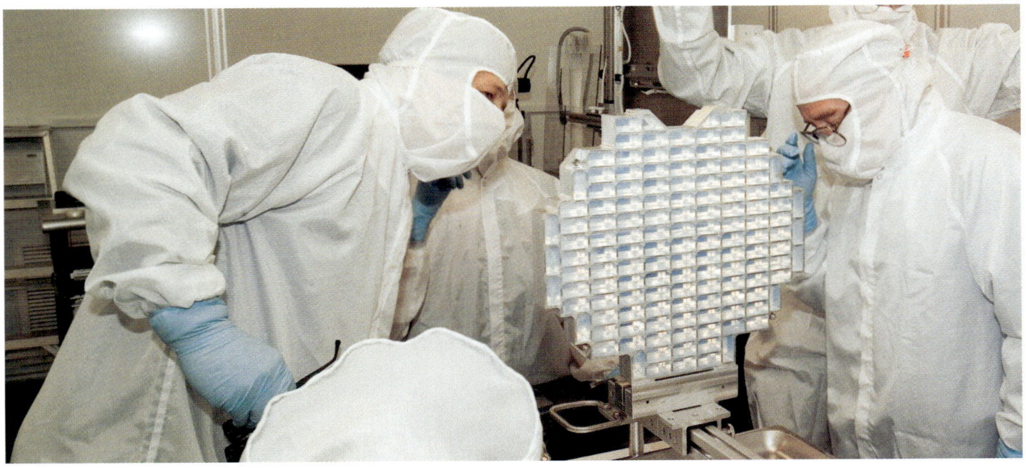

Links: Wissenschaftler untersuchen Aerogelblöcke, die Körner aus dem Schweif des Kometen Wild 2 enthalten. «Wir könnten auf ein einziges Partikel leicht ein ganzes Jahr verwenden.»

Schwarze Löcher

Niemand weiß wirklich, ob es schwarze Löcher gibt oder nicht. Es gibt keinen Beweis dafür, und auch die Idee ist nicht neu. 1783 spekulierte John Michell bereits darüber, danach stellte Pierre Simon Laplace Berechnungen an. 1916 erfolgte die mathematische Definition durch Karl Schwarzschild, der sich auf Einsteins allgemeine Relativitätstheorie stützte. 1939 lieferten Robert Oppenheimer und Hartland Snyder den mathematischen Nachweis, während sich Einstein selbst strikt dagegen aussprach. Erst 1964 führte John Wheeler den Begriff „schwarzes Loch" ein. Michell spekulierte über Objekte, die so groß sind, dass ihre Fluchtgeschwindigkeit die Lichtgeschwindigkeit übersteigt. Eine moderne, aus einem Wanderplanetarium stammende Definition dieses Phänomens lautet: «Ein schwarzes Loch ist eine extreme Verdichtung von Materie, zu der es kommt, wenn Riesensterne am Ende ihres Lebens kollabieren. Einer astronomischen Theorie zufolge liegt im Zentrum eines schwarzen Lochs ein Punkt unendlicher Dichte – eine kosmische Singularität.»

Schwarze Löcher sind per Definition unsichtbar, da aus ihnen kein Licht austreten kann (nur die sogenannte Hawking-Strahlung). Zu orten sind sie nur, indem man ihre Wirkungen auf benachbarte Raumobjekte wie Gasstrahlen oder die Strahlung schnell umlaufender Körper misst. Der erste aussichtsreiche Kandidat für ein schwarzes Loch war der 1965 entdeckte Cygnus X-1.

Das Zentrum der Milchstraße. Die mit dem VLT-Großteleskop des Paranal-Observatoriums gemachte Nahinfrarotaufnahme erfasst ca. zwei Lichtjahre der Galaxie. Möglicherweise ist die Umlaufbahn eines bestimmten, als S2 bezeichneten Sterns ein Hinweis auf die Existenz eines schwarzen Lochs im Zentrum der Milchstraße.

Naturkonstanten

Sogar Albert Einstein unterliefen in der Physik einige Fehler. Der bekannteste ist – da Einstein selbst auf ihn hingewiesen hat –, dass er 1917 seinen Feldgleichungen der allgemeinen Relativitätstheorie von 1915 die kosmische Konstante hinzufügte. Diese Episode lehrt uns etwas, das für alle Naturkonstanten gilt.

Der alleinige Zweck dieses „kosmischen Kompromisses" bestand darin, das Weltmodell statisch und somit ewig zu machen – so wie sich Einstein und andere das Universum eben wünschten. Ohne ihn, so argumentierte er, würde die Gravitation letztlich dazu führen, dass der Kosmos in sich selbst zusammenstürzte. Da er die Konstante «nur deshalb brauchte, um eine quasi statische Verteilung der Materie zu erhalten», erschien sie als eine Art hässliche Störung der Eleganz seiner ursprünglichen Gleichungen. Edwin Hubbles Beobachtungen von Galaxien zeigten, dass das Universum nicht statisch ist, sondern expandiert, und Einstein ließ sich überzeugen. 1931 erklärte er vor Journalisten, dass er das statische zugunsten eines expandierenden Modells (s. S. 68) aufgebe und somit auch die kosmische Konstante. Er bedauerte zwar sehr, dass ihm ein Fehler unterlaufen war, gleichzeitig freute er sich aber über die Vereinfachung seiner Feldgleichungen.

«Die Möglichkeit einer kosmischen Konstante löste sich allerdings nicht so ohne Weiteres auf», schrieb Steven Weinberg, ein führender Theoretiker und Nobelpreisträger 1993 in „The Search for the Fundamental Laws of Nature". «Es reicht nicht, zu sagen, dass eine kosmische Konstante eine überflüssige Komplikation sei. So wie alles andere muss auch Einfachheit erklärt werden.» Weinbergs Vorsicht war berechtigt. Neueste Beobachtungen der Ausdehnung des Kosmos liefern deutliche Hinweise darauf, dass in der Feldgleichung letztlich doch eine kosmische Konstante erscheint, was offenbar mit der beschleunigten Expansion des Weltalls zu tun hat.

Es gibt viele grundlegende physikalische Konstanten. Auch Laien kennen c, die Lichtgeschwindigkeit: Sie beträgt 299 792 458 m/s (etwa 300 000 km/s). Weitere Konstanten sind die Gravitationskonstante G in Newtons Schwerkraftgleichungen, die Ladung e eines Elektrons oder Protons, die Avogadrozahl NA bei der Anzahl der Einheiten eines Mols (S. 90) und die Planck-Konstante h, die die Energie eines Quants mit seiner Frequenz verknüpft. (Die Energie ist das Produkt aus Frequenz und Planck-Konstante.)

Tausende und Abertausende von Versuchen haben gezeigt, dass diese Zahlen auch unter unterschiedlichsten physikalischen Bedingungen konstant sind. Hätten sie z. B. auf dem Saturn einen auch nur geringfügig anderen Wert als auf der Erde, so wären die Berechnungen für die Cassini-Mission falsch gewesen und die Sonde wäre im All verschwunden.

Es gibt keine Theorie, die erklärt, warum die Naturkonstanten ihre Werte haben und warum diese unveränderlich bleiben. Letztlich handelt es sich dabei um vom Menschen geschaffene Konstrukte, so wie die Naturgesetze, die seit Archimedes von Wissenschaftlern „entdeckt" und zugleich „erdacht" wurden. An diese Tatsache soll uns die Geschichte von Einsteins kosmischer Konstante erinnern.

Albert Einstein (1879–1955) wurde durch seine grundlegenden Arbeiten zur Relativitäts- und Quantentheorie zum bedeutendsten Physiker des 20. Jahrhunderts. Er akzeptierte, dass seine Theorien nicht für alle Zeiten ausreichen würden, und schrieb: «Die Wissenschaft ist kein geschlossenes Buch und wird es auch nie sein. Jeder bedeutende Fortschritt wirft neue Fragen auf. Jede Entwicklung bringt langfristig gesehen neue Schwierigkeiten ans Licht.» Einsteins kosmische Konstante ist ein typisches Beispiel dafür.

Expansion des Universums und Urknall

Vor 10 oder 20 Milliarden Jahren «kam es zum Urknall, durch den das Universum entstand. Warum es dazu kam, ist das größte existierende Rätsel. Dass es dazu kam, ist ziemlich klar.» Mit diesen Worten resümiert Carl Sagan den Konsens der Kosmologen, die von einem Entstehungszeitpunkt ausgehen, der 13,7 Milliarden Jahre zurückliegt. Jene, die fragen „was vor dem Urknall war", bekommen zur Antwort, dass „vor dem Urknall die Zeit" nicht existierte, sodass ihre Frage sinnlos sei.

Ein Entstehungszeitpunkt impliziert zwangsläufig ein expandierendes Universum, das einem Punkt entsprang und sich in alle Richtungen ausweitet. Edwin Hubble nahm in den 1920er-Jahren die ersten Messungen vor, die solide Beweise dafür lieferten. Nach nächtelangen Beobachtungen, die er im Mount-Wilson-Observatorium mit dem größten Teleskop der Welt, den empfindlichsten Fotoplatten und einem genauen Spektrometer durchführte, konnte er 1931 sein berühmtes Diagramm (unten) erstellen. Es zeigt, wie sich die Fluchtgeschwindigkeit der Galaxien in Abhängigkeit vom Erdabstand ändert. Die Geschwindigkeiten wurden mithilfe der Dopplerverschiebung (s. S. 102) der Wellenlänge der Galaxien errechnet. Diese wird umso größer – d. h. sie verschiebt sich zum roten Ende des sichtbaren Lichts hin –, je schneller sich die Galaxie entfernt. Die Abstände der Galaxien zur Erde wurden durch ein Verfahren bestimmt, das die scheinbaren mit den absoluten Magnituden (s. S. 149) der als Cepheiden bezeichneten Sterne vergleicht, deren Helligkeit sich periodisch ändert.

Hubbles Diagramm zeigte eine gerade Linie (wobei mit Messunsicherheiten zu rechnen ist). Aus ihr ging hervor, dass die Fluchtgeschwindigkeit proportional zur Entfernung ist: Je ferner die Sterne sind, desto schneller entfernen sie sich. Hubble errechnete eine Proportionalitätskonstante, der zufolge die Fluchtgeschwindigkeit gleich dem Produkt aus Distanz und Hubble-Konstante ist.

Ein weiterer wichtiger Hinweis auf den Urknall ist die kosmische Hintergrundstrahlung. In den 1940er-Jahren sagten George Gamow und andere vorher, dass das unmittelbar nach dem Urknall emittierte Licht im All heute noch messbar sein müsse. Unter Einbeziehung der Expansion des Weltalls um den Faktor 1000 (nach dem Hubble'schen Gesetz) berechneten sie die Wellenlänge dieser Reliktstrahlung auf ca. 1 mm. Somit liegt sie im Mikrowellenbereich des elektromagnetischen Spektrums. 1965 entdeckten Arno Penzias und Robert Wilson solche Mikro-

Der Astronom Edwin Hubble (1889–1953) entdeckte in den 1920er-Jahren die Expansion des Weltalls. Durch Messung der Fluchtgeschwindigkeit von Galaxien und ihrer Entfernung zur Erde entdeckte er, dass diese Geschwindigkeit direkt proportional zur Entfernung ist (siehe Diagramm), ein Verhältnis, das als Hubble'sches Gesetz bekannt ist.

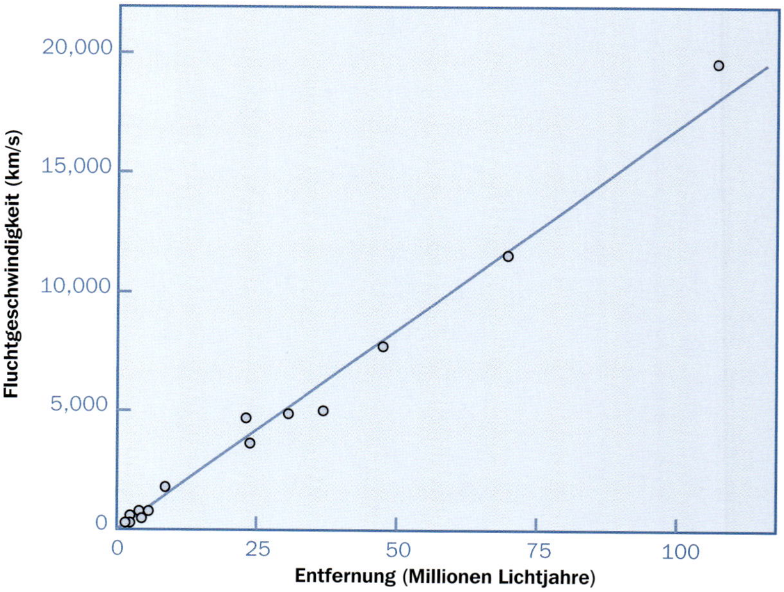

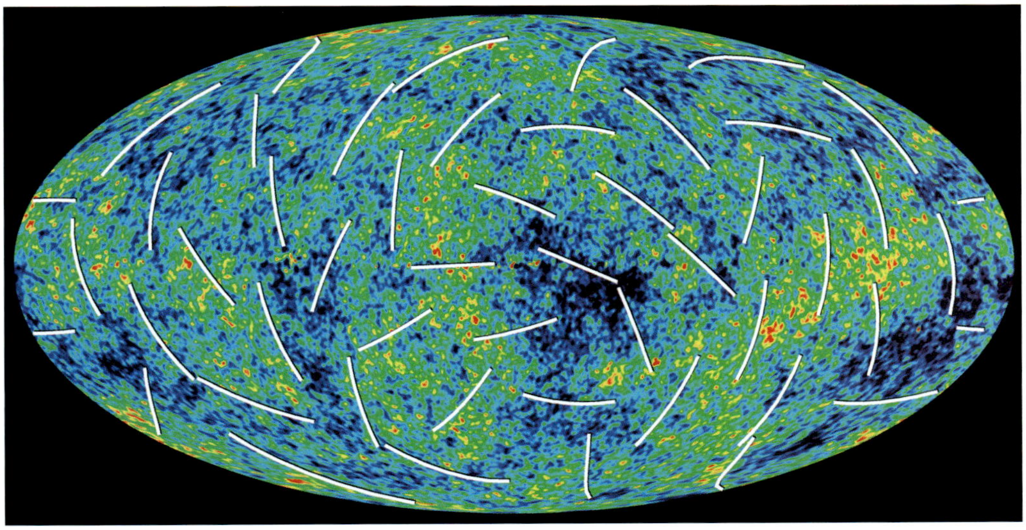

Auf den Urknall zurückgehende Hintergrundstrahlung **(links)**, aufgenommen durch die Raumsonde „Wilkinson Microwave Anisotropy Probe“ **(unten)**. Die 2001 gestartete WMAP-Sonde erfasste die anisotrope kosmische Hintergrundstrahlung mit einer im Vergleich zum COBE-Satelliten (1992) um den Faktor 35 verbesserten Auflösung. Die unterschiedlichen Farben zeigen winzige Temperaturunterschiede (zwischen 30 und 70 Millionstel K), die weißen Linien verschiedene Polarisierungen der Strahlung. Zu dieser Polarisierung des kosmischen Mikrowellenhintergrunds dürfte es nach dem Entstehen der ersten Sterne vor mehr als 13 Milliarden Jahren gekommen sein.

strahlen rein zufällig beim Test einer empfindlichen Antenne. Genaue Messungen der Hintergrundstrahlung durch den Satelliten COBE (1992) ergaben, dass sie nicht isotrop (nach allen Richtungen hin gleich), sondern anisotrop ist. Es sind darin winzige Schwankungen nachweisbar, die als winzige Dichteänderungen nach dem Urknall interpretiert werden: Signale der Entstehung von Galaxien aus dem isotropen kosmischen Urnebel.

Natürlich leidet die Urknalltheorie unter einigen gewaltigen Erklärungslücken. Dennoch liefert sie eine bessere Erklärung für die aus einer Vielzahl astronomischer Beobachtungen resultierende Datenlage als die Theorie eines ewigen Universums. Letztere wurde, ausgehend vom statischen Weltmodell Einsteins (1917), von einer kleinen Gruppe bedeutender Astronomen entwickelt, um Hubbles Expansionsbeweise zu integrieren. Sie wurde als „Steady-State-Theorie“ (Gleichgewichtstheorie) bezeichnet, der zufolge das Universum zwar expandiert, aber gleichzeitig Materie in Form neuer Galaxien entsteht. Auf diese Weise füllen sich die durch die Expansion entstehenden Lücken, und das Universum behält stets die gleiche Dichte. Amüsant ist, dass der Begriff Urknall ursprünglich abfällig gemeint war: Er wurde von Fred Hoyle geprägt, einem entschiedenen Gegner dieses Modells, der an die Steady-State-Theorie glaubte.

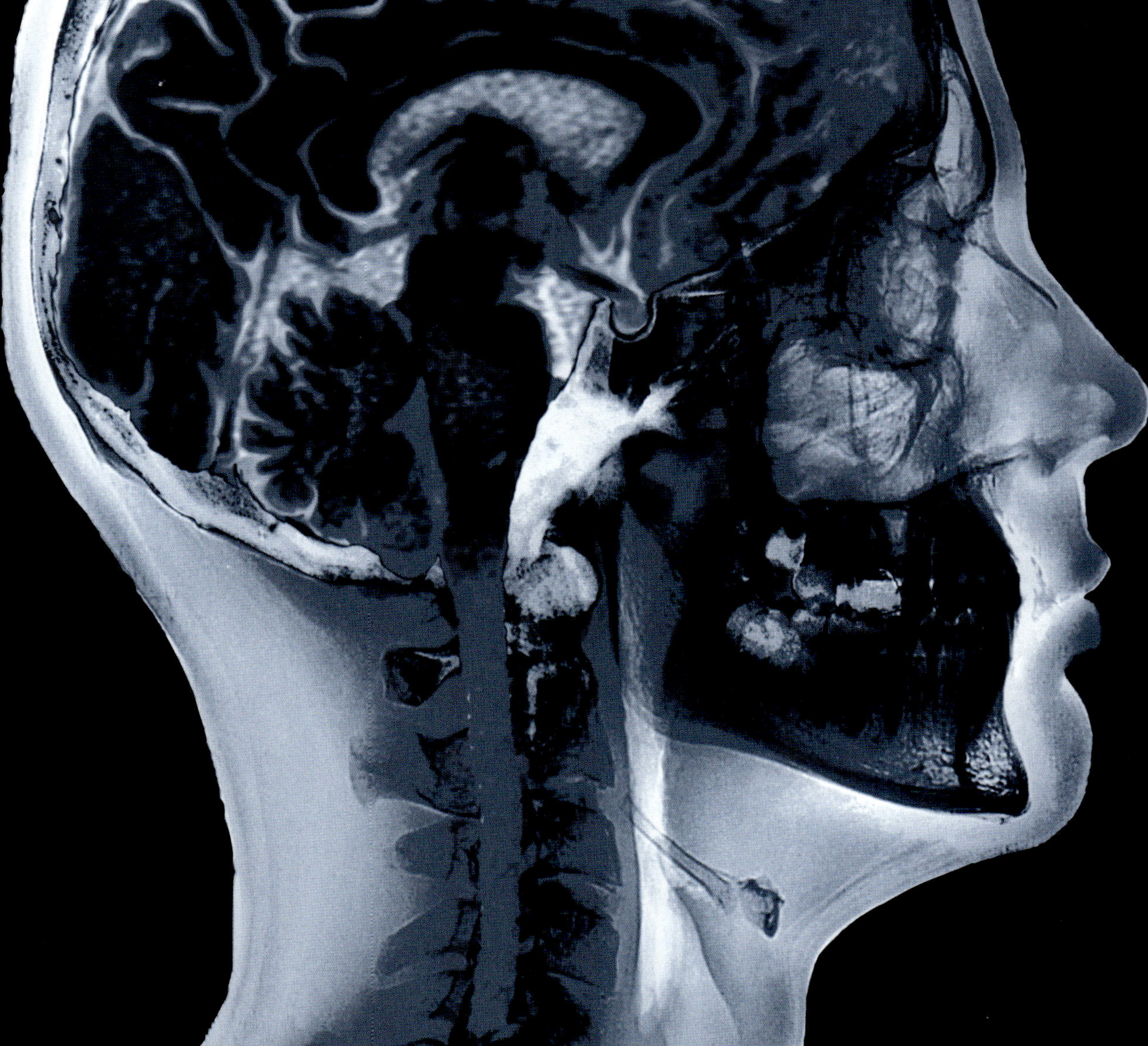

III DER MENSCH

«Die Menschen streiten, die Natur handelt», sagte der Philosoph der Aufklärung, François Marie Voltaire, kurz und prägnant. Und Albert Einstein bemerkte weise: «Das Unverständlichste an der Natur ist, dass sie verständlich ist.»

Auch wenn Mensch und Messung nicht immer in Harmonie leben, die Messungen am menschlichen Geist, am Körper, an der Gesellschaft werden ständig intensiver und genauer. Es gibt immer mehr Intelligenztests, immer mehr Prüfungen in Schule und Beruf, immer mehr Spezialgebiete innerhalb des Wissens. Gleiches gilt für Gesundheitsindikatoren, medizinische Tests und Studien. Das Wirtschaftsleben wäre undenkbar ohne Marktforschung, das Regieren ohne Volkszählungen, die Innenpolitik ohne Wahlanalysen und Meinungsumfragen. Misst man den Menschen, so gelten für Genauigkeit und Verlässlichkeit der Ergebnisse andere Maßstäbe als bei der Natur. Es gibt ethische Grundsätze, die beim Vermessen der Erde oder subatomarer Teilchen keine Rolle spielen. Aber der Linguist, Psychologe, Genetiker oder Soziologe hat letztlich das gleiche Ziel wie der Physiker: ein menschliches Phänomen durch sorgfältige und systematische Beobachtung zu quantifizieren, um Daten für Analysen und Theoriebildungen zu gewinnen. Klar ist, dass das seinen Preis hat, aber auch, dass der Nutzen zumeist überwiegt.

MRT-Bild eines menschlichen Kopfes. Die magnetische Resonanzbildgebung ist für Ärzte von unschätzbarem Wert und faszinierend für Psychologen.

8. Kapitel *Das Denken*

Der Stein von Rosetta war der Schlüssel zur Entzifferung der Hieroglyphen. Französische Soldaten hatten ihn 1799 in Raschid (Rosetta) in Ägypten gefunden. Nach dem Sturz Napoleons wurde er von England als Kriegsbeute beansprucht und ist seit 1815 im Britischen Museum in London ausgestellt. Der Stein enthält ein und denselben Text in Hieroglyphenschrift (oben), in demotischer (Mitte) und in griechischer Schrift (unten), wobei die Hieroglyphen und die demotische Schrift die ägyptische und die griechische Schrift die griechische Fassung darstellen. Der Stein von Rosetta wurde zum Symbol der Macht des Schreibens und Denkens über die materielle Welt.

Sprache

Mitte des 19. Jahrhunderts erarbeitete der amerikanische Sprachtherapeut Alexander Melville Bell eine Lautschrift zur Aufzeichnung von Lautäußerungen, um taubstumme Schüler zu verständlichem Sprechen zu erziehen. Seine Zeichen waren keine Buchstaben, sondern abstrakte Darstellungen der Positionen und Bewegungen der Sprechwerkzeuge – Zunge, Lippen, Zähne usw. So stellten nach links gekrümmte Zeichen auf dem Zungenrücken gebildete Konsonanten dar. Bell veröffentlichte sein System 1867 unter dem Titel „Visible Speech: The Science of Universal Alphabetics“. Bei Vorträgen pflegte er einen Zuhörer aufzurufen, vorzugsweise jemanden, der einen ungewöhnlichen Dialekt sprach. Der oder die Aufgerufene musste einige Worte nach eigener Wahl sagen, und Bell notierte sie. Dann rief er seinen Sohn herein, Alexander Graham Bell (der später durch sein Telefon berühmt wurde). Dieser hatte die Worte nicht gehört und musste sie anhand der Umschrift aussprechen. Anschließend verglich man die Aussprache des Sprechers mit der des Sohnes.

Worin liegen die grundlegenden Unterschiede zwischen geschriebenen und gesprochenen Äußerungen – abgesehen davon, dass Schrift sichtbar, eine Lautäußerung dagegen unsichtbar ist? Der wichtigste ist, dass im Schriftlichen das Gesprochene zerlegt wird, z. B. in Hieroglyphen, lateinische oder chinesische Schriftzeichen, was beim gesprochenen Text nicht der Fall ist. Natürlich teilen wir Worte auch in Silben, Konsonanten und Vokale, und Linguisten kennen noch viele weitere Kategorien von „Sprachatomen und -molekülen“, wie etwa Phoneme und Morpheme. Aber diese Einteilungen sind künstlich und überschneiden sich bisweilen.

«Sprechen ist ein Atemfluss, der durch das weiche Fleisch des Mundes und der Kehle in Zischen und Brummen verwandelt wird»,

lə

mɛːtrə fɔnetik

ɔrgan

də l asɔsjaːsjɔ̃ fɔnetik ɛ̃ːtɛrnasjɔnal

vɛ̃tnœvjɛm ane. — ʒɑ̃ːvje-fevrie 1914

Unten: Titel der Phonetikzeitschrift *Le Maître Phonétique*, erschienen 1914. Nach 1970 entschied sich die Zeitschrift für die konventionelle Schreibweise, da ihre Leser die Lautschrift zu anstrengend fanden. Der Text lautet: *«Le Maître Phonétique, organe de l'association phonétique internationale, vingt-neuvième année – janvier-février 1914»*.

Umseitig: Laute, Lautschrift und Schriftarten. Die Worte «four score and seven years ago» (mit denen Lincoln seine Gettysburg-Rede begann) sind in zehn Schriften dargestellt, ganz oben das Sonagramm eines bestimmten Sprechers. (1) ist die Transkription in das Internationale Phonetische Alphabet IPA, (2) die englische Schreibweise, (3) die Transkription ins Russische, (4) die bengalische Version mit Umschrift, (5) die koreanische Hangul-Version mit Umschrift, (6) die Hieroglyphenversion (ptolemäische Epoche) mit Umschrift, (7) die arabische konsonantische Schreibweise mit Umschrift, (8) die japanische syllabische Version mit Umschrift, (9) die syllabische Keilschriftversion mit Umschrift und (10) die chinesische syllabische Version mit Pinyin-Umschrift.

schreibt der Sprachwissenschaftler Steven Pinker in „The Language Instinct“. Bei normaler Sprechweise gibt es zwischen den Worten keine Lücken, wie wir sie bei den meisten Schriften auf dem Papier sehen. Wir können uns solche Lücken zwar vorstellen, aber spätestens bei fremdsprachlichen Äußerungen wird klar, dass das Einbildung ist. Sprache ist ein Redefluss, der sich nach Frequenz, Lautstärke und Tonhöhe ständig ändert und dessen Elemente sich wechselseitig determinieren. Im Deutschen oder Englischen wären mehr als die Hälfte aller Wörter, die im Gespräch schnell und nachlässig artikuliert werden, als Einzelwörter kaum verständlich.

Jede Sprache hat ihr eigenes Lautspektrum, das einer nahezu endlosen Reihe möglicher Laute entnommen ist. Ihr Schriftsystem stellt einige Laute dieses Spektrums dar – ihre Zahl ist je nach System verschieden –, den Rest müssen die Leser erraten. Der Unterschied zwischen Laut und Schrift ist bei fremdsprachlichen Wörtern und Namen besonders groß. Jede der rechts gezeigten Transkriptionen stellt die Worte anders und unterschiedlich genau dar. Das Internationale Phonetische Alphabet IPA (Zeile 1) wurde 1888 eingeführt. Es ist inzwischen so präzise, dass man sogar den Akzent des Sprechers darstellen kann. Wäre der Sprecher dieses Beispiels kein Amerikaner, sondern Brite oder Franzose, so sähe die Umschrift anders aus. Der Gewinn an phonetischer Genauigkeit geht beim IPA allerdings auf Kosten der Lesbarkeit. Schriften müssen die richtige Mischung aus genauer Lautwiedergabe und Verständlichkeit bieten.

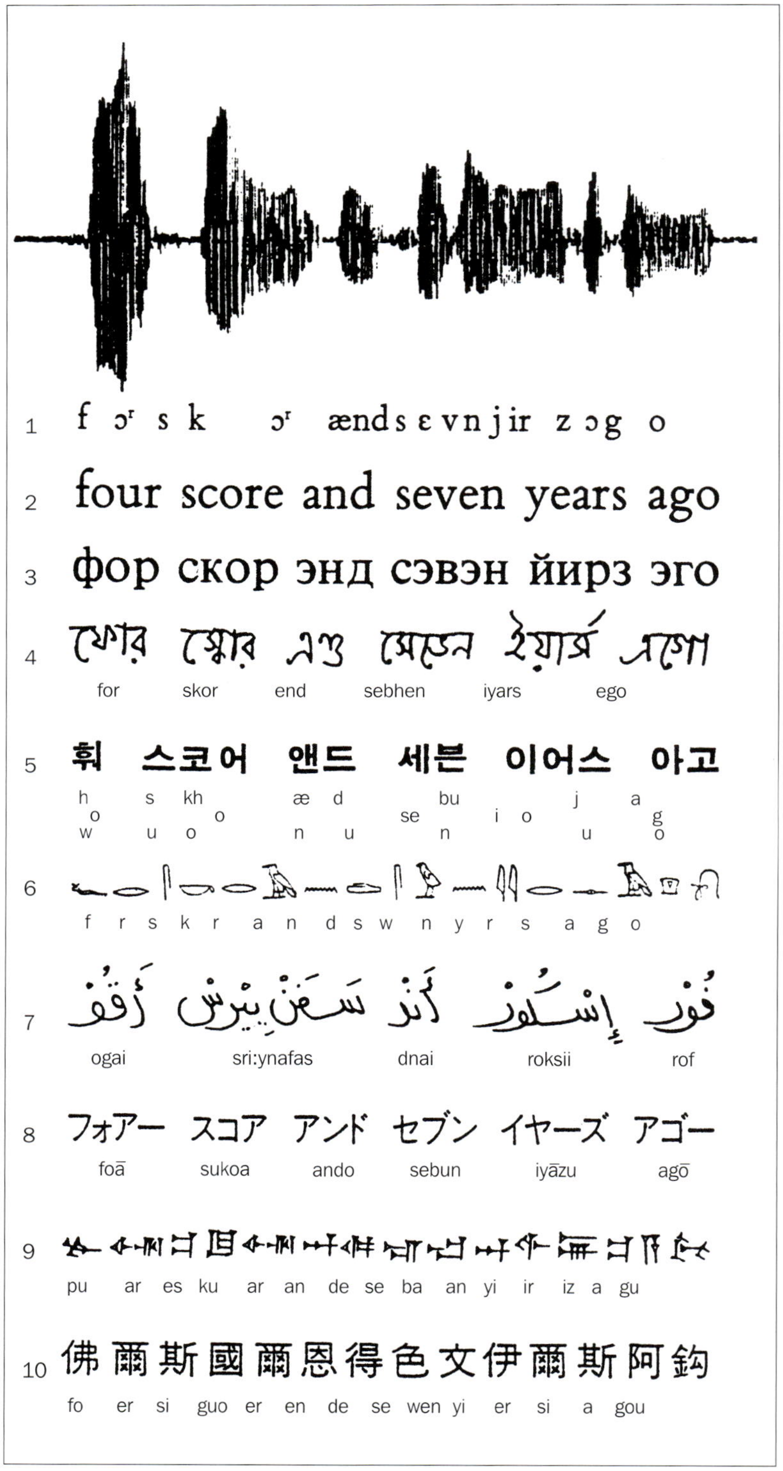

Versmaß und Metrik

Frühling lässt sein blaues Band
Wieder flattern durch die Lüfte;
Süße, wohlbekannte Düfte
Streifen ahnungsvoll das Land.

Die Wirkung dieser Verse aus Mörikes „Er ist's" beruht nicht allein darauf, dass die Freude über den Frühling den modernen Leser ebenso anspricht, sondern auch darauf, dass es sich um gebundene Rede handelt. Mörike verwendet hier den trochäischen Tetrameter: Jede Zeile besteht aus vier (daher Tetrameter) Versfüßen. Der Versfuß ist die aus zwei oder mehr Silben bestehende Grundeinheit. Er umfasst hier zwei Silben, von denen die erste betont und die folgende unbetont ist, auf die Hebung folgt eine Senkung. Dieser fallende Rhythmus wird als Trochäus bezeichnet. In Vers 1 und 4 fehlt die letzte Senkung, man spricht dann von männlichen Reimen. Der Gegensatz zu den mit einer Senkung endenden weiblichen Reimen in den Versen 2 und 3 macht den Rhythmus noch lebhafter.

In der Dichtung findet man Tetra-, Penta-, Hexa- und Heptameter (Verse mit 4, 5, 6 oder 7 Versfüßen). Die bekanntesten Versfüße sind, neben dem Trochäus, der Jambus (unbetont, betont), der Anapäst (unbetont, unbetont, betont), der Daktylus (betont, unbetont, unbetont) und der Amphibrachys (unbetont, betont, unbetont).

Die Lyrik kennt zahlreiche Formen wie Ode, Elegie, Rondeau, Sonett, Ballade u. a. Das Sonett umfasst in der Regel zwei vierzeilige Quartette und zwei anschließende dreizeilige Terzette. Eine spezielle Art der Reimverkettung ist die von Dante benutzte „terza rima".

Aber nicht immer wird das Versmaß strikt eingehalten:

Wer Tiere quält, ist unbeseelt
und Gottes guter Geist ihm fehlt.
Mag noch so vornehm drein er schaun,
man sollte niemals ihm vertrauen.

Im Vergleich zu Mörike wirkt Goethes Vierzeiler unruhig. Das gilt für Graphie, Syntax und Metrum. Ist etwa Vers 1 ein vierfüßiger Jambus oder, wie in normaler Rede, ein zweifüßiger Daktylus mit Auftakt? Übrigens sind Tiere in der Dichtung ein beliebtes Thema, von Goethes „Reineke Fuchs" bis Wilhelm Buschs „Der weise Schuhu". Busch geht mit dem Versmaß nicht eben zimperlich um, aber man weiß, welche Tiere gemeint sind. In einem Nonsens-Gedicht in Lewis Carrolls „Alice hinter den Spiegeln" ist das weniger klar. Auf ihre verdutzte Frage, was Dauben seien, erhält Alice die Antwort, das seien eine Art Dachse, Eidechsen oder Korkenzieher, die sich wie ein Gyroskop drehen. Wer daraus nicht klug wird, muss sich das Buch ansehen.

Oben: In seinem epischen Gedicht „Die Göttliche Komödie" verwendete Dante Alighieri (1265–1321) jambische Elfsilber und die „terza rima", eine aus drei Verszeilen bestehende, im Deutschen als Terzine bekannte Strophenform. Die erste Verszeile der Terzine bildet einen Reim mit der dritten Verszeile, die zweite reimt sich mit dem ersten und dem dritten Vers der folgenden Terzine. Das Reimschema lautet also aba, bcb, cdc, ... yzy, z. Für Sprachen, die über eine weniger große Zahl möglicher Reimwörter verfügen als das Italienische, ist dieses Reimschema sehr anspruchsvoll, wurde aber trotzdem von einigen Dichtern benutzt, so von Milton, Shelley und W. H. Auden im Englischen, im Deutschen von Schlegel, Tieck, Chamisso, Rückert, Platen, Goethe.

Semaphor und Morsecode

Die Römer kannten bereits ein System aus 3000 Türmen, die durch Lichtsignale Gefahr meldeten. Einen regelrechten Code zur schnellen Nachrichtenübermittlung über große Distanzen gab es erst zur Zeit der Französischen Revolution. 1794 nahmen die von Claude Chappe entwickelten Semaphore (Signalträger) ihren Betrieb zwischen Paris und Lille auf. Sie bestanden aus einem Turm mit einem drehbaren Balken, an dessen Ende ein schwenkbarer Arm befestigt war. Ihre Positionen wurden vom nächsten Turm mit dem Fernrohr beobachtet, was die Übermittlung von Wörtern über Distanzen von 8 bis 16 km ermöglichte. Das System wirkt zwar umständlich, aber bei guter Sicht konnte ein Signal die 16 Stationen bzw. 224 km bis Lille in zwei, die 116 Stationen bis Toulon in zwanzig Minuten durchlaufen. Der Code nutzte zuletzt 92 von 196 möglichen Balkenpositionen.

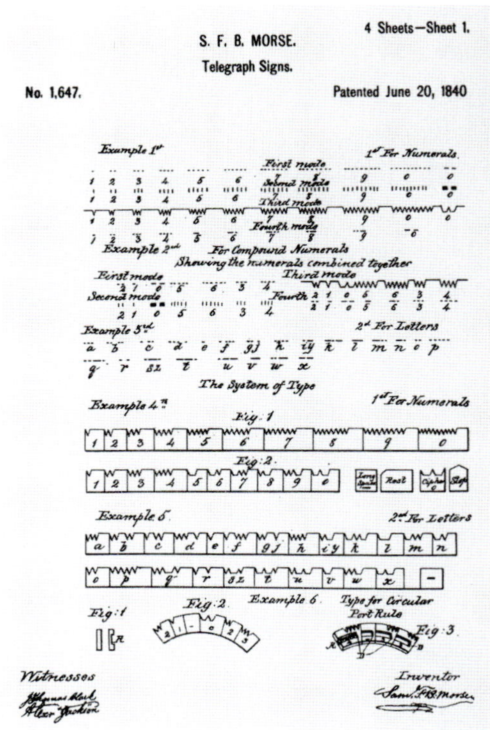

Links: Das internationale Morsealphabet. Die Dauer eines Strichs entspricht der von drei Punkten bzw. dem Abstand, den man zwischen Buchstaben oder anderen Zeichen lassen muss. Zwischen Wörtern lässt man ein Intervall von fünf oder sechs Punkten. Der Hauptgedanke von Morse war, die kürzesten Punkt-Strich-Kombinationen für die im Englischen am häufigsten verwendeten Buchstaben zu reservieren. Morse kam diese Idee in einer Zeitungsdruckerei in Philadelphia beim Anblick eines Setzkastens. Er enthielt 12 000 E, 9000 T, 8000 A, O, N, I, S usw. Aus diesem Grund ist E nur als Punkt und T als Strich kodiert. Dieses Prinzip garantiert die Effizienz des Morsealphabets. Heute ist der Morsecode vor allem für Amateurfunker interessant. Ihre archetypische Nachricht ist Strich-Punkt-Strich-Punkt, Strich-Strich-Punkt-Strich, gesprochen „dahdidahdit, dahdahdidah“. Es steht für CQ („seek you“) und bedeutet: „Hört mich jemand?“

Unabhängig davon wurde etwa gleichzeitig das Signalsystem der Marine verbessert: Die Flaggensignale eines Matrosen konnten auf einem anderen Schiff mit dem Fernrohr erkannt werden. Anders als das komplizierte System Chappes stellten die Flaggenpositionen Buchstaben und Zahlen dar.

Die Semaphore auf dem Festland wurden bald vom Telegrafen abgelöst. In den 1840er-Jahren entwickelte Samuel Morse einen neuen Code zur Nachrichtenübermittlung. Der Telegrafist erzeugte durch Tastendruck elektrische Impulse verschiedener Länge. Dadurch entstand eine Folge von Punkt-Strich-Kombinationen, die Buchstaben und Zahlen darstellten. Mithilfe des Morsecodes konnte man pro Zeiteinheit 25% mehr Nachrichten versenden als mit anderen Codes.

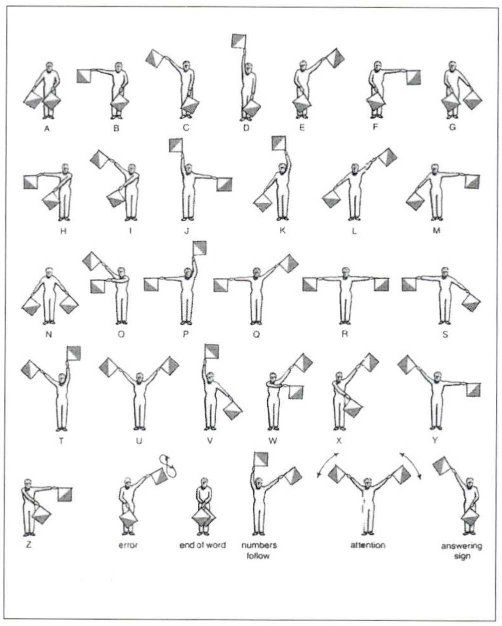

Unten links: Flaggensignale. Sollen Zahlen übermittelt werden, so kündigt der Winker sie mit dem Signal „Zahlen folgen“ an und benutzt dann die Buchstaben des Alphabets für die Zahlen 1 bis 9. So ist A = 1, B = 2, C = 3 usw., J steht für die Null.

Schriftsysteme

Reine Piktogramme wie die eiszeitlichen Höhlenmalereien und Zeichensysteme wie Noten in der Musik oder mathematische Symbole können keine Gedanken ausdrücken. Die die sprachlichen Laute darstellende Schrift entwickelte sich aus dem Rebus, was „durch Dinge" bedeutet. Diese radikale Neuerung ermöglicht es, phonetische Werte durch bildliche Zeichen darzustellen. So könnten etwa im Deutschen die Zeichnung einer Frau und eines Hauses „Hausfrau" bedeuten, ein Stamm und ein Tisch würden „Stammtisch" ergeben. Unter den ägyptischen Hieroglyphen gibt es zahlreiche Rebusse. So ist das R(a) oder R(e) ausgesprochene Sonnenzeichen das erste Zeichen der Hieroglyphen, die den Namen des Pharao Ramses darstellen. Auf einer frühen sumerischen Schrifttafel (oben) findet man das abstrakte Wort „Rückzahlung" durch ein Schilfrohr dargestellt, da „Rückzahlung" und „Schilfrohr" im Sumerischen den phonetischen Wert *dji* hatten.

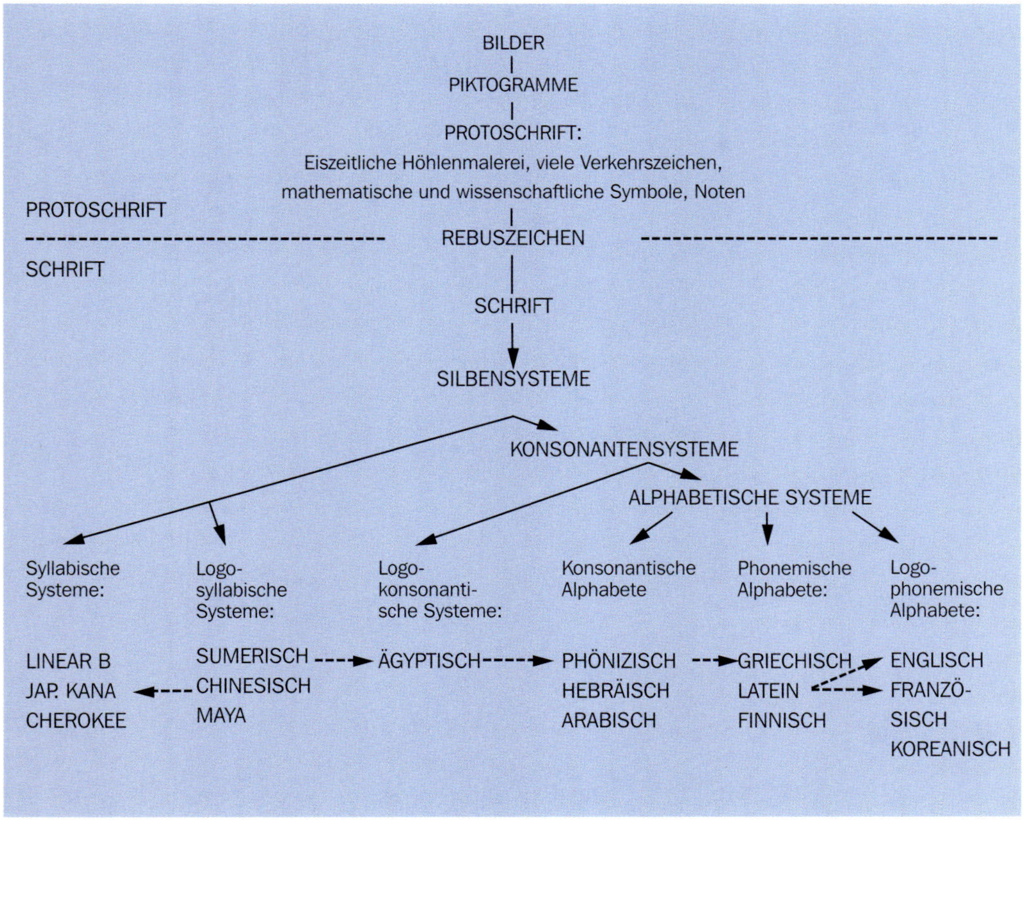

Links: Sumerischer Rebus, ca. 3000 v. Chr.

Unten links: Klassifizierung der Schriftsysteme. Das Baumdiagramm teilt die Schriftsysteme nicht nach Alter, sondern nach ihrer Art ein. Es zeigt also nicht, wie ein Schriftsystem möglicherweise aus einem anderen hervorging. Die Linien zeigen lediglich mögliche Einflüsse eines Systems auf ein anderes an. Wie man Schriftsysteme am besten klassifiziert, ist äußerst umstritten. Manche Wissenschaftler bestreiten die Existenz von Alphabeten vor dem griechischen Alphabet mit dem Argument, die phönizische Schrift berücksichtige lediglich Konsonanten (wie die heutige arabische Schrift), aber keine Vokale. Die Wurzel des Klassifikationsproblems ist, dass es kein „reines" Schriftsystem gibt, das die Bedeutung ausschließlich durch Buchstaben, Silbenzeichen oder Logogramme (Wortzeichen) darstellt, da alle Schriftsysteme eine Mischung aus phonetischen und semantischen Zeichen sind. Trotzdem sind die Bezeichnungen nützlich, weil sie das Hauptmerkmal des jeweiligen Systems betonen.

Kurzschrift

Die früheste Kurzschrift wurde von Xenophon benutzt, um die Memoiren des Sokrates aufzuzeichnen. So gesehen hat der aus dem Griechischen stammende Ausdruck Stenografie auch eine historische Berechtigung. Seitdem wurden Hunderte von Systemen entwickelt. Einige benutzen Abkürzungen der üblichen Schreibweise, andere stellen die Laute dar, wieder andere erfordern, dass man eine Liste willkürlicher Zeichen lernt, einige sind eine Kombination dieser verschiedenen Typen.

Im englischen Sprachraum ist die bekannteste die im 19. Jahrhundert von Isaac Pitman entwickelte Kurzschrift. Sie basiert auf der Phonetik und konnte so auch auf andere Sprachen übertragen werden. In Deutschland setzte sich die Stenografie mit dem kursiven System von Franz Xaver Gabelsberger durch. Weitere Systeme folgten, sodass die Gesamtzahl der deutschen Kurzschriftsysteme auf 800 geschätzt wird. 1924 kam die Deutsche Einheitskurzschrift, die mit Abänderungen noch heute in den drei Stufen Verkehrsschrift, Redeschrift und Eilschrift gelehrt wird.

Die von Samuel Pepys in seinem berühmten Tagebuch benutzte Kurzschrift war 1626 von Thomas Shelton eingeführt worden. In gewisser Weise erinnert sie an die babylonische Keilschrift. Viele Zeichen waren reduzierte Buchstaben und Wortabkürzungen, es gab aber auch 300 neu erfundene Zeichen, oft willkürliche Logogramme wie 2 für „to“, eine größere 2 für „two“, 5 für „because“ und 6 für „us“.

Pepys selbst benutzte auch inhaltslose Zeichen, offenbar um die Entschlüsselung seiner „Geheimtexte“ zu erschweren. Vokalische Anlaute hatten ein Zeichen, zur Darstellung vokalischer Inlaute stellte man den folgenden Konsonanten in fünf Positionen über, unter oder neben den vorhergehenden. Vokalische Endlaute zeigte man in ähnlicher Weise durch Punkte an. Die Shelton-Kurzschrift wurde gern zur Mitschrift von Reden und Predigten benutzt, man konnte damit etwa 100 Wörter pro Minute notieren.

Oben: Samuel Pepys (1633–1703). Links die letzte Seite seines berühmten Tagebuchs, das er 1669 abbrach, da er irrtümlicherweise annahm, dass er erblinden würde und «es nicht mehr führen könnte, nachdem ich es so lang getan habe, dass mir die Augen versagen, sooft ich eine Feder in die Hand nehme … Und so begebe ich mich denn auf diesen Weg, was fast so viel bedeutet, als sähe ich mich selbst zum Grabe schreiten: Dafür und für all die Unannehmlichkeiten, die mir die Blindheit bescheren wird, möge Gott mir Stärke schenken!»

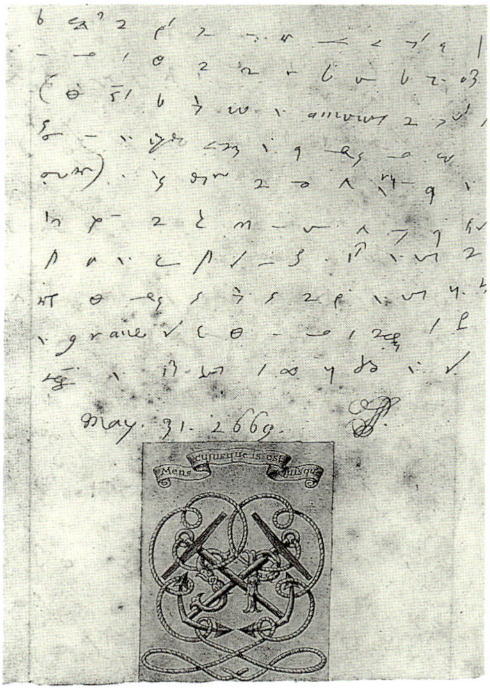

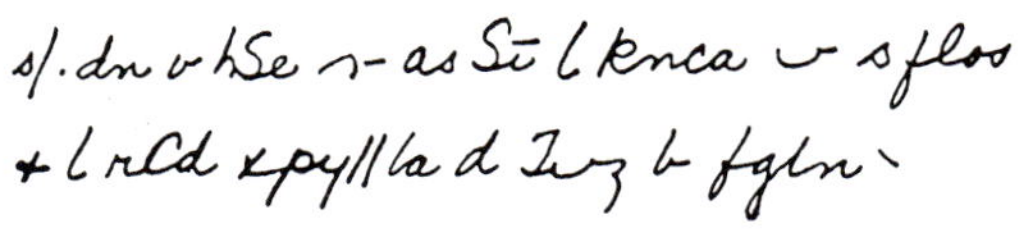

Ganz unten links: Pitman-Kurzschrift
Ganz unten rechts: Schnellschrift. «Since the dawn of history man has strived to communicate with his fellows and to record experiences that would otherwise be forgotten.»

Papier- und Buchformate

Seit der Erfindung des Papiers in China gab es zahllose Formate. Die meisten sind veraltet, seit Walter Porstmann 1922 in Deutschland die metrischen Standardgrößen einführte, die heute mit Ausnahme der USA und Kanadas in fast allen Ländern üblich sind. Sie umfassen die Reihen A, B und C, die bekannteste ist A: Man verwendet sie für technische Zeichnungen und Poster (A0, A1), Flipcharts (A1, A2), Zeichnungen, Diagramme, große Tabellen und viele Fotokopierer (A2, A3), Briefe, Magazine, Formulare, Kataloge und alle Fotokopierer (A4), Notizblocks (A5), Postkarten (A6) und sogar Spielkarten (A8).

Der Vorteil wird klar, wenn man ein A3-Blatt zu zwei A4-Blättern oder ein A4-Blatt zu zwei A5-Blättern faltet (siehe Grafik rechts). Das Falten funktioniert, weil bei A0, das einen Quadratmeter misst, die Seitenlängen so wie bei jedem weiteren A-Format im Verhältnis $\sqrt{2} : 1$ stehen. Dieses Verhältnis ist nach dem Mathematiker Lichtenberg benannt, der 1768 entdeckte, dass es auf Papiergrößen anwendbar war – es hat aber nichts mit dem Goldenen Schnitt zu tun.

So wie die Papiergrößen variierten auch die Buchformate. Die bekanntesten leiteten sich aus einem handgeschöpften Papierbogen von 19 x 25 Zoll ab. Einmal gefalzt, ergab er das Folio (2 Blatt, 4 Seiten), zweimal gefalzt das Quart (4 Blatt, 8 Seiten), dreimal das Oktav (8 Blatt, 16 Seiten) usw. Papier ging so nur durch den Zuschnitt verloren. Diese Formate sind immer noch in Gebrauch, sagen aber nichts über die genauen Maße aus, es sei denn, die Bogengröße ist angegeben.

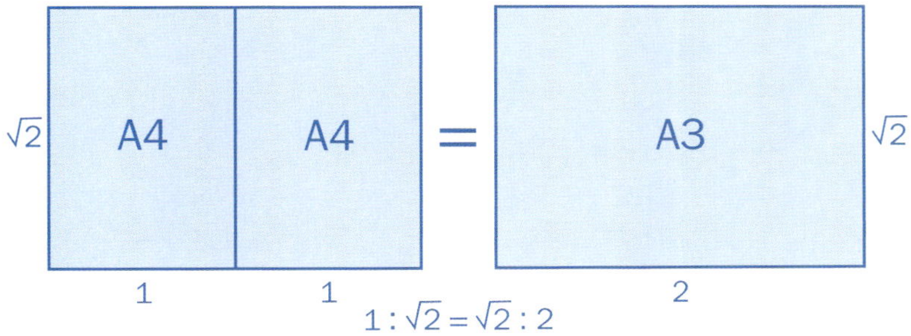

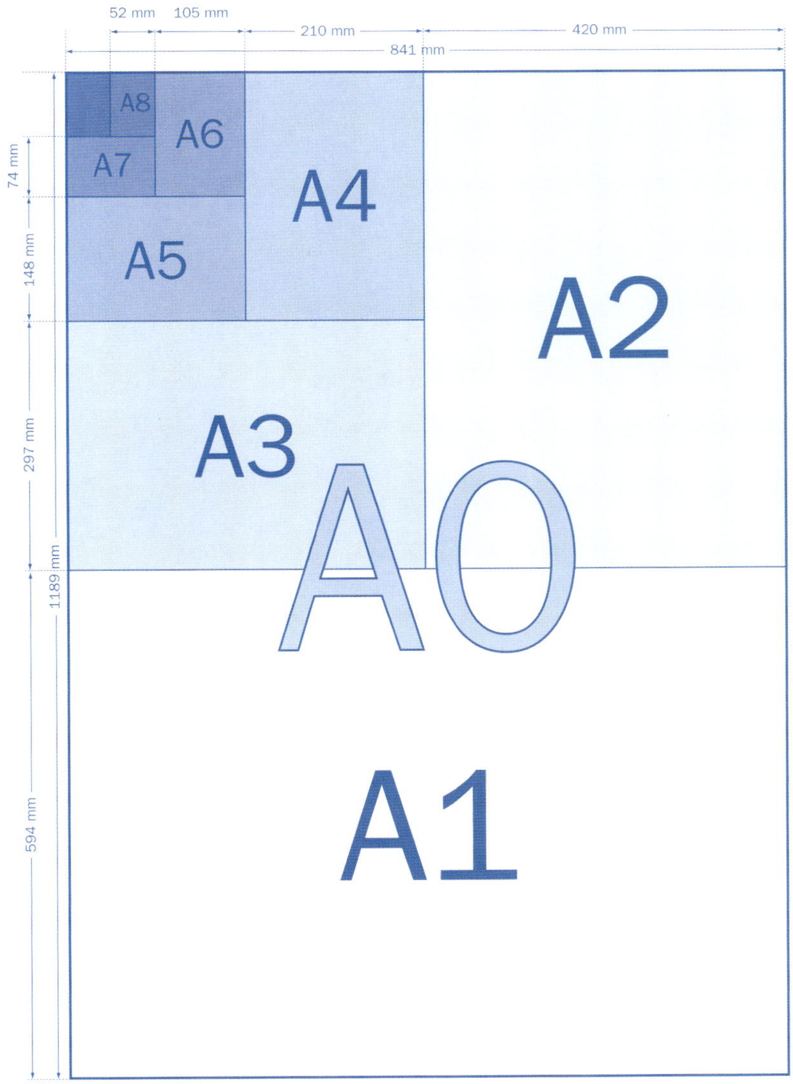

Buchklassifikation und Bibliothekskataloge

Da das Wissen unablässig wächst und sich immer mehr spezialisiert, wird die Klassifizierung des gedruckten Wissens ständig verbessert. Auch die private Bibliothek muss von Zeit zu Zeit neu geordnet werden, um neuen Sachgebieten und neuen Interessen ihres Besitzers Rechnung zu tragen. Zu den frühesten Katalogen gehören die im 3. Jahrhundert v. Chr. in Alexandria erstellten „Pinakes“ (das griechische Wort für Wachstafeln). Die Einträge waren offenbar nach mindestens zehn Hauptklassen und darin nach Autoren in alphabetischer Reihenfolge geordnet. Diese Pinakes galten im Nahen Osten und in Byzanz bis ins frühe Mittelalter als Modell.

Die Universitätsbibliotheken des europäischen Mittelalters ordneten ihre Bücher nach den traditionellen Studienfächern Trivium (Grammatik, Rhetorik und Logik) und Quadrivium (Arithmetik, Geometrie, Astronomie und Musik). Jedes Buch hatte seinen festen Platz und wurde – in modernen Bibliotheken kaum vorstellbar – niemals umgestellt.

Heute gibt es zahlreiche Klassifikationssysteme, das meistbenutzte ist die Dewey-Dezimalklassifikation. Sie wurde 1876 in den USA von Melvil Dewey entwickelt und immer wieder aktualisiert. Die DDC ist vor allem hierarchisch und enumerativ organisiert. Hierarchisch, weil sie Sachgebiete in „natürliche“ Unterbereiche teilt: zunächst in zehn Klassen wie z. B. Literatur, jede Klasse in zehn Unterbereiche, z. B. englische Literatur, und diese wiederum in zehn Sektionen wie z. B. englische Erzählliteratur. Enumerativ, weil sie jeder dieser Kategorien Zahlen zuordnet – hier Klasse 8, Unterbereich 82, Sektion 823. Die Nummerierung der 1000 Sektionen der DDC geht von 000 (Computerwissenschaft: Allgemeines: Wissen) bis 999 (Geographie und Geschichte: Allgemeine Geschichte anderer Gebiete: Extraterrestrische Welten).

Die Hauptalternative dazu ist die Facettenklassifikation, die mit der Entwicklung der Online-Welt immer attraktiver wird. Die Bezeichnung nennt hier keine Position auf einem Regal. Die Facettenklassifikation, so schreibt Wynars „Introduction to Cataloging and Classification“ (9. Auflage), «weist Objekten keine Plätze innerhalb einer Reihe zu, sondern benutzt klar definierte, einander ausschließende und alles erfassende Aspekte, Eigenschaften oder Charakteristika einer Klasse oder eines bestimmten Themas.»

In der von S. R. Ranganathan entwickelten Colon-Klassifikation sind die fünf Facetten des Hauptthemas: „Persönlichkeit“ (das zentrale und spezifischste Thema), „Sache“, „Energie“ (jede Art von Aktivität, Vorgang oder Prozess), „Raum“ und „Zeit“. Ein Buch über die Ausrottung von Viren in japanischen Reispflanzungen, Erscheinungsjahr 1971, wird (mit spezieller Zeichensetzung) klassifiziert als J , 381 ; 4 : 5 . 42 ′ N70 und wie folgt facettiert:

J	Landwirtschaft	(Hauptthema)
381	Reispflanzen	(Persönlichkeit)
4	Viruskrankheiten	(Sache)
5	Ausrottung	(Energie)
42	Japan	(Raum)
N70	1970er-Jahre	(Zeit)

ISBN 1-85168-494-8

9 781851 684946

Die Internationale Standard-Buchnummer ISBN wurde 1969 eingeführt. Sie erscheint heute als maschinenlesbarer Code, der ein Buch für alle Zeit eindeutig identifiziert, ob es nun im Druck ist oder nicht. Bis 2007 hatte die ISBN 10 Ziffern (ISBN-10), jetzt hat sie 13 (ISBN-13), wobei die Anfangszahl 978 den Bezug auf ein Buch anzeigt. Die weiteren Ziffern identifizieren die Gruppe, den Verlag und den Titel. Die letzte Ziffer ermöglicht zu prüfen, ob die ISBN einen Tippfehler aufweist. Nehmen wir das oben gezeigte Beispiel einer ISBN-10: 1-85168-494-8. Man multipliziert die ersten neun Ziffern mit den Zahlen 1–9, also 1 x 1 = 1, 8 x 2 = 16, 5 x 3 = 15, etc. Dann addiert man die 9 Produkte, teilt die Summe (hier 250) durch 11 und erhält 22, Rest 8. Die ISBN ist korrekt, weil der Rest mit der Prüfziffer übereinstimmt – hier 8. Die ISBN-13, hier 978-1-851-68494-6, lautet wie die ISBN-10, abgesehen vom Präfix 978 und der Prüfziffer (hier 6), die auf eine etwas komplexere Art als bei der ISBN-10 errechnet wird.

Typografie

Gutenberg, der den Satz mit beweglichen Lettern erfand und in den Jahren nach 1450 seine Bibel druckte, verwendete die gotische Schrift, die in Deutschland in Form der Fraktur zur Standardschrift wurde. Im 20. Jahrhundert, insbesondere in der Zeit des Nationalsozialismus, wurde die Frakturschrift Gegenstand anhaltender Diskussionen: Hitler sah darin einen Ausdruck von Patriotismus, Josef Goebbels, seinem Propagandaminister, gefiel sie weniger. Er benutzte bei der Werbung für die Berliner Olympiade 1936 moderne, serifenlose Schriften. Anfang 1941 vollführte Hitler eine Wendung um 180°. Er verdammte die Fraktur als „Schwabacher Judenlettern“ und führte die Antiqua als „Normalschrift“ ein.

Wie schon der Name sagt, hat die Antiqua ihre Ursprünge im antiken Rom, und zwar in den lateinischen Großbuchstaben, die im 1. Jahrhundert n. Chr. ihre endgültige Form gefunden hatten. Die Kleinbuchstaben entstanden aus der unter Karl dem Großen im 8. Jahrhundert entwickelten karolingischen Minuskel. Auf der Antiqua beruht auch die Kursivschrift: Wenn Kanzleischreiber in Spanien oder Italien schnell schrieben, neigten sich ihre Buchstaben nach rechts, und daraus entstand schließlich die Kursive.

Vom 16. Jahrhundert an schufen die Schriftgießer neue Schriftarten, so auch die serifenlosen Groteskschriften. Einige, wie z. B. Claude Garamond, William Caslon, Giambattista Bodoni, John Baskerville und Eric Gill, leben in den Namen ihrer bis heute verwendeten Schriften weiter. Am Computer kann man nunmehr seine Kunst in der Schriftgestaltung selbst testen, indem man mit vier charakteristischen Schriftattributen spielt: Größe, x-Höhe (siehe Grafik), Schriftbreite und Zeichenabstand. Wohin immer wir blicken, erfreuen oder überraschen uns unzählige Variationsmöglichkeiten.

Oben: Die allgegenwärtige Times New Roman wurde 1932 von Stanley Morison für die Zeitung *The Times* entworfen. Morison sagte über die einzige von ihm gestaltete Schrift: «Sie hat den Vorteil, nicht so auszusehen, als hätte eine bestimmte Person sie entworfen.» Die abgebildete Schriftgröße (in etwa der Abstand zwischen dem Ende einer Oberlänge und dem Ende einer Unterlänge – eine Größe, die je nach Buchstabe und Schrift variiert) ist 72 Punkt. In Großbritannien und den USA entspricht ein Punkt 0,351 mm, in Kontinentaleuropa 0,376 mm. Auch der Durchschuss, anders gesagt der Zeilenabstand, wird in Punkt gemessen.

Links: Die Gutenbergbibel wurde in gotischer Schrift gedruckt. Eine Variante, die Fraktur, findet noch heute Verwendung.

Frankfurter

Fotografie

Seit der Erfindung der Fotografie durch Louis Daguerre (er benutzte Metallplatten) und Henry Talbot (er nahm Jodsilberpapier) in den 1830er-Jahren koexistieren Wissenschaft und Kunst in diesem Medium nicht ohne Probleme. Ihren Namen verdankt die Fotografie einem ihrer Pioniere, John Herschel: Er formte ihn aus zwei griechischen Wörtern, die zusammen „Lichtzeichnen" bedeuten. Auch die Begriffe Negativ, Positiv und Schnappschuss stammen von ihm. Als Astronom und Physiker sah er die Fotografie aber vor allem als Wissenschaft und weniger als „Lichtbildkunst". (Ungeachtet dessen förderte er die Kunstfotografie seiner engen Freundin Julia Margaret Cameron.) «Herschel zog die kontemplative Beobachtung des Zeichnens der fotografischen Momentaufnahme vor», heißt es im „Oxford Companion to the Photograph".

Henri Cartier-Bresson, einer der berühmtesten Vertreter der künstlerischen Schwarz-Weiß-Fotografie, hatte eine ähnliche Einstellung. 1972 beendete er seine Laufbahn und widmete sich dem Zeichnen und Malen. In seiner Pariser Wohnung hingen keine Fotos.

Das Messen ist integraler Bestandteil der Fotografie. Die Brennweiten der Linsen – Tele- und Nahobjektiv, Weitwinkel oder Zoom – bestimmen die Distanz, in der Objekte deutlich erkennbar sind, und das Blickfeld. Die Blende bestimmt die auf die Linse fallende Lichtmenge und zugleich die Schärfentiefe, der Verschluss die Zeitdauer, während der der Film bzw. CCD-Sensor dem Licht ausgesetzt ist. Weitere Messgrößen gibt es bei der Empfindlichkeit und der Bildqualität: Lichtempfindlichkeit, Kontrast (Linse, Film, Vergrößerungsgerät und Papier), Dichte und Auflösungsvermögen. Moderne Kameras nehmen dem Amateur die Mühe des Einstellens großteils ab, Berufsfotografen müssen es weiterhin beherrschen.

Wissenschaft und Kunst. Mehrfachaufnahme der Marsoberfläche und der „Viking"-Landesonde. Die Fotos wurden 1976 von einem Mitarbeiter der US-Bundesbehörde für Luft und Raumfahrt NASA gemacht.

Um 1990 kamen Digitalkameras auf den Markt. Sie haben bei den meisten Amateuren die klassischen Kameras abgelöst, bei Berufsfotografen ist dies noch keineswegs der Fall. High-End-Digitalkameras erreichen etwa die Auflösung eines Kleinbildfilms – ungefähr zwölf Megapixel –, und die Bilder sind fraglos leichter aufzunehmen, zu bearbeiten und zu archivieren. Mittelformat- und Großbildkameras sind der digitalen Konkurrenz hinsichtlich der Auflösung immer deutlich überlegen. Zudem eignen sich Digitalkameras durch das Grundrauschen nicht für lange Belichtungszeiten, ein Problem, das der Film nicht kennt. Nicht zuletzt erhalten Filme und Abzüge bei entsprechender Lagerung ihre Qualität mehr als 100 Jahre, während digitale Speichermedien viel schneller altern und zudem Datenformate wie JPEG benutzen, die in einigen Jahrzehnten veralten können.

Computer

Schon vor einem Jahrhundert gab es „Computer", aber es waren Menschen und keine Maschinen. Auch sie verschlangen wissenschaftliche Daten, allerdings war ihre Rechengeschwindigkeit sehr gering. Vor allem in der Astronomie war ihre langweilige Arbeit unverzichtbar, aber sie hatte nichts von den fast magischen Kräften an sich, die wir mit den heutigen elektronischen Rechnern verbinden.

Das Internet, ein Netz aus kommunizierenden Computern, entstand in den Jahren nach 1970, ursprünglich aus der militärischen Notwendigkeit, in verschiedenen Teilen der USA stationierte Waffensysteme gegen Atomschläge zu schützen. Wie die Diagramme zeigen, war der Grundgedanke, kein zentrales, sondern ein verteiltes Netz einzurichten, sodass der Rechner jeder Station mit jeder anderen über mehrere Verbindungen kommunizieren konnte und nicht nur über eine einzige mit dem Hauptquartier, das durch einen Angriff ausfallen konnte. Außerdem wurde das Netz gezielt redundant organisiert, d. h. es waren mehr Verbindungen vorgesehen, als für die Kommunikation eigentlich erforderlich waren. Auch in Sprache und Schrift wird die Kommunikation durch zahlreiche Redundanzen gesichert. Sie fallen in der Kurzschrift weitgehend weg (s. S. 164.)

Damit dieses Netzwerk in der Praxis funktionierte, musste die Übertragung der elektrischen Signale verbessert werden. Bei Analogsignalen – ständig variierenden elektromagnetischen Wellen – wie in Telefonleitungen nahm das Verhältnis von nutzbarem Signal zum Rauschen mit zunehmendem Signalweg ab, und das Signal wurde schnell unbrauchbar. Bei Digitalsignalen ist dies weit weniger der Fall. Sie entstehen durch Abtasten des kontinuierlichen Analogsignals und Konversion des Resultats in diskrete Zahlenwerte, die durch Gruppen von Bits (binary digits mit dem Wert 1 oder 0, s. S. 38) dargestellt werden. Da ein digitales Signal nicht kontinuierlich, sondern diskret ist, kann ein Übertragungsfehler leicht erkannt und korrigiert werden. Ein sogenanntes Paritäts- oder Prüfbit, vergleichbar mit der Prüfziffer der ISBN (s. S. 166), kann bei der Übertragung am Ende jeder Bitfolge hinzugefügt werden. Der Empfangscomputer prüft dann, ob das Paritätsbit zur Anzahl der 1-Bits im Signal passt. Ist das nicht der Fall, kann er eine erneute Übermittlung der Bitgruppe anfordern.

«Das ist etwas, was Computer eine Million Mal in der Sekunde machen können, ohne mit der virtuellen Wimper zu zucken«, schreibt John Naughton in „A Brief History of the Future".

Oben: Gerastertes Bild von Alan Turing (1912–54), dem „Vater" des Computers. Seine theoretischen Schrift *On computable numbers* (1937) ist sein bekanntester Beitrag zur Mathematik. Es folgte sein Konzept zum Programmieren eines Rechners. «Das technische Problem, verschiedene Maschinen für verschiedene Aufgaben zu bauen, wird ersetzt durch die Büroarbeit des ‹Programmierens› von Universalmaschinen, die diese Aufgaben erledigen.» Als erster Computer gilt der 1941 gebaute Z3 des Deutschen Konrad Zuse.

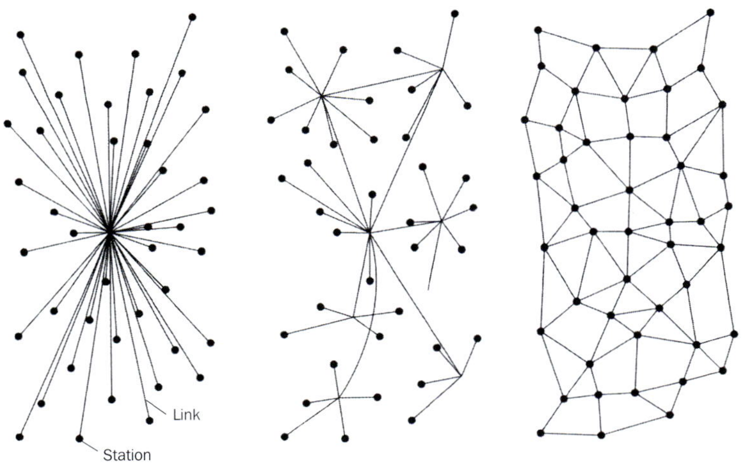

Zentralisiertes Netz

Dezentralisiertes Netz

Verteiltes Netz

Werkzeuge, Nägel und Schrauben

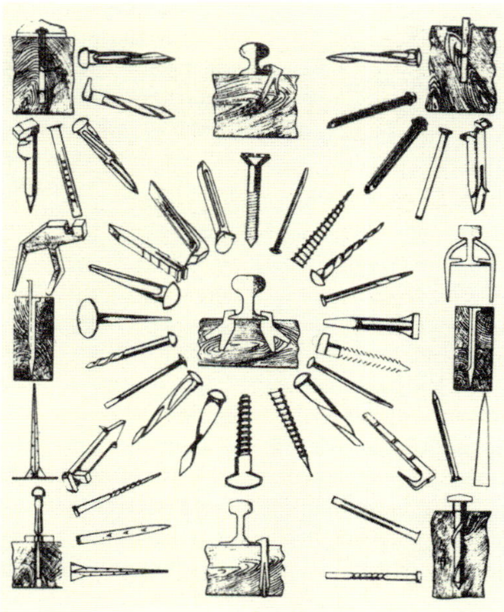

Links: Historische Nägel. Von der Antike bis Ende des 18. Jahrhunderts wurden Nägel manuell hergestellt. Im 19. Jahrhundert wurden die handgefertigten Nägel größtenteils durch maschinell hergestellte ersetzt. Die um 1810 entstandene Abbildung zeigt die damals in den USA erhältlichen Nägel. Sie geht auf eine Zusammenstellung von Nagelpatenten zurück, die Benjamin Butterworth als Beauftragter für Patentwesen vornahm.

Allgemein gelten Werkzeuge wie geschnitzte Knochen oder Steinäxte als älteste Artefakte der Menschheit. In dem Science-Fiction-Film *2001:* „Odyssee im Weltraum" ist die Entdeckung des ersten Werkzeugs in grauer Vorzeit eindrucksvoll dargestellt: Ein Vormensch hebt einen Tierknochen auf, um damit zuerst Beutetiere und später einen Feind totzuschlagen. Triumphierend schleudert er den Knochen in die Luft, der sich – ein Äon blitzschnell überspringend – in einen Erdsatelliten verwandelt.

«Wenige Arten von Artefakten weisen eine derartige Vielfalt und Spezialisierung auf wie das Handwerkszeug der verschiedenen Berufe», schreibt Henry Petrovski in „The Evolution of Useful Things". Der Verwendungszweck vieler bis heute erhaltener Werkzeuge ist nicht mehr bekannt. Werkzeugmacher und -benutzer waren gewöhnlich Analphabeten und umgaben ihre Werkzeuge aus Angst vor der Konkurrenz mit einem Geheimnis. Wenn ein Fremder die Werkstatt betrat, räumten die Handwerker ihre Werkzeuge weg. Stellte er Fragen, so erhielt er belanglose Antworten.

Natürlich gibt es einige langlebige Arten wie Hammer, Meißel, Axt, Messer, Bohrer und Säge. Die ersten Sägen waren wahrscheinlich die Kieferknochen und Zähne toter Tiere. Durch die Entdeckung von Kupfer im Nahen Osten vor etwa 4000 Jahren entstanden Metallsägen, die später aus immer härteren Metallen gefertigt wurden: Bronze, Eisen und schließlich Stahl. Im Westen erfolgte der Schnitt im Allgemeinen beim Stoßen, bei orientalischen Sägen beim Ziehen. Bedeutende Verbesserungen waren die speziell geschärften Zähne der Querschnittsäge (für Schnitte quer zur Maserung) und die beitelartig geschärften Zähne der Längsschnittsägen.

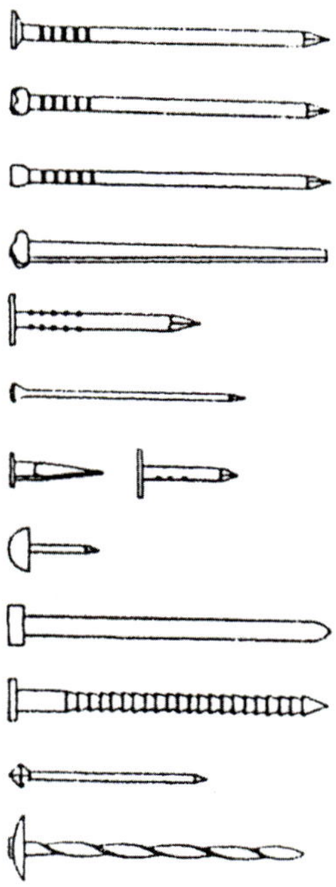

Links: Eine Auswahl der heute im Handel erhältlichen Nägel, von denen viele speziellen Zwecken dienen. Bei manchen Nägeln weist der Schaft eine Riffelung auf, die die Reibung mit dem Holz verstärkt und den festen Sitz des Nagels gewährleistet. In Kontinentaleuropa werden für Länge und Stärke der Nägel metrische Einheiten verwendet, in den USA wird die Länge durch die Pennygröße angegeben. Dies scheint auf die alte englische Gewohnheit zurückzugehen, Nägel in Mengen von 100 Stück zu verkaufen: „Achtpenny-Nägel" kosteten pro 100 Stück 8 Pence. Da die englische Abkürzung für Penny „d" war (vom römischen denarius), lauten die US-Größen bei Nägeln 3d, 4d, 6d usw. Die kleinste Größe, 3d, hat eine Länge von 1,25 Zoll, die größte, 60d, misst 6 Zoll.

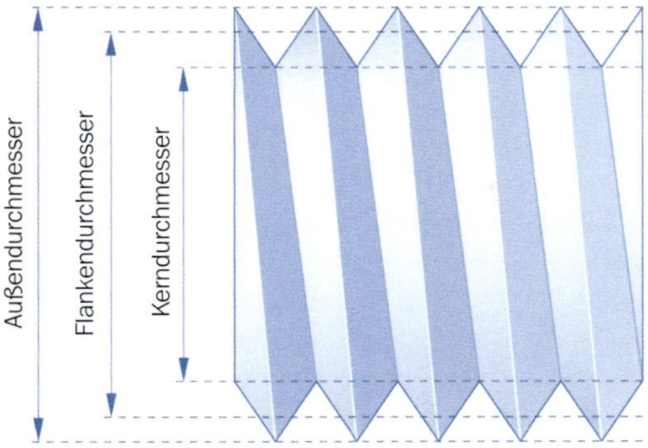

Die Schraube wurde angeblich von Archimedes zum Lenzen von Schiffen erfunden: Eine spiralförmige Schnecke in einem schrägen Rohr wurde mit einer Kurbel in Drehung versetzt, wodurch das am unteren Ende geschöpfte Wasser über den Spiralgang nach oben befördert wurde. Später verwendete man Schrauben für Öl- und Weinpressen.

Zur Befestigung dienten Schrauben und Muttern erst ab dem 16. Jahrhundert. Man zog sie mit Maul- oder Steckschlüsseln fest, der Schraubendreher kam erst um 1800 in Gebrauch. 1841 entwarf Joseph Whitworth das erste und heute nach ihm benannte Gewindesystem. 1884 folgte in England das BA-System (benannt nach der British Association for the Advancement of Science) für sehr kleine, in wissenschaftlichen Instrumenten und in der Feinmechanik benutzte Schrauben. Als man um 1900 Tests mit 1207 verschiedenen Kombinationen von angeblich zueinander passenden Muttern und Gewindebolzen durchführte, passten nur 8% davon so zusammen, dass man sie mit einem Schlüssel festziehen konnte.

Schrauben und Gewindebolzen werden möglichst fest, aber nicht zu stark angezogen. Bei kritischen Anwendungen wie z. B. bei Autorädern wird am Schlüssel ein spezielles Drehmoment eingestellt. Durch Anziehen der Mutter wird der Radbolzen gespannt, das zwischen Bolzenende und Mutter eingeklemmte Material hingegen wird zusammengepresst, sodass beide eine Spannung ähnlich einer Feder aufweisen. Eine auf den Bolzen wirkende äußere Kraft bleibt wirkungslos, solange sie diese Vorspannung nicht übersteigt. Letztere wird berechnet als Prozentsatz desjenigen Werts, der von folgenden Größen der kleinste ist: Zugfestigkeit des Bolzens, Festigkeit der Innengewinde und Druckfestigkeit des eingeklemmten Materials.

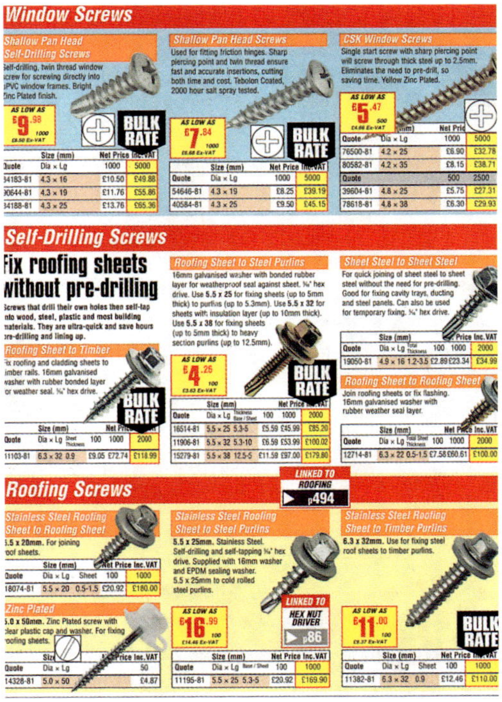

Bei selbstschneidenden Schrauben schneidet das Schraubengewinde sein Muttergewinde in das Fügeteil aus Holz, Plastik oder Weichmetall **(links unten)**. Andere erfordern ein vorgebohrtes Loch, Maschinenschrauben eine Mutter mit passendem Innengewinde. Der größte Durchmesser einer Schraube (ihre „Größe") ist der Außendurchmesser des Gewindes, der größer ist als das Loch bzw. die Mutter, und zwar um einen Betrag, der dem Steigungswinkel entspricht (s. Grafik). Fast alle Gewinde sind rechtsdrehend, d. h. man zieht die Schraube im Uhrzeigersinn an. Bei Linksgewinden ist es umgekehrt. Letztere werden nur in seltenen Fällen verwendet, etwa wenn die Drehung einer Welle nach und nach eine rechtsdrehende Mutter lockern würde, wie beim linken Fahrradpedal, bei einigen Gasleitungsverbindungen sowie bei Spannschlössern **(unten)**. Diese dienen zum Nachspannen von Seilen, Trossen und Zugankern. Spannschlösser bestehen aus einer rechts- und einer linksdrehenden Schraube. Zieht man die erste Schraube an, so wird auch die zweite angezogen, Gleiches gilt für das Lockern.

Musik und Gesang

Die in Dezibel gemessene Schallintensität ist vom Hörer unabhängig, die Lautstärke hingegen hängt von der individuellen Wahrnehmung ab. Gleiches gilt in der Musik für Tonfrequenz und Tonhöhe. Die Frequenz wird in Hertz gemessen. Die Tonhöhe hängt von ihr ab, ist aber weitgehend eine subjektive Empfindung von „Höhe“ bzw. „Tiefe“.

Nimmt man die acht Töne in der Oktave der westlichen Tonleiter, so verdoppelt (bzw. halbiert) sich die Frequenz eines Tons über dieses Intervall: Ist das mittlere C eines Klaviers auf 261,6 Hz gestimmt, so muss das eine Oktave höhere C die doppelte Frequenz haben: 523,3 Hz. Nun sind an das Verhältnis zwischen den beiden C «unsere Ohren derart gewöhnt, dass wir es kaum als musikalisches Intervall empfinden, sondern eher als eine Art Gleichheit oder Gleichklang des höheren und des tieferen Tons», schreibt Arthur Klein in „The World of Measurements“. Auf uns wirkt das Verhältnis zwischen Frequenzen und nicht so sehr ihr absoluter Wert. So sprechen Komponisten außer von Oktavtönen auch von Tönen der vollen chromatischen Skala (acht Grundtönen und fünf Halbtönen) und Intervallen, die auf Tönen wie kleiner Terz, reiner Quinte und großer Sept basieren. Ihre Werte sind nicht wissenschaftlich definierbar wie die Frequenz, aber ihre Beziehungen bestimmen, ob Musik harmonisch oder dissonant klingt.

Das Verhältnis zwischen den Tönen und die Größe der Tonhöhenintervalle in der Oktave können in Dezimalzahlen oder mit einer in 1200 Cent geteilten logarithmischen Skala ausgedrückt werden, wie die folgende Tabelle zeigt. Diese stellt die allgemein akzeptierte „temperierte“ Skala dar, wie J. S. Bach sie bevorzugte. Der dezimale Abstand des über dem mittleren C (C4) liegenden C-Tons (C5) zu diesem C4 ist wie zu erwarten 2,0, der logarithmische 1200 Cent. Bei dem über dem C4 liegenden G4 (392,0 Hz), dessen Frequenz auf halbem Weg zwischen C4 (261,6 Hz) und C5 (523,3 Hz) liegt, ist der entsprechende Abstand jedoch 1,498 bzw. 700 Cent – und nicht 600, die Hälfte von 1200. Der Grund liegt in der logarithmischen Natur der Cent-Skala. Ihr großer Vorteil gegenüber der Dezimalskala besteht darin, dass jedes Tonhöhenintervall 100 Cent beträgt. Das bedeutet, dass ein Komponist durch Addieren oder Subtrahieren von Cent-Werten das Intervall zweier beliebiger Töne bestimmen kann.

Gegenüber: Die Physik des Gesangs. Der Unterschied zwischen einem ausgebildeten und einem angehenden Sänger geht aus einem solchen akustischen Spektrum hervor. Der obere Bereich zeigt die Grundfrequenz eines C-Dur-Arpeggios auf dem Vokal „i“, gesungen von einem ausgebildeten Sänger (links) und einem noch nicht ausgebildeten (rechts). Der untere Teil zeigt alle Obertöne (höherfrequente Resonanzen), die der Singstimme Klangfarbe und Stärke verleihen. Der ausgebildete Sänger bewegt sich glatter durch die Töne des Arpeggios und hat starke Obertöne im Bereich 2,5–4 kHz.

Tonskala bei gleichtemperierter Stimmung

Tonnummer	Taste	Tonhöhenintervall	Dezimalwert	Centwert	Frequenz (Hz)
1	C	Einklang	1,0	0	261,6
	C#, D♭	Halbton/ kleine Sekunde	1,059	100	277,2
2	D	Ganzton/ große Sekunde	1,122	200	293,7
	D#, E♭	kleine Terz	1,182	300	309,3
3	E	große Terz	1,260	400	329,6
4	F	reine Quart	1,335	500	349,2
	F#, G♭	übermäßige Quart/ verminderte Quint	1,414	600	370,0
5	G	reine Quint	1,498	700	392,0
	G#, A	kleine Sext	1,587	800	415,3
6	A ♭	große Sext	1,682	900	440,0
	A#, B	kleine Septim	1,782	1000	466,2
7	H ♭	große Septim	1,888	1100	493,9
8	C	Oktave	2,0	1200	523,3

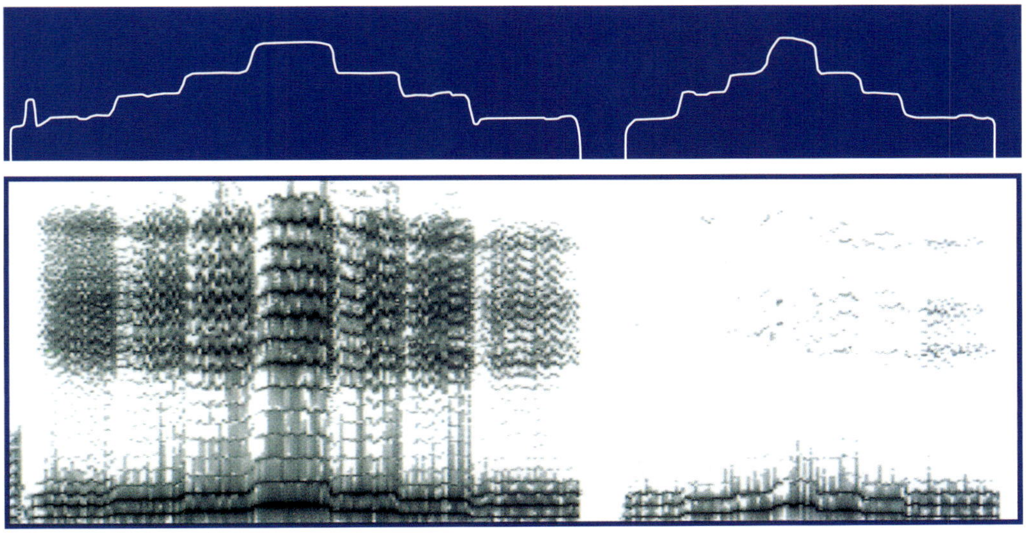

Die Frequenzverhältnisse der Töne zueinander können sich nicht ändern, bei ihrer Frequenz ist das anders. Als Konzert- oder Kammertonhöhe gelten heute 440,0 Hz für die Note A über dem mittleren C. Von etwa 1500 bis 1670 hingegen war im nördlichen Europa die Frequenz von A 466 Hz (ein Halbton über der Konzerthöhe) und von etwa 1670 bis 1770 415 Hz (ein Halbton darunter).

In der Liniennotation wird die Tonhöhe durch die vertikale Position der Note auf einer fünflinigen Notenzeile dargestellt. Die moderne Notenschrift benutzt gewöhnlich zwei Notenschlüssel, die die Tonlage der Noten anzeigen: Violin- und Bassschlüssel. Im Violinschlüssel stehen auf den Linien, von unten nach oben, die Noten E, G, H, D, F – von einer Terz über dem mittleren C zu einer Oktave und einer Quarte über dem mittleren C. Somit liegen in den vier Zwischenräumen die Noten F, A, C und E. Die Tondauer wird durch verschiedene Notenformen ausgedrückt wie schwarzer Kopf mit Hals (Viertelnote)♩ oder Hals mit Fähnchen (Achtel)♪. Die Notenzeile wird durch vertikale Taktstriche geteilt, die vom Rhythmus der Musik bestimmt werden. So bedeutet Viervierteltakt vier Schläge von der Dauer einer Viertelnote, wobei der erste oft der Hauptschlag ist.

Unten: Autografe Notenhandschrift Mozarts. Der Beginn der Serenade für Streicher in G-Dur (KV 525), die Mozart als „Eine kleine Nachtmusik" bezeichnete, wurde in Wien am 10. August 1787 vollendet, während er an seiner Oper Don Giovanni arbeitete. Das C am Beginn der Notenzeile bedeutet 4/4-Takt. «Man könnte sie als das schönste Werk der Unterhaltungsmusik ansehen, das je geschrieben wurde, daher sein bleibender Reiz.» (H. C. Robbins Landon in „Wolfgang Amadeus Mozart – Höhepunkte eines Künstlerlebens").

IQ und Intelligenz

Intelligenztests sind stark umstritten. Teils wegen ihrer anfänglichen Verbindung mit der Eugenik und dem ihnen latent anhaftenden Makel des Rassismus; hauptsächlich aber, weil es keine allgemeingültige Definition von Intelligenz gibt, auch unter Psychologen nicht. Zwar herrscht Einigkeit darüber, dass Albert Einstein hochintelligent war. Wie aber verhält es sich es mit Gandhi, Mozart oder Pelé? Auch sie besaßen außergewöhnliche geistige Fähigkeiten – aber kann man diese als Intelligenz bezeichnen?

Vor rund hundert Jahren schufen der Brite Charles Spearman und der Amerikaner Lewis Terman unabhängig voneinander die Grundlagen für Intelligenztests. Beide glaubten, man könne Intelligenz messen und nach numerischen Maßstäben – g für „general intelligence“ (Spearman) und IQ für „intelligence quotient“ (Terman) – einstufen.

1912 entwickelte Terman den Stanford-Binet-Test (Stanford steht für seine Universität, Binet für den französischen Pädagogen, dessen Test er modifizierte). Er wurde in den USA für 50 Jahre zum Standardtest in Schulen, Unternehmen, beim Militär und in der Verwaltung. 1917 wurde er benutzt, um frisch eingezogene Rekruten zu testen, die später an die Front geschickt wurden. Analphabeten mussten sich einem Bildtest unterziehen und z. B. in den oben gezeigten Illustrationen die fehlenden Elemente einsetzen. Ein mit dem Stadtleben vertrauter Analphabet musste natürlich schlecht abschneiden (besonders bei 15, wo es um Bowling geht). Das verhinderte nicht, dass die Intelligenztests einen unverdient guten Ruf erwarben.

Oben: Der Beta-Intelligenztest der Armee, 1917 (Erklärung im Text)

Terman errechnet den IQ wie folgt: Jeder Aufgabe war ein „geistiges Alter“ zugewiesen, in dem ein Kind die Lösung wissen sollte. Löste ein Fünfjähriger eine Aufgabe für Sechsjährige, bekam er Zusatzpunkte, weitere bei der Lösung einer Aufgabe für Siebenjährige usw. Aus der Summe der Punkte ergab sich das geistige Alter in Jahren und Monaten. Der Prüfer teilte das geistige durch das reale Alter des Kindes und multiplizierte es zur Vermeidung von Dezimalzahlen mit 100. Ein IQ von exakt 100 Punkten zeigte an, dass das geistige genau dem realen Alter entsprach.

Jahrzehntelang beobachtete Terman die „Termiten“ (eine Gruppe kalifornischer Kinder mit IQs von 135 und mehr), später auch ihren Nachwuchs, um festzustellen, ob ein hoher IQ Schlüsse auf besondere Fähigkeiten im späteren Leben erlaubt und sich vererbt. Nach konventionellen Maßstäben haben es

Gegenüber: Magnetresonanzbilder des Gehirns (linke und rechte Hälfte). Rot zeigt eine starke positive Korrelation zwischen kortikaler Dicke und IQ, Violett eine stark negative.

die Termiten im Leben weit gebracht: Sie wurden Ärzte, Anwälte, leitende Angestellte und Wissenschaftler in führenden Institutionen, und das in einem zur übrigen Bevölkerung überdurchschnittlichen Verhältnis. Auch ihre Kinder hatten einen hohen IQ – weniger als 20% lagen unter 120. Aber keine einzige Termite bekam einen Nobelpreis. Dagegen versagten bei Termans ersten Tests zwei spätere Nobelpreisträger (Luis Alvarez und William Shockley). Keine einzige Termite wurde Industrieller, keine ein bekannter Politiker, Künstler oder Sportler.

Trotzdem sind Psychologen wie Öffentlichkeit von dem Begriff „allgemeine Intelligenz" nach wie vor fasziniert. Die Entwicklung der Gehirnuntersuchung durch Magnetresonanz führte unausweichlich zu dem Versuch, Intelligenz mit der Entwicklung des Gehirns zu verbinden. US-Wissenschaftler am National Institute of Mental Health überwachten mehr als 300 Probanden vom sechsten bis zum neunzehnten Lebensjahr mit IQ-Tests und Magnetresonanz. Die Resultate wurden 2006 in *Nature* veröffentlicht. Sie zeigen in der Kindheit insbesondere im Stirn- und Schläfenbereich eine negative Korrelation zwischen höherem IQ und Dicke des zerebralen Kortex. Diese Tendenz kehrt sich später um und wird bei den meisten Großhirnrinden zu einer positiven Korrelation. Anders gesagt, in der frühen Kindheit ist bei Kindern mit hohem IQ der Kortex dünner als bei Kindern mit durchschnittlichem IQ. Schlussfolgerung: «Gescheite Kinder sind nicht nur deshalb klüger, weil sie in jedem Alter eine mehr oder minder große Zahl grauer Zellen haben, Intelligenz ist vielmehr abhängig vom Verlauf der kortikalen Reifung.» Mit dieser Feststellung bleiben die Wissenschaftler natürlich bei der Annahme, dass IQ-Tests die Intelligenz messen.

Eine völlig andere und weniger umstrittene Methode der Intelligenzmessung besteht darin zu zählen, wie oft die Arbeiten eines Wissenschaftlers von anderen zitiert werden. Je öfter er zitiert wird, desto einflussreicher und gewissermaßen intelligenter ist er. Abgesehen davon, dass dem Argument ein offenkundiger Fehler anhaftet – schließlich können sich zehn Personen genauso irren wie eine Einzelperson –, wird nicht berücksichtigt, von wem und in welcher Publikation zitiert wurde. Von einem Nobelpreisträger in einer Fachzeitschrift zitiert zu werden, ist ein besserer Beleg für Intelligenz, als ein Zitat im Werk eines unbekannten Gelehrten. Als Korrektiv der reinen Zitatstatistik kamen andere Indizes hinzu, so der „Impact-Faktor" der Zeitschrift und die Bekanntheit des Zitierenden, die vom Page-Rank-Algorithmus von Google erfasst werden. Bei all diesen Messbemühungen darf man natürlich die Genies nicht vergessen, die ihre Ideen nicht niedergeschrieben haben. Man denke an Sokrates.

Oben: Die Aufnahme in die Royal Society ist eine große Ehre, allerdings übt bei der Auswahl der Kandidaten auch die Politik ihren Einfluss aus. Der von dem US-Physiker Jorge Hirsch erarbeitete „h-Index" will die Wahl in solche Institutionen gerechter machen. Er nennt die höchste Zahl von Veröffentlichungen, die eine mit dieser Zahl identische Zitierhäufigkeit aufweisen. So steht der h-Index 50 für 50 Publikationen, von denen jede mindestens 50-mal zitiert wurde. Was also zählt, ist nicht die hohe Produktivität und häufige Verweise auf einige wenige Schriften, sondern eine umfassende und konstante Menge wissenschaftlich relevanter Arbeiten.

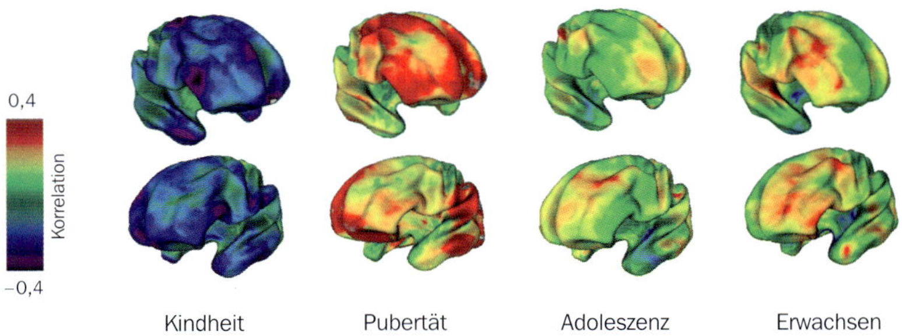

9. Kapitel *Der Körper*

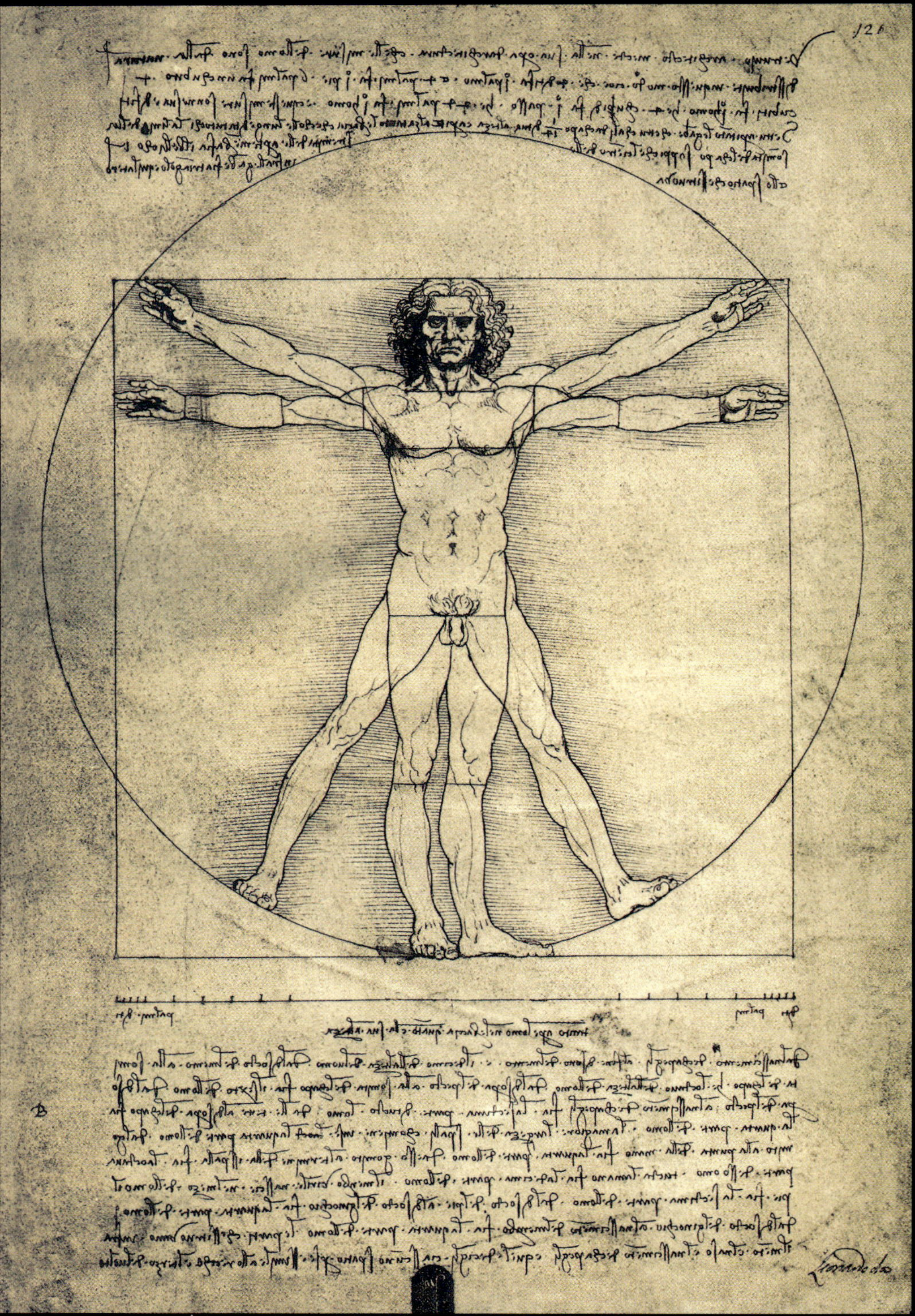

Der vitruvianische Mensch, Proportionsstudie nach Vitruv, Federzeichnung von Leonardo da Vinci, 1485/90. In dieser berühmten Zeichnung kommt das von Leonardo und vielen anderen Renaissancekünstlern geteilte klassische Ideal des römischen Architekten Vitruvius zum Ausdruck. Es besagt, dass Architektur auf den nach göttlichem Willen gestalteten Proportionen des Menschen beruhen muss. Die Zeichnung zeigt, dass sich der Kreis (den Mittelpunkt bildet der Nabel, der Umfang wird durch die ausgestreckten Arme und Beine bestimmt) und das Quadrat aus den Proportionen eines auf dem Rücken liegenden Mannes ableiten lassen.

Das menschliche Genom

Gene spielen bei der Steuerung der körperlichen Entwicklung bekanntlich eine tragende Rolle. Die Definition des Gens wird paradoxerweise umso schwieriger, je mehr Einzelheiten die Genetiker bei der Analyse des Genoms entdecken. «Versuchen Sie, den Begriff Gen zu definieren – Sie werden alle Mühe haben», schrieb Francis Crick 1992, etwa 40 Jahre, nachdem er mit James Watson die Struktur der DNA (Desoxyribonukleinsäure) entdeckt hatte, des genetischen Materials, an das die vererbbaren Eigenschaften gebunden sind.

Cricks Ansicht wurde 2006 durch „Experimente" mit Genetikern bestätigt. Beim ersten sandten Wissenschaftsphilosophen 14 verschiedene Sätze genetischer Information an 500 Biologen mit der Bitte, einen Fragebogen auszufüllen und zu entscheiden, ob diese Sätze jeweils ein oder mehr Gene enthielten. Beim zweiten wurden 25 Gensequenz-Experten in einem Raum eingeschlossen. Sie sollten eine für alle akzeptable Definition des Begriffs „Gen" erarbeiten.

Im ersten Fall zeigte sich, dass 60% der Biologen sich einer Antwort ziemlich sicher waren, 40% hingegen einer anderen. So gut wie niemand war unentschlossen.

Im zweiten Fall war das Äußerste, worauf sich die 25 Wissenschaftler nach fast zweitägiger hitziger Diskussion einigen konnten, eine vage Definition von Gen als «lokalisierbarer genomischer Sequenzbereich, der einer Erbeinheit entspricht, die mit regulativen, transkribierten und/oder anderen funktionellen Sequenzbereichen assoziiert ist».

Die Zeitschrift *Nature*, die 1953 die DNA-Struktur veröffentlicht hatte, räumte in einem dieser Konfusion gewidmeten Leitartikel ein: «Nach Jahrzehnten der Diskussion haben wir nun die weit verbreitete, von der Öffentlichkeit und den Medien übernommene Sehweise des Gens als einer fest definierten Einheit, aus der ein unabwendbares, von Schönheit und Gesundheit, öfter aber von Schönheitsfehlern und Krankheit erfülltes Schicksal hervorgeht.» Eine solche Sicht sei völlig unpassend. Wünschenswert wäre vielmehr die Abkehr von dem simplen mechanistischen Gedanken, es müsse ein Gen geben „für" diese oder jene Verhaltensweise. «Der genetische Code gewinnt einen neuen Reiz – seine Vier-Buchstaben-Sequenz ist nun belegt, aber er enthält noch tiefere, verborgene Chiffren. Die Genetiker freuen sich darauf, sie zu entschlüsseln.»

Wir sollten die zukünftigen Fortschritte der Genetik wie den Erwerb einer Fremdsprache sehen. Wir beginnen mit Vokabeln, Wörterbüchern und Wort-für-Wort-Übersetzungen, und eines Tages, nach vielen Mühen und Umgang mit Muttersprachlern, sind wir in der Lage, den Reichtum großer Literatur zu erkennen.

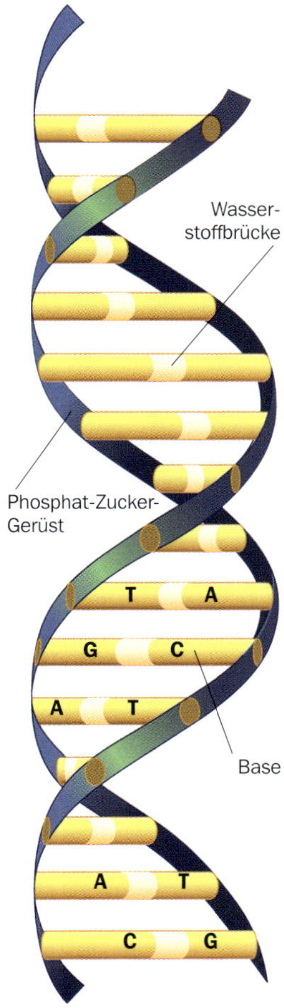

Oben: Die DNA-Doppelhelix ist der genetische Grundbaustein. Die beiden Helices bilden ein Phosphat-Zucker-Gerüst. Die Sprossen bestehen aus über Wasserstoffbrücken verbundenen Basen: Adenin (A), Thymin (T) Guanin (G) und Cytosin (C).

Links: Auf der auf einem Automaten erstellten DNA-Sequenzierung zeigt jede Farbe eine der vier Basen an. Die DNA, damals als DNS bezeichnet, wurde 1869 chemisch isoliert, 1944 als Träger der Erbsubstanz erkannt und 1953 strukturell analysiert.

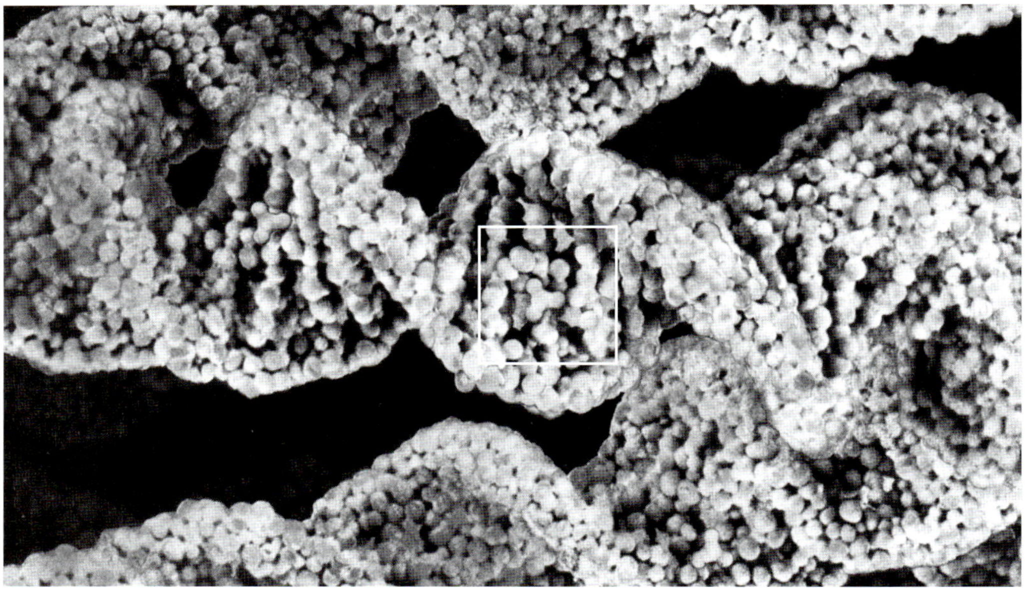

Die DNA-Doppelhelix in starker Vergrößerung. Der Teilstrich stellt 10 Nanometer (10^{-8}) dar. Das Genom (Erbgut) eines bestimmten Lebewesens hängt von der Reihenfolge der Sprossen auf der molekularen Leiter ab. Sie setzen sich aus den jeweils komplementären Basen A und T bzw. G und C zusammen (s. S. 177). Bei der Zellteilung trennen sich die beiden Leiterholme. Sie bilden dann die Vorlage für eine vollständige Kopie der molekularen Leiter.

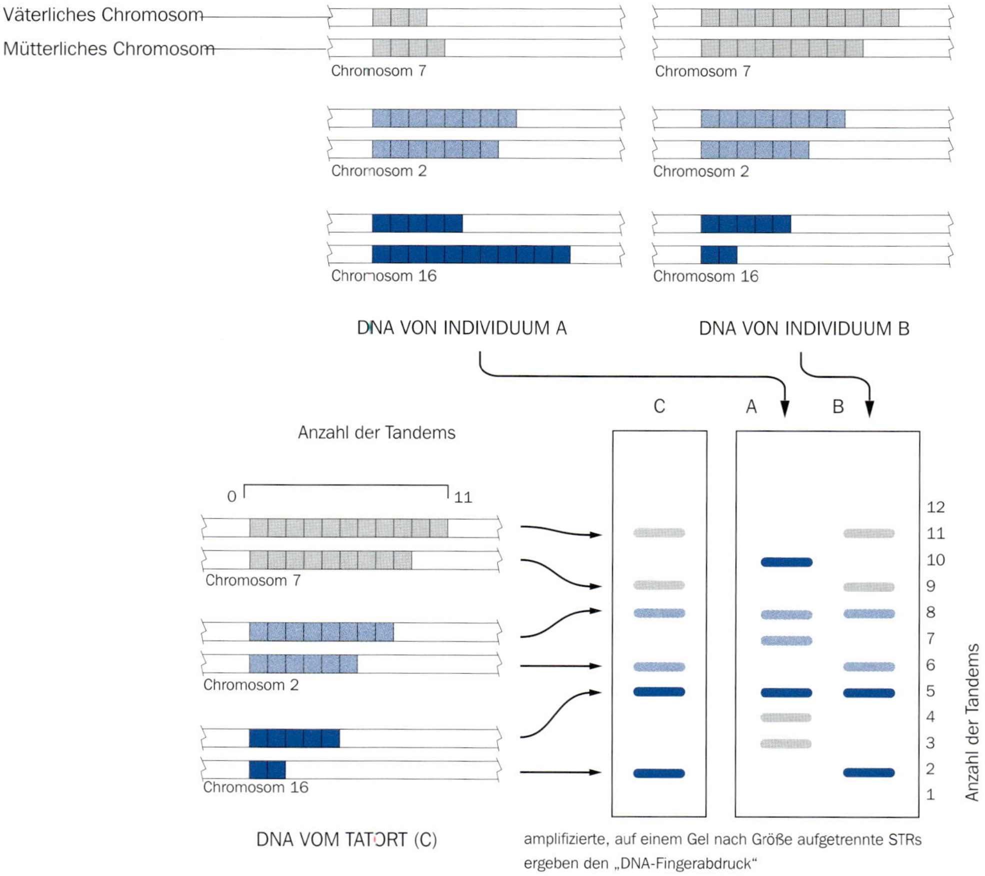

Genetischer Fingerabdruck. Für kriminologische Zwecke, d. h. um am Tatort vorgefundene DNA-Proben mit Proben von Verdächtigen zu vergleichen, werden nach richterlichem Beschluss STRs (Tandems) verglichen. Es handelt sich um kurze, in der DNA bis zu 17-mal enthaltene Sequenzen von zwei bis vier Basen. Die Grafik zeigt, dass die STRs in den DNA-Proben vom Tatort denen des Individuums B, aber nicht des Individuums A gleichen. Ob die Polizei die Daten aus DNA-Proben von Verdächtigen für spätere Vergleiche speichern soll oder nicht, ist umstritten. Der Genetiker Alec Jeffreys, der 1984 den DNA-Fingerabdruck entdeckte, bezeichnete eine Speicherung als «groben Verstoß gegen die bürgerlichen Freiheiten».

Blut

Als William Harvey, der Leibarzt Königs Karls I. von England, um 1628 den Blutkreislauf entdeckte, glaubte er, das Blut sei «die Quelle des Lebens und der Sitz der Seele». Die fünf Liter Blut, die im Durchschnitt im menschlichen Körper zirkulieren – die individuelle Menge hängt vom Körpergewicht ab, das Verhältnis beträgt etwa 70 ml Blut pro Kilogramm Gewicht –, haben seit jeher eine emotionale Bedeutung, man denke an die Eucharistie.

Vor William Harvey dominierten die Ansichten Galens, des berühmtesten Arztes im antiken Rom: Das durch den Körper und das Herz fließende Blut werde permanent in der Leber produziert, und zwar durch eine Art Kochprozess mithilfe der aus der Verdauung von Nahrung gewonnenen Wärme. Harvey stellte Berechnungen und Messungen an, um dies zu widerlegen. Er maß die Herzkapazität von Menschen, Hunden und Schafen. Dann multiplizierte er den Wert mit der Pulsfrequenz, wodurch er die Blutmenge errechnete, die das Herz in einer bestimmten Zeit bewegte – beim Menschen etwa 36 kg in einer halben Stunde. Seine Berechnung war zwar falsch, aber sie bewies, dass «die Herzschläge ständig mehr Blut durch dieses Organ pumpen, als die aufgenommene Nahrung erzeugen könnte oder als sämtliche Adern zu einem beliebigen Zeitpunkt an Blut enthalten können». Blut musste sich also in einem Kreislauf befinden und konnte nicht ständig ergänzt werden.

Die Blutgruppen wurden erst im 20. Jahrhundert entdeckt, und zwar durch den Immunologen Karl Landsteiner und zwei seiner Mitarbeiter, die ihre Arbeiten 1900 begannen. Die vier festgestellten Gruppen erhielten die heute noch üblichen Bezeichnungen: A, B, 0 und AB. 0 ist die älteste Blutgruppe – in der Steinzeit war sie lange die einzige. A erschien etwa 25 000–15 000 v. Chr., B zwischen 15 000 und 10 000 v. Chr. AB ist die jüngste Gruppe und erst 500 bis 1000 Jahre alt.

Auch aus diesen Gründen ist die Häufigkeit der Blutgruppen in der Welt verschieden. In Großbritannien haben 42% der Bevölkerung Blutgruppe A, 10% Blutgruppe B, 44% Blutgruppe 0 und bloß 4% AB. In den USA, Mittel- und Südamerika haben die meisten Menschen Blutgruppe 0.
A ist in Mittel- und Osteuropa sehr verbreitet und in Norwegen, Dänemark, Deutschland, Armenien und Japan die vorherrschende Blutgruppe. Etwa ein Viertel der Angehörigen asiatischer Gesellschaften haben die Blutgruppe B. AB, die seltenste Gruppe, haben etwa 10% der Bevölkerung Japans, Chinas und Pakistans.

Die Blutgruppe wird über ein Blutgruppen-Gen vererbt – 0, A oder B. Eines kommt von der Mutter, eines vom Vater. Sie bestimmen zusammen die Blutgruppe des Kindes. Die möglichen Kombinationen sind dabei 00, AA, A0, BB, B0 und AB. Entscheidend ist, dass A und B dominante Gene sind und 0 verdrängen, sodass die Kombination A0 die Blutgruppe A und B0 die Blutgruppe B ergibt, nur 00 ergibt wieder 0. Wenn aber z. B. beide Elternteile die Genkombination A0 haben, können sie auch ein Kind mit der Blutgruppe 0 bekommen.

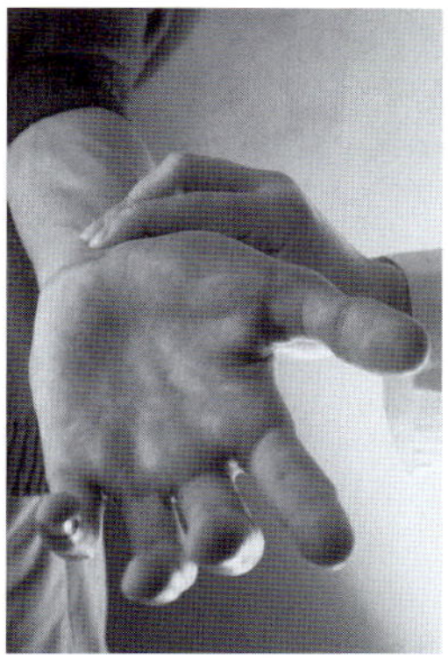

Puls fühlen. Meistens wird der Puls dort gefühlt, wo die Radialarterie daumenseitig an der Oberfläche des Handgelenks liegt. Ein gesunder Erwachsener hat einen Ruhepuls von 60–70 Schlägen pro Minute, bei einem Langstreckenschwimmer können es nur 40, aber auch 80 sein. Je weniger elastisch die Arterien sind, desto deutlicher ist bei jedem Herzschlag der Druckunterschied. Die linke Herzkammer pumpt pro Minute fünf Liter (das gesamte Blut des Körpers) in die Aorta und die Arterien. Mit jedem Herzschlag erreicht der arterielle Druck einen oberen, den systolischen, und dann einen unteren, den diastolischen Wert. Beide werden mit einem Blutdruckmessgerät (einer aufblasbaren, mit einem Quecksilbermanometer verbundenen Manschette) und einem Stethoskop ermittelt. Ein Blutdruck von 120/80 bedeutet somit einen systolischen Druck von 120 mmHg und einen diastolischen Druck von 80 mmHg.

Ein wichtiges Klassifikationsmerkmal ist der Rhesusfaktor: Rh-positiv oder Rh-negativ. 1940 injizierte Landsteiner einem Rhesusaffen entnommenes Blut in Kaninchen und Meerschweinchen. Die erzeugten Antikörper reagierten mit den roten Zellen einiger Menschen (Rh-positiv), mit denen anderer nicht (Rh-negativ). Der Grund war das Vorhandensein bzw. Fehlen der antigenen Eigenschaft D in ihren Zellen. Menschen mit dem Antigen D sind Rh-positiv: Ihre Zellen werden von Anti-D-Körpern im Blut von Menschen angegriffen, die kein D haben und Rh-negativ sind. Die meisten Briten (83%) sind Rh-positiv, so gesehen ist der unten abgebildete Blutbeutel relativ ungewöhnlich.

Bluttransfusion. Blutgruppe (A, B, AB oder 0) und Rhesusfaktor müssen bei einer Transfusion übereinstimmen, sonst besteht die Gefahr einer Hämolyse, der Zerstörung roter Blutkörperchen, die zum Verlust von Hämoglobin führt, dem Sauerstoffträger des Blutes. Zur Hämolyse kommt es, wenn das Blutplasma des Patienten Antikörper enthält, die die roten Blutzellen im Spenderblut angreifen. Das Plasma der Blutgruppe A hat Antikörper gegen B und umgekehrt, AB hat keine dieser Antikörper, Blutgruppe 0 hingegen beide. Aus obskuren Anfängen Mitte des 17. Jahrhunderts hat sich die Transfusion zu einer Routine entwickelt, mit der durch Unfälle oder Operationen verursachte Blutverluste oder krankheitsbedingter Hämoglobinmangel kompensiert werden. In den USA, Europa und Japan werden jährlich ca. 20 Millionen Liter Spenderblut transfundiert. Das Diagramm zeigt die Mengen, die bei verschiedenen Eingriffen verbraucht werden. Vor der Transfusion wird das Blut in Komponenten zerlegt – vor allem in rote Blutzellen, Blutplättchen und Plasma. Der abgebildete Blutbeutel enthält 285 ml rote Zellen der Blutgruppe 0, Rh D negativ.

Aplastische Anämie
bis 2½ Liter pro Monat

Endoprothese des Hüftgelenks
bis 3 Liter

Krebs
bis 4½ Liter pro Woche

Gehirnoperation
bis 5½ Liter

Herzoperation
bis 14 Liter

Unfall oder Schussverletzung
Bis 28 Liter

Lebertransplantation
bis 57 Liter

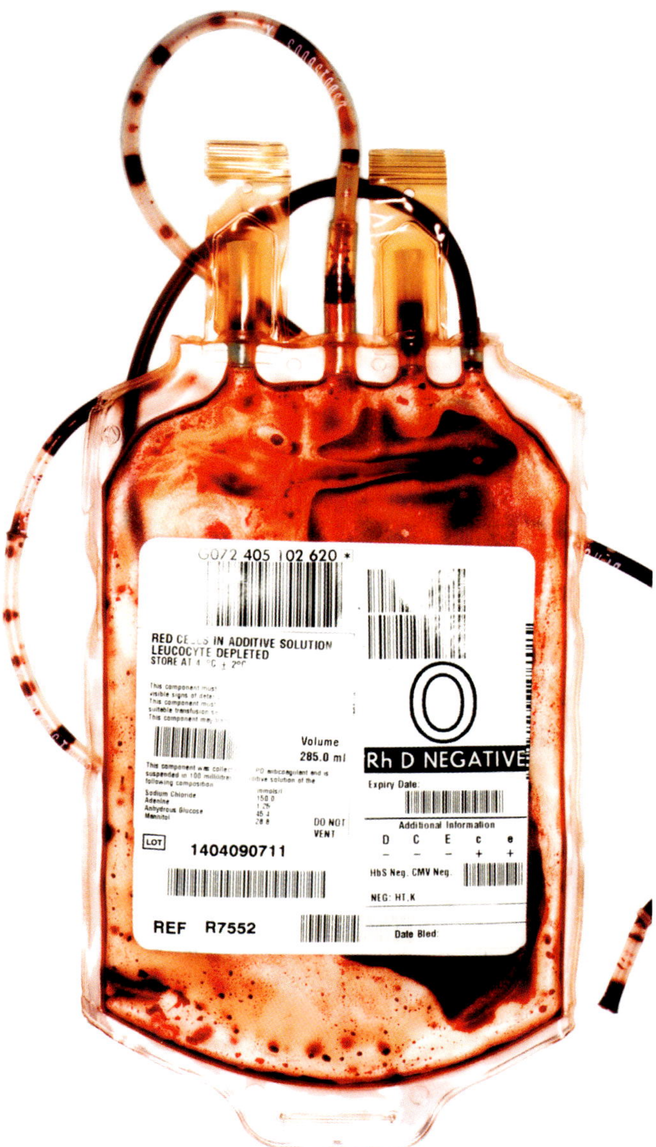

Medizinische Bildgebungsverfahren

Die Ärzte des 19. Jahrhunderts lehnten die Gerätediagnostik grundsätzlich ab. Eine Ausnahme war das Stethoskop, mit dem nur der Arzt hören konnte. Instrumente, die etwas anzeigten, wie das Thermometer, oder gar Daten aufzeichneten, wurden als Bedrohung des Vertrauens in die Diagnosefähigkeit des Arztes angesehen. «Sie standen für eine Ethik unpersönlicher Fakten anstelle persönlichen Vertrauens und wurden von den meisten Ärzten Europas und Amerikas lange Zeit abgelehnt», schreibt Theodore Porter in „Trust in Numbers".

Die größten medizinischen Fortschritte im 20. Jahrhundert waren, neben synthetischen Medikamenten, neuartige, nichtinvasive Techniken, die Bilder von Knochen, Geweben, Organen und Organsystemen lieferten. Die fünf wichtigsten sind Röntgenbilder, Computertomografie (CT), Ultraschall, Nuklearmedizin und seit Neuestem die Magnetresonanztomografie (MRT). Jede dieser Techniken hat ihre Stärken und Schwächen.

Bei der CT erzeugt ein Computer aus zahlreichen, aus verschiedenen Richtungen aufgenommenen Röntgenbildern hochaufgelöste dreidimensionale Abbildungen, wie man sie mit der herkömmlichen Radiografie nicht erhält. Ultraschall arbeitet mit gepulsten hochfrequenten Schallwellen. Risiken sind

Vergleich der wichtigsten medizinischen Bildgebungssysteme. Die Schattierung zeigt an, dass die jeweilige Methode für einen bestimmten Bereich des Körpers bevorzugt eingesetzt wird.

	RÖNTGENSTRAHLEN	CT	ULTRASCHALL	NUKLEAR	MRT
Knochen	Immer noch das gebräuchlichste Verfahren mit der besten Auflösung	Für komplexere Strukturen, z. B. im Schädel	Kaum geeignet – Ultraschall kann Knochen nicht durchdringen	Gut geeignet zur Frühdiagnose z. B. von Knochenkrebs im ganzen Körper, besonders zur Entdeckung von Metastasen	Für Knochen ungeeignet, da diese schwache MRT-Signale abgeben, sehr gut für Gelenke und unentbehrlich für Untersuchungen des Knies
Gehirn und Rückenmark	Von begrenztem Wert	Sehr gut zur Darstellung feiner Knochenstrukturen. In Verbindung mit MRT für Weichteile	Schlecht, nur bei geöffnetem Schädel	Gut für degenerative Leiden und Untersuchung von Rezeptoren	Hervorragend – die Methode der Wahl bei Schlaganfall und Nervenuntersuchungen
Brustkorb	Das übliche Verfahren für Lungenaufnahmen	CT liefert detailliertere Bilder als das Röntgenverfahren	Ungeeignet, kann luftgefüllte Hohlräume nicht darstellen	Sehr gut zur Funktionsprüfung von Atmung und Kreislauf	Kaum verwendet, kann luftgefüllte Räume kaum darstellen
Herz und Kreislauf	Kaum verwendet	Als Multislice-CT ausgezeichnet zum Nachweis diffuser morphologischer Veränderungen wie Tumore und Abszesse	Ausgezeichnet und in vielen Fällen die Methode der Wahl. Im Dopplerverfahren ideal zum Abklären von Gefäßerkrankungen	Nützlich zur Untersuchung des Blutflusses und von Ablagerungen in den Gefäßen	Ausgezeichnet mit sehr guter Zeichnung. Erlaubt eine hervorragende Beurteilung von Organveränderungen
Weichteile (Gelenke)	Schwacher Kontrast, daher kaum verwendet	Gut und bei der Untersuchung von Skelettdetails MRT überlegen	Brauchbar, obwohl Knochen Ultraschall blockieren	Trotz schlechter Auflösung sinnvoll zur Funktionsprüfung	Ausgezeichnet und die Methode der Wahl zur Untersuchung von Muskeln und Sehnen
Weichteile (Bauchraum)	Ohne Kontrastmittel unbrauchbar	Für viele Leiden gut geeignet, Kontrastmittel erforderlich, viel verwendet zur virtuellen Koloskopie	Die Methode der Wahl, besonders zur Überwachung während der Schwangerschaft	Ermöglicht wichtige Untersuchungen bei Tumorerkrankungen sowie von Leber, Nieren, Lymphsystem usw.	Viel verwendet bei Tumorerkrankungen nach Injektion verschiedener Kontrastmittel
Komfort und Sicherheit	Niedrige Strahlendosis	Hohe Strahlendosis	Keine bekannten Risiken	Moderate Dosis abhängig von den verwendeten Radionukleiden	Riskant bei Schrittmachern, Implantaten usw. Ruft mitunter Platzangst hervor
Untersuchungsdauer	Sehr kurz	Gering, oft nur wenige Sekunden	Gering	Abhängig von der Verteilung des Radioindikators	Lang
Räumliche Auflösung	0,1 mm	0,25 mm	1–5 mm	5–15 mm	0,3–1 mm
Mobilität	Kleine, tragbare Geräte verfügbar	Keine	Tragbare Geräte häufig verwendet	Mobile Geräte in Entwicklung	Trotz rascher technischer Fortschritte sehr begrenzt

nicht bekannt. Damit eignet sich das Verfahren gut für die Untersuchung Ungeborener. In der Nuklearmedizin schluckt der Patient einen radioaktiven Tracer, der anzeigt, wie z. B. der Blut- oder Atmungskreislauf funktioniert. Die MRT benutzt ein Magnetfeld. Viele Atomkerne im Körper verhalten sich wie Stabmagneten und richten sich annähernd nach diesem Feld aus. Das Gerät bringt das Feld dazu, bei bestimmten Radiofrequenzen zu oszillieren und gibt ihm einen Impuls, sodass bestimmte Kerne Energie absorbieren. Mit dem Impuls endet die Resonanz, und die Kerne emittieren die absorbierte Energie als MR-Signal, das von Messspulen erfasst wird.

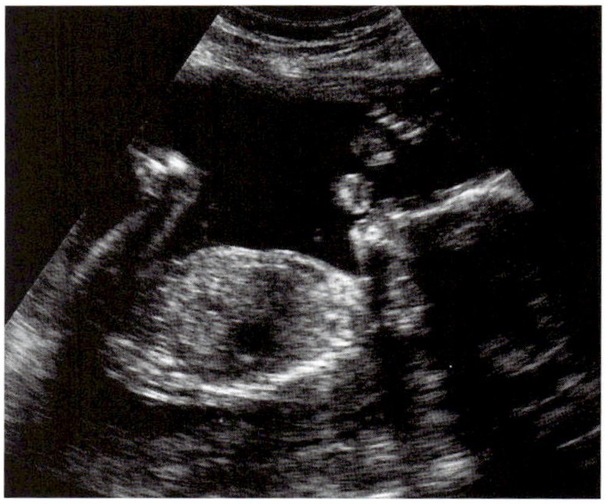

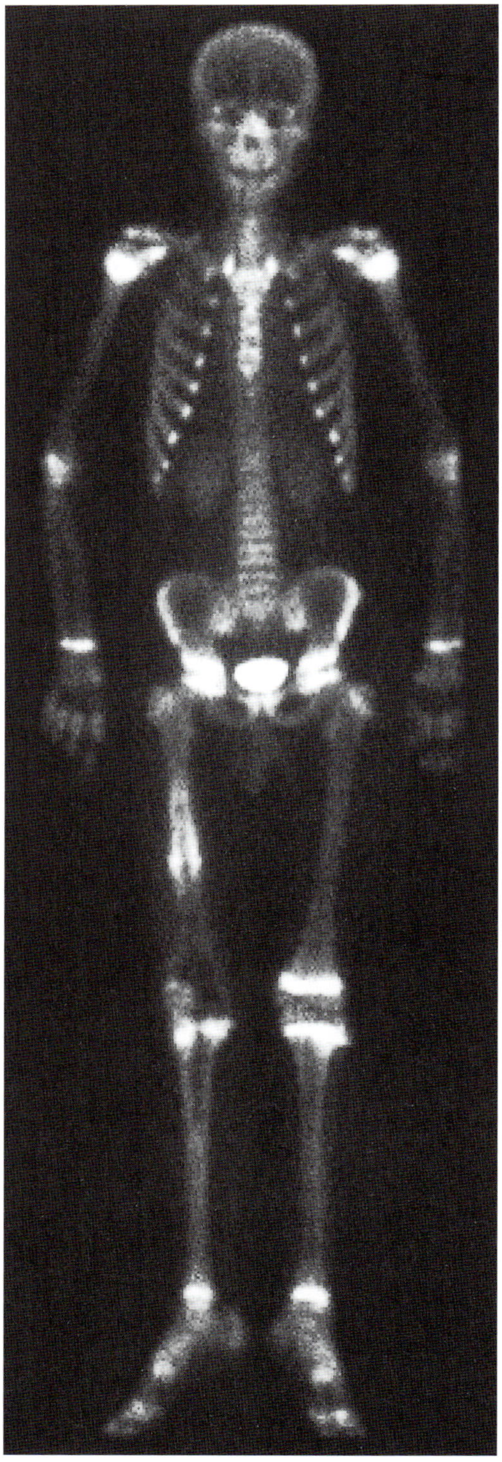

Links: Für diese Ganzkörperaufnahme wurde an eine geeignete chemische Verbindung ein Radiopharmakon (Tracer) „angekoppelt". Sie zeigt einen Jugendlichen, in dessen Knochen sich der Tracer angesammelt hat. Schnelles Wachstum führt normalerweise zu erhöhter Aktivität in den Gelenken, in diesem Fall allerdings nicht im rechten Kniegelenk. Der Grund dafür ist ein Oberschenkeltumor.

Ganz links: Ultraschallbild eines Ungeborenen. Mithilfe solcher Bilder lassen sich Missbildungen an Herz, Gehirn oder Wirbelsäule feststellen, die Plazenta lokalisieren und das Entbindungsdatum vorhersagen.

Ganz links unten: Die Magnetresonanztomografie liefert außerordentlich deutliche Bilder des Gehirns oder weicher Gewebe. Sie misst die Hirnaktivität durch Unterscheidung der Magnetresonanz von oxigeniertem und desoxigeniertem Hämoglobin. Es ist jedoch keineswegs klar, was dieses auf dem Sauerstoffgehalt des Blutes basierende MRT-Signal mit der Nervenaktivität zu tun hat, auch wenn kühn behauptet wird, mit MRT könne man Verbindungen zwischen bestimmten Hirnbereichen und Verhaltensweisen erkennen.

Augen und optische Linsen

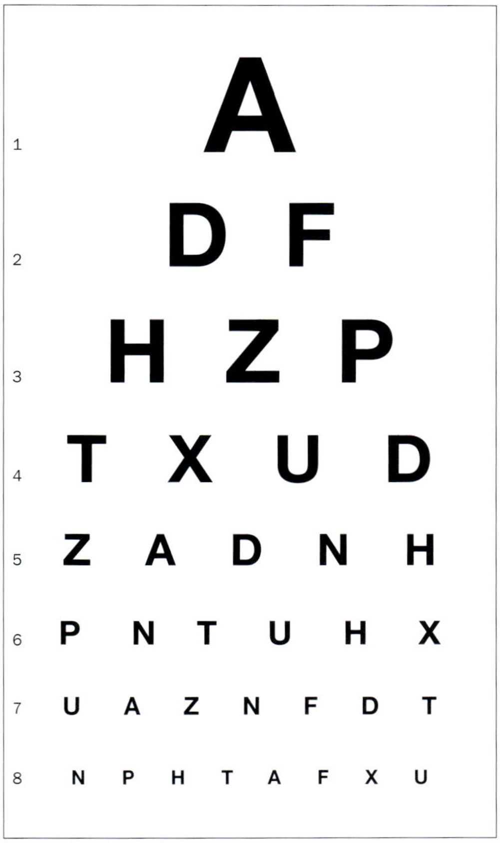

Plinius berichtet, dass Kaiser Nero aufgrund seiner schwachen Augen Gladiatorenkämpfe mithilfe eines durchsichtigen Berylls verfolgen musste. Eine mit Wasser gefüllte Glasschale diente in der Antike als Vergrößerungsglas. Brillen gab es erstmals um 1280 in Venedig, dem Zentrum der Glasherstellung. Die Meinungen über diese Erfindung gingen auseinander. Wie es in einer 1305 in Pisa gehaltenen Predigt heißt, ist «die Kunst des Brillenmachens die nützlichste, die es in der Welt gibt». Ein englischer Vikar hingegen erklärte: «Die kürzlich erfundenen optischen Gläser sind unmoralisch. Sie verfälschen die natürliche Sicht und lassen die Dinge in unnatürlichem und falschem Licht erscheinen.»

Als Newton 1704 seine „Opticks" veröffentlichte, beherrschte man bereits die Gesetze der Lichtbrechung durch Linsen und Prismen empirisch, sodass im 18. Jahrhundert verbesserte Teleskope und Mikroskope gebaut wurden. Die Natur des Lichts verstand man noch nicht, aber seine Beugung konnte man berechnen.

Das Auge blieb ein Geheimnis. Wie passt es sich an verschieden weit entfernte Objekte an? Unter welchen Verformungen leidet es? Wie unterscheidet es Farben? Welche Beziehung besteht zwischen Auge und Denken? Antworten auf solche Fragen – und praktische Methoden zur Messung und Korrektur von Sehfehlern – fand Thomas Young um 1800. Die Antworten der heutigen Zeit sind die Laserchirurgie (für alle, die keine optischen Sehhilfen tragen wollen) und die konkurrierenden Theorien über bewusste Wahrnehmung. Wie Leonardo da Vinci sagte: «Das Auge, das Fenster zur Seele, ist das wichtigste Mittel, mit dem das Gehirn in vollkommenster und wunderbarster Weise die unendlichen Werke der Natur betrachten kann …»

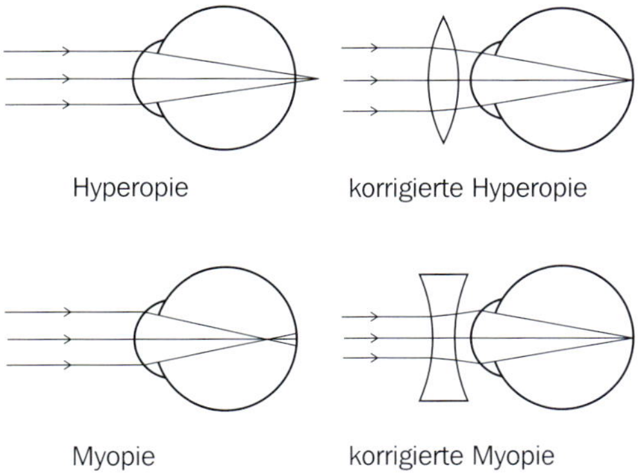

Der Snellen-Index wurde 1862 von Hermann Snellen **(oben)** entwickelt. Mit seinen aus sechs Metern Entfernung betrachteten Optotypen misst man die Sehschärfe, die dem Menschen die Unterscheidung von Formen ermöglicht. Normalsichtige mit Visus 1,0 können die Reihe 7 lesen (6/6-Sicht). Piloten der Luftwaffe müssen ohne Sehhilfe die letzte Reihe lesen können (6/5, Visus 1,2), Autofahrer müssen ohne Sehhilfe Visus 0,6 (6/10) haben, was irgendwo zwischen den Reihen 5 und 6 liegt. Der Snellen-Index bedeutet grob gesagt, dass jemand mit einer Sehschärfe von 6/12 sich sechs Meter vor der Sehtafel **(links)** befinden muss, um Buchstaben zu lesen, die man mit 6/6 aus einem Abstand von zwölf Metern lesen kann. Mangelnde Sehschärfe kann man bei Weitsichtigkeit (Hyperopie) mit konvexen und bei Kurzsichtigkeit (Myopie) mit konkaven Linsen korrigieren **(unten)**. Eine Korrektur ist auch bei Astigmatismus (Hornhautverkrümmung) erforderlich, den Thomas Young (1773–1829, oben) entdeckte.

Der Body-Mass-Index

Den Body-Mass-Index gibt es seit Mitte des 19. Jahrhunderts, als ihn der Statistiker und Soziologe Adolphe Quételet entwickelte. Aber erst in den letzten Jahrzehnten wurde er zu einer der bekanntesten Methoden der Klassifizierung des Körpergewichts unter dem Aspekt der Gesundheit. Ein BMI im Bereich 18,5–25 wird von der Medizin gemeinhin als Indikator für ein „gesundes Gewicht" angesehen. Weniger als 18,5 gilt laut WHO als Untergewicht, 25–30 als Übergewicht, mehr als 30 als starkes Übergewicht.

In Deutschland sind über die Hälfte der Erwachsenen übergewichtig und etwa 13% stark übergewichtig. In den USA sind zwei Drittel der Erwachsenen übergewichtig, ein Drittel stark übergewichtig. Weltweit gesehen haben von 6,5 Milliarden Menschen rund eine Milliarde einen BMI von mehr als 25. Nachteilig ist, dass der BMI die Leistungsfähigkeit nicht berücksichtigt. Muskeln sind schwerer als Fett, somit haben Athleten oft einen hohen BMI, sind aber trotzdem gut in Form. Auch große Menschen werden vom BMI benachteiligt. In den reichen Ländern besteht eine klare Tendenz zur Fettleibigkeit. Wahrscheinlich ist der BMI nicht der beste Indikator der damit verbundenen Gesundheitsrisiken. Für das Infarktrisiko ist das Taille-Hüft-Verhältnis mit einer empfohlenen Obergrenze von 1,0 (Männer) und 0,9 (Frauen) möglicherweise ein besserer Indikator.

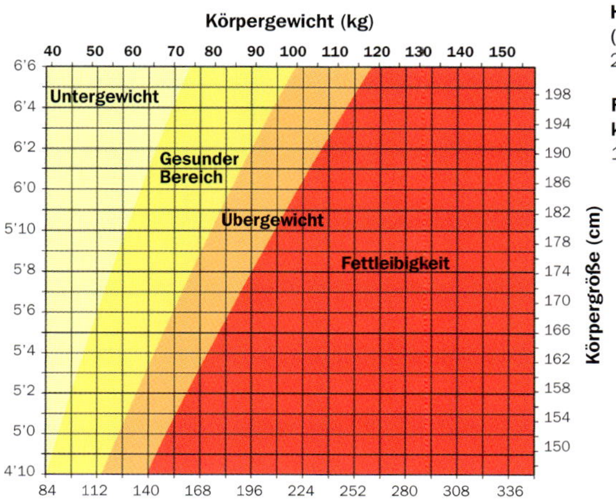

Ganz links: Der BMI ist der Quotient aus Gewicht und Quadrat der Körpergröße: Wiegt man 75 kg und ist 1,80 m groß, so hat man den BMI $75/(1,8)^2$, d. h. etwas mehr als 23, was im Bereich des „gesunden Gewichts" liegt. Die BMI-Bereiche jeder Gewichtsklasse sind in der Tabelle dargestellt. Der BMI ist aber bestenfalls ein grober Richtwert zur Einschätzung gesundheitlicher Risiken, keinesfalls ein diagnostischer Test.

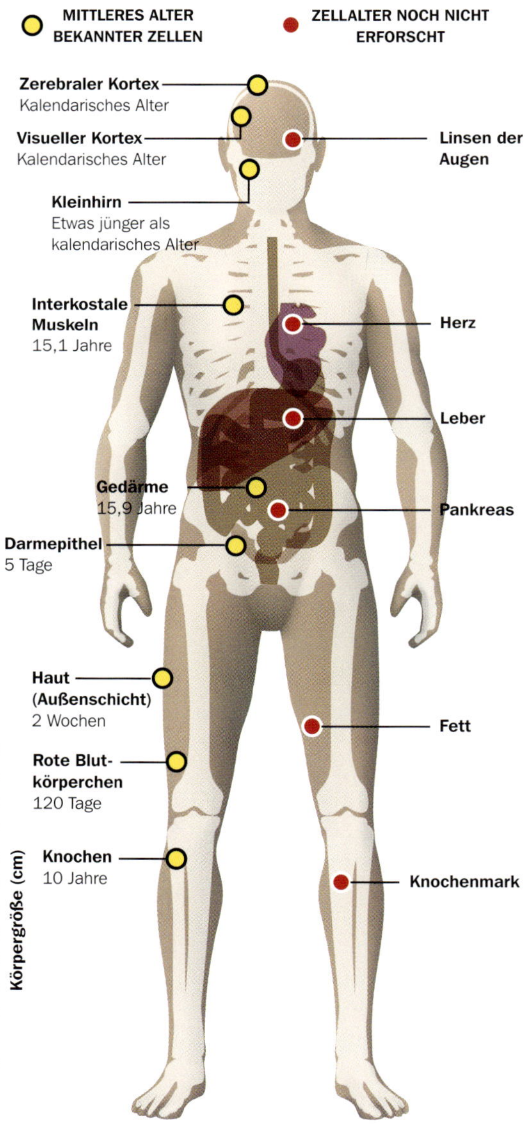

Links: Wie alt sind Sie wirklich? Um den Zusammenhang zwischen Gewicht, Gesundheit und Sterblichkeit darzulegen, müssen die Wissenschaftler noch mehr über das spezifische Alter der einzelnen Körperteile herausfinden. Die Grafik zeigt das mittlere Alter verschiedener Organ- und Gewebezellen. Einige Bestandteile des Körpers wie Darmepithel, Haut und rote Blutzellen erneuern sich schnell, Gehirnzellen haben dagegen unser kalendarisches Alter und erneuern sich leider nie. Versuche, das Gegenteil aufzuzeigen, haben sich als nicht reproduzierbar erwiesen. Das mittlere Alter von Fett ist eine der Unbekannten, die zurzeit Gegenstand der Forschung sind.

Kalorien und Lebensmittelzusatzstoffe

Wenn wir älter werden, sinkt die Menge der Nahrungsenergie, die wir pro Gewichtseinheit benötigen. Ein Neugeborenes benötigt pro Kilogramm Körpergewicht das Dreifache von dem, was eine 25-jährige braucht, ein Zehnjähriger pro Kilogramm das Doppelte im Vergleich zu einem 65-jährigen. Da Menschen aber keine sehr aktiven Lebewesen sind, konsumieren sie täglich nur 1–2% ihres Körpergewichts. Hingegen müssen eine Hummel oder eine kleine Maus pro Tag mehr vertilgen, als ihrem Körpergewicht entspricht.

Zur Ermittlung des Energiebedarfs berechnet man, wie viel Nahrung der ruhende Körper zur Lebenserhaltung braucht, den Grundumsatz. Es folgt die Berechnung der bei diversen Tätigkeiten im Tagesverlauf verbrauchten Energie in kcal pro Stunde (s. Liste rechts). Die beiden Beträge ergeben die Energie, die die Nahrung täglich liefern muss, damit man das Gewicht hält.

Für den Stoffwechsel ist die im Schnitt pro Kilogramm Körpergewicht erforderliche Energie 1 Kilokalorie pro Stunde. Diese Kilokalorie ist eine Nährwertangabe und nicht mit dem zu verwechseln, was in Gesprächen oder auf einigen Verpackungen als „Kalorie" erscheint und etwa 4,2 Kilojoule entspricht.

Ein Mensch mit 70 kg Gewicht verbrennt also 70 x 24 = 1680 kcal täglich durch seine bloße Existenz. Verbringt er den ganzen Tag (16 Stunden) mit Lesen, so sind weitere 16 x 80 = 1280 kcal notwendig, woraus sich der Gesamtbetrag von 2960 kcal pro Tag ergibt. Das ist etwas mehr als der für Männer empfohlene Richtwert eines Energiebedarfs von 2500 kcal (2000 kcal für Frauen). Spielt dieselbe Person 16 Stunden Golf (was unrealistisch ist), so beträgt die Gesamtmenge 6480 kcal, gräbt sie den Garten um, sind es 10 000 kcal. Diese Berechnungen berücksichtigen nicht den Energieverlust (um 10%), der im Körper durch Speicherung und Verwertung verloren geht und als thermischer Effekt bezeichnet wird. Damit ist klar, dass der Nahrungsbedarf per Richtwert nicht genau festgelegt werden kann, sondern von den jeweiligen Aktivitäten abhängt.

Aktivität	**Energieverbrauch eines Erwachsenen von 70 kg pro Stunde (kcal)**
Sitzen	80
Zimmer fegen	120
Auto fahren	192
Tischtennis spielen	200
Segeln	200
Spazieren gehen	220
Bügeln	240
Langsames Radfahren	260
Paddeln und Rudern	280
Golf spielen	300
Schnelles Gehen	320
Ballett	320
Surfen	320
Rollerskaten	360
Langsames Joggen	360
Basketball	360
Gymnastik	400
Klettern	440
Tennis	480
Joggen	480
Umgraben im Garten	520
Fußball spielen	560
Schnelles Radfahren	672
Alpiner Skilauf	700
Schnelles Laufen	800
Squash spielen	920
Schnelles Schwimmen	1020
Aufstieg auf Skiern	1120

E-Zahlen. E steht für Europa und verweist auf die EU-Systematisierung von Lebensmittelzusatzstoffen einschließlich natürlicher Vitamine in einer für den begrenzten Platz auf Etiketten geeigneten Kurzform. Die E-Zahlen basieren auf dem Internationalen Nummerierungssystem INS, das von der 1963 von FAO und WHO gebildeten Codex-Alimentarius-Kommission erstellt wurde. Eine E-Zahl erhalten nur von der EU genehmigte INS-Zusatzstoffe. Die Hauptkategorien sind: E100–199 (Farbstoffe), E200–299 (Konservierungsmittel), E300–399 (Antioxidationsmittel und Säureregulatoren), E400–499 (Bindemittel, Stabilisatoren, Emulgatoren), E500–599 (pH-Regulatoren und Antiklumpmittel) und E600–699 (Geschmacksverstärker). E300 ist das Antioxidans Ascorbinsäure (Vitamin C), E621 der Geschmacksverstärker Natriumglutamat.

Alkoholgehalt

Die britischen Bierinspektoren waren die vielleicht ungewöhnlichste Spezies von Messspezialisten aller Zeiten. Sie scheinen sich eher wie Charaktere aus Monty Pythons fliegendem Zirkus verhalten zu haben denn als ehrenwerte Beamte. Man rief sie, wenn in einer Schenke frisch gebrautes Bier eingetroffen war, was der Wirt durch einen aus einem Fenster im ersten Stock hängenden Busch anzeigte (daher das Wort „bush" in den Namen vieler englischer Pubs). Die Inspektoren erschienen in kurzen Lederhosen. Diese waren wesentlicher Teil ihrer Ausrüstung. Das zu prüfende Bier goss man auf eine Bank. Sobald es einen dünnen Film gebildet hatte, setzte sich ein Inspektor darauf. Nach einiger Zeit versuchte er aufzustehen. Gelang dies sofort, so stufte er das Bier für den Penny-Preis ein. Blieb er an der Bank kleben, so wurde es – da es eine höhere spezifische Dichte aufwies – eines höheren Preises für würdig befunden und kostete zwei Pence. Bevor er heimging, um seine Hose zu reinigen, wurde er vermutlich zu einer Kostprobe eingeladen.

Bekannter ist der früher in Schottland übliche Whisky-Test. Ein Prüfer vermischte die dem Fass entnommene Probe mit einer kleinen Menge Schießpulver und entzündete das Gemisch. Brannte es zügig, so war der Beweis („proof") für den Alkoholgehalt glänzend erbracht, brannte es langsam, galt der als „100 Proof" bezeichnete Normalgehalt als gegeben, brannte es aber nicht, erfüllte die Kreszenz nicht die erforderlichen Kriterien. Der Test war weder narrensicher noch genau und wurde deshalb durch die Messung der spezifischen Dichte mit dem Hydrometer ersetzt. Trotzdem wird bei schottischem Whisky der Alkoholgehalt auch heute noch in Proof angegeben. In Schottland entsprechen 100 Proof in etwa 57 Volumenprozent Alkohol. Das auf dieser Einheit basierende metrische System zur Messung des Alkoholgehalts ist nach seinem Erfinder, dem französischen Chemiker Gay-Lussac, benannt.

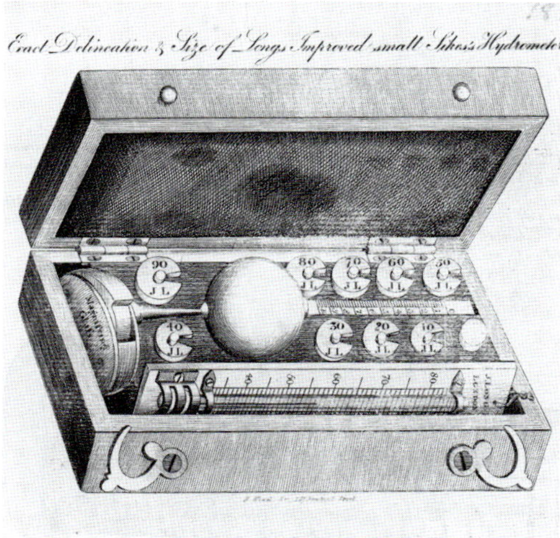

Links und unten: Hydrometer zur Messung des Alkoholgehalts. 1802 gewann Bartholomew Sikes in Großbritannien einen Wettbewerb zur Konstruktion eines besseren Hydrometers. Der Sikes Hydrometer Act von 1816 blieb bis 1907 in Kraft. Sikes-Hydrometer waren in Brauereien und Brennereien bis 1980 in Gebrauch. Die Standardausführung **(links)** bestand aus einer Spindel, zehn Messinggewichten und einem Quecksilberthermometer. Die in die Spirituosen bzw. die Bierwürze zur Dichtemessung eingetauchte Spindel wurde mit Gewichten belastet, bis ihr Skalennullstrich auf Höhe der Flüssigkeitsoberfläche stand. Mithilfe von Tabellen wurde das aufgegebene Gewicht in Proofgrade konvertiert, wobei der Dichtewert nach der gemessenen Temperatur korrigiert werden musste.

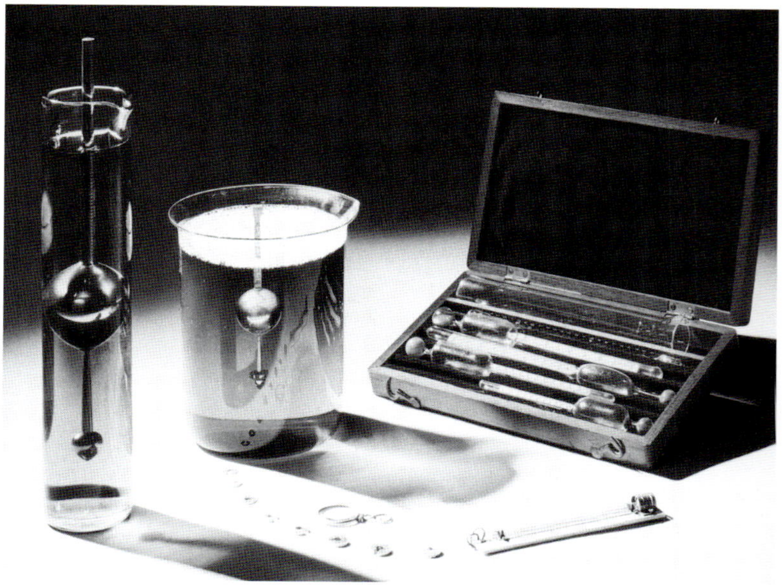

Luftqualität

Im Jahr 1952 brachte der große Londoner Smog den Straßen- und Schienenverkehr praktisch zum Erliegen und kostete etwa 4000 Menschen das Leben. Derartige Fälle sind in Europa und den USA Geschichte, nicht aber die Luftverschmutzung an sich – weder im Westen noch in den Millionenstädten Asiens. Von den heutigen Schadstoffen werden viele durch den Kraftfahrzeugverkehr verursacht. Sie sind weniger sichtbar als der Rauch, der bei der Kohleverbrennung entsteht oder aus Fabrikschloten strömt, aber heute besser messbar und nicht weniger giftig. Sie verursachen Augenreizungen, Asthma und Bronchitis.

Besonderen Anlass zur Sorge geben Partikel mit einem Durchmesser von weniger als 10 Mikrometer (10^{-5}m), bekannt unter der Bezeichnung PM10. Dieser Feinstaub verbleibt länger in der Atmosphäre als schwerere Partikel, denn er wird zumeist erst durch Niederschläge und nicht durch die Schwerkraft entfernt. Während größere Partikel in Nase und Rachen durch Härchen ausgefiltert werden, dringen PM10 in Bronchien und Lunge ein. PM2,5 können direkt in die Lunge eindringen, PM1 oder kleiner – PM0,1, der Dieselruß – dringen in die Lungenbläschen vor. Dieselruß transportiert kanzerogene Stoffe.

Gras- und Baumpollen, die Ursache von Heuschnupfen, sind wesentlich größer. Ihre

Stufe	**Anzahl der Pollen pro m³ Luft**
gering	30
mäßig	30–49
stark	50–149
sehr stark	150 oder mehr

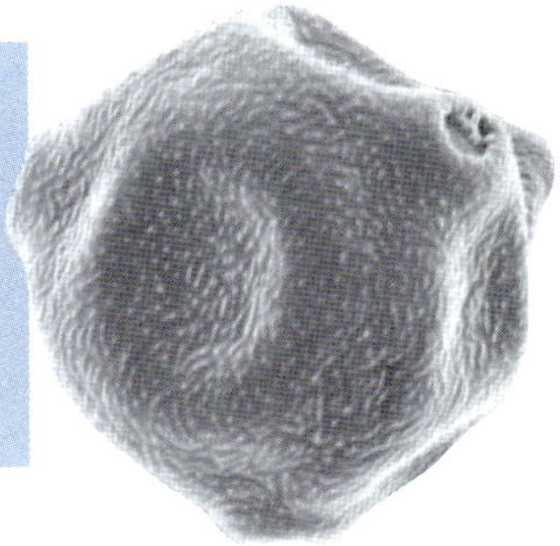

Oben: Pollenkorn einer Birke in 800-facher Vergrößerung

Korngröße beträgt 15 bis 100 Mikrometer. Sie dringen nicht in die Lunge vor und setzen sich durch die Schwerkraft schnell ab, in einem geschlossenen Raum zumeist schon nach 25 Minuten. Das Gesundheitsproblem entsteht durch Flugpollen, die durch den Wind verbreitet werden, also nicht durch Insekten (an Bienen haftende Pollen verursachen keinen Heuschnupfen). Diese Pollentypen müssen sich zur Erhaltung der Art in übergroßen Mengen reproduzieren, da die große Masse verloren geht. Das Traubenkraut z. B. setzt innerhalb von fünf Stunden 8000 Millionen Pollenkörner frei.

Zur Messung der Pollenkonzentration wird durch einen Schlitz Umgebungsluft angesaugt und über ein Klebeband geführt, das auf einer rotierenden Trommel aufgebracht ist. Die Zahl der darauf haftenden Körner wird unter dem Mikroskop ermittelt und auf Pollen pro m³ Luft umgerechnet, woraus sich die Warnstufe (leicht, mittel, stark) ergibt.

In Deutschland erreicht der Pollenflug seinen Höhepunkt im Juni und wird dann im gesamten Bundesgebiet als „stark" eingestuft.

Der Chemiker Humphry Davy **(oben)** (1778–1829) erfand 1815 die nach ihm benannte Grubenlampe. Von Lampen ausgelöste Explosionen wirkten sich in Bergwerken verheerend aus. Davy wusste, dass Grubengas (Luft und Methan) «sich in einem Röhrchen mit einem Durchmesser von weniger als einem Achtel Zoll nicht entzünden wird». Er ersetzte die Glasröhre der Lampen durch einen Messingdrahtzylinder, dessen Maschen so eng waren, dass es zu keiner Explosion kommen konnte **(links)**.

Lichtschutzfaktor

Die Verehrung der Sonne scheint auf prähistorische Zeiten zurückzugehen: Die Pharaonen betrachteten sich als Söhne des Sonnengottes. Plato verglich die höchste Form der Erkenntnis, die ewigen Wahrheiten, mit der Sonne, König Ludwig XIV. sah sich als Sonnenkönig, der Dichter Rabindranath Tagore (dessen bengalischer Name Rabi „Sonne“ bedeutet) schrieb über die aufgehende Sonne: «Ihr Licht möge uns, die wir denselben Pilgerpfad beschreiten, einander offenbaren.»

Auch unser Körper braucht die Sonne, denn ohne eine gewisse Dosis an UV-Strahlen können wir kein Vitamin D bilden, das für den Calciumtransport und die Knochenbildung sorgt. Vor 100 Jahren verursachte der durch ungenügendes Licht in den westlichen Industriestädten bedingte Vitaminmangel zahlreiche Fälle von Rachitis und Knochenverformungen. Ärzte empfehlen, sich zur Bildung von Vitamin D morgens oder abends 15 Minuten der Sonnenstrahlung auszusetzen.

Setzt man sich längere Zeit ungeschützt der UV-Strahlung aus, droht ein Sonnenbrand. Lange Sonnenbäder, die moderne Form der Sonnenverehrung, können einen Sonnenstich und Hautkrebs verursachen. Hellhäutige Menschen schützen sich bis zu einem gewissen Grad selbst, da sich in ihrer Haut vermehrt das braune Pigment Melanin bildet. Setzen sie sich jedoch ohne weiteren Schutz ein oder zwei Stunden der Sonne aus, so erwartet sie ein schmerzhafter und die Haut schädigender Sonnenbrand.

Als ersten, allerdings nicht besonders wirksamen Sonnenschutz verwendeten die Griechen Olivenöl. Einen verlässlichen Schutz fand man erst im 20. Jahrhundert. 1938 entwickelte ein Schweizer Chemiestudent, der beim Klettern in den Alpen einen schweren Sonnenbrand erlitten hatte, eine „Gletschercreme“. Tests an noch erhaltenen Proben zeigen, dass sie den Lichtschutzfaktor 2 aufwies, anders gesagt, wer diese Creme aufgetragen hatte, konnte doppelt so lange in der Sonne bleiben, ohne einen Sonnenbrand zu erleiden, wie ein Mensch ohne Sonnenschutz. Im Zweiten Weltkrieg, als sich viele Soldaten Sonnenbrände zuzogen, stellte ein Apotheker ein auf Erdöl basierendes, vaselineartiges Mittel her („red vet pet“). Er testete es auf seiner Glatze, das Ergebnis hielt sich in Grenzen. Moderne Sonnenschutzmittel arbeiten zumeist mit zwei aktiven Bestandteilen: einem aus einer organischen Verbindung (z. B. Benzophenon) bestehenden chemischen Filter, der UV-Strahlen absorbiert, und einem mineralischen Filter (Titandioxid oder Zinkoxid), der sie reflektiert. Sie sind entweder getrennt oder, besser, als Kombination erhältlich.

Lichtschutzfaktor 30 bedeutet, dass sich ein mit dem betreffenden Mittel geschützter Mensch gegenüber dem ungeschützten bei gleicher Wirkung auf die Haut die dreißigfache Zeit der Sonne aussetzen kann. Der Lichtschutzfaktor ist natürlich nur ein Richtwert: Der tatsächliche Schutz hängt davon ab, welchen Hauttyp man hat, wie oft und wie intensiv das Mittel neu aufgetragen wird, ob der Schutz durch Aktivitäten (wie etwa Schwimmen) zunichte wird und wie viel von der Haut aufgenommen wurde.

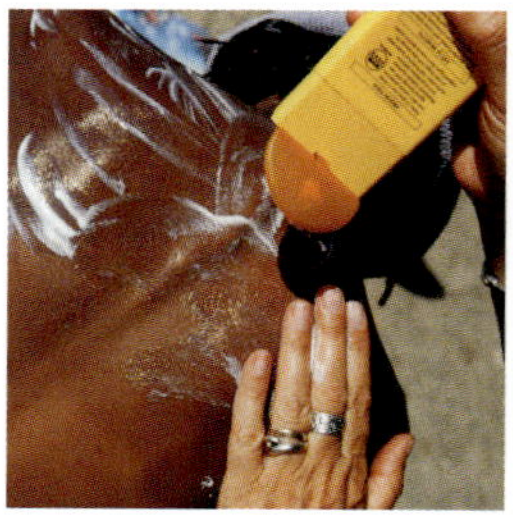

Sonnenschutz. Die alten Griechen versuchten die Haut mit Olivenöl vor der Sonneneinstrahlung zu schützen, doch einen effizienten Sonnenschutz gibt es erst seit dem 20. Jahrhundert. Generell reagiert helle Haut empfindlicher auf Sonnenstrahlen als dunkle, denn je dunkler die Haut ist, desto mehr von dem schützenden Pigment Melanin (von griechisch „melas“ = dunkel) enthält sie. Allerdings sollten auch Menschen mit dunkler Haut und Sonnenschutz mit hohem Lichtschutzfaktor nicht davon ausgehen, sie könnten den ganzen Tag in praller Sonne verbringen, ohne Hautschädigungen davonzutragen.

Ärztliche Verschreibungen

Eine offizielle Studie über handschriftliche Rezepte ergab, dass fünf Prozent davon unleserlich waren, wobei diese Zahl möglicherweise niedriger ist, als man erwartet hätte. Aber Rezepte sind schließlich nicht so sehr für Patienten bestimmt, sondern für Apotheker, die das Medikament ausgeben und das Rezept als Beleg einbehalten. Apotheker sind mit den Verschreibungsgewohnheiten der Ärzte in der Regel vertraut und können ihre Schrift entziffern. Davon abgesehen haben die meisten Ärzte auf EDV umgestellt, sodass sich die Unleserlichkeit normalerweise auf die Unterschrift beschränkt.

Ob handschriftlich, ausgedruckt oder elektronisch, Rezepte werden immer eine besondere Fachterminologie benötigen, die so eindeutig wie möglich ist und mit genormten Abkürzungen arbeitet, damit der Arzt dem Apotheker auch Änderungen in Bezug auf Dosierung, Einnahmehäufigkeit und Darreichungsform (Kapsel, Salbe, Spray etc.), Einnahmezeit (mit oder vor der Mahlzeit) und andere Faktoren mitteilen kann. Die in der Medizin benutzte Fachsprache basiert auf dem mittelalterlichen Latein, damals Sprache der Wissenschaft, wobei je nach Land, Gesundheitsbehörde und Klinik besondere Zusätze und Varianten hinzukommen. Die untenstehende Auflistung umfasst nur die wichtigsten Begriffe und Abkürzungen.

Links: Ein Apotheker führt eine Rezeptur aus. Die vom Beginn des 19. Jahrhunderts stammende Karikatur «zeigt die zwiespältigen Gefühle der Öffentlichkeit gegenüber dem Apotheker» (Roy Porter in „Geschröpft und zur Ader gelassen. Eine kurze Kulturgeschichte der Medizin").
Man beachte den Totenkopf.

Abkürzung	**Lateinisch**	**Bedeutung**
a.c.	ante cibum	vor den Mahlzeiten
ad lib.	ad libitum	nach Belieben
alt. h.	alternis horis	alle zwei Stunden
b.i.d.	bis in die	zweimal täglich
cap., caps.	capsula	Kapsel
dieb. alt.	diebus alternis	jeden zweiten Tag
ex aq.	ex aqua	in Wasser
gtt(s)	gutta(e)	Tropfen
h.s.	hora somni	vor dem Schlafengehen
IV		intravenös
M.	misce	Mischung
m. et n.	mane et nocte	morgens und abends
N.M.T.		nicht mehr als
noct.	nocte	nachts
o.d.	oculus dexter	rechtes Auge
omn. noct.	omni nocte	jede Nacht
p.c.	post cibum	nach dem Essen
p.r.n.	pro re nata	bei Bedarf
pulv.	pulvis	Pulver
q	quaque	jede, jeden, jedes
q. 1h	quaque 1 hora	stündlich
q.d.	quaque die	täglich
q.i.d.	quater in die	viermal täglich
s.a.	secundum artem	nach Ermessen
s.o.s.	si opus sit	nach Bedarf
syr.	syrupus	Sirup
tab.	tabella	Tablette
troche	trochiscus	Pastille
ung.	unguentum	Salbe

Inkubationszeit

Im Duden wird „Miasma“ als «(nach veralteter Lehrmeinung) Krankheiten auslösender Stoff in der Luft oder der Erde» definiert. Bevor man aufgrund der Arbeiten Louis Pasteurs in den 1860er-Jahren erkannte, dass Krankheiten von Bakterien verursacht werden, glaubten viele Menschen, Miasmen, also fauliger Gestank, seien infektiös. Eigenartigerweise vertrat Florence Nightingale noch bei ihrem Tod 1910 diese Ansicht. Ansteckung, schrieb sie, «setzt sporenartige Keime voraus, die man in Flaschen einschließen oder über jede Entfernung an der Kleidung oder an Waren haftend transportieren kann … Diese Lehre ist grenzenlos absurd.»

Die Quarantäne (was im mittelalterlichen Französisch 40 Tage bedeutete) wurde in Europa schon nach der Pestepidemie von 1347 praktiziert. Man nahm an, dass sich die Symptome bei der Besatzung eines Schiffes oder bei einem Fremden innerhalb von 40 Tagen zeigen würden. Heute wissen wir, dass die Inkubationszeit bei den meisten Krankheiten wesentlich kürzer ist.

Normale Inkubationszeiten von Krankheiten

Cholera	1–3 Tage
Grippe	1–4 Tage
Scharlach	1–4 Tage
Erkältung	2–5 Tage
SARS	bis zu 10 Tage
Kinderlähmung	7–14 Tage
Masern	9–12 Tage
Pocken	7–17 Tage
Wundstarrkrampf	7–21 Tage
Windpocken	14–16 Tage
Mumps	14–18 Tage
Röteln	14–21 Tage
Tollwut	2–6 Wochen
Syphilis	2–70 Tage
Creutzfeldt-Jakob-Variante	bis zu 50 Jahre (geschätzt)

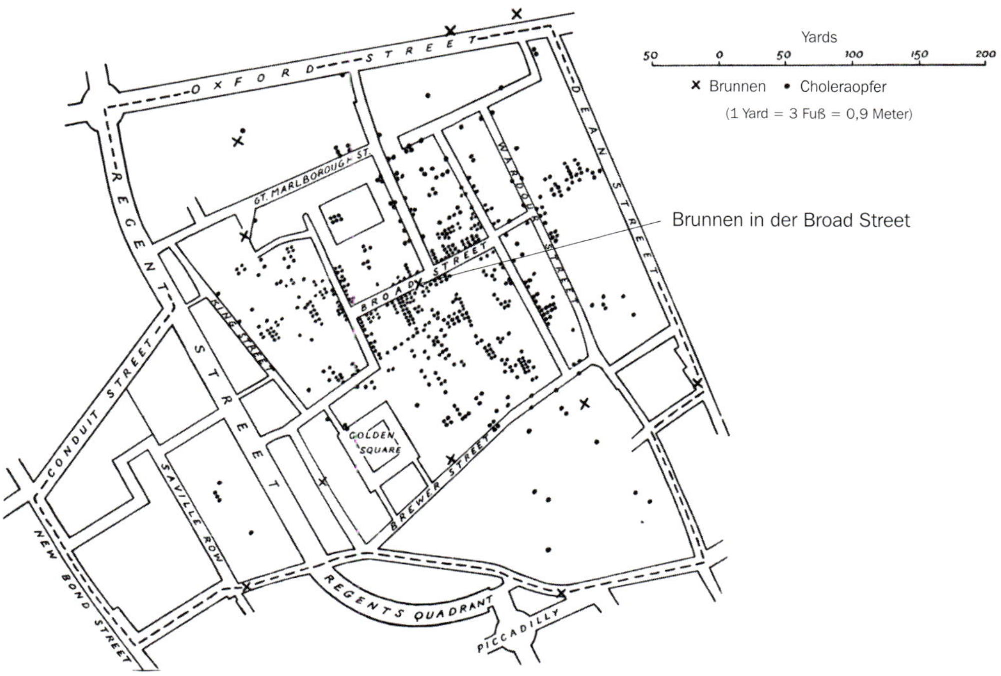

Oben und unten links: John Snow (1813–58) und seine 1854 erstellte Karte der Choleratoten im Londoner Stadtteil Soho. Snow war Anästhesist. Er untersuchte die Toten sehr genau und markierte ihre Adressen auf dem Stadtplan. Es zeigte sich, dass sich die Todesfälle auf das Gebiet um einen Brunnen in der Broad Street konzentrierten. Auf seine Forderung hin wurde der Pumpengriff entfernt, und die Epidemie ging zurück. Eigentlich war sie schon im Abklingen, aber Snows Initiative verhinderte weitere Todesfälle. Wichtig war vor allem seine Überzeugung, dass die Seuche durch Wasser und nicht über die Luft übertragen wurde, was sich als richtig erwies. Eine Untersuchung ergab, dass der Brunnen durch einen nahe gelegenen Teich verseucht worden war, in dem man die Windeln eines Choleraopfers gewaschen hatte.

Schmerz

Erstaunlich an der Geschichte des Schmerzes ist, dass die Chirurgie die Narkose lange Zeit ignorierte, obwohl Humphry Davy bereits im Jahr 1800 die Wirkung des Lachgases entdeckt und dessen Anwendung in Zahnmedizin und Chirurgie vorgeschlagen hatte. «Als man [in den 1840er- Jahren] begann, Chloroform anzuwenden, wurde dies als unmoralisch hingestellt, da es den Schmerz linderte», schreibt der „Oxford Companion to the Body“. «Schmerz galt nicht als körperlicher Defekt, sondern als naturgegeben.»

Das erste als „Schmerzmittel“ bezeichnete Medikament kam 1853 auf den Markt. Heute ist eine Welt ohne Schmerzmittel kaum vorstellbar. Wer als Kind beim Zahnarzt noch ohne Injektion behandelt wurde, wird heute die angebotene Spritze kaum ausschlagen. Sind wir schmerzempfindlicher oder hat uns der Fortschritt zur Auffassung gebracht, das Leben müsse schmerzfrei sein?

Schmerz ist das häufigste Symptom, mit dem sich praktische Ärzte auseinandersetzen müssen, aber er ist subjektiv und damit äußerst schwer zu messen. Lange betrachteten die Ärzte Schmerz zu Unrecht als Selbstschutz nach einer Verletzung – ein schmerzender Ellbogen warnte davor, sich ihn erneut anzuschlagen. Wir wissen aber, dass Verletzungen nicht immer mit Schmerzen einhergehen und umgekehrt. So fragen Ronald Melzack und Patrick Wall in „The Challenge of Pain“: «Warum treten Schmerz und Verletzung nicht immer zusammen auf?»

Auf dem oben abgebildeten, im Blick auf Schmerzmittel konzipierten Fragebogen sollen Patienten ihre Schmerzen über 20 Wortgruppen beschreiben. Jedes Wort hat innerhalb der Gruppe einen Wert, die Summe der Werte ergibt den „Schmerzrating-Index“ (PRI). Er wird ergänzt durch die „aktuelle Schmerzintensität“ (PPI), dargestellt auf einer Skala von 0 (schmerzfrei) bis 5 (schrecklich). Der Fragebogen wurde Patienten vorgelegt, die eines von acht Syndromen aufwiesen (von therapierbarem Krebs bis Zahnschmerz). Die Auswertung ergab, dass «jeder Schmerztypus spezielle Eigenschaften hat, die in einer distinktiven Wortgruppe beschrieben werden» (Melzack und Wall), z. B. „pochend“ für Zahnschmerz und „krampfartig“ für Wehen. Die PRI reichten von 41 (Abtrennung eines Fingers) bis 16 (Verstauchung).

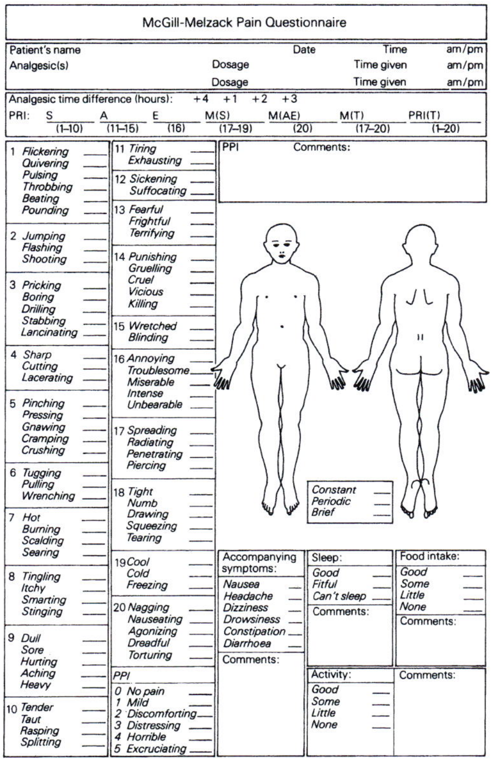

Schmerzfragebogen nach McGill-Melzack. Schmerz ist eine subjektive Empfindung, kann jedoch bis zu einem gewissen Grad objektiv gemessen werden, wenn man an Schmerzen Leidende systematisch befragt (weitere Erklärungen im Text).

Stressfaktoren

In Physik, Technik und Pflanzenforschung ist Belastung messbar, allgemein akzeptierte Methoden zur Messung seelischer Belastung gibt es dagegen nicht. Alle Versuche, Stress zu quantifizieren, müssen mit Vorsicht betrachtet werden.

Stress ist nicht mit Schmerz vergleichbar: Niemand wünscht sich Schmerzen (außer Masochisten), aber eine Tätigkeit oder Situation, die für den einen Stress bedeutet, kann dem anderen Vergnügen und Entspannung verschaffen – man denke an Examina, öffentliche Reden und Sportklettern. Für die einen machen Herausforderungen das Leben sinnvoll, anderen machen sie Angst. Es gibt Menschen, die seit Jahren in der Großstadt mit dem Rad zur Arbeit fahren und das gern tun, weil sie der Meinung sind, dass es praktisch, billig und gut für die Kondition sei, auch wenn sie sich oft über Autofahrer, andere Radfahrer oder Fußgänger ärgern. Viele andere empfinden regelmäßiges Radfahren in der Großstadt als extremen Stress.

So stellt sich die Frage, wer den Stress beurteilen soll: der Betroffene oder ein „unparteiischer" Arzt oder Psychologe? Wer hat Recht, wenn ein Angestellter über Stress klagt, während sein Chef keine Gründe dafür sieht?

Zuletzt ist zu fragen, ob wissenschaftliche Stressmessung prinzipiell mehr wert ist als die Befragung der Betroffenen. Physiologische Indikatoren wie Pulsfrequenz, Drüsenabsonderungen und Hirnaktivität sind mit Geräten messbar. Es kann jedoch sein, dass sie mit psychischem Stress in keinem Zusammenhang stehen. Polygrafen (Lügendetektoren) sind bekanntlich kein verlässliches Mittel zur Unterscheidung von Lügnern und ehrlichen Menschen (s. S. 201–202). Lassen sich Krankheiten, eine Niederkunft, ein Umzug oder Katastrophen wie Erdbeben und Kriege sinnvoll vergleichen und quantifizieren? Und wie verhält es sich bei mehrfachem Stress, wenn etwa zu einem schwierigen Kind noch ein Ehestreit hinzukommt?

Tod des Ehepartners	100
Scheidung	73
Trennung	65
Gefängnisstrafe	63
Tod eines nahen Verwandten	63
Verletzung oder Krankheit	53
Heirat, Verlobung, Liaison	50
Verlust des Arbeitsplatzes	47
Versöhnung in der Partnerschaft	45
Eintritt in den Ruhestand	45
Erkrankung eines Angehörigen	44
Schwangerschaft	44
Sexprobleme	39
Geburt eines Kindes	39
Finanzielle Veränderungen	38
Tod eines guten Freundes	37
Arbeitsplatzwechsel	36
Aufnahme eines großen Kredits	31
Beförderung oder Degradierung	29
Kind verlässt das Elternhaus	29
Schwierigkeiten mit Schwiegereltern	29
Außergewöhnliche eigene Leistung	28
Partner beginnt oder beendet Arbeit	26
Schulbeginn oder -abgang	26
Ärger mit dem Chef	23
Veränderte Arbeitsbedingungen	20
Umzug	20
Schulwechsel	20
Verändertes Freizeitverhalten	19
Veränderte gesellschaftliche Aktivitäten	18
Veränderung der Schlafgewohnheiten	16
Veränderung der Ernährungsgewohnheiten	15
Urlaub	13
Weihnachten	12
Unbedeutende Gesetzesübertretungen	11

Stressfaktoren. Mediziner, Psychologen, Unternehmer, Herausgeber von Zeitschriften oder Zeitungen und eigentlich wir alle versuchen, Stress zu messen. Dieses Thema ist von so großer Bedeutung und von derartigem Interesse, dass die Bemühungen zur Entwicklung eines sinnvollen Rankingsystems niemals enden werden. Nebenstehendes Ranking mit den Werten 0–100 ist lediglich eine von einem Experten gegebene Einschätzung und somit nur ein Vorschlag ohne Anspruch auf Vollständigkeit. Angesichts der Tatsache, dass Stress allgegenwärtig ist, kann es diese auch nicht geben.

Textilien und Tog-Werte

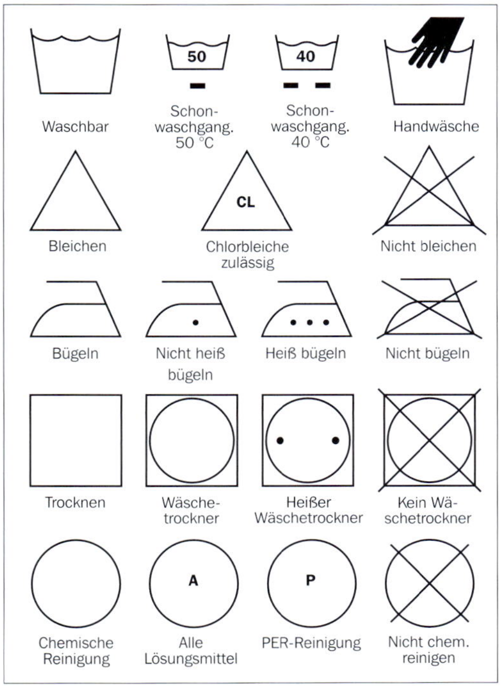

Auf Labels an Kleidungsstücken sind neben Stoffart und (landesspezifischer) Größe auch Pflegehinweise angegeben, zumeist durch Symbole des Internationalen Textilpflegecodes. Die fünf Grundsymbole (in der Grafik links) beziehen sich auf Waschen (Waschbottich), Bleichen (Dreieck), Bügeln (Bügeleisen), Trocknen (Quadrat) und Trockenreinigung (Kreis). Hinzu kommen speziellere Angaben: Waschtemperaturen in °C und waagrechte Balken für Waschzyklen; Buchstaben für Chlorbleiche und Chemikalien bei Trockenreinigung; Punkte bei Bügel- und Trocknungstemperaturen. Ein durchkreuztes Symbol bedeutet, dass diese Behandlung unzulässig ist. Weniger gebräuchliche Symbole (nicht abgebildet) bedeuten „tropfnass aufhängen", „an der Wäscheleine" oder „auf Unterlage trocknen".

Auf den meisten Bettdecken-Labels erscheint der Tog-Wert. Er gibt den thermischen Durchgangswiderstand an, der zumeist zwischen 4,5 und 15 lieg. Je höher er ist, desto wärmer ist die Decke. Der Tog-Wert ist annähernd proportional zur Dicke der Bettdecke bzw. der darin unabhängig von der Füllungsart gefangenen Luftmenge (Luft ist ein hervorragender Isolator und stellt normalerweise 99% des Füllungsvolumens dar). Tog-Wert 4,5 ist typisch für eine Sommerdecke, 15 (superwarm plus) wäre in einer Wohnung mit Zentralheizung übertrieben.

„Togs" war ursprünglich ein Slangwort und entspricht dem deutschen Begriff „Klamotten". Zur internen Maßeinheit wurde es in den 1940er-Jahren im Shirley Institute in Manchester, nach 1960 wurde daraus ein offizieller Begriff. Der thermische Durchgangswiderstand ist definiert als Quotient aus dem Temperaturabfall an einem Isolator und der diesen durchströmenden Wärme, seine SI-Einheit sind Kelvingrade geteilt durch Watt pro Quadratmeter. Bei einem Herrenanzug beträgt der Wert 0,1. Der Tog-Wert wird als zehnfacher SI-Wert definiert, in diesem Fall also 1. Die Tog-Skala ist linear (nicht logarithmisch), eine Bettdecke mit 15 tog hat den 15-fachen Wärmewiderstand einer Decke mit 1 tog. (Bei einfachen Decken sind die Tog-Werte praktisch gleich und daher nicht auf den Labels vermerkt.) Der Tog-Wert einer Bettdecke wird mit dem Togmeter gemessen: Man legt die Probe auf die Heizplatte eines Geräts, das den Temperaturabfall mit einem Thermoelement sowie den elektrisch erzeugten Wärmestrom misst.

Kleidung	Tog-Wert
Hemd	0,7
Unterwäsche	0,2–0,4
Thermounterwäsche	0,4–0,8
Anzug	1,0
Pullover	1,0
Decken	1,0–2,0
Bettdecken	4,5–15

Oben: Tog-Werte von Textilien

Oben: Die üblichen Angaben auf einem Textil-Label

Links: Internationale Textilpflegekennzeichnung

10. Kapitel *Gesellschaft*

Die Mäßigung, Pieter Bruegel der Ältere, 1560. Die Gesellschaft wird von einer so noch nicht gekannten Begeisterung für das Messen erfasst. Eine Figur misst mit Zirkel und Senkblei eine Säule, eine andere mit einem Winkel ein Kunstwerk, wieder eine andere eine Winkeldistanz mithilfe eines an einem Stock befestigten Rads. In der Mitte steht die Mäßigung, auf dem Kopf eine von einer Feder getriebene Uhr, unter dem Fuß einen Windmühlenflügel. In einer Hand hält sie eine Brille, in der anderen Zügel, die mit der Trense in ihrem Mund verbunden sind. Ihren Gürtel bildet eine verknotete Schlange. Das Bild drückt eine neue Wertschätzung aus, die die Gesellschaft dem Messen entgegenbrachte.

Kalender

Alle historischen oder aktuellen Kalender – der babylonische, der julianische, der Mayakalender, der gregorianische, der jüdische, der islamische – basieren entweder auf der Bewegung der Erde um die Sonne oder der des Mondes um die Erde oder auf beiden. Sie folgen den Jahreszeiten, den Mondphasen und der Erdumdrehung, die jeweils das Jahr, den Monat bzw. den Tag bestimmen. Der Harmonie dieser Kalender stehen drei „Störfaktoren" im Weg: Der Mondmonat dauert statt 30 nicht ganz 29,5 Tage, das Sonnenjahr statt 360 nicht ganz 365,25 Tage, und es umfasst 12,4 statt 12 Mondmonate. Die Bewegungen der Erde und des Mondes liefern also keine ganzzahligen Verhältnisse zwischen den Zeitabschnitten Tag, Monat und Jahr.

Um den Kalender an die Sonnenjahre anzupassen, waren Schaltjahre mit einem zusätzlichen Tag erforderlich. In dem von Julius Cäsar eingeführten julianischen Kalender war jedes vierte Jahr ein Schaltjahr. Das durchschnittliche Jahr war ein Viertel der Summe von 365 x 3 + 366 Tagen, also 365,25 Tage lang. Da aber das Sonnenjahr in Wirklichkeit 365,2422 Tage zählt, geriet der julianische Kalender in einen Rückstand zum Sonnenjahr.

1582 verfügte Papst Gregor XIII. eine Kalenderreform, durch die zehn Tage übersprungen wurden. Damit folgte im katholischen Teil Europas auf den 4. Oktober 1582 der 15. Oktober. Um einen erneuten Rückstand zum Sonnenjahr zu verhindern, musste man periodisch Schalttage ausfallen lassen. Gregor verfügte daher, dass von den Jahrhundertjahren (1600, 1700 etc.) künftig nur jene als Schaltjahre zählten, die ganzzahlig durch 400 teilbar waren. Damit war 1600 ein Schaltjahr, 1700, 1800 und 1900 hingegen nicht, 2000 war wieder ein Schaltjahr. Auf diese Weise entfielen alle 400 Jahre drei Schalttage. Im Zeitraum von 2000 Kalenderjahren entfallen damit 15 von ursprünglich 500 Schalttagen, sodass 485 Schalttage verbleiben. Addiert man diese mit den 730 000 (2000 x 365) regulären Tagen der zwei Jahrtausende, erhält man für 2000 Jahre eine Summe von 730 485 Tagen, was 365,2425 Tage pro Jahr ergibt. Damit hat das Jahr nur noch 0,0003 Tage mehr als das Sonnenjahr – eine vernachlässigbare Abweichung.

Im papstfeindlichen Großbritannien (und den Kolonien in Amerika), wo man mit der Übernahme des gregorianischen Kalenders bis 1752 wartete, mussten elf Tage übersprungen werden: Auf den 2. September 1752 folgte der 14. September. Bei Daten vor

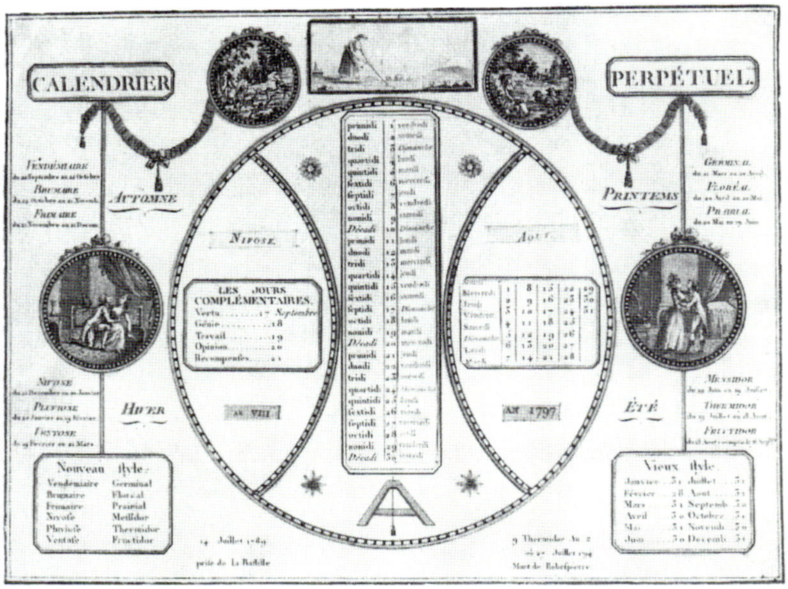

Der immerwährende Kalender der Französischen Revolution galt nur 13 Jahre. Er begann 1793 mit Jahr II und wurde im Jahr XIV abgeschafft: Napoleon verfügte für den 1. Januar den Beginn des Jahres 1806. Die Woche mit zehn Werktagen war in Frankreich äußerst unbeliebt gewesen, zudem brauchte Napoleon die Anerkennung seines Kaisertums durch den Papst, und die katholische Kirche wollte ihre Sonn- und Feiertage wieder haben. Die Monatsnamen des Revolutionskalenders stammten von dem Dramatiker Fabre d'Eglantine, der 1794 guillotiniert wurde. Die zwölf Monate zählten jeweils dreißig Tage. Die im Vergleich zum traditionellen Jahr fehlenden fünf Tage wurden zur Festzeit erklärt.

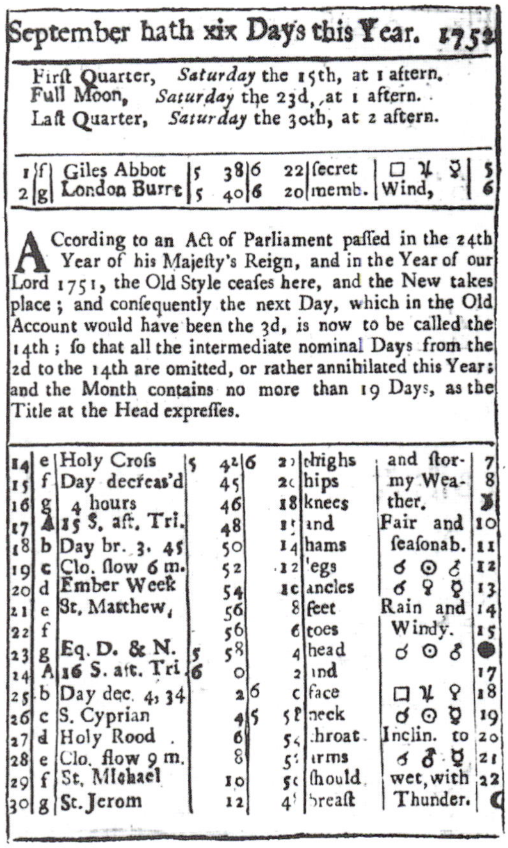

September hath xix Days this Year. 1752

Firft Quarter, *Saturday* the 15th, at 1 aftern.
Full Moon, *Saturday* the 23d, at 1 aftern.
Laft Quarter, *Saturday* the 30th, at 2 aftern.

1	f	Giles Abbot	5	38	6	22	fecret	□ ♃ ☿	5
2	g	London Burnt	5	40	6	20	memb.	Wind,	6

ACcording to an Act of Parliament paffed in the 24th Year of his Majefty's Reign, and in the Year of our Lord 1751, the Old Style ceafes here, and the New takes place; and confequently the next Day, which in the Old Account would have been the 3d, is now to be called the 14th; fo that all the intermediate nominal Days from the 2d to the 14th are omitted, or rather annihilated this Year; and the Month contains no more than 19 Days, as the Title at the Head expreffes.

14	e	Holy Crofs	5	42	6	2›	thighs	and ftor-	7
15	f	Day decreas'd		45		2‹	hips	my Wea-	8
16	g	4 hours		46		18	knees	ther.	☽
17	A	15 S. aft. Tri.		48		1!	and	Fair and	10
18	b	Day br. 3. 45		50		14	hams	feafonab.	11
19	c	Clo. flow 6 m.		52		12	'egs	☌ ☉ ♂	12
20	d	Ember Week		54		1c	ancles	☌ ♀ ☿	13
21	e	St. Matthew,		56		8	feet	Rain and	14
22	f			56		6	toes	Windy.	15
23	g	Eq. D. & N.	5	58		4	head	☌ ☉ ♂	●
24	A	16 S. aft. Tri.	6	0		2	ınd		17
25	b	Day dec. 4, 34		2	6	c	face	□ ♃ ♀	18
26	c	S. Cyprian		4	5	5?	neck	☌ ☉ ☿	19
27	d	Holy Rood		6		5‹	.hroat	Inclin. to	20
28	e	Clo. flow 9 m.		8		5:	ırms	☌ ♂ ☿	21
29	f	St. Michael		10		5‹	fhould	wet, with	22
30	g	St. Jerom		12		4'	breaft	Thunder.	☾

1752 ist dieser Wechsel zu berücksichtigen. So wird das Geburtsjahr von Isaac Newton gewöhnlich mit 1642, manchmal aber mit 1643 angegeben, da Newton am 25. Dezember 1642 (alter Kalender) geboren wurde, was dem 4. Januar 1643 (neuer Kalender) entspricht. George Washington wurde somit am 11. bzw. am 22. Februar 1732 geboren.

Nach einer Überlieferung protestierten die Briten 1752 gegen die päpstliche Reform und den „Verlust" von elf Lebenstagen. Der Historiker Robert Poole versuchte, Nachweise für derartige Proteste zu finden, was ihm freilich nicht gelang. Natürlich herrschte Unzufriedenheit über die Verschiebung der Festtage, besonders in Bezug auf Weihnachten: «Damals maßen die meisten Menschen die Zeit nicht nach Kalendertagen, sondern nach dem Rhythmus der Feste und Geburtstage. Tagebücher führten praktisch nur Angehörige des Landadels, Kaufleute und Akademiker.»

Vielen wurde die Kalenderumstellung erst bewusst, als die Kirche Weihnachten auf den Tag ansetzte, der bisher der 14. Dezember gewesen war. Der einzige Hinweis auf Unzufriedenheit wegen der verlorenen elf Tage scheint ein satirisches Bild William Hogarths von 1755 zu sein. Es zeigt u. a. einen verletzten Whig-Schläger, der einem Tory eine Tafel mit der Aufschrift „Gebt uns unsere elf Tage" entrissen hat. Thema des Bildes sind aber nicht Proteste gegen die Reform, sondern ein Wahlkampf in Oxfordshire im Jahr 1754, bei dem diese Reform wohl eine gewisse Rolle spielte. In den Jahrbüchern von 1752 hingegen wird genau erklärt, was mit den elf Tagen geschehen war.

Oben: „Ein Wahlschmaus" (Detail), William Hogarth, 1755. Die Tafel unter dem Fuß des Mannes trägt die Aufschrift «Gebt uns unsere elf Tage» – ein indirekter Verweis auf die Kalenderreform.

Links: Ein britischer Almanach von 1752 erklärt den Wechsel vom julianischen (Old Style) zum gregorianischen (New Style) Kalender. Der September hatte in diesem Jahr nur 19 Tage.

Zeitzonen

Mit der mittleren Greenwich-Zeit GMT wurden 1884 internationale Zeitzonen eingeführt. Die Datumsgrenze im Pazifik hatte man auf 180° zum Nullmeridian in Greenwich festgelegt (die Abbildung zeigt seine heutige Darstellung). Überquert man sie von West nach Ost, befindet man sich im vorhergehenden Tag, in umgekehrter Richtung im darauf folgenden Tag. Dies verhindert, dass der nach Osten reisende Phileas Fogg in Jules Vernes „In 80 Tagen um die Welt“ seine Wette verliert. Die Grenzen der Zeitzonen und die Datumsgrenze verlaufen nicht gerade (siehe unten), da nationale Entscheidungen berücksichtigt wurden. Einige große Staaten wie Indien und China haben eine Einheitszeit, andere nicht. Russland hat allein elf Zeitzonen.

Die Einführung einer Sommerzeit wurde erstmals Anfang des 20. Jahrhunderts von dem Londoner Bauunternehmer William Willett vorgeschlagen. Seine Absicht war, die Uhren im Frühjahr und Sommer um eine Stunde vorzustellen, um das frühe Morgenlicht zu nutzen. Im Rahmen der Kriegswirtschaft wurde die Sommerzeit 1916 zuerst in Deutschland und Österreich-Ungarn eingeführt, dann in Großbritannien, wo die britische Sommerzeit BST seit 1922 in Kraft ist.

Aufgrund einer europäischen Vereinbarung beginnt die Sommerzeit am letzten Sonntag im März um 1.00 Uhr und endet zur selben Zeit am letzten Sonntag im Oktober. Andere Staaten haben eigene Systeme. Manche US-Bundesstaaten haben keine Sommerzeit, wie z. B. Indiana (das von einer Zeitgrenze durchschnitten wird), Arizona und Hawaii.

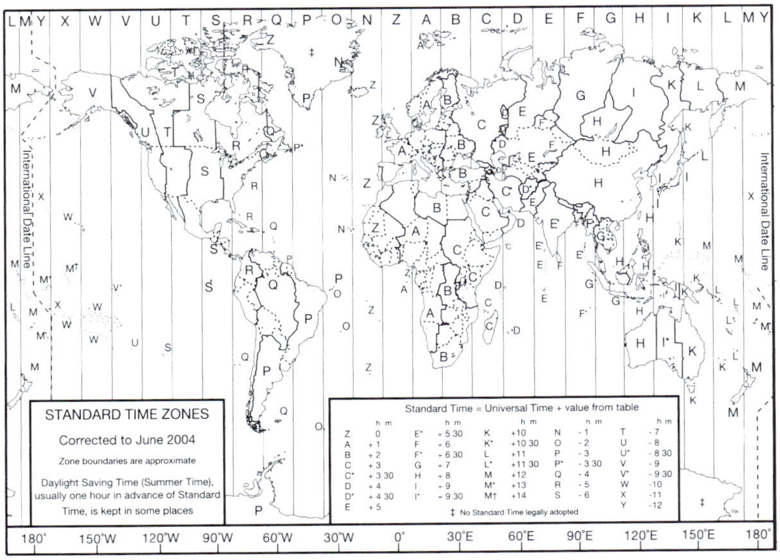

Postleitzahlen

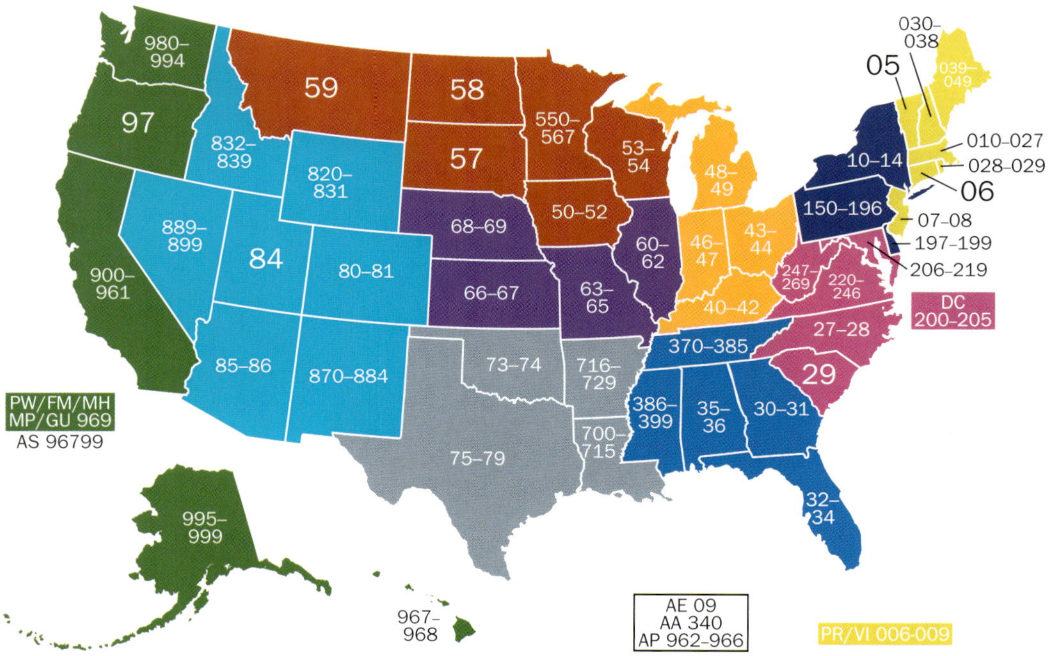

ZIP-Code-Zonen. 1963 wurden in den USA im Rahmen des Zone Improvement Plan fünfstellige ZIP-Codes eingeführt. Die erste Ziffer (0–9) stellt eine Staatengruppe dar (s. Karte), die zweite und dritte eine Region oder Großstadt innerhalb der Gruppe, die vierte und fünfte bestimmte Gebiete (Kleinstädte, Stadtbezirke). Staten Island und die Bronx in New York City z. B. haben die ZIP-Codes 10300–10399 bzw. 10400–10499. Die niedrigsten, mit 0 beginnenden ZIP-Codes haben Neuengland, Puerto Rico und die US-Jungferninseln, die höchsten Kalifornien, Hawaii und Alaska. Staatliche Behörden in und um Washington DC haben Codes, die mit 20200 und 20599 beginnen, unabhängig von ihrer genauen geographischen Lage. Dieses System hat viele Mängel, deshalb wurden 1983 erweiterte neunstellige Codes eingeführt, die sogenannten ZIP+4-Codes.
In Kontinentaleuropa geht die Tendenz zur fünfstelligen Postleitzahl für Region und Unterregion, ein ihr vorangestellter Buchstabe bezeichnet das Land.

Postbezirke und Postleitzahlen sollten eigentlich ein neutrales Thema sein. In Wirklichkeit aber sind sie von ökonomischer, sozialer und kultureller Bedeutung. In den USA umgibt die ZIP-Codes 90210 (Beverly Hills, Kalifornien) und 02138 (Cambridge, Massachusetts) eine Aura, die sich den Hollywoodfilmen bzw. der Harvard-Universität verdankt. Die Zeitschrift NATIONAL GEOGRAPHIC stellte sogar eine Zeitlang jeden Monat unter der Rubrik „ZIP-Code" ungewöhnliche Orte vor.

In Deutschland wurden Postleitzahlen erstmals 1941 eingeführt, als allererstes Land hatte sie jedoch Großbritannien. London ist schon seit 1857 in Postbezirke eingeteilt: EC (Eastern Central), WC, NW, N, NE, E, SE, S, SW und W. 1866 wurde nach einem Gutachten des Romanciers Anthony Trollope NE mit E vereinigt, S wurde auf SE und SW aufgeteilt. Im Ersten Weltkrieg mussten als Ersatz für die Männer viele Briefsortiererinnen einspringen. Um ihnen die Arbeit zu erleichtern, fügte man 1917 eine Seriennummer zur Bezeichnung des Stadtbezirks hinzu, z. B. N1 für Islington, SW6 für Fulham. Von 1959 bis zum Beginn der 70er-Jahre wurden mit fortschreitender Automatisierung der Postsortierung die aktuellen Postleitzahlen eingeführt. Das Prinzip lässt sich anhand des Codes PO1 3AX zeigen. PO1 verweist auf die Region (wovon es in Großbritannien 121 gibt) und den Bezirk 1 (eine Region umfasst etwa 20 Postbezirke). 3AX ist der innere Code: Er bezeichnet Sektor 3 (etwa 300 Adressen) und dessen Einheit AX (eine Einheit umfasst etwa 15 Adressen). Es gibt zahlreiche Ausnahmen, so die Londoner Codes, doch in der Regel entsprechen der bzw. die ersten Buchstaben dem bezeichneten Namen.

Meinungsumfragen

Meinungsumfragen, Marktforschung und Sozialstudien sind allgegenwärtige Werkzeuge von Politikern, Wissenschaftlern und Unternehmen. «Wählerbefragungen waren der Ausgangspunkt, als an der Marktforschung orientierte Studien über das Wahlverhalten Teil der Politikwissenschaft wurden», schreibt Theodore Porter in „Trust in Numbers". Diese Studien weisen jedoch Schwächen auf, sodass man ihnen mit Skepsis begegnen muss.

Das erste Problem besteht darin, dass Datensammeln teuer ist, vor allem auf internationaler Ebene, deshalb ist die Datenmenge manchmal zu gering. Zweitens lassen sich die Antworten schwer standardisieren, da die Befragten bei verschiedener Formulierung oder anderer Reihenfolge von inhaltlich gleichen Fragen jeweils anders antworten. Drittens kann es sein, dass sie übertreiben oder lügen. Bei einer von der Universität Chicago durchgeführten Meinungsumfrage erklärten 24–30% der Befragten, sie gingen mindestens einmal pro Woche zur Kirche. Die Forscher stellten aber fest, dass die Angaben bis zu 70% zu hoch waren. Je sensibler das Thema ist, desto wahrscheinlich ist, dass die Antwort nicht den Tatsachen entspricht.

Wissenschaftler – im Unterschied zu professionellen Meinungsforschern, denen es nicht um eigene Forschungsergebnisse geht – versuchen, dem zweiten und dritten der genannten Probleme gerecht zu werden, indem sie die Befragten ermutigen, eigene Worte zu gebrauchen, statt zu einer Kästchen-Ankreuzmethode zu greifen. Dieser tiefer gehende Ansatz erfordert auf beiden Seiten mehr Zeit und hat immer noch den Nachteil, dass sich die Antworten schwer vergleichen lassen. Trotzdem sind wissenschaftliche Meinungsumfragen faszinierend, wie die Weltkarte des Glücks zeigt.

Das Internet hat Umfragen billiger gemacht, aber nicht verlässlicher. Gewiss hat es nicht die Debatte über die elektronische Stimmabgabe beendet, die nach den Problemen mit der Stimmauszählung in Florida bei den US-Präsidentschaftswahlen 2000 begonnen hatte. «Um faire, demokratische Wahlen durchzuführen, braucht man eine transparente Methode zur Durchführung von Neuauszählungen und Sicherung der korrekten Stimmabgabe», erklärt Rebecca Mercuri, eine Expertin für elektronisches Wählen. Sie und viele andere glauben, dass der einzige Schutz gegen verfälschte Resultate darin besteht, dass die Wahlmaschine eine Kopie ausdruckt, die der Wähler überprüfen kann, bevor er auf den Knopf drückt, und die bei einem Streit zwischen Kandidaten per Hand gezählt wird.

Die Weltkarte des Glücks von 2006 ist das Ergebnis einer Analyse von mehr als 100 in der ganzen Welt durchgeführten Befragungen von 80 000 Personen. Sie basiert auf Daten von Unesco, CIA, New Economics Foundation, WHO, Veenhoven Database, Latinbarometer, Afrobarometer und UNHDR. Zusammengestellt wurde sie von dem Psychologen Adrian White. Er weist auf eine starke positive Korrelation zwischen Zufriedenheit und Gesundheit hin, dicht gefolgt von Reichtum und Bildung. Am glücklichsten sind die Menschen in Skandinavien, Nr. 1 ist Dänemark. Die USA stehen an 23. Stelle vor Deutschland, Großbritannien und Frankreich. China (Rang 82), Japan (90) und Indien (125) schneiden überraschend schlecht ab.

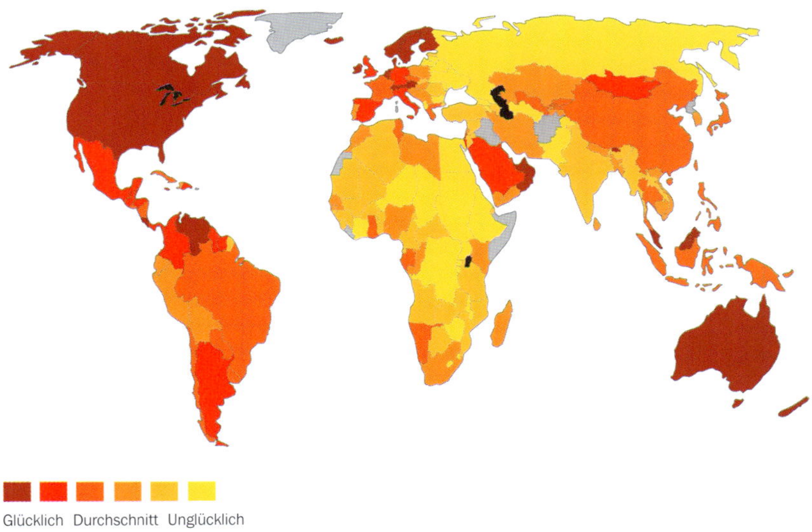

Volkszählungen

Volkszählungen dienen stets politischen Zwecken und sind oft umstritten. König David befahl seinen Offizieren „die Zählung Israels und Judas“. Nach 9 Monaten und 20 Tagen meldeten sie 800 000 „waffenfähige Männer“ in Israel und 500 000 in Juda. Nun empfand David die Volkszählung als Sünde und bat Gott um Bestrafung. Er wurde vor die Wahl gestellt: Hungersnot, feindlicher Einfall oder Seuche, jeweils für die Dauer von drei Monaten. David wählte die Seuche. Sie forderte 70 000 Opfer. Noch im 18. Jahrhundert wurde dieser Präzedenzfall im Parlament vorgebracht, um in England eine Volkszählung zu verhindern.

Eine Seuche war auch der Grund für die erste statistische Analyse. Im 16. Jahrhundert wurden in England bei Seuchen „Totenlisten“ erstellt, die die Todesfälle eines bestimmten Zeitraums erfassten. Nach der Epidemie von 1603 wurden diese Listen regelmäßig veröffentlicht, auch wenn keine Seuche wütete. 1662 führte der Kaufmann John Graunt die erste Schätzung der Bevölkerung Londons durch – 384 000 –, wobei er die Listen unter folgenden Annahmen analysierte: Die jährliche Zahl der Taufen entsprach in etwa der Geburtenzahl, Frauen zwischen 16 und 40 brachten alle zwei Jahre ein Kind zur Welt und die Durchschnittsfamilie umfasste acht Personen, nämlich Vater, Mutter, drei Kinder und drei Bedienstete oder Untermieter.

In Indien benutzt man heute eine umstrittene Methode zur Zählung von Tigern: Wildhüter durchstreifen ein bis zwei Wochen die Nationalparks und suchen nach Abdrücken von Tatzen. 2005 zeigte sich, dass in einem Reservat keine Tiger waren, obwohl sich die amtliche Zahl auf 16–18 belief. Ein Proteststurm zwang daraufhin die Regierung, zusätzlich zur Zählung der Tatzenspuren fernausgelöste Kameras einzusetzen.

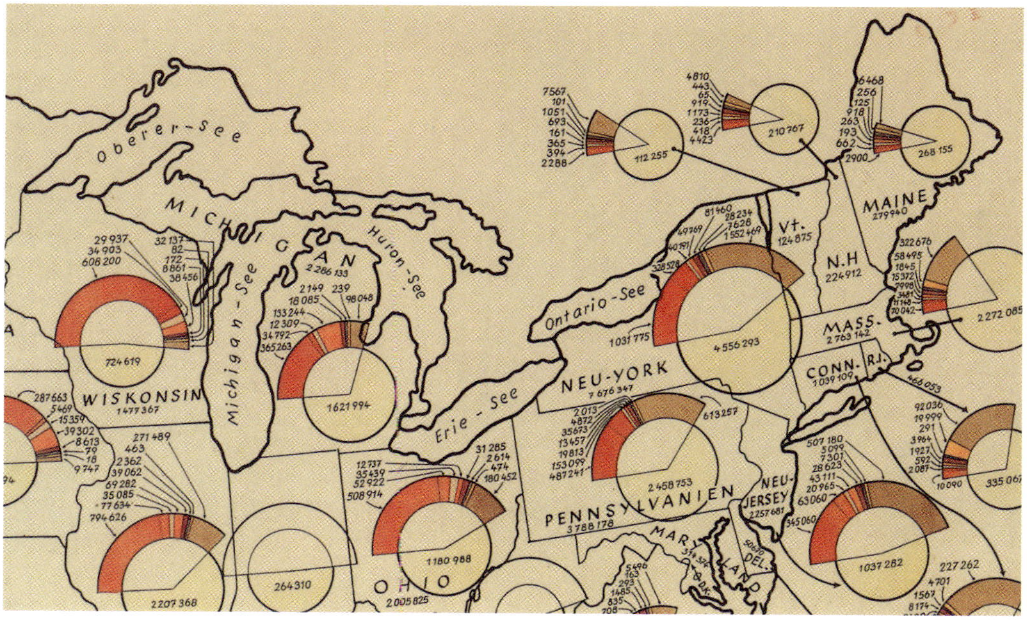

Volkszählung in den USA, 1940. Die Karte ist Teil einer auf der amtlichen Volkszählung von 1930 beruhenden geheimen Analyse der amerikanischen Bevölkerung durch die nationalsozialistische deutsche Regierung. Jeder Kreis enthält eine Aufgliederung nach Herkunftsländern der weißen Einwanderer in dem betreffenden Bundesstaat: Der rote Teil umfasst Amerikaner deutscher, österreichischer, holländischer und belgischer Abstammung. Diesen Bevölkerungsteilen wurde Geld zugeführt in der Hoffnung, sie würden aus Dankbarkeit Druck auf die US-Regierung ausüben, damit sich die USA aus dem Krieg in Europa heraushielten. Dabei war z. B. Wisconsin für die NS-Propaganda ein weit günstigeres Ziel als Massachusetts. «Die Zurückhaltung Präsident Roosevelts geht zu einem beträchtlichen Teil auf die Wirkung dieser Kampagne zurück» (Peter Barber in „The Map Book“).

Identität, Wahrheit und Lüge

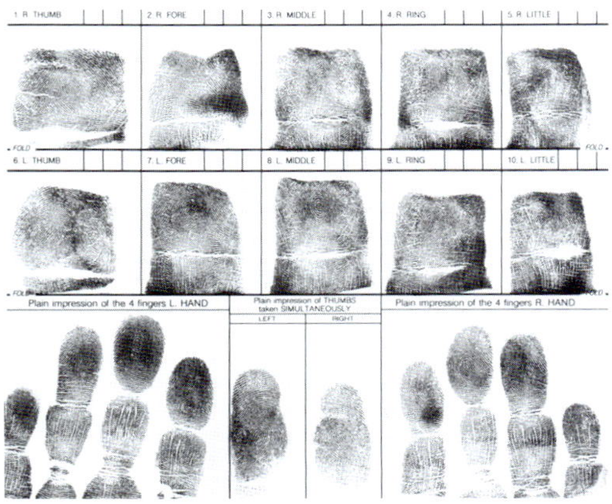

Die zweifelsfreie Feststellung der Identität einer Person ist ein Problem, das seit den Anfängen der Zivilisation besteht. Siegel können gestohlen, Unterschriften gefälscht, Fotos manipuliert und Passwörter ausspioniert werden. Benötigt wird ein biometrischer Indikator, ein unauslöschliches und für jeden Menschen einzigartiges Merkmal. Etwa hundert Jahre lang erfüllten Fingerabdrücke diese Funktion.

Über Fingerabdrücke als Unterscheidungsmerkmal berichtete schon 1684 die Royal Society. Anfang des 19. Jahrhunderts „signierte" ein britischer Kupferstecher seine Vogelbücher mit seinen Fingerabdrücken. Zur amtlichen Identifizierung wurden sie erstmals Ende des 19. Jahrhunderts benutzt, anfangs nicht in Europa, sondern in Bengalen als Folge des «ungeheuren Problems, das für die Kolonialverwaltung die Identifizierung jeder einzelnen Person darstellte, die Land kaufen, eine Rente beziehen oder einen Vertrag abschließen wollte», schreibt Chandak Sengoopta in „Imprint of the Raj". So war es auch ein Kolonialbeamter, William Herschel, der die Abnahme der Fingerabdrücke einführte, die der Londoner Wissenschaftler Francis Galton klassifizierte. Er begann mit drei Hauptkategorien: Bögen, Schleifen und Windungen. Polizeichef Edward Henry wandte die Methode zunächst in Bengalen an, später in London, indem er an Tatorten gefundene Abdrücke mit denen von bekannten Verbrechern verglich.

Wie verlässlich ist die Methode wirklich? Wie sicher ist eine Übereinstimmung? Erstaunlich ist, dass sich ein Jahrhundert lang niemand die Mühe machte, die Fehlerrate festzustellen. Als Folge eines Gerichtsverfahrens im Jahr 1999 wurde das FBI von einem Richter verpflichtet, die Fingerabdruckmethode gerichtsmedizinisch überprüfen zu lassen. Der FBI-Bericht behauptete, die Möglichkeit eines Identifizierungsfehlers sei effektiv null. Der Leiter des US National Biometric Test Center bezeichnet das freilich als Spekulation. Aus diversen Beweisstücken der jüngsten Vergangenheit ist klar ersichtlich, dass Fingerabdrücke zwar eine äußerst nützliche Identifizierungsmethode sind, aber nicht der unwiderlegbare Beweis, den Gerichte in der Regel darin sehen.

In Kürze könnten andere biometrische Methoden Teil unseres Alltags sein. Die Erstellung von DNA-Profilen (s. S. 177–8) ist bereits üblich, die Irismessung könnte folgen, z. B. am Geldautomaten (der mit einem Computer verbunden ist), beim Betreten eines Gebäudes oder bei Kontrollen am Flughafen. Die Iris des mensch-

Ende des 19. Jahrhunderts klassifizierte Francis Galton (1822–1911) **(oben)** erstmals Fingerabdrücke. Seine Methoden wurden zum ersten Mal 1897 in Bengalen benutzt, um die Identität eines Mordverdächtigen zweifelsfrei festzustellen. Ein Fingerabdruck am Tatort stimmte mit einem Fingerabdruck in einer Polizeiakte überein **(links und unten)**. Neueste Untersuchungen über Fingerabdrücke haben allerdings gezeigt, dass es Ausnahmefälle gibt, in denen diese Methode nicht verlässlich ist.

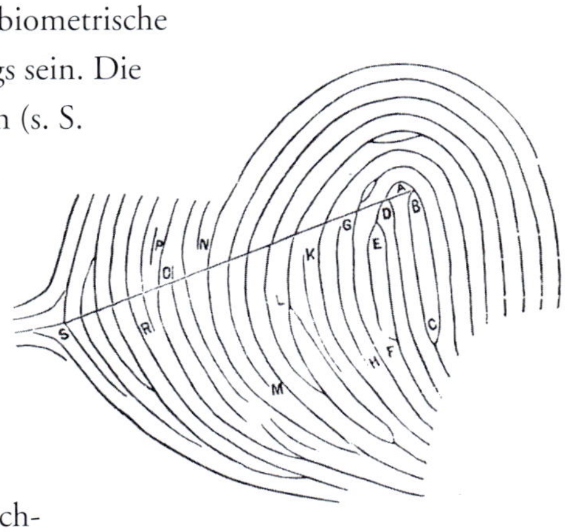

lichen Auges weist Pigmentmuster auf, die sich anders als das Gesicht nicht verändern lassen. Aus dem Irismuster kann ein numerischer Code erstellt werden, über den eine mit einer Datenbank verbundene Kamera die Person erkennt.

Die Erfahrungen mit Lügendetektoren zeigen, dass man bei neuen biometrischen Methoden vorsichtig sein muss. Lügendetektoren gibt es seit Jahrzehnten. Die US-Administration ist von ihnen begeistert, unter Psychologen ist ihre Verlässlichkeit umstritten. Dabei werden bei Befragungen Atmung, Blutdruck und elektrodermale Reaktionen gemessen, wenn etwa vermehrte Schweißabsonderung die elektrische Leitfähigkeit der Handflächenhaut verändert. Seit Kurzem benutzt man Magnetresonanz zur Überwachung des Gehirns.

Theoretisch zeigen alle diese Messungen bei Unschuldigen erhöhte Aktivitäten an, sobald sie auf eine generelle Frage antworten müssen („Haben Sie jemals gelogen, um Schwierigkeiten zu entgehen?“), aber keine Erhöhung, wenn die Fragen in direktem Zusammenhang mit der Beschuldigung stehen. Die Letzteren sollen Schuldige nervös machen, sodass es bei ihnen zu erhöhten Körper- und Gehirnaktivitäten kommt.

Vier von 1976 an in wissenschaftlichen Zeitschriften erschienene Studien bestätigen diese Erwartungen nicht. Bei Unschuldigen ist die Wahrscheinlichkeit, dass „unwahr“ angezeigt wird, fast so groß wie bei Schuldigen. Die Hirnaktivität kann sich zwar beim Lügen geringfügig ändern, aber solche Daten sind nur dann signifikant, wenn sie gepoolt werden und nicht bei Individuen. Der amerikanische Psychologie-Professor David Lykken ist der Meinung, Lügendetektoren seien «gegenüber ehrlichen Menschen äußerst voreingenommen». Ihm zufolge hat «der Lügendetektor-Mythos mit der Computer-Mystik eine Schar von Mythenkindern gezeugt, die den Erkenntnissen der amerikanischen Polizei und der Geheimdienste schadeten und ehrlichen Menschen Unrecht zufügten».

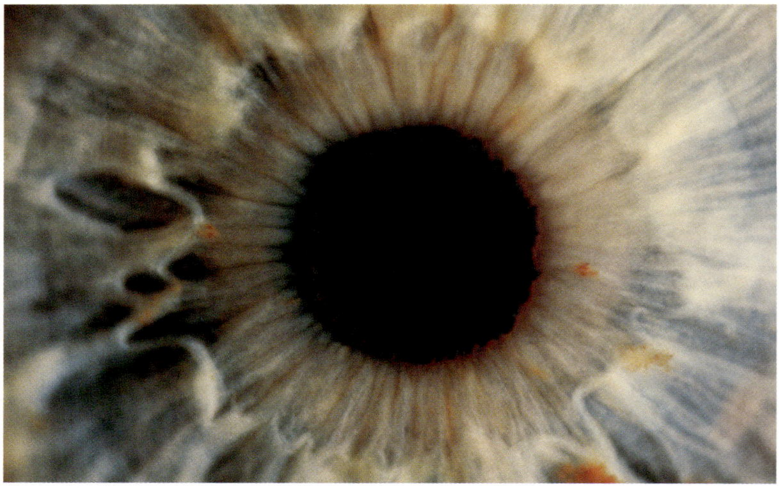

Oben: Wird die menschliche Iris der Fingerabdruck des 21. Jahrhunderts? Die Iriserkennung stößt auf ernstliche Schwierigkeiten. Sehr viele Menschen haben schlaffe und herabhängende Augenlider, schielen, haben Sehschwächen oder vergrößerte Pupillen. Alle diese Fehlbildungen wirken sich störend auf die Iriserkennung aus. Es gibt sogar die sogenannte Aniridie: Im Schnitt hat eine von 75 000 Personen keine Iris. Und wie wird man sein Irismuster aktualisieren, wenn es sich im Lauf der Zeit verändert?

Rasse

Als Einstein 1919 Weltruhm erlangte, bat ihn eine Gruppe, die sich Central-Verein deutscher Staatsbürger jüdischen Glaubens nannte, um Unterstützung. Er antwortete: «Weder bin ich deutscher Staatsbürger, noch gibt es in mir irgendetwas, das man als jüdischen Glauben bezeichnen könnte. Aber ich bin Jude und froh, dass ich zu den Juden gehöre, auch wenn ich sie in keiner Weise als Gottes auserwähltes Volk betrachte.» Der glaubenslose Einstein bezeichnete Juden gern als seine „Stammesgenossen". Sogar für ihn waren Stamm und Rasse eine Realität, gleichzeitig wandte er sich entschieden gegen Rassismus.

Die Rassenerforschung ging in ihren prägenden Jahren in die Irre. Durch das Messen physiognomischer Merkmale versuchten die Anthropologen, auf Rasse basierende Korrelationen zwischen Biologie, Intelligenz und Kultur zu bestimmen. Dies führte über Entwicklungen in der Genetik zur Eugenik, dem Gedanken, man könne Rassen durch Sterilisierung von „erblich Minderwertigen" verbessern. Die Sterilisierung wurde in Skandinavien, Teilen Kanadas und den USA bis Anfang der 1970er-Jahre praktiziert.

Als sich *Scientific American* 2003 mit der Frage der Rasse befasste, fragten die Herausgeber vorsichtig: «Gibt es Rassen?» Und antworteten schnell: «Wenn man Rassen als genetisch unterschiedene Gruppen definiert, nein. Man kann aber mithilfe einiger genetischer Informationen Individuen zu medizinisch relevanten Clustern zusammenführen.»

Neuere Daten zu den Rassen entstammen der Genomsequenzierung. Michael Bamshad untersuchte die genetische Veranlagung von 565 aus Asien, Europa und Sub-Sahara-Afrika stammenden Personen. Er erklärt: «Bei der Bestimmung des Verwandtschaftsgrads von Gruppen stützen sich die Genetiker auf Polymorphien, feine Variationen in der DNA, speziell in der Sequenz von Basenpaaren, den Bausteinen der DNA. Die meisten dieser Polymorphien erscheinen nicht in Genen, die als kodierende DNA-Abschnitte die Erbinformationen für bestimmte Proteine enthalten … Diese Variationen sind somit neutral, sie haben keinen Einfluss auf genetische Merkmale. Einige Polymorphien erscheinen jedoch schon in Genen und können so zur Änderung von Merkmalen und zu Erbkrankheiten beitragen.»

Eine Alu genannte Klasse von Polymorphien wird über Äonen unverändert von Generation zu Generation weitergegeben. Erscheint dieselbe Alu-Sequenz in den Genomen zweier Menschen an derselben Stelle, so müssen sie einen gemeinsamen Vorfahren haben und verwandten Gruppen angehören. Nachdem Bamshad und sein Team alle Labels (Geburtsort und angegebene Ethnie) von ihren genetischen Proben entfernt hatten, analysierten sie nur Alu-Polymorphien und entdeckten vier verschiedene Gruppen. Als sie die Labels wieder hinzufügten, sahen sie, dass zwei Gruppen zur Gänze aus Sub-Sahara-Afrika kamen, während die anderen beiden Gruppen nur Europäer bzw. nur Ostasiaten umfassten. Etwa 60 Alu genügten, um die Person ihrem Herkunftskontinent mit 90%-iger Sicherheit zuzuordnen, 100 waren für eine Sicherheit von fast 100 % nötig.

Folgende Seite: Die Rassenmaschine. Ist Rasse mehr als Hautfarbe? Die Bilder auf der folgenden Seite stammen von der amerikanischen Künstlerin Nancy Burson. Grundlage war das «Foto einer weißen Frau, auf dem diverse Rassenmerkmale hinzugefügt und entfernt wurden, um zu zeigen, wie sie als Angehörige einer anderen Rasse aussehen könnte». Von der Maschine können Interessierte die Merkmale ihres Gesichts erfassen lassen, eine bestimmte Rasse wählen und dann über ihr neues Aussehen nachdenken. Burtons feste Überzeugung lautet: «Es gibt nur eine Rasse, die menschliche Rasse … Ein Rassen-Gen gibt es nicht.»

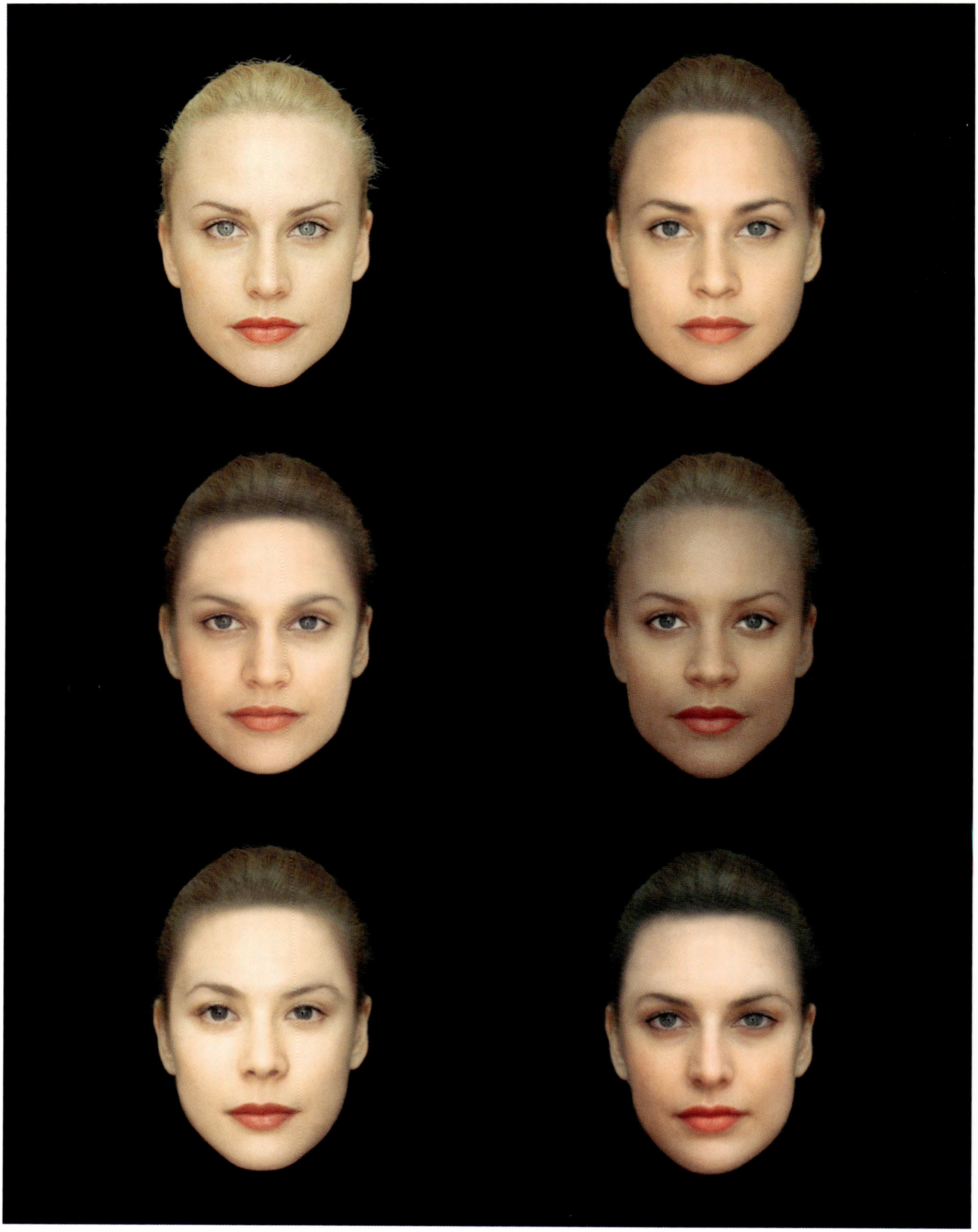

Militärische Ränge

Rangabzeichen der Offiziersdienstgrade im britischen Heer. Der Dienstgrad Feldmarschall wird zurzeit nicht verliehen.
1 Feldmarschall
2 General
3 Generalleutnant
4 Generalmajor
5 Brigadier
6 Oberst
7 Oberstleutnant
8 Major
9 Hauptmann
10 Oberleutnant
11 Leutnant

Im ägyptischen Heer gab es schon im 2. Jahrtausend v. Chr. eine Hierarchie, ebenso im antiken Griechenland, aber erst die Römer hatten militärische Ränge im heutigen Sinn. Von Beginn des 1. Jahrhunderts v. Chr. an wurde eine Legion – nominell 6000 Mann – von einem Legaten geführt, dem 6 Tribunen unterstellt waren. Die Legion bestand aus 10 Kohorten zu 6 Zenturien, die jeweils 60–160 Legionäre umfassten. Die Zenturie war unterteilt in Zeltgemeinschaften („contubernia") von etwa acht Mann. Kommandeur war der Centurio.

Die heute in vielen Armeen üblichen Rangbezeichnungen stammen aus den Söldnerheeren der Renaissance (z. B. Korporal, Sergeant, Kapitän oder General), der Zeit der Napoleonischen Kriege (Leutnant, Major, Marschall) und dem Zweiten Weltkrieg, so die Dienstgrade von Spezialisten wie Radaroffiziere.

Die militärische Hierarchie gliedert sich in Laufbahngruppen, nämlich Offiziere (Leutnants, Hauptleute, Stabsoffiziere und Generäle), Unteroffiziere (Fähnriche, Feldwebel, Oberfeldwebel etc.) und Mannschaften (Soldaten, Gefreite, Obergefreite etc.). In allen Streitkräften der Welt gibt es Ränge in irgendeiner Form, mit Ausnahme von Perioden ideologischer Experimente wie z. B. in der sowjetischen Roten Armee 1918–35, der chinesischen Volksbefreiungsarmee 1965–88 und der albanischen Armee 1966–91. In diesen Armeen wurden die Ränge wieder eingeführt, da es bei militärischen Einsätzen zu Schwierigkeiten gekommen war.

Militärische Spitzenränge im Zweiten Weltkrieg

Deutschland*	**Japan**	**Großbritannien**	**USA**	**UdSSR**
Feldmarschall	Feldmarschall (ehrenhalber)	Feldmarschall	Armeegeneral	Marschall der Sowjetunion
Generaloberst	General	General	General	Armeegeneral
General der Infanterie, Artillerie Luftwaffe etc.	Generalleutnant	Generalleutnant	Generalleutnant	Generaloberst
Generalleutnant	Generalmajor	Generalmajor	Generalmajor	Generalleutnant
Generalmajor	unbekannt	Brigadier	Brigadegeneral	Generalmajor

* Wehrmachtsdienstgrade (SS und Waffen-SS hatten eigene Dienstgrade)

Kaliber

Der Ring, der in ägyptischen Hieroglyphen-Inschriften die Pharaonennamen umgibt, wurde von den Soldaten Napoleons als Kartusche bezeichnet, weil er in ihren Augen mehr einer Patronenhülse („cartouche") glich als einem Ring. Den Durchmesser einer Patrone bezeichnete man im Französischen als *calibre*, ein Wort, das auch in andere Sprachen übernommen wurde. Es scheint vom italienischen *calibro* oder spanischen *calibre* zu kommen, die wiederum vom arabischen *qalib* (Form) abstammen, das seinerseits auf *kalapous* zurückgeht, den altgriechischen Ausdruck für den Schusterleisten. Schließlich wurden die eisernen Gewehrläufe anfangs auf einem halbkreisförmigen Amboss in Form geschmiedet.

Das Kaliber von Geschützen wurde in historischen Zeiten nicht durch den Außendurchmesser der Geschosse oder den Innendurchmesser des Kanonenrohrs definiert, sondern durch das Gewicht der Kanonenkugel. Ein Geschütz wurde somit als Sechspfünder, Zwölfpfünder etcetera bezeichnet.

Ein ähnliches Konzept hat sich bei den Schrotflinten erhalten. Eine Schrotflinte mit Kaliber 12 bedeutete ursprünglich, dass sie Geschosse verfeuerte, die ein Zwölftelpfund (38 g) wogen. Das bedeutete, dass eine Flinte mit Kaliber 16 trotz ihrer höheren Kaliberzahl kleinere Patronen verfeuerte: je niedriger die Zahl, desto größer das Kaliber. Heute besteht zwischen Kaliber und Geschossgewicht auch beim Schrot kein direkter Zusammenhang mehr, sodass bei Schrotflinten die Kaliber wie bei anderen Feuerwaffen auf den Laufdurchmesser bezogen sind:

Kaliber	Zoll	Millimeter
8	0,835–0,860	21,2–21,8
10	0,775–0,793	19,6–20,1
12	0,729–0,740	18,5–18,8
16	0,662–0,669	16,8–17,0
18	0,637	16,2
20	0,615	15,6
24	0,579	14,7
28	0,550	14,0
32	0,526	13,4

Andere Sportgewehre, ebenso Pistolen und Revolver, haben typische, genormte Kaliber, die in Großbritannien und den USA in Zoll (z. B. .22) und in Kontinentaleuropa in Millimeter angegeben werden. In den Streitkräften sind seit Gründung der NATO 1949 in Millimeter angegebene Kaliber in fast allen westlichen Ländern Standard. (Bei großkalibrigen Waffen findet man neben den Millimeterangaben immer noch solche in Zoll, so etwa beim „4-Zoll-Mörser".)

Bei „gezogenen" Läufen entspricht das Kaliber nicht dem Innendurchmesser des Laufes, da das Geschoss hier durch eine spiralförmige Rille geführt und dadurch in eine stabilisierende Drallbewegung versetzt wird. Der Laufquerschnitt sieht so aus:

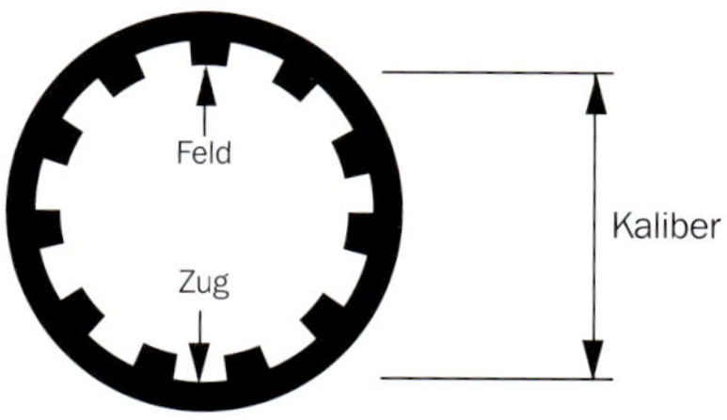

Der Lauf hat also Züge und Felder, wobei das Kaliber dem kleineren, also dem Durchmesser zwischen den Feldern entspricht.

Oben: Außentaster zum Messen von Kanonenkugeln. Er wurde von dem amerikanischen Freiheitskämpfer Paul Revere aus Bronze hergestellt.

Oben: Der „Magnum .44" von Smith & Wesson ist die Lieblingswaffe von Harry Callahan, dem harten Cop in „Dirty Harry". Das Kaliber dieser Waffe ist 0,44 Zoll.

Wirtschaftswissenschaften

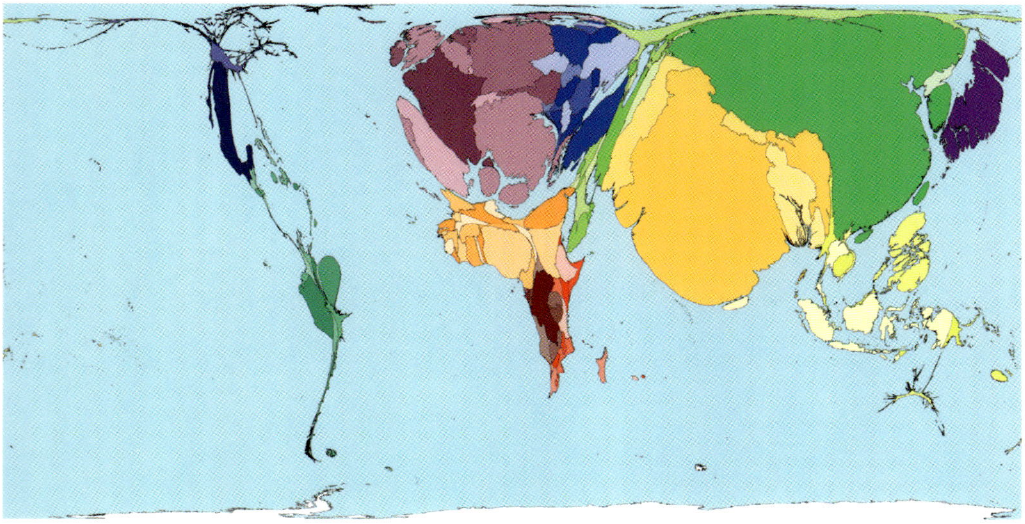

Reichtumsverteilung im Jahr 1500. Die Fläche eines jeden Landes auf dieser Karte ist proportional zu seinem Bruttoinlandsprodukt (BIP) im Jahr 1500, gemessen in Kaufkraftparität (PPP) nach dem Preisniveau von 1990 (der PPP-US-Dollar hat somit in jedem Land die gleiche Kaufkraft). Das Bruttoinlandsprodukt ist der Wert aller in einem Jahr innerhalb der Landesgrenzen produzierten Waren und Dienstleistungen. Es umfasst weder den Wert von Rohstoffen, die bei der Erzeugung dieser Waren verwendet wurden, noch Nettoeinkünfte aus dem Ausland (die im Bruttonationaleinkommen BNE enthalten sind). Teilt man das BIP durch die Bevölkerungszahl eines Landes im Jahr 1500, so hatte (das fast bis zur Unkenntlichkeit aufgeblähte) Italien mit $1100 bei weitem das höchste Pro-Kopf-BIP. Großbritannien hatte $714, Indien $550 und Ägypten $475. Nordamerika und Australien sind kaum sichtbar. Die Karte ist eine von vielen, die im Rahmen des Worldmapper-Projekts unter Verwendung eines von Michael Gastner und Mark Newman entwickelten Algorithmus erstellt wurden.

In der Wirtschaftswelt wimmelt es von Zahlen jeder Art – Kapital einer AG, Aktienkurse, UN-Indizes oder Bruttonationaleinkommen –, aber alle Bemühungen der Wirtschaftswissenschaft, als quantitative Wissenschaft zu erscheinen, werden durch die Realität des Geschäftemachens unterminiert.

Wissenschaftler sind oft Konkurrenten, aber sie pflegen eine gemeinsame Kultur des Vertrauens in die von ihnen veröffentlichten Ergebnisse. Geschäftsleute hingegen müssen Konkurrenten sein und Geschäftsberichte skeptisch beurteilen. Braucht man in der Wissenschaft Geschick und Urteilsfähigkeit, um empirische Daten mit Naturgesetzen zu erklären, so braucht man sie im Geschäftsleben, um Finanzzahlen so zu manipulieren, dass sie Gesetzen und Erwartungen entsprechen. Theodore Porter meint ironisch: «Es kann sein, dass sich heroisches Unternehmertum und kriminelle Manipulation lediglich durch eine Feinheit unterscheiden, die von den Aufsichtsbehörden … formuliert wird.»

Die bekanntesten Wirtschaftsindikatoren sind der Dow Jones Industrial Average in New York und der Financial Times-Stock Exchange 100 share index (FT-SE) in London. Der Dow-Jones-Index wurde 1897 von Charles Dow, dem Gründer des *Wall Street Journal*, und Edward Jones geschaffen. Er wurde täglich neu ermittelt, indem man die Summe von zwölf Aktienkursen durch zwölf teilte. Seit 1928 ist der meistzitierte Dow-Jones-Index ein täglich errechneter Durchschnitt von 30 Industriewerten, die etwa 25% des Aktienmarktes darstellen. Er muss um Aktienteilungen, Aktienersatz und andere Faktoren berichtigt werden. Der FT-SE 100 basiert auf der Marktkapitalisierung der 100 größten Industrie- und Handelsunternehmen, die an der London Stock Exchange notiert sind und vierteljährlich überprüft werden. Es handelt sich um einen gewichteten Durchschnitt mit fortlaufender Notierung, der auf einem 1984 festgelegten Basisindex gründet.

Lotterie und Glücksspiel

Als der Milliardär Kerry Parker in Las Vegas in einem Casino mehrere Millionen Dollar verlor und wegen seiner Verschwendungssucht öffentlich kritisiert wurde, entgegnete er: «Mein Vater war ein Spieler, ich bin auch ein Spieler. Jeder, der jemals etwas geschaffen hat, war ein Spieler.»

Das Glücksspiel ist älter als das Geld und reizt alle Menschen, auch wenn das historisch besonders für den Adel und die Unterschicht gilt und weniger für den Mittelstand. Beim Südsee-Börsenschwindel von 1720 versuchten Georg I. und Newton ihr Glück und verloren. Auch kleine Leute investierten damals in dubiose Unternehmen. Ein unbekannter Abenteurer warb sogar für eine „Gesellschaft zur Durchführung eines überaus nützlichen Unternehmens, das noch niemand kennt“. Fünf Stunden nach Eröffnung seines Büros waren 1000 Aktien zu zwei Pfund gezeichnet. «Als Philosoph, der sich zu begnügen wusste», schloss er seinen Laden und setzte sich am gleichen Abend ab. «Gäbe es nicht Scharen gutgläubiger Zeugen, so könnte man es nicht fassen, dass Menschen auf so etwas hereinfallen», schreibt Charles Mackay in seinem Klassiker „Extraordinary Popular Delusions and the Madness of the Crowds“.

Die Berechnung von Gewinnchancen unternahm erstmals der italienische Arzt, Mathematiker und leidenschaftliche Spieler Geronimo Cardano. 1525 veröffentlichte er sein „Liber de Ludo Aleae“ („Buch der Glücksspiele“). Ein Jahrhundert nach Cardano begründeten die französischen Mathematiker Blaise Pascal und Pierre de Fermat die Wahrscheinlichkeitstheorie.

Spieler glauben natürlich an ihr Glück, besonders jene, die in staatlichen Lotterien um riesige Summen spielen, wobei ihre Chance eins zu Millionen steht. Schon im 16. Jahrhundert gab es in ganz Europa Lotterien, und das mit Genehmigung des Papstes. Das lässt sich an den Losen einer Pariser Lotterie von 1572 ablesen. Auf Gewinnlosen stand „Gott hat dich auserwählt“, auf Nieten „Gott tröstet dich“. In England wurde der Bau der Londoner Wasserversorgung, der Westminster Bridge und des Britischen Museums durch Lotterien finanziert. Heute werben die Lotterieanstalten in vielen europäischen Ländern mit dem wohltätigen Zweck, wobei als Belohnung oder auch Köder fantastische Gewinne locken. «Lotterieunternehmen wissen seit Jahrhunderten, dass die Menschen trotz einer Trefferchance von eins zu einer Million bereit sind, für ein Los zu bezahlen, ohne zu bedenken, was diese Chance wert ist. Die Leute zahlen, weil ihnen der riesige Gewinn ins Auge sticht», erklärte der ehemalige US-Notenbankchef Alan Greenspan, als im Jahr 2000 die Dotcom-Blase platzte.

Oben: Geronimo Cardano (1501–76) stellte erstmals Wahrscheinlichkeitsrechnungen in Bezug auf Glücksspiele auf. Er betrachtete die Spielleidenschaft einschließlich seiner eigenen als eine Sucht, die ärztliche Behandlung erforderte. Sein Ratschlag lautete: «Den größten Vorteil beim Glücksspiel hat man, wenn man überhaupt nicht spielt.»

Unten: Die Lotterie mit den höchsten Preisen in Europa ist die Weihnachtsausspielung der Spanischen Nationallotterie, bekannt als „El Gordo“.

Sport und Spiel

Denkt man an Sportarten wie Fußball, Tennis oder Golf, so kommen einem sofort Dynamik und körperliche Geschicklichkeit in den Sinn. Bei Spielen wie Schach, Bridge oder Scrabble sind es Ruhe und geistige Konzentration.

Trotzdem werden Fußball, Tennis und Golf ebenso oft als Spiel wie auch als Sport bezeichnet – anders als Schach, Bridge und Scrabble. Ob es sich nun um Sportarten oder Spiele handelt, es sind Wettkämpfe mit Regeln, nach denen gemessen wird. Die traditionelle Unterscheidung zwischen Sport und Spiel, je nachdem, ob eine Aktivität nach festen Regeln abläuft oder nicht, ob sie von einer Mannschaft oder Einzelspielern, im Freien oder in einem abgegrenzten Bereich bzw. Innenraum ausgeübt wird, hat sich verwischt, sodass die beiden Begriffe heute teilweise austauschbar sind.

Die Intuition sagt uns, dass es auch in archaischen Gesellschaften Spiele gegeben haben muss, und das aus ähnlichen Gründen wie heute: Sie waren ein Mittel der Sozialisierung, dienten dem Training von Körper und Geist, der Darstellung von Leistungsfähigkeit und der Unterhaltung. Es gibt aber keine eindeutigen archäologischen Beweise für die Existenz sportlicher Wettbewerbe vor Beginn des 3. Jahrtausends v. Chr. In dieser Zeit liefern Keilschrifttafeln erstmals kurze Hinweise auf Ring- oder Boxkämpfe, bei denen bestimmte Regeln galten.

Als Gründungsjahr der Olympischen Spiele gilt 776 v. Chr., die ersten Olympischen Spiele der Neuzeit fanden 1896 statt. Der einzige bekannte Wettkampf jener ersten Spiele der Antike war ein Lauf über die Länge des damaligen Stadions von Olympia (192,27 m), den Koroibos aus Elis gewann. Dazu kamen später, verteilt auf vier Tage, Langstreckenlauf, Ringen, Freistilkampf, Faustkampf und Fünfkampf. In den Sportarten der Renaissance blieben die ästhetischen Ele-

Der Discobolus. Die Statue (**links**) stellt einen Diskuswerfer dar, der im Begriff ist, die Scheibe hochzuschleudern. Die 1,55 m hohe Statue galt lange Zeit als Verkörperung der Athletik im antiken Griechenland. Heute ist man der Ansicht, dass die Haltung des Athleten es kaum ermöglichen würde, einen Diskus einigermaßen weit zu werfen. Bei der 1781 in Rom aufgefundenen Statue handelt es sich um eine römische Marmorkopie nach einem verlorenen griechischen Bronzeoriginal, das von Myron etwa 460–450 v. Chr. geschaffen wurde, vermutlich zu Ehren eines Fünfkampfsiegers bei einem der großen griechischen Spiele im 5. Jahrhundert v. Chr.

mente des antiken Sports erhalten, mit Beginn der wissenschaftlichen Revolution wich die Ästhetik jedoch mehr und mehr der Quantifizierung, überlebte aber noch im Eiskunstlauf, im Tauchsport und im Turnen. Die Sportausrüstung verbesserte sich, ebenso die Methoden der Leistungsmessung. Um diese Veränderungen zu nutzen, erfand man neue Sportarten wie z. B. Basketball.

Das Konzept des Rekords ist etwa zweihundert Jahre alt. Das Wort selbst, das eine unübertroffene quantifizierte Leistung bezeichnet, tauchte zunächst im Englischen gegen Ende des 19. Jahrhunderts auf.

Wohin man im Sport auch blickt, es wird gemessen: bei Rennen sind es Zeiten, beim Fußball Tore, bei Schwimmbecken die Maße, beim Speerwurf Weiten. Über Sieg und Niederlage entscheidet oft eine Hundertstelsekunde, die nur ein Computer messen kann. «Vielleicht ist eine solche Genauigkeit übertrieben», so der nationale Normenausschuss der australischen Regierung, «aber nichts ist frustrierender, als nicht zu wissen, wer gewonnen hat.»

Brettspiele sind viel älter als Karten. Schach – links in Satyajit Rays Film „Die Schachspieler" von 1977 – wurde im 1. Jahrtausend n. Chr. in Indien erfunden und kam über Persien nach Europa, wo man die Regeln etwas veränderte, um das Spiel schneller zu machen. Spielkarten, hier in „Der Falschspieler mit dem Kreuz-Ass" von Georges de la Tour, 1620–40, gibt es in Europa etwa seit dem 12. Jahrhundert. Spielen und Falschspielen sind seit jeher ein Paar: Auf dem Gemälde **(oben)** zieht ein Spieler ein Kreuz-Ass aus seiner Leibbinde. Im Film **(links)** verschiebt ein Schachspieler eine Figur, als der andere den Raum verlassen hat. Trotzdem: Anders als die Kartenspieler spielen die Schachspieler nicht um Geld, sondern einfach aus Freude am Spiel.

Sammelnamen

Bezeichnungen für Tiergesellschaften sind ein faszinierendes Thema, bei dem viele Menschen Lücken in ihrem Vokabular entdecken. Man weiß, dass Rinder in Herden auftreten, das Gleiche gilt für Büffel, Elefanten und Schafe. Weniger bekannt ist, dass es auch gemischte Herden gibt, die sich z. B. aus Zebras und Gnus zusammensetzen. Dass man auch Gruppen flugunfähiger Vögel als Herden bezeichnet, wissen wahrscheinlich nur Spezialisten oder Touristen, die in Südafrika Fotos von Straußenherden gemacht haben. Über ganz spezifische Bezeichnungen für die Herde verfügt die Jägersprache: Bei Hirschen ist es das Rudel, bei Rehen der Sprung, bei Wildschweinen die Rotte. Der Herde entsprechen der Schwarm bei Insekten, Fischen und Vögeln und die Schule bei Meeressäugern wie Delphinen und Walen. In der modernen zoologischen und verhaltensbiologischen Fachliteratur werden auch Anglizismen wie Clan oder Pack verwendet. Und wie steht es um die Bezeichnungen für Gruppen bei Frettchen, Hasen, Kröten, Reihern und Fasanen?

Gruppenbezeichnungen gibt es selbstverständlich auch bei Pflanzen wie Blumen oder Getreide, bei Dingen wie Zigaretten, Werkzeugen und Bierflaschen, und nicht zuletzt bei Menschen, seien es Teams, Crews oder Mannschaften im Sport, Ortsvereine und Landesverbände bei den Parteien oder Orden, Kongregationen und Gemeinden im kirchlichen Leben. Die nebenstehende Auflistung bringt eine kleine Auswahl derartiger Begriffe aus den verschiedensten Bereichen, die sich um viele weitere ergänzen ließe.

Abfangjäger	Geschwader
Bäume	Gruppe
Biber	Kolonie
Bischöfe	Episkopat
Bretter	Stapel
Eier	Gelege
Engel	Schar
Fahrzeuge	Fuhrpark
Gangster	Syndikat
Gläubige	Gemeinde
Haare	Strähne, Locke
Hunde	Meute
Indianer	Stamm
Jugendliche	Clique
Kätzchen	Wurf
Kletterer	Seilschaft
Knoblauch	Zopf
Korallen	Stock
Krähen	Schwarm
Kriminelle	Bande
Küken	Brut
Läufer	Staffel
Landsknechte	Fähnlein
Minister	Kabinett
Möwen	Kolonie
Musiker	Orchester
Ordensmitglieder	Konvent
Patronen	Magazin
Pfadfinder	Meute, Sippe
Petersilie	Bund
Pfauen	Familie
Produkte	Los
Rinder	Herde
Schauspieler	Ensemble
Schiffe	Flotte
Schmuggler	Ring
Schüler	Klasse
Schützen	Rotte
Segel	Satz
Sterne	Haufen, Sternbild
Stroh	Ballen
Studenten	Korporation
Turner	Riege
Wale	Schule
Wilde	Horde
Wölfe	Rudel
Zahlen	Reihe
Ziffern	Folge

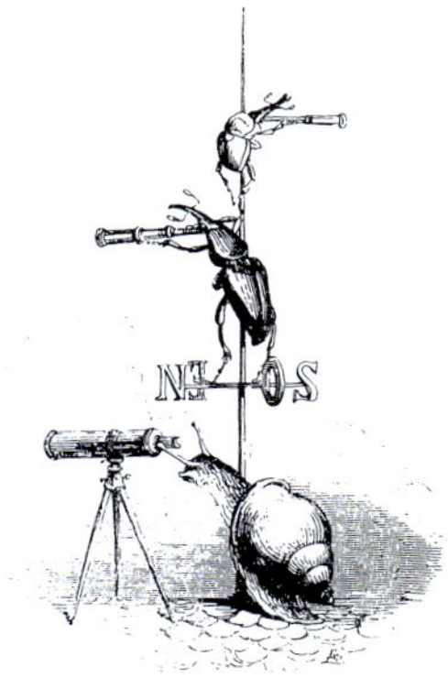

„Eine Galaxis von Astronomen“ aus James Liptons „An Exaltation of Larks“, einem Buch über Sammelbegriffe.

Epilog

Das Maß aller Dinge

Vor 2500 Jahren sagte der Philosoph Protagoras: «Der Mensch ist das Maß aller Dinge.» «Wir dürfen nicht vergessen, dass Maße für den Menschen gemacht sind, und nicht der Mensch für die Maße», meinte der Wissenschaftler und Science-Fiction-Autor Isaac Asimov.

Betrachtet man die vom Hubble-Teleskop gelieferte Aufnahme riesiger, unbekannter Galaxien am Rand des sichtbaren Universums – siehe die Abbildung auf S. 80 –, so fällt es schwer, Protagoras und Asimov beizupflichten. Denn dieses Bild kann in uns nur das Gefühl wecken, dass die Menschheit das Maß von praktisch nichts ist. Wir sind eine Handvoll unbedeutender Materiepünktchen in einem scheinbar völlig gleichgültigen und unendlichen Universum. Und dennoch: Die Hubble-Bilder wurden von Menschen gemacht, die dazu eine hochkomplexe Technologie benutzten. Auch diese ist das Werk von Menschen, deren Geist es gelungen ist, erstaunliche Berechnungen anzustellen über Konzepte wie Milliarden Lichtjahre, schwarze Löcher und den Urknall. Denken wir an den in der Einführung erwähnten Sandrechner des Archimedes, der die Größe des Weltalls schätzte, indem er es im Geist mit Sandkörnern füllte. Betrachtet man den menschlichen Geist, so findet man ihn noch beeindruckender als das Universum „da draußen" im Weltraum oder im Atomkern. Stanley Kubrick, der Regisseur von „2001: Odyssee im Weltraum", sagte über Arthur C. Clarke, auf dessen Kurzgeschichte der Film basierte: «Irgendwie schafft es Arthur, den verzweifelten und bewundernswerten Wunsch des Menschen einzufangen, Dinge zu wissen, die man niemals wissen wird.»

Albert Einstein führte 1930 mit dem Schriftsteller, Künstler, Musiker, Philosophen und Nobelpreisträger Rabindranath Tagore mehrere Gespräche über das von Protagoras und Asimov angesprochene Thema. Zu einer Einigung kamen sie nicht. Die *New York Times* veröffentlichte eines dieser Gespräche mit einem Foto Einsteins und Tagores und dem hintergründigen Kommentar: «Ein Mathematiker und ein Mystiker treffen sich in Manhattan.» Einstein postulierte: «Es gibt zwei Auffassungen von der Natur des Universums: die Welt als von der Menschheit abhängige Einheit und die Welt als vom Menschen unabhängige Realität …» Er machte deutlich, dass er diese letztere Auffassung vertrat. Tagore antwortete: «Diese Welt ist eine Welt des Menschen – die wissenschaftliche Sicht der Welt ist nur die Sehweise, die der Mensch als Wissenschaftler hat. Somit existiert die Welt nicht ohne uns und für sich. Es ist eine relative Welt, deren Realität von unserem Bewusstsein abhängt.» Tagore glaubte an das erstere Konzept des Universums.

Es kann sein, dass Protagoras seine Aussage auf verschiedenen Ebenen verstanden wissen wollte, von der erhaben philosophischen bis hin zur profan kommerziellen. Schon im 5. Jahrhundert v. Chr. und einige Tausend Jahre davor hatten praktisch denkende Menschen die Welt mit ihren Körperteilen gemessen – Fingern, Füßen, Armen usw. Auch in den folgenden Jahrhunderten und bis über das Mittelalter hinaus benutzte man Maße, die sich an der menschlichen Anatomie orien-

Vermessung des Mondes. Dieser Fußabdruck auf der Mondoberfläche stammt vom Stiefel Buzz Aldrins, der bei der Apollo-11-Mission im Jahr 1969 als zweiter Mensch den Mond betrat. Da schätzungsweise zehn Millionen Jahre erforderlich sind, bis der ständige Mikrometeoriten-Regen den obersten Zentimeter der Mondoberfläche aufgewühlt hat, müsste der Fußabdruck für diese Zeitdauer erhalten bleiben, es sei denn, wie der Astronom Patrick Moore bemerkte, «er wird in ein Mondmuseum gebracht». Durchaus denkbar ist auch, dass dieser Fußabdruck noch als eine Art Fossil existieren wird, nachdem sich die Menschheit durch ihren Leichtsinn auf der Erde längst selbst ausgelöscht hat.

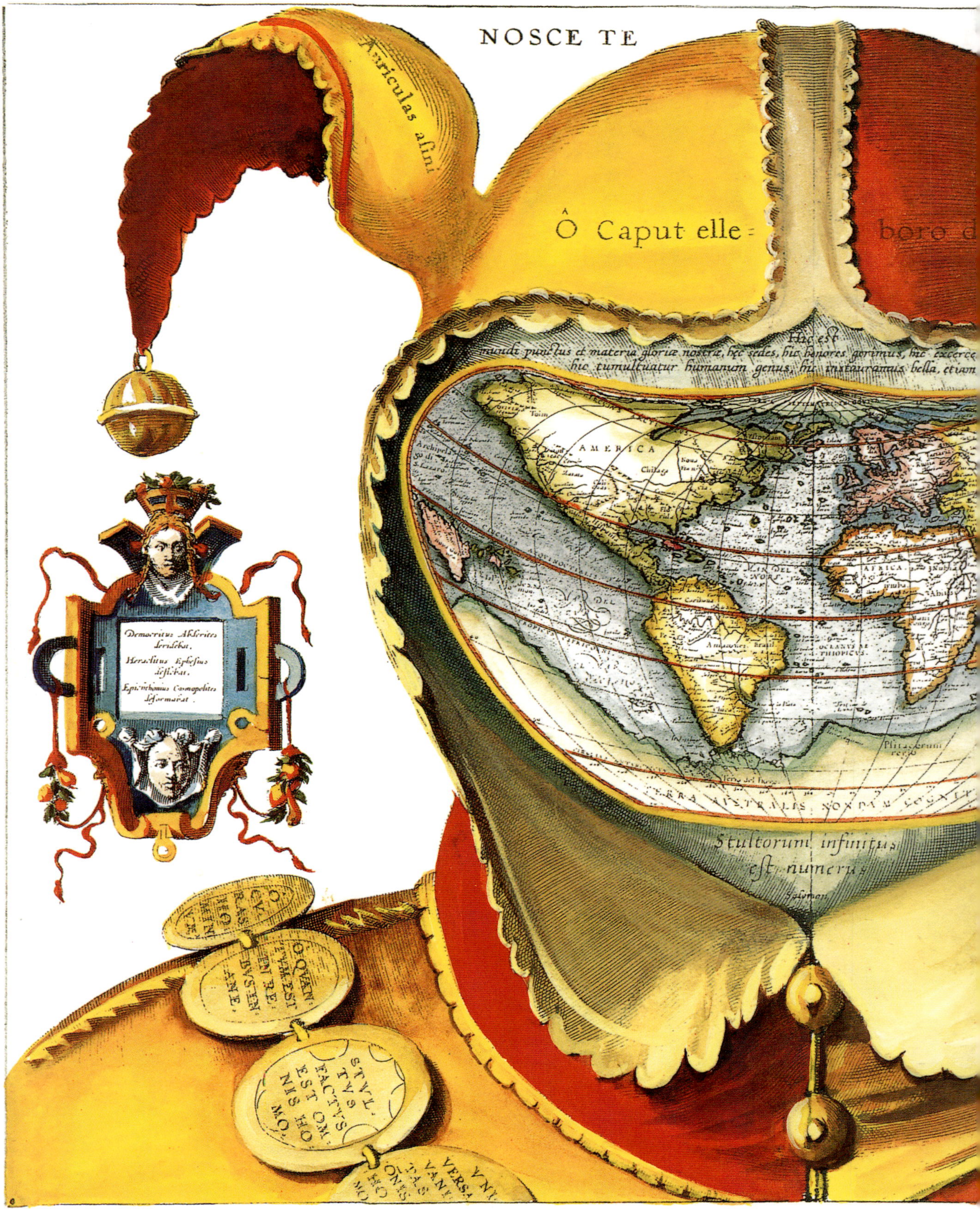
NOSCE TE
Auriculas asini
Ô Caput elle-
Hic est
mundi punctus et materia gloriæ nostræ, hic sedes, hic honores gerimus, hic exerce
hic tumultuatur humanum genus, hic instauramus bella, etiam
AMERICA
TERRA AUSTRALIS NONDUM COGNITA
Democritus Abderites ridebat.
Heraclitus Ephesius deflebat.
Epichthonius Cosmopolites deformabat.
Stultorum infinitus est numerus
Salomon
O QVANTVM EST IN REBVS INANE.
STVLTVS FACTVS EST OMNIS HOMO.

Die Welt unter der Narrenkappe, um 1590. «Dieses überraschende und beunruhigende Bild ist eines der Rätsel in der Geschichte der Kartografie», schreibt Peter Whitfield in „The Image of the World: 20 Centuries of World Maps“. «Künstler sowie Ort und Jahr des Erscheinens sind unbekannt, bei der Bedeutung kann man nur raten.» Der angenommene lateinische Name „Epichthonius Cosmopolites“ (im Feld links) bedeutet in etwa „Jedermann“. Da die Karte stark an die Weltkarten von Abraham Ortelius aus den 1580er-Jahren erinnert und in Robert Burtons „Anatomie der Schwermut“ von 1621 auf das Bild verwiesen wird, kann man es in etwa auf 1590 datieren, die Zeit der frühen Shakespearestücke, in denen die Figur des Narren eine wichtige Rolle spielt. Was bedeutet es?
«Im Wesentlichen ist es eine visuelle Metapher der universellen menschlichen Torheit.» Auch andere Interpretationen sind möglich, aus heutiger Sicht nicht zuletzt in Hinblick auf die drohende globale Umweltkatastrophe. Unter dem Aspekt von Mensch und Maß ist das Bild die tiefgründige und ironische Entsprechung von Protagoras’ mehrdeutigem Ausspruch «Der Mensch ist das Maß aller Dinge».

tierten – Einheiten wie Schuh und Fuß, Elle und Tagwerk, Morgen, Scheffel oder Pfund.

Erst mit der im 17. Jahrhundert einsetzenden wissenschaftlichen Denkweise, dem metrischen System und dem Drang nach Präzision, die das 19. Jahrhundert brachte, basierten die Maßeinheiten zunehmend auf der Natur. «Seit etwa zwei Jahrhunderten erachtet man quantitative Genauigkeit als wesentliches Merkmal der experimentellen Wissenschaften», schreibt Theodore Porter in „Trust in Numbers". «Präzision gilt als Zeichen von Fleiß, Geschick und Unpersönlichkeit.» Das wichtigste Wort ist hier „Unpersönlichkeit": Je klarer die Maße vom Menschen getrennt sind, desto wissenschaftlicher wirken sie.

Seltsam und bisweilen amüsant mutet es an, dass Wissenschaftler bei allem Respekt vor dieser notwendigen Unpersönlichkeit begeistert dafür eintreten, in Wissenschaft und Messwesen die Person zum Ausdruck zu bringen. Sprechen wir nicht vom Nobelpreis. Für einen Wissenschaftler ist es die größte Ehre, wenn ein Gesetz oder eine Maßeinheit nach ihm benannt wird, wie es beim Boyleschen Gesetz oder dem Watt der Fall ist. Von den sieben SI-Einheiten sind zwei, Ampere und Kelvin, nach Wissenschaftlern benannt. Das gilt auch für die Mehrheit der abgeleiteten SI-Einheiten wie Hertz (Frequenz), Newton (Kraft), Pascal (Druck), Joule (Energie), Volt (elektrische Spannung), Ohm (elektrischer Widerstand), Farad (elektrische Kapazität), Watt (Leistung), Becquerel (Radioaktivität), Celsiusgrade (Temperatur) und andere.

Die Benennung neuer Einheiten gibt natürlich Anlass zu Kontroversen. Erstens wollen die Wissenschaftler, und das zu Recht, die bestehenden SI-Einheiten nicht verkomplizieren, zweitens ist ein Name eine öffentliche Würdigung, und man ist sich oft nicht darüber einig, wer sie verdient. In den 1920er-Jahren schlug die Physikalisch-Technische Reichsanstalt vor, die neue Einheit der Frequenz, der Schwingungen pro Sekunde, nach Heinrich Hertz zu benennen. Walther Nernst, ein bekannter deutscher Physiker und Chemiker, bemerkte daraufhin bissig: «Ich sehe nicht ein, warum man einen neuen Namen einführen muss. Mit derselben Begründung könnte man einen Liter pro Sekunde als ‹1 Falstaff› bezeichnen!»

In etwas freundlicherer Weise schlugen Studenten der Universität Cambridge eine neue Einheit mit dem Namen eines Dozenten vor. Es handelte sich um P. A. M. Dirac, einen legendären Professor für theoretische Physik. Dirac (mit 31 Jahren Nobelpreisträger) war dafür bekannt, dass er äußerst ungern redete. Ein Dirac sollte somit die Einheit für Schweigen bei der Vorlesung sein.

Eine gute Definition bringt Arthur Klein in „The World of Measurements": «So wie das Ohm die Einheit des Widerstands ist, den ein Leiter dem Strom entgegensetzt, so sollte das Dirac die Redeunwilligkeit ausdrücken, die nur dann überwunden wurde, wenn sich Sprechen nicht vermeiden ließ.»

Das Interesse von Wissenschaftlern für die Benennung von Einheiten ist verständlich, da Messen eine Grundlage der Wissenschaft ist. Man denke an Kelvins berühmten Ausspruch: «Wenn man das, worüber man redet, messen und in Zahlen ausdrücken kann, weiß man etwas darüber. Kann man es nicht, so ist dieses Wissen kärglich und unbefriedigend.»

Daraus folgt jedoch nicht, dass man alles Messbare unbedingt messen muss oder dass Messungen, nur weil sie genau sind, einen Wert an sich darstellen.

Um kurz vom Sublimen und Profanen zum Lächerlichen herabzusteigen, sei das Beispiel des amerikanischen Physikers William Bean genannt: Er maß vom 32. Lebensjahr an täglich den Wuchs seines Daumennagels. Dazu ritzte er darin oberhalb der Nagelhaut eine Querlinie ein und maß deren Annäherung an die Daumenspitze. Diese Studie gipfelte in der Schrift „Nagelwuchs: 35 Jahre Beobachtung". Die wichtigste Erkenntnis war, dass Beans Fingernägel unabhängig vom Aufenthaltsort immer gleich schnell wuchsen, nämlich etwa 0,1 mm pro Tag.

Es ist leicht, über solche zweckfreie (obschon kostengünstige) Studien zu lachen – das haben in den letzten Jahren viele getan und 1991 die Ig-Nobelpreise ins Leben gerufen (von englisch *ignoble* für unwürdig). Sie werden für wissenschaftliche Erkenntnisse verliehen, «die nicht reproduziert werden können oder sollten». Das Ziel dieser jährlich verliehenen Anti-Nobelpreise ist, «die Leute zuerst zum Lachen und dann zum Nachdenken zu bringen». Vielleicht haben sie der Achtung vor lohnenden, wenn auch abstrusen wissenschaftlichen Arbeiten etwas geschadet, aber sie sind ein gutes Gegengift gegen den Messwahn. Der Hauptgrund für unsere Heiterkeit in dieser Sache ist wohl die Erkenntnis, dass das Messen zum Selbstzweck zu entarten droht, nicht nur in der Wissenschaft. Abschlussprüfer, Berater und Wirtschaftswissenschaftler terrorisieren die Unternehmen, Multiple-Choice-Fragen und Rankings die Lehranstalten, Meinungsforscher und Testgruppen die Behörden. Unsere moderne Rechnungsprüfungs-Gesellschaft droht mit ihren permanenten Zahlenspielen die Aktivitäten zu ersticken, die sie messen soll. Nach einer Weile hilflosen Zusehens sind Gemessene wie Messende entmutigt von der Mittelmäßigkeit und Vergeudung, die dieser entmenschlichende Glaube an Statistiken, Ziele und Geld mit sich bringt. Bedauerlicherweise sind in vielen Organisationen und Institutionen die Menschen für die Maße da und nicht umgekehrt, wie Asimov es fordert.

Der Ausspruch des Protagoras hat somit noch eine dritte Bedeutungsebene, die irgendwo zwischen der philosophischen und der alltäglichen liegt. Vielleicht sollte man ihn umformulieren zu: «Die Menschlichkeit ist das Maß aller Dinge.»

Es ist erstaunlich, wie viele Denkanstöße die griechische Antike auch heute noch liefert. Doch die in diesem Buch erzählte Geschichte des Messens zeigt, dass sich die Menschheit zumindest in der Naturwissenschaft weit über die Griechen hinaus entwickelt hat. Wenn wir eine moderne Welt wollen, so müssen wir die experimentelle Beobachtung der Natur genauso akzeptieren wie die Notwendigkeit exakter Messungen und die Entwicklung zunehmend magisch anmutender Technologien. Vor den exakten Wissenschaften mag der Mensch das Maß aller Dinge gewesen sein. Heute erscheinen mir der Mensch und das Messen wie langjährige und treue, wenn auch eigensinnige Ehepartner. Mensch und Messen sind gleich Wissenschaft. Wir müssen dafür sorgen, dass diese Gleichung weiterhin stimmt.

Literatur

Dies ist keine wissenschaftliche Bibliografie, sondern eher eine Sammlung von interessanten Publikationen zum jeweiligen Kapitel, die auch die eine oder andere Abschweifung bieten. Hinweise auf Internetquellen wurden nicht aufgenommen, doch halte ich einen gelegentlichen Blick auf *www.wikipedia.org* für aufschlussreich, wenn dabei jene Vorsicht gewahrt bleibt, die beim Umgang mit dieser Internetenzyklopädie geboten ist.

Einführung, allgemeine Literatur

Adunka von Vulkan, Franz, *Messunsichereiten. Theorie und Praxis*, 2004

Darton, Mike und John Clark, *The Dent Dictionary of Measurement*, 1994

Hebra, Alex, *Measure for Measure: The Story of Imperial, Metric, and Other Units*, 2003

Klein, H. Arthur, *The World of Measurements: Masterpieces, Mysteries, and Muddles of Metrology*, 1974

Kula, Witold, *Measures and Men*, 1986

Morrison, Philip und Phyllis Morrison und The Office of Charles und Ray Eames, *Powers of Ten: About the Relative Size of Things in the Universe*, 1982

Porter, Theodore M., *Trust in Numbers: The Pursuit of Objectivity in Science and Public Life*, 1995

Robinson, Andrew, *The Last Man Who Knew Everything: Thomas Young*, 2006

Trapp, Wolfgang, *Kleines Handbuch der Maße, Zahlen, Gewichte und der Zeitrechnung*, 1992

Tufte, Edward R., *The Visual Display of Quantitative Information*, 1983

Young, Thomas, „On weights and measures", in *Miscellaneous Works of the Late Thomas Young*, (George Peacock, Hsg.), Band 2, 2003

Auf dem Weg zum metrischen System

Alder, Ken, und Badel, Yvonne, *Das Maß der Welt. Die Suche nach dem Urmeter*, 2005

Barber, Peter, Hsg., *The Map Book*, 2005

Berthon, Simon und Andrew Robinson, *The Shape of the World: The Mapping and Discovery of the Earth*, 1989

Danson, Edwin, *Weighing the World: The Quest to Measure the Earth*, 2006

Gillispie, Charles Coulston, *Science and Polity in France: The Revolutionary and Napoleonic Years*, 2004

Haeder, Walter, *Von der königlichen Elle zum Meter. Chronologie einer technisch-wissenschaftlichen Entwicklung*, 1973

Schmidt, Dietmar, *Industrielle Fertigung. Messen und prüfen*, 2006

Sobel, Dava und William J. H. Andrewes, *The Illustrated Longitude*, 1998

UK Metric Association, *A Very British Mess*, 2004 und *Metric Signs Ahead*, 2006

Westfall, Richard S., *Isaac Newton*, 1996

Wilford, John Noble, *The Mapmakers: The Story of the Great Pioneers in Cartography from Antiquity to the Space Age*, 1981

Zupko, Ronald Edward, *Revolution in Measurement: Western European Weights and Measures since the Age of Science*, 1990

Zahlen und Mathematik

Barrow, John D., *Einmal Unendlichkeit und zurück. Was wir über das Zeitlose und Endlose wissen*, 2006

Cohen, I. B., *The Triumph of Numbers: How Counting Shaped Modern Life*, 2005

Dantzig, Tobias, *Number: The Language of Science*, Neuausgabe, 2006

Davies, Paul, Gribbin, John, *Auf dem Weg zur Weltformel*, 2005

Dilke, O. A. W., *Mathematik, Maße und Gewichte in der Antike*, 1987

Einstein, Albert, *Die Evolution der Physik. Von Newton bis zur Quantentheorie*, 1938

Hodgkin, Luke, *A History of Mathematics: From Mesopotamia to Modernity*, 2005

Livio, Mario, *The Golden Ratio: The Story of Phi, the World's Most Astonishing Number*, 2003

Mandelbrot, Benoit B., *Die fraktale Geometrie der Natur*, 1991

Quilter, Jeffrey und Gary Urton, *Narrative Threads: Accounting and Recounting in Andean Khipu*, 2002

Seife, Charles, *Zwilling der Unendlichkeit. Eine Biographie der Zahl Null*, 2002

Stoll, Cliff, „When slide rules ruled", *Scientific American*, Mai 2006

Taylor, Richard P., „Order in Pollock's chaos", *Scientific American*, Dez. 2002

Wigner, Eugene, „The unreasonable effectiveness of mathematics in the natural sciences", *Communications in Pure and Applied Mathematics*, Feb. 1960

Wunderlich, Gabriele, *Zeit erfahren, strukturieren und messen*, 2002

Traditionelle Maße

Abbott, Alison, „Rebuilding the past", *Nature*, 16. Dez. 2004: 794–95 (zur Elefanten-Wasseruhr)

Battersby, Stephen, „The lady who sold time", *New Scientist*, 25. Feb. 2006: 52–53 (über Ruth Belville)

Berriman, A. E., *Historical Metrology: A New Analysis of the Archaeological and the Historical Evidence Relating to Weights and Measures*, 1953

Chapman, Allan, *Dividing the Circle: The Development of Critical Angular Measurement in Astronomy 1500–1850*, 2. Auflage, 1995

Collins, Paul, „The sweet sound of profit", *New Scientist*, 20. Mai 2006: 54–55 (über Registrierkassen)

Connor, R. D., *The Weights and Measures of England*, 1987

Goetzmann, William N. und K. Geert Rouwenhorst, Hsg., *The Origins of Value: The Financial Innovations that Created Modern Capital Markets*, 2005

Holford-Stevens, Leofranc, *The History of Time: A Very Short Introduction*, 2005

Kenoyer, Jonathan Mark, *Ancient Cities of the Indus Valley Civilization*, 1998

Prerau, David, *Saving the Daylight: Why We Put the Clocks Forward*, 2005

Richardson, W. F., *Numbering and Measuring in the Classical World*, Neuauflage, 2004

Shaw, Ian und Paul Nicholson, *British Museum Dictionary of Ancient Egypt*, 1995

Geräte und Techniken

Ackland, Len, „Radiation: how safe is safe?", *New Scientist*, 15. Mai 1993: 34–37

Anderson, Katherine, *Predicting the Weather: Victorians and the Science of Meteorology*, 2005

Chang, Hasok, *Inventing Temperature: Measurement and Scientific Progress*, 2004

Gilmozzi, Roberto, „Giant telescopes of the future", *Scientific American*, Mai 2006

Hecht, Jeff, *Beam: The Race to Make the Laser*, 2005

Horsfall, Alton und Nick Wright, „Sensing the extreme", *Physics World*, Mai 2006 (über Hochtemperaturmessung)

Magnello, Eileen, *A Century of Measurement: An Illustrated History of the National Physical Laboratory*, 2000

Musher, Daniel M., Edward A. Dominguez und Ariel Bar-Sela, „Edward Seguin and the social power of thermometry", *New England Journal of Medicine*, 8. Jan. 1987: 115–17

Nellist, Peter, „Seeing with electrons", *Physics World*, Nov. 2005 (über Mikroskope)

Peplow, Mark, „Counting the dead", *Nature*, 20. Apr. 2006: 982–83 (über Tschernobyl)

Atome

Ancey, Christophe und Steve Cochard, „Understanding avalanches", *Physics World*, Juli 2006

Atkins, P. W., *The 2nd Law: Energy, Chaos, and Form*, 1984

ders.: *The Periodic Kingdom: A Journey into the Land of the Chemical Elements*, 1995

Ball, Philip, *The Elements: A Very Short Introduction*, 2002

Bowman, Sheridan, *Radiocarbon Dating*, 1990

Einstein, Albert, *Über die spezielle und allgemeine Relativitätstheorie*

Einstein, Albert und Leopold Infeld, *Die Evolution der Physik*, 1938

Lindell, Bo, *Geschichte der Strahlenforschung 1. Pandoras Büchse: Die Zeit vor dem Zweiten Weltkrieg*, 2004

Lovelock, James, *Gaia: Die Erde ist ein Lebewesen. Anatomie und Physiologie des Organismus Erde*, 1996

Rigden, John S., *Einstein 1905: The Standard of Greatness*, 2005

Robinson, Andrew, *Einstein: A Hundred Years of Relativity*, 2005

Robinson, Ian, „Redefining the kilogram", *Physics World*, Mai 2004

Rothemund, Paul W. K., „Folding DNA to create nanoscale shapes and patterns“, *Nature*, 16. März 2006: 297–302
Smith, Lloyd M., „The manifold faces of DNA“, *Nature*, 16. März 2006: 283–84
Sykes, Christopher, *No Ordinary Genius: The Illustrated Richard Feynman*, 1994

Erde
Amodeo, Christian, „Eyes in the skies“, *Geographical*, Feb. 2003
Bluestein, Howard B., *Tornado Alley: Monster Storms of the Great Plains*, 1999
Choi, Charles, „Volcanic sniffing“, *Scientific American*, Nov. 2004
Dwyer, Joseph R., „A bolt out of the blue“, *Scientific American*, Mai 2005
Emanuel, Kerry, *The History and Science of Hurricanes*, 2005
Fara, Patricia, *Fatal Attraction: Magnetic Mysteries of the Enlightenment*, 2005
Flindt, Rainer, *Biologie in Zahlen. Eine Datensammlung in Tabellen mit über 10 000 Einzelwerten*, 1986
Hoerner, Wilhelm, *Zeit und Rhythmus. Die Ordnungsgesetze der Erde und des Menschen*, 2006
Hough, Susan Elizabeth, *Richter's Scale: Measure of an Earthquake: Measure of a Man*, 2007
Jackson, Patrick Wyse, *The Chronologers' Quest: The Search for the Age of the Earth*, 2006
Keay, John, *The Great Arc: The Dramatic Tale of How India Was Mapped and Everest Was Named*, 2000
Laubscher, Raphael, und Tschachtli, Eduard, *Geodaten – warum und wie Menschen die Erde vermessen*, 2004
Lawson, Simon, „Spotting a fake“, *Physics World*, Juni 2006 (über Diamanten)
Lopes, Rosaly, *The Volcano Adventure Guide*, 2005
Nouvian, Claire, *The Deep: Leben in der Tiefsee*, 2006
Pavord, Anna, *The Naming of Names: The Search for Order in the World of Plants*, 2005
Pretor-Pinney, Gavin, Bauer, Martin, *Wolkengucken – ein Handbuch*, 2006
Rudwick, Martin J. S., *Bursting the Limits of Time: The Reconstruction of Geohistory in the Age of Revolution*, 2005
Scarpa, Roberto, „Predicting volcanic eruptions“, *Science*, 27. Juli 2001: 615–16
Schmincke, Hans-Ulrich, *Volcanism*, 2004
Schrope, Mark, „The bolt catchers“, *Nature*, 9. Sept. 2004: 120–21 (über Blitze)
Titov, Vasily *et al.*, „The global reach of the 26 December 2004 Sumatra tsunami“, *Science*, 23. Sept. 2005: 2045–48
Wilson, Edward O., *In Search of Nature*, 1996
Ziebart, Marek, „The story of height“, *Geographical*, Aug. 2003
Zijlstra, Albert, „The last word“, *New Scientist*, 8. Nov. 2003 (über Wolken)

Universum
Barrow, John D. und John K. Webb, „Inconstant constants“, *Scientific American*, Juni 2005
Baschek, Bodo, *Der neue Kosmos. Einführung in die Astronomie und Astrophysik*, 2004
Bonnell, Jerry T. und Robert J. Nemiroff, *Astronomy: 365 Days*, 2006
Chandler, David L., „It's time to go back“, *New Scientist*, 1. Apr. 2006: 32–37 (über Forschung auf dem Mond)
Christensen, Lars Lindberg und Bob Fosbury, *Hubble: 15 Years of Discovery*, 2006
Clarke, Arthur C., Preston, Douglas, Wabbel, Tobias D., *S.E.T.I.: Die Suche nach dem Außerirdischen*, 2002
Davies, Paul, *Der Plan Gottes. Die Rätsel unserer Existenz und die Wissenschaft*, 1996
Einstein, Albert, „Johannes Kepler“, in Einstein, *Ideas and Opinions*, 1954
Gribbin, John, und Rees, Martin, *Ein Universum nach Maß, Bedingungen unserer Existenz*, 1999
Hill, Steele und Michael Carlowicz, *The Sun*, 2006
Hinshaw, Gary, „WMAP data put cosmic inflation to the test“, *Physics World*, Mai 2006
Holman, Gordon D., „The mysterious origins of solar flares“, *Scientific American*, Apr. 2006
Light, Michael, *Full Moon*, 2006
Livio, Mario, *Das beschleunigte Universum. Die Expansion des Alls und die Schönheit der Wissenschaft*, 2001
Lovett, Laura, Joan Horvath und Jeff Cuzzi, *Saturn: A New View*, 2006
Moore, Patrick, *Sterne und Planeten*, 1981
ders.: und Keller, Christian, *Blick ins Unendliche*, 1962
Nature, „Neglected neighbour“, 13. Apr. 2006: 846 (über Venus und Mars)
Peplow, Mark, „Comet chasers get mineral shock“, *Nature*, 16. März 2006: 260
Singh, Simon, *Big Bang*, 2004
Weinberg, Steven, *Dreams of a Final Theory: The Search for the Fundamental Laws of Nature*, 1993

Das Denken
Ball, Philip, „Index aims for fair ranking of scientists“, *Nature*, 18. Aug. 2005: 900 (über den H-index)
ders.: „Prestige is factored into journal rankings“, *Nature*, 16. Feb. 2006: 770–71
Carter, Philip, und Russell, Ken, *Der IQ-Test. Messen und trainieren Sie Ihre Brainpower*, 2003
DeFrancis, John, *Visible Speech: The Diverse Oneness of Writing Systems*, 1989
Domino, George und Marla L. Domino, *Psychological Testing: An Introduction*, 2. Auflage, 2006
Eysenck, Hans J. *Die IQ-Bibel. Intelligenz verstehen und messen*, 2004
Gould, Stephen Jay, *The Mismeasure of Man*, 1996
Howard, David, „Staying in tune with physics“, *Physics World*, Apr. 2006 (über das Singen)
Lenman, Robin, Hsg., *The Oxford Companion to the Photograph*, 2005
Loxley, Simon, *Type: The Secret History of Letters*, 2004
Mitchell, Michael und Susan Wightman, *Book Typography: A Designer's Manual*, 2005
Naughton, John, *A Brief History of the Future: The Origins of the Internet*, 1999
Petroski, Henry, *The Evolution of Useful Things*, 1992
Pinker, Steven, *The Language Instinct: The New Science of Language and Mind*, 1994
Robbins Landon, H. C., *Mozart: The Golden Years*, 1989
Robinson, Andrew, *The Man Who Deciphered Linear B: The Story of Michael Ventris*, 2002
ders.: *Lost Languages: The Enigma of the World's Undeciphered Scripts*, 2002
ders.: *The Story of Writing: Alphabets, Hieroglyphs and Pictograms*, 2. Aufl., 2007
Shaw, P. et al., „Intellectual ability and cortical development in children and adolescents“, *Nature*, 30. März 2006: 676–79
Taylor, Arlene G., *Wynar's Introduction to Cataloging and Classification*, 9. Auflage, 2000
White, John, *Intelligence, Destiny and Education: The Ideological Roots of Intelligence Testing*, 2006

Der Körper
Blakemore, Colin und Sheila Jennett, Hsg., *The Oxford Companion to the Body*, 2001
Bond, Shirley, *Home Measures: The Essential Reference Guide to Sizes and Measurements for Home, Office and Kitchen*, 1996
Gibbs, W. Wayt, „Obesity: an overblown epidemic?“, *Scientific American*, Juni 2005
Goodson, Boyd, „Mobilizing magnetic resonance“, *Physics World*, Mai 2006
Gosline, Anna, „Will DNA profiling fuel prejudice?“, *New Scientist*, 9. Apr. 2005: 12–13
Hempel, Sandra, *The Medical Detective: John Snow and the Mystery of Cholera*, 2006
Kemp, Martin, *Leonardo da Vinci: The Marvellous Works of Nature and Man*, 2006
Melzack, Ronald und Patrick D. Wall, *The Challenge of Pain*, 2. Auflage, 1996
Nature, „Coping with complexity“, 25. Mai 2006: 383–4 (über die Natur der Gene)
Naylor, G. R. S., „A simple togmeter for measuring the warmth of continental quilts“, 1994 (Report auf www.tft.csiro.au)
N. N. *Faszination Menschlicher Körper. Der genetische Code*, 1998
Pain, Stephanie, „Davy's dark side“, *New Scientist*, 3. Sept. 2005: 48–49
Pope, Jean, *Medical Physics: Imaging*, 1999
Porter, Roy, *The Greatest Benefit to Mankind: A Medical History of Mankind from Antiquity to the Present*, 1997
Vince, Gaia, „The many ages of man“, *New Scientist*, 17. Juni 2006: 50–53

Watson, James D., *DNA: The Secret of Life*, 2003
Westphal, Sylvia Pagán, „Red alert", *New Scientist*, 23. Juli 2005: 33–6 (über Blut)

Gesellschaft

Atherton, Mike, *Gambling: A Story of Triumph and Disaster*, 2006
Bamshad, Michael J. und Steve E. Olson, „Does race exist?", *Scientific American*, Dez. 2003
Check, Erica, „The tiger's retreat", *Nature*, 22. Juni 2006: 927–30
Cole, Simon A., „Misplaced convictions", *New Scientist*, 18. März 2006: 23 (über Fingerabdrücke)
Davies, Simon, „Iris recognition", *New Scientist*, 20./27. Dez. 2004: 34
Doyle, Rodger, „Calculus of happiness", *Scientific American*, Nov. 2002
ders.: „Religion in America", *Scientific American*, Feb. 2003
Grüneise, Gerd, Knecht, Gerhard, und Zacharias, Wolfgang, *Mensch und Spiel. Der mobile „Homo ludens" im digitalen Zeitalter, 2001 plus*, 2001
Jerome, Fred und Rodger Taylor, *Einstein on Race and Racism*, 2005
Kevles, Daniel J., „Grounds for breeding", *Times Literary Supplement*, 2. Jan. 1998 (über Eugenik)
Lipton, James, *An Exaltation of Larks*, 3. Auflage 1991
Lykken, David, „Nothing like the truth", *New Scientist*, 14. Aug. 2004: 17 (über Lügendetektoren)
Mackay, Charles, *Extraordinary Popular Delusions and the Madness of Crowds*, 1841
Miller, Shaun und Jared Diamond, „A New World of differences", *Nature*, 25. Mai 2006: 411–12 (über GDP)
Pearson, Helen, „Lure of lie detectors spooks ethicists", *Nature*, 22. Juni 2006: 918–19
Poole, Robert, „Making up for lost time", *History Today*, Dez. 1999
Randerson, James und Andy Coughlan, „Forensic evidence stands accused", *New Scientist*, 31. Jan. 2004: 6–7
Raper, J. F., D. W. Rhind und J. W. Shepherd, *Postcodes: The New Geography*, 1992
Sengoopta, Chandak, *Imprint of the Raj: How Fingerprinting was Born in Colonial India*, 2003

Das Maß aller Dinge

Clarke, Arthur C., v. Hollander-Lossow, *Die letzte Generation*, 1966
Robinson, Andrew und Dipankar Home, „Tagore und Einstein", Anhang zu Krishna Dutta und Andrew Robinson, Hsg., *Selected Letters of Rabindranath Tagore*, 1997
Whitfield, Peter, *The Image of the World: 20 Centuries of World Maps*, 1994

Bildnachweis

o = oben, u = unten, l = links, r = rechts, M = Mitte

AIP Emilio Segre Visual Archives/Ferdinand Ellerman 68o, 77M; AIP Emilio Segre Visual Archives/Hale Observatories 154o; Antikythera Mechanism Research Project 137o; Art Archive/Egyptian Museum, Turin/Dagli Orti 8u; Ashmolean Museum, Oxford 51; Peter Atkins, *The Periodic Kingdom*, London, 1995 89r; Anthony Aylomamitis 246; Simon Berthon und Andrew Robinson, *The Shape of the World*, London, 1989, 21, 23ul, 136; Bettmann Newsphotos 126; Bildarchiv Preussischer Kulturbesitz, Berlin 123; Bodleian Library, University of Oxford (Douce A.618(16), 196l; Bridgeman Art Library/Private Collection 35u; British Library, London 9u, 22u, 25o, 52t, 108, 109u, 149l; British Museum, London 2–3, 6, 32, 35o, 48u, 53, 158, 194; Nancy Burson 204; Benjamin Butterworth, *The Growth of Industrial Art*, Washington, D.C., 1892 170o; California Institute of Technology 105u; Camera Press/Gamma/Lenhof-Rey 97; CERN, Geneva 82o, 82u; Allan Chapman, *Dividing The Circle*, Chichester, 1996 55, 56o; CSIRO, Australia 96l; R. D. Connor, *The Weights & Measures of England*, London, 1987 60o; Corbis/Historical Picture Archives 52u; Corbis/Bettmann 73or, 86l, 162o, /NASA 140; Tobias Dantzig, *Number*, 2005 33o; Table of Scripts after John DeFrancis, *Visible Speech*, Honolulu, 1989 160; Delambre, *Base* 2, pl. VII, photo Roman Stansberry 28ul; Christopher Dell 173o, 182ol; Derriford Hospital, Plymouth 182r; O. A. W. Dilke, *Mathematics and Measurement*, London, 1987 22o, 54o; E. Dunkin, *The Midnight Sky*, p. 242, London, 1869 (Astr.8178.3) 23ol, / *The Midnight Sky*, p. 156, London, 1891 68u; Albert Einstein Archive, The Hebrew University of Jerusalem 137u; Empics/PA 18; Empics/Associated Press 125o; Empics/Ifremer, A. Fifis 135r; *Encyclopaedia Britannica* 162u; ESA-P. Carril 110o; M. C. Escher's „Circle Limit III' © 2006 The M. C. Escher Company-Holland. All rights reserved. www.mcescher.com 45; ESO/Rainer Schödel (MPE) et ol., NAOS-CONICA 152; Flickr/Herman Yau 31u; Flickr/Jon Delorey 38u; Flickr/Cameron Booth 42o; Flickr/Kim Smith 60ul; Flickr/Brian Aslak Gylte 72o; Flickr/Betsy Enslin 91o; Flickr/Elizabeth West 91u; Flickr/Rodd Halstead 92ul; Flickr/Stuart Worrall 103o; Flickr/Sarah Jane Rhee Danyluk (www.sarahjanerhee.com) 167ul; Flickr/Álvaro Ibáñez (Microsiervos.com) 208u; Steve Fricker/Folio Art.com 202u; Getty Images 151u; Getty Images/Hulton Archive 44ur; Getty Images/Tim Flach 102r; Getty Images/Robert Clare 201ol; Getty Images/AFP 209o; GFZ Postdam PR 26o; Nemai Ghosh 210u; William N. Goetzmann und K. Geert Rouwenhorst, *The Origins of Value*, New York, 2005 59; Gordon Gould 77u; *The Graphic*, 8 Aug., 1885 78o; Sonia Halliday Photographs 49l; Anthony Haythornthwaite 113; Sandra Hempel, *The Medical Detective*, London, 2006 192r; E. R. Henry, *Classification and Uses of Finger Prints*, London 1901–1922 201u; Leofranc Holford-Strevens, *The History of Time*, Oxford 197u; Steele Hill und Michael Carlowicz, *The Sun*, New York, 2006, p. 101 © Vic Winter/ICSTARS Astronomy 148ul; R. Hooke, *Animadversions*, London, 1674, Tabula 1o 56u; G. Hulbe, *Einwanderer erster und zweiter generation aus Mittel-und Westeuropa*, Stuttgart und Hamburg, 1940 200; *Illustration*, 16 Mai 1874, p. 316, engraver H. Dutheil, photo Roman Stansberry 30l; Institut Bruno Comby, Houilles, France 90; Japan Meteorological Agency 115o; Karpeles Museum, Santa Barbara, Calif., photo David Karpeles 29ul; W. M. Keck Observatory, Sarah Anderson 67u; Martin Kemp, *Seen/Unseen*, Oxford, 2006 169o; © J. M. Kenoyer, Courtesy Dept. of Archaeology und Museums, Govt. of Pakistan 8o; Landesamt fuer Denkmalpflege und Archäologie Sachsen-Anhalt, photo Juraj Lipták 9o; Simon Lawson, Diamond Trading Company 133o, 133u; James Lipton, *An Exaltation of Larks: The Ultimate Edition*, New York 1991, © Kedakai Lipton 211; The Master and Fellows of Magdalene College, Cambridge 164M; Dennis Mammana/Skycapes 147; E. J. Marey, *La Méthode Graphique*, p. 73, Paris, 1885 13; C. R. Markham, *Memoir of the India Survey*, London, *c.* 1870 109o; © Alexander Marshack, *The Roots of Civilization*, Mount Kisco, New York, 1991 34r; Roland Melzack und Patrick D. Wall, *The Challenge of Pain*, London, 1996 191; Metric Association UK 31o, 103u; Peter Michaud (Gemini Observatory), AURA, NSF, 150o; M. L. Design 74ul, 74ur, 120; Jeff Moore (jeff@jmal.co.uk) 12o (Tom Tom equipment), 43u, 171u; Philip und Phyllis Morrison und the Office of Charles and Ray Eames, *Powers of Ten*, New York, 1982 1, 149r, 178o, 206or; Musée de Laon 28ur; Musée des Arts et Métiers-CNAM, Paris, photo CNAM 28o; Musée du Louvre, Paris 33u, 40o; Musée National du Château, Malmaison 29ur; Museum Boerhaave, Leiden 141o; Museum of the History of Science, Oxford 4; Muslim Heritage.com 63l; NASA 131, 168; NASA/ESA/S. Beckwith (STScI) und The HUDF Team 80; NASA/C. Mayhew & R. Simmon (GSFC) NOAA/NGDC, DMSP 94; NASA/Kennedy Space Center 100; NASA/GSFC, MODIS 106; NASA/University of Iowa 111; NASA/(JPL)/ESA/Italian Space Agency 142o, J. Clarke (Boston University) & Z. Levay (STScI), ESA 142u; NASA/GFC 144ol, 144oM, 144or; NASA/Malin Space Science Systems, MGS, JPL 144u; NASA/K. Gordon (University of Arizona), JPL-Caltech 150u, Stardust Team, JPL 151o; NASA/WMAP Science Team 155o und 155u; National Gallery of Art, Washington DC 34M; National Institute of Standards and Technology,

Gaithersburg, Maryland, USA 79; National Library of Scotland, Edinburgh 49r; National Maritime Museum, London 23or, 24o, 24u, 107, 197o; National Physical Laboratory, Teddington 64, 71u, 78u, 85o, 85u, 96r, 101; National Physical Laboratory, Teddington/Andrew Hanson 99l, 99r; National Portrait Gallery, London 26ur; Natural History Museum, London 74ol; NCAR, Boulder, Colorado 116ul, 116ur; Howard Bluestein, University of Oklahoma, NCAR, Boulder, Colorado 116o; Victor Neiderhoffer 34l; Charles S. Neumann 114; NOAA, Frank Marks 115u; NRC Institute for National Measurement Standards (NRC-INMS) 95o; Oak Ridge National Laboratory, Tennessee 70l, 70or, 70u; G. Palatino, *Libro Nuovo, c.* 1540 163o; A. Park, *An Apothecary with a Pestle and Mortar to Make up a Prescription,* engraving 189o; Samuel Pepys, *Memoires Relating to the State of the Royal Navy,* 1690 164o; Photothèque des Musées de la Ville de Paris. Photo Svartz 29ol, Photo: Chevalier 195; Rex Features/SNAP 206ur; Andrew Robinson, *Einstein*, New York, 2005 138r; Paul W. K. Rothemund 105o; Royal Naval College, Greenwich 73ur; Royal Society, London 175o; Professor Hans-Ulrich Schmincke 132l, 132r; Science & Society Picture Library/Science Museum 10, 54ul, 71o, 73l, 186o, 186u, 198u; Science & Society Picture Library/University Museum of Archaeology & Ethnology, Cambridge, Mass. 47; Science Photo Library (SPL) 69u; SPL/Sovereign, ISM 12u, 156; SPL/Gregory Sams 44o; SPL/American Institute of Physics 75u; SPL/National Solar Observatory 76; SPL/Andrew Syred 89l; SPL/Peter Menzel 118l; SPL/BSIP, PIKO 179; SPL/Kevin Curtis 180; SPL/Geoff Tompkinson 182ul; SPL/Eye of Science 187o; SPL/Martin Dohrn 202o; SPL/NASA 212; Science Museum, London 50u, 93; Schloss Ambras, Austria 67o; Screwfix 171M; Scripps Institute of Oceanography/UCSD 119o; Chandak Sengoopta, *Imprint of the Raj,* London, 2003 201or; Dava Sobel und William J. H. Andrewes, *The Illustrated Longitude*, New York, 1998 26ul; SOHO/NASA/ESA 148ol, 148or, 148Ml, 148Mr; Swedish Royal Academy of Sciences. Photo Georgios Athanasiadis 28or; Swedish Telescope Institute for Solar Physics 145u; Richard P. Taylor 44ul; Marie Tharp, 124; Vasily Titov (Vasily.Titov@noaa.gov) zuerst veröffentlicht in *Science*, 23 Sept. 2005 128; Tom Tom (screen) 12o; Edward R. Tufte, *The Visual Display of Quantitative Information,* Cheshire, Connecticut, 1983 190u; Utrecht University Museum, Institute of History and Foundations of Science, courtesy Rob van Gent, Tiemen Cocquyt und Carl Koppeschaar 141u; University of Arizona, Tree Ring Research Laboratory 122o; University of Cambridge Library 121; University of Cambridge Library/Negative 7857 from RGO.118 62; University of Oklahoma Libraries/History of Science Collections 145o; University of Utrecht 214–15; US Federal Government 175u; Vatican Museums, Rome 209u; Jean Vertut 46; James D. Watson with Andrew Berry, *DNA*, London, 2003 © Wellcome Photo Library/The Sanger Centre 178u; Adrian White, University of Leicester 199; Peter Whitfield, *The Image of the World*, London, 1994 25u; wikipedia.org 69o, 84o, 134; wikipedia.org/Library of Congress, Washington, D.C. 153; www.worldmapper.org © 2006 SASI Group (University of Sheffield) und Mark Newman (University of Michigan) 207; Yale University Library, Babylonian Collection NBC 7309 57.

Autor und Verlag danken den folgenden Personen und Institutionen für Rat und Hilfe bei der Erstellung von Diagrammen und Tabellen:

New Scientist 16, 87, 143, 180l, 184l und 184r; Ken Adler, *The Measure of All Things*, London, 2002 27; R. D. Connor, *The Weights and Measures of England*, London, 1987 30ol; Charles Seife, *Zero: The Biography of a Dangerous Idea*, London, 2000 39; National Physical Laboratory 65o, 65u, 99lr, 110u; J. Smith und N. A. Beresford, *Chernobyl Catastrophe and Consequences*, Chichester, 2005 75o; Peter Atkins, *The Periodic Kingdom,* London, 1995 89; wikipedia.org 91, 165, 171o, 198; Alex Hebra, *Measure for Measure,* Baltimore, 2003 95u, 98 (beide); Gavin Pretor-Pinney, *The Cloudspotter's Guide*, London, 2006 113; Felix M. Gradstein, James G. Ogg und Alan G. Smith *A Geological Time Scale,* Cambridge, 2004 121, 122u; Bruce A. Bolt, *Earthquakes,* New York, 1999 127 beide; Rosaly M. C. Lopes, *The Volcano Adventure Guide,* Cambridge, 2005 129o und 129u; Rainer Flindt, *Amazing Numbers in Biology,* Heidelberg, 2006 135l und 135M; Patrick Moore, *Patrick Moore on the Moon,* London, 2001 139; John Naughton, *A Brief History of the Future: The Origins of the Internet,* Phoenix, London, 2000 169u; Jean Pope, *Medical Physics Imaging,* Oxford 1999 181; Shirley Bond *Home Measures,* London, 1996 192

Register

Kursiv gesetzte Seitenzahlen verweisen auf Abbildungen

Abacus 35, *35*
Acidität 91
Acre (engl. Flächenmaß) 53
Ägypten *2–3*, 4, 8, 11, *11*, 19, 32, *32*, 38, 41, 48, *48*, 51, 54, *54*, 158, *158*, 159, 163, 188, 205, 206
Airy, George Biddell 68, 78
Aldrin, Buzz 213
Alexander der Große 145
Alkoholgehalt 186
Allen, Elias *56*
Ampere (Maßeinheit) 15, 103, 118
Ampère, André-Marie 103
Amphore (Maßeinheit) 50, 54
Analemma *146–7*, 147
Anaxagoras 39
Anderson, Philip 66
Angström (Maßeinheit) 81
Apollo Mondmissionen 17, 38, 95, 139, *140*, 213
Apollonius 39
Apotheker 189, *189*
Archimedes 16, 21, 32, 39, 47, 50, *50*, 133, 153, 171, 213
Aristarchus 21
Aristophanes 11
Aristoteles 21, 112, 137
Armillarsphäre *136*, 137
Armstrong, Neil 139
Arten (Pflanzen, Tiere, Mikroorganismen) 134–5, *135*
Asimov, Isaac 213, 217
Astrolabium 23, *23*
Astronomische Maßeinheit 81
Atkins, Peter 88, 93
Atmosphäre 73, 112, *112*
Ätna, Vulkan 106, *106*, 129
Atomuhr 17, 61, 85, *85*, 100
Avogadro, Amedeo 90
Avogadrokonstante 90, 96, 153
Avoirdupois-Bechergewicht 47, *47*

Babylonier 8, 9, 19, 32, 35, 36, 37, 38, 40, 53, *53*, 55, 61, 145, 164, 195
Bach, Johann Sebastian 172
Bamshad, Michael 203
Barometer 73, *73*
Basizität 91
Basov, Nikolai *77*
Bayeux, Teppich von *151*
Bean, William 217
Beaufortskala *112*
Becquerel (Maßeinheit) 75
Bell, Alexander Graham 102, 159
Bell, Alexander Melville 159, 160
Belville, Henry and Ruth 62, *62*, 78
Beta-Intelligenztest (milit.) 174, *174*
Bibel 7, 42, 121, 167, *167*
Bibliothekskataloge 166
Bierinspektor 186
Bit (Maßeinheit) 38, 169
Blackburn, Simon 8
Blake, William 7
Blitz 118, *118*
Bluestein, Howard 117
Blutdruckmessgerät 179
Blutgruppen 179–80
Body-Mass-Index 184
Bohr, Niels 76, 87
Bonaparte, Napoleon 7, 13, 27, 29, *29*, 31, 71, 195, 206
Bonnell, Jerry 144
Borda, Charles de 28, 56, 65
Boyle, Robert 92, *92*
Boyle'sches Gesetz 92, 216
Brahe, Tycho 56, 137, 138
Breite 21–2, *21*, 23
Brownsche Bewegung 83, 84, *84*, 92
Bruegel d. Ä., Pieter 194
Bruttoinlandsprodukt 207, *207*
Buchformat 165
Buchklassifikation 166
Buchklassifikation 33
Bunsen, Robert 98

Caesar, Julius 195
Candela (Maßeinheit) 15, 99
Cardano, Geronimo 208, *208*
Carroll, Lewis 161
Cartier-Bresson, Henri 168
Cassini (Raumsonde) 141–3, *142–3*, 153
Cassini, Jean-Dominique 25, 26, *26*, 141
Celsiusskala 17, 71, 72, *72*, 93
Census 200, *200*
Cent (musical Maßeinheit) 172
Cepheiden 149, 154
CERN (European Council for Nuclear Research) 83, *83*
Chadwick, James 87
Chang Heng 74
Chappe, Claude 162
Chinesen 34, *34*, 58, *58*, 74,107, *107*, 149, *149*, 165
Clarke, Arthur C. 12, 110, 213
Cohen, I. B. 141
Computer 17, 38, 79, 128, 201–202, 210
Computertomographie (CT) 181
Condorcet, Marquis de 11
Cook, James 24
Crick, Francis 177
Curie, Marie and Pierre 86, *86*
Dalton, John 83
Dante Alighieri 161, *161*
Darwin, Charles 134
David (König von Israel) 200
Davy, Humphry *187*, 191
de Gaulle, Charles 27
Delambre, Jean-Baptiste-Joseph 27, *28*, 65
Denarius (Maßeinheit) 60, *60*
Dendrochronologie *122*
Descartes, René 40, *40*, 141
Dewey-Dezimalklassifikation (DDC) 166
Dezibel 17, 38, 102
Diamant 133, *133*
Dichte 50, *50*
Dilke, O. A. W. 41
Diogenes 145
DNA (Desoxyribonukleinsäure) 17, 105, *105*, 177, *177*, 178
Dopplereffekt 102, *102*, 117, 154
Dow-Jones industrial average 17, 207
Druck 73, 92, 110, 114
Dwyer, Joseph 118

Einstein, Albert 10, 19, 40, 45, 68, *68*, 77, 83–4, 100, 137, 138, 152, 153, *153*, 155, 157, 174, 203, 213
Elastizitätsmodul 97
Elektrizität 103–104, 118
Elektroneneinfangdetektor (ECD) 90, *90*
Elektronische Stimmangabe 199
Elisabeth I (Königin von England) 52, 53, 54
Elle (Maßeinheit) 8, *8*, 41, 51, *51*
Elle (Maßeinheit) 27
Elle (Maßeinheit) 9
Energie 93–4, 127, 185
E-Nummer 185, *185*
Eratosthenes 21–2
Erdbeben 125–8, *125–6*
Escher, M. C. 45
Essen, Louis 85
Euklid 41, 42, 43
Everest, George 108, 109, *109*
Everest, Mount 17, 73, 109

Fabre d'Eglantine, Philippe 195
Facettenklassifikation 166
Fahrenheitskala 17, 71–2, *72*, 93
Faraday, Michael 103, *104*
Farbe 98–9, *99*
Feld (Schusswaffenlauf) 206
Fettfleckphotometer 98
Feynman, Richard 10, 105, *105*
Financial Times-Stock Exchange index 207
Fingerabdruck *201*
Fingerbreit (Maßeinheit) 41
Fitzroy, Robert 73, *73*
Fläche 12, 53, *53*
Flamsteed, John 56
Flugpollen 187, *187*
Fotografie 168, *168*
fractal 43–4, *43–4*
Franklin, Benjamin 59, 118
Französische Revolution 14, 19, 26, 27, 28, 29, *29*, 30, 56, 61, 162, 195, *195*
Furchenlänge (Maßeinheit) 52
Fuß (Maßeinheit) 31, 51, 52, *52*

Galen (röm. Arzt) 179
Galileo Galilei 45, 67, *67*, 73, 85, 138, 141, 145
Gallone (Maßeinheit) 53
Galton, Francis 201, *201*
Galvanometer 103
Gamow, George 154
Gay-Lussac, Joseph-Louis 186
Geiger, Hans *75*
Geigerzähler 17, 75
Geld 12, 34, 48, 57–60, *57–60*, 207
Gene/Genome 177
Genetischer Fingerabdruck *201–202*
Geodimeter *132*
Geoid 26, *26*
Geologische Ära 121–2, *121–2*
Geometrie 40–45, *40–45*
Georg III (König von Großbritannien) 24, 71
Gewicht *2–3*, *4*, 8, *8*, 11, 16, 47–50, *47–50*, 95–6, 184
Gilmozzi, Robert 68
Global Positioning System *12*, 17, 24, 26, 85, 100, 108, 110–11, *110*, 131
Gold 133
Goldener Schnitt 42, *42*
Gombrich, Ernst 7
Gould, Gordon *77*
Grad (Maßeinheit) 55–6
Grad (Maßeinheit) 56
Graunt, John 200
Gravity Probe B (Raumfahrzeug) 100
Gray (Maßeinheit) 87
Greenspan, Alan 208
Greenwich observatory 62, *62*, 68, *68*, 78, *78*, 108
Greenwich-Zeit (GMT) 17, 24, 62, *62*, 68, 78, 85, 197, *197*
Gregor XIII, Papst 195
Griechen 7, 8, 11, 16, 19, 21–3, 25, 32, 34, 37, 39, 40, 41, 42, *42*, 50, *50*, 51, *51*, 83, *136*, 138, 188, 205, 209, *209*, 213, 217
Gutenberg, Johannes 42, 167

Hadley, George 112

Halley, Edmond 55, 151
Halleyscher Komet 151, *151*
Hamilton, William 130–31
Haroun al-Rashid 37
Harrison, John 24, *24*
Harvey, William 179
Hawking, Stephen 152
Hebra, Alex 50, 137
Heezen, Bruce 123
Hektar (Maßeinheit) 53
Henry, Edward 201
Herodot 34
Herschel, John 168
Herschel, William (Astronom) 67
Herschel, William (Kolonialbeamter) 201
Hertz (Maßeinheit) 102, 172–3, 216
Hertz, Heinrich 45, 104, 216
Hertzsprung-Russell-Diagramm 149
Hevelius, Johannes 55, *55*, 137
Hipparchus 21, *21*, 22, 23, 40, 149
Hirsch, Jorge 175
Hitler, Adolf 167
Hnan (Maßeinheit) 51
Hogarth, William 23, 196
Hogshead (Maßeinheit) 53
Hohlmaß *4*, 11, 53–4, *53–4*, 92
Holman, Gordon 148
Hooke, Robert 56, 69, 92
Horvath, Joan 142
Howard, Luke 113
Hoyle, Fred 55, 155
Hubble, Edwin 68, 153, 154–5, *154*
Hubblesches Gesetz 154, *154*
Hubble-Teleskop 17, 68, 81, 142, 213
Hurrikan *114-18*
Hutton, James 121, *121*
Huygens Landekapsel (Raumfahrzeug) 142–3, *142–3*
Huygens, Christiaan 61, 141, *141*
Hydrometer 186, *186*

Ibn al-Razzaz al-Jazari 63
Identität 178, *178*, 201–202, *201–202*
Impact-Faktor 8, 175, 217
Inder 8, *8*, 37, 39, 47
Inkas 35
Inkubation 190
Intelligenz 9, 174–5
Interferometer 77, 96
International Textilpflegekennzeichnung 193, *193*
Internationale Standard-Buchnummer (ISBN) 17, 166, *166*, 169
Internationaler Code der Botanischen Nomenklatur (ICBN) 134
Internationales Büro für Maße und Gewichte 14, 17, 30, 48, 78, 95
Internationales Phonetisches Alphabet (IPA) 17, 159–60, *159*, *160*
Ion 89, 91
IQ (Intelligenzquotient) 174-5
Iriserkennung 202 *202*

Irrtum 65–6
Isotop 86–7
Jackson, Patrick Wyse 122
Jefferson, Thomas 14
Jeffreys, Alec 178
Jesus 7
Joule (Maßeinheit) 93, 185
Jupiter 26, 67, 81, 85, 141, 143, 147

Kalender *9*, 19, 195–6, *195–6*
Kaliber 206, *206*
Kalorie (Maßeinheit) 185
Kamera 168, 202
Karat (Maßeinheit) 133
Karl der Große (Kaiser) 27, 167
Karl II (König von England) 78
Keeling, Charles David 119, *119*
Kelvin, Lord 10, 72, *72*, 93, 104, 216
Kelvinskala 15, 71, 72, *72*
Kepler, Johannes 42, 138, *138*
Keplersche Gesetze 138, *138*
Kerbholz 34
Khar (Maßeinheit) 54
Kilauea 129, 131, 132, *132*
Kilogramm (Maßeinheit) 15, 95–6, *95*, *96*
Klang 101-02
Klein, Arthur 51, 53, 61, 98, 172, 216
Knight, Gowin 107
Koebel, Jacob 52
Kolumbus, Christoph 25, 112
Komet 151, *151*
Kompass 107, *107*
Konzentration (Stoffe) 90, 91, 119–20, 144, 186
Koordinaten 40, *40*, 137
Kopernicus 21, 40, 137, 138
Krakatau 128, 129, 131
Kublai Khan 58, 114
Kubrick, Stanley 213
Kula, Witold 10, 12, 14, 28, 47
Kurzschrift 164, *164*

La Tour, Georges de 210
Lambton, William 109, *109*
Landsteiner, Karl 179
Länge 21–2, *21*, 23–4
Länge 8, *8*, 10, 11, *12*, 13–14, 21–3, 27–9, *28–9*, 41, 43, 51–2, *51–2*, 66, 77, 108–109, 154
Laplace, Pierre-Simon 39, 61, 152
Large Hadron Collider 17, 82
Laser 17, 30, *64*, *77*, *132*
Leonardo da Vinci 42, 176, 183
Let-thit (Maßeinheit) 51
Libra (Maßeinheit) 48
Lichtenberg-Verhältnis 165
Lichtjahr (Maßeinheit) 149
Lichtschutzfaktor 188
Linear B 37, 163
Linnaeus, Carl 134
Linnésches System 113
Linse 183, *183*
Logarithmische Skala 38, 91, 98, 102, 127, 149, 172

Lotterie 209-10
Love, A. E. H. 74
Lovelock, James 90
Lowell, Percival 144
Ludwig XIV. (König von Frankreich) 25, 27, 78, 141, 188
Luftverschmutzung 187
Lügendetektor 192, 202, 217
Lykken, David 202

Mach (Maßeinheit) 102
Mackay, Charles 208
Magna Carta 9, *9*, 17, 53
Magnello, Eileen 79
Magnetismus 103–104
Magnet-Resonanz-Tomographie (MRI) *12*, 17, *156*, 157, 174–5, *175*, 181, 182, *182*, 202
Maik (Maßeinheit) 51
Maiman, Theodore 77
Maître Phonétique, Le (journal) 159, *159*
Mallet, Robert 125
Mandelbrot, Benoît 43, 44
Mandelbrot-Set *44*
Marinechronometer 24, *24*, 61
Mars 31, 95, 141, 143, 144, *144*, 147, *147*, *168*
Masse 95–6, *95–6*
Material 97, *97*
Matrifikation 14, *15*, 30–31, *31*
Mauna Kea (Hawaii) *67*, 149, *150*
Maxwell, James Clerk 104
Maya 35, 37, 38, 163, 195
Méchain, Pierre-François-André 27, *28*, 65
Mechanismus von Antikythera *137*
Meile (Maßeinheit) 52
Meinungsumfrage 9, 199, *199*
Melzack, Ronald 191
Mendeleev, Dimitri 83, 88
Mercalli, Giuseppe 125
Mercalliskala 125–6, *126*
Mercuri, Rebecca 199
Meter (Maßeinheit) 13, 15, 27–9, 30, *30*
Meterkonvention 14, 16, 17
Michell, John 125, 152
Mikroskop (Elektronen-: 17, 69–70, *70*, 105; optisches 17, 69, *69*, 187
Mille passuum (röm. Maßeinheit) 52
Millibar (Maßeinheit) 73
Milne, John 74
Minard, Charles Joseph 13
Minute (Maßeinheit) 19, 61–2
Mittelatlantischer Rücken 123, *124*
Mohssche Härteskala 17, 133
Mol (Maßeinheit) 15, 90
Mond 24, 26, 34, 95, 137, 138, 139, *140*, 141, 148, 149, 195, *212*, 213
Moore, Patrick 139, 213
Morgen (Maßeinheit) 27
Morison, Stanley 167
Morsealphabet 162, *162*
Mouton, Gabriel 28
Mozart, Wolfgang Amadeus 173, 174

Musik *4*, 172–3, *173*
Muyaw (Maßeinheit) 51
Nagel 170, *170*
Nanotechnologie 105
Napier, John 38
Nasa (National Aeronautics and Space Administration) 31, 100, 111, 139, 151, 168
National Bureau of Standards (USA) 78, 79, *79*
National Physical Laboratory (GB) 48, 65, 78, 85, 95, 96, 99
Nature (journal) 16, 105, 144, 151, 175, 177
Naturkonstante 153
Naughton, John 169
Nautisches Jahrbuch 13, 24
Nazis, Nationalsozialisten 167, 200
Nemiroff, Robert 144
Nernst, Walther 216
Nero (röm. Kaiser) 183
Newcomen, Thomas 93
Newton, Isaac 10, 25–6, *26*, 67, 92, 100, 107, 138, 141, 153, 183, 196, 208
Nightingale, Florence 190
Nilometer *52*
Nobelpreis 217
Nobelpreis 9, 45, 66, 77, 78, 86, 175, 216
Nuklearmedizin 181, 182, *182*
Null 39, 40
Numerisches System 16, 32–9, *32*, *35–8*

Oersted, Hans Christian 103
Oktanzahl 90
Olympische Spiele 167, 209
Oppenheimer, Robert 152
Ostpazifischer Rücken 123, *124*, 135
Ovid 141
Ozonloch *119*

Packer, Kerry 208
Palm (Maßeinheit) 41
Papierformat 165, *165*
Papyrus Rhind 32, *32*, 41
Paracelsus 90
Paris, Observatorium *25*, 78, 108, 141
Parthenon 11, 42, *42*
Pascal (Maßeinheit) 73, 101
Pascal, Blaise 73, 208
Pasteur, Louis 190
Pavord, Anna 134
Pendel 28–9, 61, 74, 85, 125
Penny (Maßeinheit) 60, 171
Penzias, Arno 155
Pepys, Samuel 69, 164, *164*
Periodensystem der Elemente 88
Perrin, Jean 84
Petroski, Henry 170
Pferdestärke (PS – Maßeinheit) 93
Pfund: Maßeinheit für Geld 60; Maßeinheit für Gewicht 48, 73
Phidias 42

PH-Wert 91, *91*
pi 32, 45, 56
Pinatubo, Berg 131–2
Pinker, Steven 159
Pint (Maßeinheit) 53, *54*
Pitman, Isaac 164
Planck, Max 84, *84*
Planck-Konstante 96, 153
Plato 41, 188
Plinius d. Ä. 130, 183; d. J. 129, 130
Polarlicht 111, *111*, *142*
Pollock, Jackson 44, *44*
Polygraph *siehe Lügendetektor*
Poole, Robert 196
Pope, Alexander 161
Porstmann, Walter 165
Porter, Theodore 8, 181, 199, 207, 216
Postleitzahl 198, *198*
Präzision 65–6, *65*
Präzision 65–6, *65*
Prokhorov, Alexander *77*
Prokrustes 7
Proof (brit. Maßeinheit für Alkoholgehalt) 186
Protagoras 16, 213, 215, 217
Ptolemäus 21, 22, 23, 25, 40, 137, 138
Punkt (Maßeinheit) 167
Pyramiden 11, *11*, 41, 51
Pythagoras 21, 23

Quadrant 55, 56, *56*
Quantentheorie 83–4, *83*, 87–9
Quantentheorie 84
Quart (Maßeinheit) 53
Quecksilbermanometer
Quetelet, Adolphe 184
Quilter, Jeffrey 35
Quipu 35, *35*

Radar 115, *115*, *116*, 117, 143
Radiant (Maßeinheit) 56
Radioaktivität 75, 86–7
Rang (militärischer) 205, *205*
Rasse 203, *204*

Rassenmaschine 203, *204*
Ray, Satyajit 210
Rayleigh, Lord 69, 74, 78, *78*
Réaumurskala 13, 71
Rechenschieber 38, *38*
Rechner (electronic) 38
Registrierkasse 60, *60*
Rekord (sportlicher) 210
Relativität 40, 100
Richter, Charles 126, 127
Richterskala 17, 38, 127, *127*
Rigden, John 83
Ritty, James 60
Robinson, Ian 95
Roemer, Ole 71–2
Römer 8, 37, 48, *48*, 51, 54, *54*, 60, *60*, 167, 170, 205, 209, 213
Röntgenstrahlen *1*, 4, 118, 181
Rosetta, Stein von 158, *158*
Rothemund, Paul 105
Roy, William 108
Royal Society 10, 13, 69, 78, 79, 92, 107, 130, 175, *175*, 201
Russell, Bertrand 33, 83
Rute (Maßeinheits) 52, 53
Rutherford, Ernest 75, 87

Sack (Maßeinheit) 47
Saffir-Simpson-Hurrikan Skala *114-15*
Sagan, Carl 154
Sammelnamen 211
Sanchi (Maßeinheit) 51
Sandrechner (Archimedes's) 16, 39
Sankt-Andreas-Graben 123, *124*, 126
Satellit 12, 17, 24, 106, 108, 110–11, *110*, 115, 117, 128, 131
Saturn 141-43, *142*, 147, 153
Schalltoter Raum *101*
Scheffel (Maßeinheit) 27
Scheiner, Christoph 145
Schmerzrating-Index 191, *191*
Schöner, Johannes 25
Schraube 171, *171*
Schreibsysteme 163–4, *163–4*
Schwarzes Loch 152
Seguin, Edouard 71
Sehtest 183, *183*
Seismograph 74, *74*, 125, 127, 131
Sekunde (Maßeinheit) 15, 61
Semaphor 162, *162*
sextant 23, 55, *55*
Shelton, Thomas 164
Shilling (Maßeinheit) 60
Sikes, Bartholomew 186
Silvester II., Papst 40
Snellen-Index 183
Snow, John 190, *190*
Soddy, Frederick 86
Sokrates 8, 164, 175
Sommerzeit 197
Sonett 161
Sonne 21, 23, 24, 26, 76, *76*, 81, 87, 98, 100, 112, 120, 137, 138, 141, 145–8, *145–8*, 149, 188, 195
Sørensen, Søren 91
Spannschloss 171, *171*
Spearman, Charles 174
Spektrometer 64, 76, 119
Spiele 209–10, *210*
Spielen 208, *208*
Sprache 159–60, *160*, 161, 211
spring balance 50, *50*, 94, *94*
Sputnik (Erdsatellit) 17, 110
Stanford-Binet-Test 17, 174
Stardust (NASA-Raumsonde) 151
Stern 149, *149-50*
Sternenkonstellation
Stethoskop 17, 181
Stressfaktor 192, *192*
Stunde (Maßeinheit) 19, 61–2
Sturm 114–18
Sumerer 36, 51, 163
Système International d'Unités (SI) 15–16, 17, 19, 30, 56, 61, 71, 93, 99, 103, 193, 216

Tagore, Rabindranath 188, 213
Taung (Maßeinheit) 51
Taylor, Richard 44
Tektonische Platten 123, *124*
Teleskop 17, 23, 55–6, 67–8, *67–8*, 79, 141, *141*, 149, 152, 153, 154
Temperatur 13, 71–2, 93, 110, 117, 119–20, 132, 145, 155
Terman, Lewis 174–5
Terza rima 161
Thales 41
Theodolit 108, *109*
Thermometer 17, 71–2, *71*, 79, 132, *132*, 181, 186, 193
Thomas von Aquin, hl. 12
Tidenhub 109, 128
Titov, Vasily 128
Tog (Maßeinheit) 193
Tornado 114-18
Torricelli, Evangelista 73, *73*
Townes, Charles *77*
Treibhauseffekt 119, *120*
Tschernobyl 75
Tsunami 128, *128*
Turing, Alan 79, 169, *169*
Twa (Maßeinheit) 51
Typographie 167, *167*

Uhr *9*, 24, *24*, 61–2, *61–2*, 85, *85*
Ultraschall 102, 181, 182, *182*
Unendlichkeit 39
Unze (Maßeinheit) 48
Urknalltheorie 154–5
Valenz 89
van Leeuwenhoek, Antoni 69
Venus 76, 141, 143, 144, *144*, 149
Vers (Versmaß) 161
Verschreibung (medizinisch) 189, *189*
Vesuv 129–30, *130*
Vidie, Lucien 73
Vitruv 176
Volt (Maßeinheit) 104, 118
Volta, Alessandro 103
Voltaire 26, 157
Vulkan *106*, 129–32, *129–30*, *132*
Vulkanischer Explosionsindex 129, *129*

Wall, Patrick 191
Watson, James 177
Watt (Maßeinheit) 93, 99
Watt, James 93, *93*
Wedgwood, Josiah 71
Wegener, Alfred 123, *123*
Weinberg, Steven 153
Wheeler, John 152
Whitfield, Peter 215
Whitworth, Joseph 171
Wigner, Eugene 45
Wilkinson Microwave Anisotropy Probe (Raumfahrzeug) *155*
Wilson, Edward O. 135
Wilson, Robert 155
Winkel 21, 36, 41, 55–6, *55–6*, 68, 107
WMAP-Sonde (Raumfahrzeug) 155
Wolke 113, *113*, *116*, 117, 118, *118*, 119, *120*
Woolf, Leonard 151
Wren, Christopher 69, 107

Xenophon 164

Young, Thomas 4, 13–14, 92, 93, 99, 103, 183, *183*

Zeit 19, 24, 36, 61–3, 85, 121–2, 154, 173, 190, 195–7, 210
Zeitzone 197, *197*
Zeno 39
Ziebart, Marek 109
Zijlstra, Albert 113
Zip code *see* postal code
Zitierhäufigkeit 8, 175
Zoll (inch) (Maßeinheit) 31, 51
Zug (Schusswaffenlauf) 206
Zwischenstaatlicher Ausschuss für Klimaänderungen (IPCC) 119, 20